高等院校人工智能通识课程系列教材

人工智能通识教程

主　编◎李凤霞　石念峰
副主编◎闫　妍　赵广辉　李冬妮　刘晓静
主　审◎刘开南

中国铁道出版社有限公司
CHINA RAILWAY PUBLISHING HOUSE CO., LTD.

内 容 简 介

在国家“全面推进智能化，促进人工智能助力教育变革”的大背景下，本书面向高等学校多学科人工智能通识教育需求，以基础为基石，以应用为路径，以能力培养为目标，致于为大学新生提供全新的人工智能知识学习路径。

全书共十一章，分为四篇：第一篇是计算机科学导论，通过“计算、程序与系统”重点主题，介绍计算机科学的核心概念；第二篇介绍 AI 学科的基础理论，包括 AI 的学科框架、机器学习、神经网络等；第三篇重点关注 AI 应用技术，选取计算机视觉和自然语言理解作为典型应用技术，旨在抛“学习方法”的“砖”，引“应用万花筒”的“玉”；第四篇是实践环节，配置了两个虚拟实验、一个实践项目和一个实训项目，用于加深对前面三篇所学内容的理解并掌握。

本书面向 AI 通识需求，努力使全学科初学者建立起“计算机科学 +AI 应用”的认知坐标。设计上以案例为驱动，追求通俗易懂；选材上以新技术为主导，启发学生建立 AI 生态意识，培养创新思维能力；环境上以虚拟实验和 AI 实用系统为助力，便于“教”和“学”的落地实施。本书适合作为高等教育的人工智能通识课程教材，也可作为自学者的参考书。

图书在版编目（CIP）数据

人工智能通识教程 / 李凤霞，石念峰主编. -- 北京 : 中国铁道出版社有限公司，2025. 7. --（高等院校人工智能通识课程系列教材）. -- ISBN 978-7-113-32372-1

Ⅰ. TP18

中国国家版本馆 CIP 数据核字第 2025Z1K974 号

书　　名：人工智能通识教程
作　　者：李凤霞　石念峰

策　　划：秦绪好　　　　编辑部电话：（010）51873135
责任编辑：汪　敏　王占清
封面设计：刘　莎
责任校对：刘　畅
责任印制：赵星辰

出版发行：中国铁道出版社有限公司（100054，北京市西城区右安门西街 8 号）
网　　址：https://www.tdpress.com/51eds
印　　刷：天津嘉恒印务有限公司
版　　次：2025 年 7 月第 1 版　2025 年 7 月第 1 次印刷
开　　本：787 mm×1 092 mm　1/16　印张：18.75　字数：420 千
书　　号：ISBN 978-7-113-32372-1
定　　价：49.80 元

前　言

当今世界正处于智能革命的历史性拐点。自从2017年国务院正式发布《新一代人工智能发展规划》以后，我国人工智能发展就被纳入了国家战略。2025年，教育部等九部门发布的关于加快推进教育数字化的意见，明确提出“全面推进智能化，促进人工智能助力教育变革”。至此，人工智能已不再仅仅是计算机学科的专有领域，而是成为所有现代人才必备的通识素养。正是在这样的时代背景下，我们编写了这本面向高等院校多学科的人工智能通识教材，试图为不同专业背景的大学生搭建一座通向AI世界的桥梁。

人工智能通识教育往往面临两难困境：要么过于专注技术细节，令非计算机专业学习者望而生畏；要么流于表面概念而难以形成真正的能力迁移。据了解，大多数高校对人工智能通识课的教学安排是：取代原来的“大学计算机”课程位置，即教师团队和学时都完全沿用原来的教学实施体系。这样带来的问题是双向的：既有学生“学习难”的问题，也有教师“教授难”的困扰。尤其对于“四新”背景下的专业融合需求，多学科所需要的是计算机科学与人工智能的双重加持，而不是以“人工智能”专业课程的简化版来完全取代大学计算机通识课，因为人工智能从来不是空中楼阁，它是计算机科学体系的一个成员，与计算机科学是基础支撑与创新延伸的关系。例如，当我们讨论神经网络的神奇预测能力时，必须首先承认：没有计算机科学提供的矩阵运算加速和并行计算架构，任何深度学习模型都只是数学论文里的理论构想；当我们赞叹机器学习算法的精妙时，必须清醒认识到：若脱离算法复杂度理论和计算机性能评估体系，所有调参技巧都将沦为数字游戏。

人工智能的每一次突破，都是计算机科学基座上的理性绽放。当我们在为AlphaFold的蛋白质结构预测欢呼时，不应忘记：没有分布式系统的消息传递接口MPI，其并行训练效率将骤降86%；当我们惊叹GPT-3的文本生成能力时，必须清醒认知：若脱离冯·诺依曼体系的存储架构，所有参数更新都将陷入数据搬运的泥潭。这绝非技术偏好，也不是对新事物的排斥，而是铁律——没有计算机科学的人工智能教育，如同教授飞行却不谈空气动力学。因此，本书的设计难题不是切换，而是如何在有限篇幅（学时）内平衡计算机科学和人工智能的教学内容布局。

2011年，当人工智能的第三次浪潮崭露头角的时候，人工智能的研究借助大数据、云计算、深度学习等技术，在语音识别、图像识别、自然语言处理、机器人、自动驾驶等领域已经取得了突破性的进展，社会对人工智能的教育需求已呼之欲出。而之后的十多年，教育改革被在线教育的大浪高高托起，十年耕耘，成就了模式更迭的辉煌成果。而今，新质生产力呼啸而来，AI如雨后春笋般茁壮成长，显示出勃勃生机，AI教学内容在跨学科需求中彰显了强势生命力，教学内容和教育模式都有被彻底重构之势！在此情势下，人工智能通识教育如一个弄潮儿，必定在潮头踏浪而行，将AI湍流化为前行势能，为AI赋能教育而践行。为此，我们必须先思考：如何做引领！再思考人工智能通识教育的本质——它不应该是对专业人工智能教材的简化，而需要构建全新的认知范式。

本书内容上的构建思路是：强基固本，采用“双螺旋”结构，即计算机科学为AI提供可解释性基础、AI技术为计算机科学注入时代维度。通过知识拓扑的范式转换，构建横纵双向融合的全新课程架构，其知识节点连接方式完全区别于简单并置。所以，在内容布局上教材采用了“1+2+1”的四篇大框架，即一篇计算机科学、两篇人工智能、一篇工程实践。

第一篇： 计算机基础与系统，包括第1、2、3章，分别是人工智能与计算机科学导论、计算机系统、计算机程序与算法。从每章标题就不难看出计算机科学与AI在知识体系上的融合。

第二篇： 人工智能基础理论与应用，包括第4、5、6三章，分别是人工智能学科框架、机器是如何学习的、神经网络与深度学习。这一篇看上去完全是对人工智能基础理论的布局，但每一章的视角都是不忘初心的。例如，第4章的“从计算实现到智能涌现”，着眼于从底层计算到AI生态的关联介绍；第6章也穿插了“硬件与算法的共生”等，从知识点上把融合的张力拉满。

第三篇： 人工智能应用技术，包括第7、8两章，分别是从图像识别到视觉理解——以安检系统为锚点、从文本处理到语言理解——自然语言的认知解码。本篇内容不追求也不可能追求技术全覆盖，只是精选计算机视觉与自然语言处理两大典型应用领域，收敛在确定的切入点上，作为AI应用技术的“方法样本”。旨在通过具体技术范例，帮助学习者掌握AI应用的通用方法，安排策略是“授人以渔”。

第四篇： 实验、实践与实训，这是本书的特色，也是创新点之一，包括了第9、10、11三章，分别是数字化实验、汽车营销宣传片项目实践、汽车外观垂类模型训练综合实训。精心设计了“基础实验—项目实践—综合实训”三级实践体系，通过三种递进式实践任务，将理论知识转化为工程能力。第9章给出两个验证性实验，并以云平台支持方式，提供完全虚拟仿真形式的交互实验过程，以实现基础能力筑基。第10章是通过汽车营销宣传片制作项目的实际演练，使学生了解完整项目流程，培养学生产品化思维和创新能力。第11章的汽车外观垂类模型训练，通过企业级实训内容提升学生AI的综合应用能力。采用汽车领域真实案例，也是我们将产教融合落实在教材建设中的一次新的尝试，用独创的“三阶能力熔铸”实践体系，通过“实验室—工作室—生产线”的渐进场景设计，将AI技术能力锤炼为工程实践能力。

除了内容布局上的创新设计之外，本书还有以下特色：

1. 以栏目设计配合教学落地。教材呈现了三种形式的栏目：一是按篇的【学习引导】，以典型事件为原型，给学习者问题和目标引导；二是按章节的【应用案例】和【拓展学习】，每一环节都配有来自跨学科领域的应用案例，以案例切入核心知识点，以拓展学习启发学生的举一反三自主学习能力；三是见缝插针的【纵横学习】，给学生留出思考的空间，以培养求知欲望和创新意识。

2. 思政元素主导案例主体。每章每节都体现了从理论到应用的中国元素，从华为的智能手机到阿里云服务，从中国国防科大研制的首款国产操作系统到吉利汽车的垂类大模型，融入求自然，润物细无声。尤其是每篇最后都设计了【WPS AI单元实训】，旨在AI助力教学和国产软件进课堂。

3. 创新意识培养。教材的每一章都配有图灵奖获得者的介绍，选取与本章内容相关的获奖学者，介绍其研究经历、学术思想以及杰出贡献，启发引导学生善于思考、勇于发现和实践。

4. 数字化资源平台对接。全书配有多种数字化资源，都以新形态教材形式给予了云端支持。特别是书中设置了大量二维码，学习者可以直接扫描查看视频、表格、文档等资源。

遇见就是最好的礼物。本书的写作团队包括了5所高校的4位国家级一流课程负责人等，跨越了东南西北的协作。本书由北京理工大学李凤霞和洛阳理工学院石念峰主持编写并担任主编，南宁数字科技学院（筹）闫妍、武汉理工大学赵广辉、北京理工大学李冬妮和青海大学刘晓静担任副主编，南宁数字科技学院（筹）刘开南任主审。

我们总是在上下求索。本书的筹划经历了三个年头，得到了教育部高等学校大学计算机课程教学指导委员会和全国高等院校计算机基础教育研究会专家学者的指导，也多次在全国学术会议上与教学一线的专家同仁做过交流，得到了同行们的高度认可。本书2024年试用讲义用，其基本思路和框架已在北京理工大学和青海大学进行教学实践，两个教学团队集思广益，并给予了大力支持。尤其要说明的是：在北京理工大学主持的教育部“大学计算机公共课程群虚拟教研室”里，全国各地上百所院校的数百名一线教师，都提供过很多宝贵的需求信息和建设意见。感谢编写团队和各位一线教师长期以来在课程和教材建设方面投入的热情、智慧、使命感和协同精神。

特别要感谢的是理工科惠（北京）科技发展有限公司的大力支持，他们提供了虚拟实验软件的制作和平台运营维护，更要感谢中国铁道出版社有限公司的领导和编辑，从三年前教材的策划到成稿出版，都离不开出版社的统筹安排和协调服务。编者在本书写作过程中也参阅了大量的图书资料和科技文献，在此一并表示最诚挚的谢意。

本书兼顾学校定位和学生分布，内容较多，可根据不同的教学目标和学时配置进行章节的适当选择组合。本书主要作为高校人工智能通识课教材，也可以作为人工智能初学者的参考书。

最后特别想对学生们说：有AI助力的今天，许多堆积的新词不一定都被详解，很多知识点也不一定都是连续的，教材里所有超出规划内容的呈现都只为让你有所发现，期待你怀着无限的探究之心走向快乐的学习之旅。

鉴于编者水平有限，知识新元素较多，加之时间仓促，写作中留下了很多遗憾，也一定存在不少问题，敬请同行专家和读者朋友批评指正。

编　者

2025年1月于北京

目 录

第一篇 计算机基础与系统

学习引导：当人工智能遇到了计算问题——语音交互背后的计算问题

第二篇 人工智能基础与应用

学习引导：AlphaGo 战胜围棋世界冠军

第三篇　人工智能应用技术

学习引导：GPT-3 的震撼——当机器学会“理解”人类

第一篇
计算机基础与系统

学习引导

当人工智能遇到了计算问题——语音交互背后的计算问题

如今人工智能展现给我们的几乎是无所不能！但是你知道当我们与AI进行语音交流时，看似简单的对话背后涉及怎样的计算过程？

当人们对着智能音箱说话时，麦克风首先采集声音信号，这个看似简单的“采集”过程至少涉及三方面的计算问题（见下图）：

（1）模数转换（ADC）：将模拟声波转换为数字信号，涉及采样率和位深计算优化；

（2）降噪与增强：使用数字信号处理算法去除背景噪声，提高语音清晰度；

（3）语音激活检测（VAD）：通过机器学习模型来判断当前输入是否有效语音。

以上这些步骤都需要低延迟高效率的计算，否则会导致语音识别延迟或错误。然而这个“采集”环节才是语音交互的第一步！第二步：语音识别，这一步依赖深度学习模型进行计算；第三步：自然语言理解，解析用户意图，依赖大规模预训练语言模型，其参数量可达数十亿，训练和推理均需高性能计算集群；第四步：语音合成，实现从文字到自然语音的转换，这一步更需要大量计算资源，以保证生成高保真语音。但是，语音实时交互最大的挑战是低延迟高保真要求。因为人们不愿意听到声音卡顿或失真，所以要求延迟小于500 ms，这对计算系统是严峻的挑战。解决办法是通过大量的算法优化等技术跟进，如边缘计算、云端协同等多种方法，这种密集计算会带来内存墙问题、能耗问题以及通信开销等诸多计算瓶颈，需要算力的不断提升。

至此，无论从这些堆积的术语里你对语音识别明白了多少，但一定感受到了AI语音交互与计算的共生关系——从声音采集到语义理解再到语音合成，人工智能的语音交互全程依赖计算技术的支持。计算能力的提升直接推动AI语音助手的进步，而AI的需求也反向

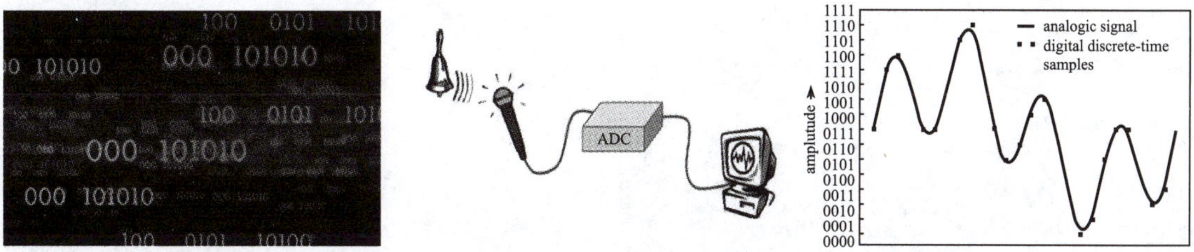

声音转换为数字信号示意图

驱动计算机科学在芯片设计、算法优化、系统架构等方面的创新。可以说，没有计算科学的突破，语音交互就不可能有流畅的体验。由此可见，了解计算机科学是掌握人工智能的必选先修课。

第1章 人工智能与计算机科学导论

当人工智能遇到了计算问题，是谁提供了全部的计算支持？从本篇的学习引导是否可以得到一些启示：计算机！这就是本章要完成的任务：简要介绍计算机科学的轮廓及应用，说明人工智能的本质是数学表征的计算过程，其实现却是依赖计算机科学的支撑。本章不涉及太具体的技术细节，重点在于人工智能与计算机科学的智算依存关系，旨在阐明：在数智时代的我们，应用智能解决问题的第一步是了解计算机科学。

1.1 计算机科学的发展

什么是计算机科学？本节将从计算机的发展到应用来概述计算机科学的轮廓。

1.1.1 什么是计算机科学

新时代的你，计算机一定成为你的亲密伙伴。但是什么是计算机科学？计算机科学的根本任务是什么？它对我们以及整个社会进步的影响又是什么呢？

当人们用手机点外卖、刷短视频、玩游戏时，背后是什么让这些看似“智能”的操作成为可能？这就是计算机科学的贡献。计算机科学（computer science）是系统性的研究信息与计算的理论基础，是研究计算机及其周围各种现象和规律，以及它们在计算机系统中如何实现与应用的学科。简单来说，它研究的是“如何用计算机解决问题”。

1. 计算机科学的核心

计算机科学最基础的两个概念就是算法和数据结构。具体论述将在第3章开展，这里先简单概述。

①算法就像烹饪食谱。它是一系列明确的步骤，告诉计算机如何解决特定问题。例如，当你使用导航软件寻找最短路径时，背后就运行着“最短路径算法”。

②数据结构则是组织存储数据的方式。想象你的衣柜：如果把所有衣服随便堆在一起，找一件衣服就会很困难。但如果按人、按季节、按类型分类挂好，那就既节省空间又方便查找。

案例1-1 从网站如何快速地找到自己想看的视频？原来是他们使用了名为“哈希表”的数据结构，这样就可以像查字典一样快速定位要找的内容了。

2. 计算机科学的五大支柱

①理论与数学基础。计算机科学的“文法规则”。包括逻辑、离散数学、计算理论等，它们构成了计算机科学的理论基础。

②计算机系统。研究计算机如何工作。从单击到屏幕显示变化，中间发生了什么？这涉及

硬件、软件、操作系统、网络等多方面的知识。

③编程与软件开发。学习“与计算机对话”的语言。就像学外语能与外国人交流一样，学习编程语言能让计算机为你工作。

④人工智能。让计算机“思考”。从语音助手到自动驾驶，人工智能正在改变世界。

⑤应用领域。如今，我国乃至全球，没有任何一个行业可以不用计算机，从军事领域到国民经济，从教育教学到社会服务无一例外。

3. 计算机科学能解决什么问题

计算机科学家的工作就是发现问题中的“计算”部分，并设计解决方案。例如，刚刚经历过的疫情，科学家用计算机模型模拟病毒传播，这些模型需要强大的算法和计算能力，才能更准确地制定防控策略。计算机科学都能解决什么问题，简单举例归纳如下。

①社交网络如何能为十亿用户推荐朋友？这就是要解决大数据处理问题。

②如何保护网上银行交易不被黑客攻击？这就是要解决网络安全问题；机器人如何规划最优路径避开障碍物？这就是要解决人工智能问题。

③如何模拟气候变化对地球的影响？这就是要解决高性能计算问题。

4. 计算机科学的思维方式

学习计算机科学不仅是学习技术，更是培养一种计算思维习惯，它包括以下几点。

①分解：将大问题拆解为小问题。

②抽象：忽略细节，关注核心概念。

③建模：找出相似问题并给出解决方案。

④算法设计：创建逐步解决问题的步骤。

案例 1-2 如果开发一款实用的打车软件，需要完成以下工作：①分解：分为用户端、司机端、调度系统等）；②抽象：忽略具体车型颜色等细节；③建模：建立类似其他调度问题的模型；④算法设计：如何高效匹配乘客与司机。

这就是计算机科学的思维方式——计算思维。

在这个数字化时代，计算机科学就像一门新的“通用语言”，而这个通用语言日新月异，不断发展。作为新时代的我们，永远无法说“我懂”！我们需要从基础开始，永远在路上，向未知进发。

1.1.2 计算机的进化史：从算盘到人工智能

随着人类对“计算”和“信息处理”的需求不断演进，牵引着计算机科学的迅速发展。回顾计算机的进化史，探讨它是如何改变人类进程的，目的是展望未来计算技术的无限可能。

站在今天时代进程节点看，计算机的发展可分为以下五个关键阶段。

1. 计算工具发展

计算工具是人类文明发展的重要标志，它们不仅改变了人类处理信息的方式，也深刻影响了社会、经济和科技的进程。从古老的算盘到现代的量子计算，其发展历程跨越了多个世纪，经历了许多重要的历史阶段和技术革命，每一次演变都推动了人类社会的进步。早期的计算工具如图 1-1 所示。

①算盘。算盘是我国古代的一项重要发明，早在两千多年前，他应商业与贸易等社会发展

需求而生，解决减乘除运算问题，这就是最早的手动计算器。

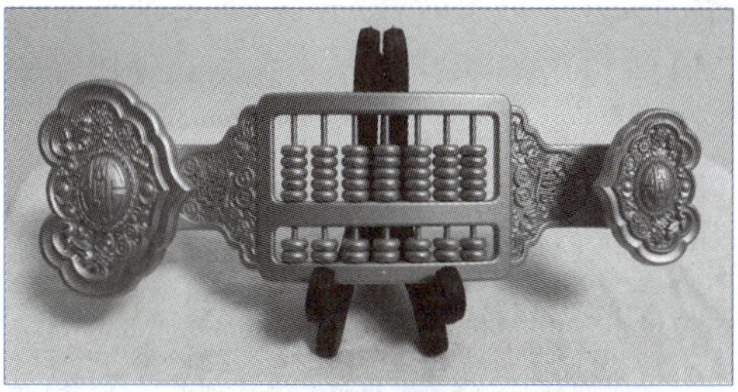

（a）中国式算盘

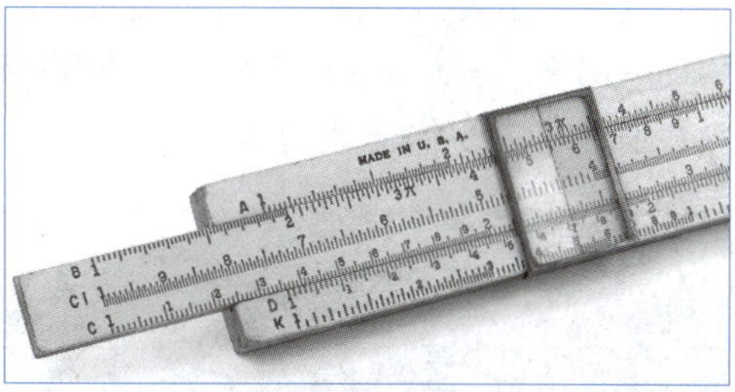

（b）奥特雷德计算尺

（c）帕斯卡加法器

（d）查尔斯·巴贝奇的分析机

图 1-1　早期的计算工具

②计算尺。又经过了千年的演变，英国的著名数学家奥特雷德于 1622 年发明了滑动计算尺：可进行除了加减乘除之外的多种数学运算，这是一次飞跃式的发展。

③机械加法器。1642 年，随着工业革命的到来，世界上第一台机械加法器问世了，由法国数学家帕斯卡发明，它可以实现机械的加减法，由此，计算工具由手动进化到了机动。并且在 30 年后之后，被德国数学家莱布尼茨进行改进，增加了乘除功能，为天文学、物理学等领域的复杂计算提供了支持，推动了科学革命。机械计算器的出现标志着计算工具开始走向标准化和普及化。

④分析机。19 世纪早期，英国数学家查尔斯·巴贝奇设计了可编程的机械计算机，这就是著名的差分机和分析机的概念，这里的分析机被认为是现代计算机的先驱。1843 年，英国的著名数学家艾达·洛夫莱斯为分析机编写了世界上第一个“程序”，她因此被称为第一位程序员，也被誉为计算机程序的创始人。

2. 电子计算机的诞生

20 世纪，随着电气化时代的到来，电子技术的发展使计算机从机械走向电子化，这个发展过程中有三个大的历史事件。

①图灵机。早在 1936 年，英国著名数学家艾伦·麦席森·图灵提出了“图灵机”这一抽象计算模型，这作为现代计算机的理论模型延续至今，为电子计算机的发展奠定了基础。

② ENIAC。1946 年 2 月 14 日，一个值得永载史册的日子，世界上第一台真正意义上的电子数字积分计算机（electronic numerical integrator and computer, ENIAC）正式在美国问世，如图 1-2 所示。那是一个创新之火悄然燃烧的年代，传统的机械计算器和人工计算已经无法满足日益增长的计算需求，此时 ENIAC 诞生了。这台机器几乎质量达 30 t，但是，它能够以极高的速

度进行复杂计算，当时被用于战争需求，计算弹道导弹轨迹等高科技领域。ENIAC 证明了电子计算的可能性，不仅标志着计算机时代的正式开始，推开了信息时代的大门，更预示着人类计算能力的一次飞跃。为现代计算机奠定硬件基础。但是 ENIAC 采用的是十进制和硬接线编程方式，存在编程效率低的先天性不足。

图 1-2　世界上第一台通用电子计算机 ENIAC

③冯·诺依曼体系结构。几乎与 ENIAC 在同一年，冯·诺依曼提出了“存储程序”的概念。也就是将程序和数据统一存储在内存中，实现指令的自动执行。同时提出在计算机中采用二进制这一重要思想，确立了计算机由五大组成部分（运算器、控制器、存储器、输入设备、输出设备）。这一理论框架有效地解决了 ENIAC 编程效率低下的问题，所以成为现代计算机的设计标准。如果说 ENIAC 是实践先驱，那么冯·诺依曼体系结构则提供了理论范式，使计算机的自动执行成为可能，推动了计算机从专用走向通用化与高效化，至今仍是计算机系统的基本结构形式，是计算机科学的基础。关于这部分内容将在第 2 章展开进一步论述，这里先不赘述。

3. 编程语言与软件革命

20 世纪 40 到 50 年代，编程方式效率极低。随着计算机应用的迅速扩展，对高效、易用的编程方式需求迫切，由此催生了计算机的高级编程语言与软件革命。

（1）编程语言：从指令集到思维范式的进化之路

编程语言的作用是将人类指令转换为计算机可执行代码，实现使用计算机进行功能开发与问题解决，其发展本质上是人类不断追求更高抽象层次和更高效表达逻辑的创新历程，核心驱动力始终围绕“降低认知负担、提升开发效率、适应硬件与场景变革”这三个终极目标。从创新与发展的角度，编程语言经历了以下四个阶段。

①从机器逻辑到人类逻辑（1940—1950 年）。早期的计算机编程依赖机器码或汇编语言，直接用指令集操作硬件，效率低下且难以维护。1957 年，计算机高级语言 Fortran 诞生，用人们熟悉的数学公式替代机器指令，将程序员从二进制中解放出来，体现了“抽象化”的突破，标志着编程语言从指令集到思维范式的进化，是编程语言的第一次重大创新。

②结构化与通用性（1960—1970 年）。随着软件复杂度上升，Algol 和 C 语言引入了结构化编程（函数、循环、条件分支），其方法是通过控制流的抽象来降低逻辑混乱。C 语言的特别之处是具有“贴近硬件但可移植”，因此成为系统编程的黄金标准，展现了平衡抽象与效率的智慧。

③面向对象与封装（1980—1990 年）。当软件工程被普遍关注时，面向对象的编程方法主要解决软件工程中的复杂性控制问题。例如，Smalltalk 和 C＋＋这种编程语言，将现实世界映射为

“对象”，通过“封装、继承和多态”来管理复杂性，其创新在于用对象模型来组织代码，提高状态管理的安全性、代码复用与扩展性，对现实世界建模的直观性，因此被认为是良好的软件架构的基石。

④生产力革命与多元化（2000 年至今）。2000 年至今，编程语言呈现“场景驱动”的爆发式增长，专业化与垂直化成为主流。“场景驱动”强调需求分化（如 AI 用 Python、Web 用 JS、系统用 Rust）；“垂直化”则突出了领域专用，例如，结构化查询语言 SQL 是专为数据库操作设计的领域语言；TensorFlow 是专注于机器学习的框架，提供计算图抽象与分布式训练支持，其本质是领域特定工具链，而不是像 C 语言那样的通用编程语言，体现了“垂直专业化”的特性，同时提供 Python 接口调用。

编程语言的进化史是从指令集到思维范式的进化之路，实则是人类在“控制机器”与“解放思维”之间寻找最优解的永恒实验。

（2）软件革命：从工具到生态的范式跃迁

如果说编程语言的进化为计算机赋予了“思维”的语法，那么软件的发展则将这些思维转化为重塑世界的工具。从早期封闭的实验室代码到如今开源协作的全球生态，软件革命经历了三次关键范式跃迁——工具化、商业化与生态化，每一次都伴随着标志性事件与颠覆性产品的诞生。在这一进程中，中国软件产业从追随者逐渐成为创新者，华为等企业的突破成为不可忽视的力量。

①工具化时代。从个体创造到通用解决方案。1940 年是软件的元年（例如 ENIAC 的弹道计算程序），但仅是硬件的附属品，直到 1951 年 UNIVAC 系统首次将软件与硬件分开销售，软件才获得独立价值。后来就有了 1969 年的 UNIX 操作系统、1970 年的关系型数据库以及 1979 年的办公软件等，这一阶段的革命性突破在于“通用工具”的出现。这个时期中国软件处于追赶状态，但已经整装待发，开始布局基础软件研发。

案例 1-3 一个典型的软件案例就是大家熟知的 Adobe Photoshop（1990 年）推出。其图层设计与滤镜系统将专业图像处理能力赋予个体创作者，标志着软件从科学计算工具向创意生产工具的转型。

案例 1-4 两个国产软件案例。①由中国国防科大研制的首款国产操作系统：银河麒麟操作系统（2002 年），用于国防等高安全领域，打破了国外垄断；② 2000 年发表的达梦数据库，这是国内首个自主关系型数据库系统，用于金融、政务等关键领域。

②商业化时代。软件巨头的崛起与国产突围。20 世纪 80 年代，个人计算机普及催生了软件产业化，例如，操作系统霸权：1981 年 MS-DOS 通过 IBM PC 预装占据市场，1990 年 Windows 3.0 的图形界面确立行业标准；应用软件套件：Office、WPS 等系列产品将文档、表格、幻灯片整合为生产力闭环，形成“软件全家桶”商业模式；还有署名的互联网入口争夺：1995 年 Windows 95 捆绑 IE 浏览器引发的“浏览器大战”，暴露了软件作为流量入口的战略价值。

案例 1-5 20 世纪 80 年代后，中国软件企业开始探索自主化路径。2019 年，华为有了新的突破，发布了面向企业级的开源欧拉（openEuler）操作系统，其高性能与低延迟特性特别适合服务器与云计算场景。并通过开源社区协作，欧拉生态已吸引数百家厂商加入，适配飞腾、鲲鹏等国产芯片，成为国内首个规模化应用的自主服务器操作系统。2021 年，开源欧拉与开源鸿蒙（openHarmony）实现了内核级技术共享，形成从物联网到云端的全场景覆盖。华为的开源生态是应对技术封锁的“开放突围”，通过开放协作降低对西方技术的依赖，同时保持核心自主权。

③生态化时代。开源、云与AI驱动的协同网络。21世纪的软件革命由三个趋势重构：开源运动、云计算和AI原生软件，使得软件从“购买许可证”变为“订阅服务”。1999年Salesforce的SaaS模式验证了云端交付的可行性；2017年Transformer架构催生了2021年GitHub Copilot等AI编程助手的发布；2024年风靡全球的国产大模型公司深度求索（DeepSeek）正式发布，其开源的DeepSeek-Coder（代码模型）早在2023年就已亮相了。至此，人工智能驱动的软件开始具备工具性进化能力。

案例1-6 华为鸿蒙操作系统（HarmonyOS）的颠覆性设计。①微内核架构：不同于Android的宏内核，鸿蒙的分布式设计可实现手机、汽车、家电的无缝协同，响应速度提升40%；②开源策略：OpenHarmony项目吸引润和软件、美的等企业加入，截至2023年装机量已超7亿，成为全球第三大移动操作系统；③应对制裁的韧性：在一些技术封锁环境下，鸿蒙通过自研方舟编译器、HMS生态（替代Google服务）实现了“去安卓化”。21世纪的软件生态由开源与云计算驱动，中国厂商从参与者逐渐成为规则制定者。

从工具到生态，软件的革命史始终围绕一个核心命题：如何将人类意图转化为可扩展的数字解决方案？当现代软件系统已能通过AI生成代码、通过AutoML自动优化模型时，这场革命或许正在逼近奇点——软件不再仅是人类的工具，而逐渐成为具有自主性的“数字物种”。这一趋势下，软件开发的伦理与架构设计，将成为下一代革命的关键战场。

纵横学习

请结合阿里云的“飞天”操作系统案例，领会全球协作中的中国力量。

提　示

阿里云2009年发布自主研发的“飞天”操作系统，曾支撑双十一购物节的百万级并发交易，2023年在全球市场份额中排名第三。

如今，软件革命不再由单一国家主导。华为通过欧拉、鸿蒙等产品证明，自主创新与开源生态可以并行，既保障技术安全，又参与全球协作。未来的竞争将是生态体系的竞争，而中国软件产业已从“国产替代”迈向“架构引领”。当欧拉成为金融基础设施、鸿蒙连接万物互联时，软件革命的多元未来这场革命的下一章，正在东西方共同书写。

4. 个人计算机与互联网

这是新与突破的二十年。

（1）个人计算机的革命性发展（1970—1980年）

20世纪70年代见证了个人计算机从实验室走向大众的关键突破。1971年英特尔推出全球首款商用微处理器4004，为PC革命奠定硬件基础。1975年，MITS公司发布了Altair 8800，这台基于8080处理器的机器激发了比尔·盖茨和保罗·艾伦开发BASIC语言，并由此创立微软公司。1977年被称为“个人计算机元年”，Apple II、Commodore PET和TRS-80三款划时代产品同时面世，其中Apple II的彩色图形显示功能创新性尤为突出。在中国，1977年清华大学等单位联合研制成功DJS-050微型计算机，标志着中国微机技术的起步。1983年，中华人民共和国电子工业部第六研究所成功开发出汉字操作系统CCDOS，解决了中文信息处理的关键难题。

（2）PC 机操作系统与产业生态的形成（1980—1985 年）

1981 年 IBM 推出采用开放架构的 IBM PC，搭配微软 MS-DOS 系统，开创了 PC 兼容机时代。1984 年苹果发布 Macintosh，革命性地引入图形用户界面和鼠标操作。1985 年微软 Windows 1.0 问世，开启了操作系统可视化新时代，从 1981 年到 1985 年的这 5 年，产生的三大生态基石：兼容机体系、商业软件市场、图形界面标准，所以被认为是操作系统和产业生态定型的关键期。

案例 1-7 1983 年，中华人民共和国电子工业部推出“长城 0520”计算机，这是中国第一款 IBM PC 兼容机；1985 年，联想集团前身成立，开始自主研发汉卡等产品，在兼容机体系、商业软件方面都迈出了新的步伐。早期的个人计算机如图 1-3 所示。

（a）1986 年的 Apple IIGS 个人计算机

（b）1985 年的长城 0520CH 个人计算机

图 1-3　早期的个人计算机

（3）互联网的奠基与发展（1969—1990 年）

互联网的前身 ARPANET 于 1969 年诞生，首次实现跨校数据传输。1973 年 TCP/IP 的提出为现代互联网奠定基础。1983 年 ARPANET 全面采用 TCP/IP，1985 年域名系统（DNS）正式启用。1987 年，中国发出首封电子邮件“越过长城，通向世界”，标志着中国接入国际互联网的开端。

（4）技术融合与市场准备（1985—1990 年）

1989 年，欧洲核子研究中心的蒂姆·伯纳斯 - 李提出万维网构想。1990 年微软 Windows 3.0 大获成功，全球销量突破千万套。中国在这一时期也加快了信息化建设步伐，1990 年北京计算机应用技术研究所实现与德国卡尔斯鲁厄大学的 CNPAC 网络连接。

这二十年的发展奠定了现代信息社会的基础，从硬件创新到软件革命，从单机计算到网络互联，中国也在这个进程中实现了从跟跑到并跑的关键跨越。个人计算机与互联网的结合，为 20 世纪 90 年代的信息技术大爆发做好了充分准备。

5. 移动计算与人工智能时代

这是颠覆性创新与全球变革的时代！

（1）移动计算革命（2000—2010 年）

21 世纪之初，移动计算迎来爆发式发展。2007 年，苹果发布 iPhone，首创多点触控和 App Store 生态，重新定义智能手机。2008 年，谷歌推出 Android 开源系统，推动全球移动设备普及。中国企业在硬件制造和移动互联网应用上快速崛起：华为 2003 年成立手机事业部，2012 年推出首款旗舰机 P1，逐步成为全球领先的通信设备与智能手机厂商；小米以高性价比和线上销售模式迅速占领市场，2014 年登顶中国市场份额第一；腾讯的微信 2011 年上线，之后不断地整合社交、支付、小程序，公众号等功能，成为全球活跃度超 10 亿的超级应用，如图 1-4 所示。

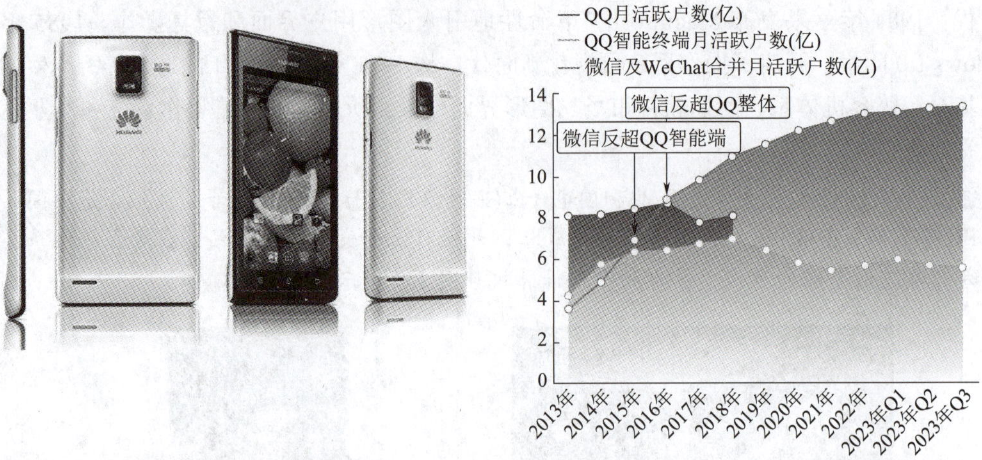

（a）华为2012年的首款旗舰机P1　　（b）腾讯2013—2022年QQ及微信月活跃

图 1-4　计算支持新的产品与平台

视频　大数据有多大

（2）云计算与大数据（2010—2015 年）

2010—2015 年是云计算与大数据技术快速成熟的阶段。亚马逊 2006 年推出 AWS，发布 EC2 服务，提供弹性计算和存储服务，开创云服务商业模式，推动企业 IT 架构变革，引领全球云计算商业化。谷歌 2011 年发布 BigQuery，实现实时大数据分析，而开源框架 Hadoop 和 Spark（2014）则降低了分布式计算的成本。

2013 年，阿里云飞天系统实现单集群 5 000 台服务器的规模化管理，支撑了天猫双十一峰值 1.55 万笔 / 秒的交易洪峰（相当于百万级并发处理能力），在超大规模集群技术上已比肩国际巨头，标志着中国云计算技术跻身世界先进行列；腾讯云依托社交和游戏业务，2014 年开放云计算能力，助力中小企业数字化转型；华为云 2011 年推出云服务，结合电信优势布局混合云。在大数据应用方面，中国互联网公司率先落地：百度利用大数据优化搜索广告；阿里巴巴通过数据中台提升电商推荐精准度。

这 5 年奠定了现代云原生与数据驱动决策的基础，我国也从早期的技术追赶逐步成为重要参与者。

（3）人工智能爆发（2015 年至今）

2016 年 AlphaGo 击败李世石，引发人工智能（artificial intelligence, AI）全球热潮，迎来爆发式增长。从 2017 年 Transformer 架构的奠基性突破，到 2023 年 DeepSeek 等国产大模型的崛起，人工智能在短短六年内完成了从技术突破到产业落地的跨越式发展。Transformer 催生了 GPT-3、BERT 等里程碑模型，推动自然语言处理能力质的飞跃；2022 年 ChatGPT 的爆发让生成式 AI 走进大众视野，掀起全球 AI 竞赛热潮。而中国力量快速跟进—— DeepSeek 凭借 128K 超长上下文理解、高效推理等创新，在 2023 年跻身全球第一梯队，与百度文心、阿里通义等共同构建中文大模型生态，彰显中国 AI 从“跟跑”到“并跑”的技术突围。这场由算法、算力、数据共同驱动的智能革命，正加速重塑人类生产与知识边界。关于人工智能，将在本章下一节以及后续多章都有进一步的介绍，这里不再赘述。

1.1.3　计算机科学的应用

计算机科学不仅是编程和算法，更是解决实际问题的“万能工具”。作为现代科技的核心驱动力，计算机科学与技术已渗透到社会生产与生活的各个领域，成为推动科技进步和产业变革的核心力量。无论你的专业是工科、文科、医学、经济还是艺术，都无一例外地会与计算机应用交叉。尤其目前在人工智能的加持下，计算机应用领域发生了质的变化，这种交叉会使得你的专业研究与应用更迅速地创新成果。以下面向多学科应用，简要介绍计算机科学在基础支撑、跨学科应用和社会服务三个层面的主要作用。

1. 基础应用领域

（1）数据处理与决策支持

计算机科学的核心应用之一是高效管理海量数据，其中最基础的数据库技术（如 MySQL、Oracle）就是支持结构化数据存储、检索与处理；而大数据技术（如 Hadoop、Spark）则用于分布式处理 PB 级数据。大到天气预报、战场环境，小到一次投票处理、一个学籍管理系统都离不开计算机科学所支持的数据处理。例如，大家熟悉的医疗领域的电子病历系统，需要实现患者信息快速调取，既减少纸质档案管理成本，又为用户提供了便捷的服务，这就非计算机技术莫属；又如金融行业需要数据库技术实时处理交易记录，而像支付宝、微信支付等等业务，每秒需要处理数万笔交易，这就要依赖分布式数据库和实时风控系统提供数据处理；电商平台（如淘宝）则要通过大数据来分析用户行为，实现迅速且精准的决策支持与用户推荐。可见，用计算机进行数据处理与决策支持是各行各业最广泛的应用，尤其进入科技发展指数式增长期的今天，没有哪个学科不需要数据处理，所以也没有任何一个专业可以不和计算机科学交叉融合。

（2）计算机网络与互联网

计算机网络（如 TCP/IP、5G 通信）支撑全球信息交互，互联网服务（如 Web、云计算）改变了信息获取与共享方式。例如，远程办公依赖腾讯会议、Zoom 等实时通信技术，而云计算（如 AWS、阿里云）则提供了弹性计算资源；还有目前的网课，必须依托互联网实现视频传输、实时互动、在线评测等，提升教育效率与可及性；又如现代化战争必须依赖计算机网络实现电子对抗、自动化指挥、情报共享、精准打击，以提升作战效能，如图 1-5 所示。除此之外，生活中随处可见的订票、外卖、网购等，可以说，如果没有计算机网络与互联网，人们的学习、生活、工作都会受到难以估量的影响。

（a）互联网支持的远程会议

（b）计算机网络支持的信息化战场

图 1-5　计算机科学的应用

（3）嵌入式系统与自动化

嵌入式系统是专用于特定任务的计算机系统，通常被集成在更大的设备中，尤其智能设备中通常都有嵌入式计算机。例如，人们熟知的医疗设备，小小的心脏起搏器，其核心技术是采用了高可靠性的嵌入式实时计算系统，通过微处理器精确控制电脉冲时序，并运用容错计算和自适应算法动态调整起搏参数，确保毫秒级精度的心脏节律管理，这就是采用了实时计算技术和低功耗微处理器控制，确保精准的电脉冲发放与心率调节。嵌入式系统在工业中有着更早更广泛的应用，例如，工业机器人就是通过嵌入式视觉系统识别零件位置，实现高精度装配。

案例1-8 我国大疆创新（DJI）是全球无人机行业的领军企业，早期专注于飞行控制系统研发。其首款成熟消费级无人机 Phantom 1 于 2013 年 1 月正式发布，其核心部件就是飞控芯片等，2015 年 Phantom 3 首次集成了视觉定位系统，计算机视觉技术开始深度应用。

（4）人工智能

文 档

较早的AI应用

计算机科学非常重要的一个应用领域就是目前火爆全球的人工智能。可以说，计算机科学为人工智能提供了核心理论和技术支撑。主要包括自然语言处理、计算机视觉、推荐系统等。这部分将在后续章节论述。

2. 跨学科应用

计算机科学通过算法、数据分析和系统设计推动多学科创新。以下简单举例说明。

（1）生物医学

①基因测序。用到了高性能计算（如 Illumina 测序仪），加速人类基因组分析，CRISPR 基因编辑就是深度依赖生物信息学算法实现的；

②医学影像。用到了深度学习（如 Google 的 DeepMind），辅助 CT/MRI 病灶识别，提升诊断效率。

（2）金融经济

①量化交易。普遍用到基于机器学习的高频交易算法，因为在一些股票、基金，需要预测市场波动。

②区块链。由于区块链技术需要融合密码学（哈希加密）、分布式系统（P2P 网络）与博弈论（共识机制）等实现去中心化交易，例如比特币就是通过分布式账本技术实现去中心化金融。所以重要的技术支撑是计算机科学。

（3）环境科学

①气候建模。超级计算机“天河”运用并行计算、气候建模算法、大数据分析及高性能存储，精准模拟全球碳循环与气候演变，支持碳中和研究。

②遥感监测。遥感监测运用计算机视觉进行卫星影像分类，用 GIS 进行空间分析，例如，对土地利用变化的追踪，实现高效环境监测与灾害预警。

案例1-9 美国国家航空航天局 NASA 通过 Landsat 卫星影像，应用随机森林算法进行像素级分类，结合 NDVI 植被指数计算和时序变化检测，实现了亚马逊雨林砍伐监测，年变化识别精度达到了 92.3%。

（4）社会科学

计算机科学在社会科学中的交叉应用正在深刻改变传统研究范式，涉及的诸多领域，包括计算社会科学方法论、数字人文、政治计算、经济仿真、犯罪预测、心理学计算化等（友情提示：如果你对任何一个应用领域感兴趣，都可以通过 DeepSeek 做进一步的了解）。这种交叉融合正在产生革命性影响：在法理层面，实现从抽样调查到全量分析的范式转换；在技术层面，可以广泛应用社会传感器网络构建数字孪生社会；在伦理层面，催生了算法的公平性以及数据隐私等新研究领域。

案例 1-10 谷歌翻译。应用神经机器翻译（NMT）技术，基于 Transformer 架构和大规模平行语料训练，实现跨语言语义映射，译文质量提升超过 60%。

（5）艺术与设计

计算机科学赋能艺术创作，主要应用包括：

①生成艺术。GAN 生成对抗网络（如 DeepDream）创作数字绘画。

②动态交互。Processing 编程实现参数化设计。

③虚拟创作。VR/AR 技术（如 Tilt Brush）构建三维艺术空间。

案例 1-11 著名的《太空歌剧院》就是采用 AI 绘画工具 MidJourney 完成的，运用扩散模型的潜在空间生成技术，结合 CLIP 语义引导和超分辨率重建算法，实现文本到图像的 AI 艺术创作，获得了 2022 年科罗拉多州艺术比赛数字类别的首奖，引发了艺术范式革新。

计算机科学通过提供通用技术框架，例如，数据分析、仿真建模等，成为现代跨学科研究的基础设施，推动各领域突破性发展。

3. 社会服务

新时代背景下，社会服务领域正因为计算机科学的深度应用而发生革命性变化，从公共服务优化到民生问题解决，技术赋能显著提升了效率与公平性。以下以典型案例来说明几个主要应用方向。

（1）智慧医疗与健康管理

案例 1-12 印度“Aarogya Setu”App。“Aarogya Setu”意为“健康之桥”，于 2020 年 4 月推出，是全球首个国家级 COVID-19 接触追踪 App。其技术设计包含三大模块：蓝牙近场探测；GIS 时空分析；AI 风险评估，并且在运行机制与数据安全方面采用了去中心化存储和双模预警系统。到 2021 年，覆盖了 2 亿多用户，提前预警了约 30% 的潜在传播链，在孟买贫民窟使用区域感染率比未覆盖区域低了 35%。该案例证明了边缘计算（本地化处理）与差分隐私技术在公共卫生中的平衡应用。

（2）教育公平与个性化学习

案例 1-13 肯尼亚的 Eneza Education。这是一款混合式在线教育平台，他仅仅是通过短信和移动网络为偏远地区学生提供个性化学习服务。平台利用 NLP 算法自动批改作业，结合数据分析推荐习题，覆盖了数学、科学等科目。学生只要通过功能手机即可互动学习，教师端进行实时监控进度。这个轻量化的平台，其用户覆盖了肯尼亚、加纳等国，累计服务超 200 万学生，在非洲有很好的区域影响力，曾获非洲教育科技奖。在国际上也有一定的认可度，被世界银行、联合国教科文组织列为普惠教育典型案例，认为是“低资源环境下的创新教育技术”的应用范例。

（3）智慧城市与公共安全

案例 1-14 中国杭州的“城市大脑”。采用深度学习优化红绿灯配时，进行更准确及时的交通管理，有效地降低拥堵 15%。

案例 1-15 日本地震预警系统（EEW）。依赖全国超过 1 000 个地震计组成监测网，通过 IoT 传感器实时采集 P 波数据，再利用机器学习算法快速预测震级与烈度，并通过广播 / 手机网络秒级预警。其技术核心是地震波传播速度差，而非直接监测地质变动。

（4）环保与可持续发展

案例 1-16 北京的“环保大脑”。这是由北京市生态环境局联合阿里云打造的人工智能环境治理平台，核心是通过多源数据融合与智能决策实现大气污染精准防控。其数据层接入了超过 10 万个物联网传感器，日均处理数据超 20 TB；在算法层基于 LSTM 神经网络预测未来 72 小时 $PM_{2.5}$ 浓度（误差 <10%），强化学习动态生成管控方案，如重点企业限产优先级等；应用层实时推送预警至监管 App，同步优化洒水车路线和交通管制等响应措施。据统计，2021—2023 年，北京的 $PM_{2.5}$ 年均浓度从 38 μg/m³ 降至 30 μg/m³，重污染天数减少 50% 以上，获联合国“智慧城市”最佳实践案例。

以上仅给出有限的典型案例，计算机科学通过数据驱动、智能决策和自动化服务，正在重塑社会服务的每个环节。然而，技术必须与伦理、法律和人文关怀结合，才能真正实现“科技向善”。计算机科学在社会服务方面的应用，如图 1-6 所示。

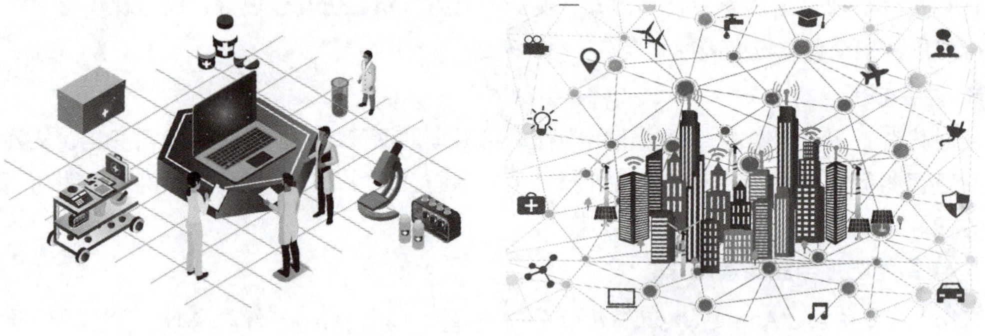

（a）智慧医疗　　（b）智慧城市

图 1-6　计算机科学在社会服务方面的应用

1.2　人工智能与计算实现

人工智能作为全书的重点，每一章都有其递进式的介绍。人工智能与计算实现是本章的核心，将通过“技术应用 - 底层实现 - 系统支撑”三层递进，阐明人工智能与计算机科学的共生关系，旨在达到人们的认知目标：理解 AI 从理论到落地的计算本质。

1.2.1　人工智能应用

计算机科学应用的典型案例是人工智能，而人工智能应用的核心是通过算法与算力解决复杂问题，两者智算共生。以下仅从计算相关的角度简要介绍 AI 典型应用。

1. 生活服务类应用

（1）智能交互

案例 1-17 抖音的智能推荐系统。通过分析用户行为，如点赞、观看时长等，实现个性化内容精准分发，提升用户黏性和活跃度。而这一实现的基础是依托算法完成的，例如，协同过滤算法、深度学习模型等。

案例 1-18 美团外卖路径优化。采用遗传算法+强化学习，结合实时路况、订单热力，动态规划最短配送路径，降低骑手耗时10%～15%，日均节省超百万公里。

（2）智慧医疗

案例 1-19 腾讯觅影的影像诊断。采用深度卷积神经网络和多模态融合算法，通过百万级医学影像训练，实现肺结节检测，其灵敏度达99%，假阳性率降低50%以上。其中的核心技术就是Faster R-CNN病灶检测定位与3D ResNet分类模型，协同实现影像诊断。

案例 1-20 华为Watch血压监测。通过PPG（光电容积图）+ECG（心电图）多模态信号融合，结合基于深度学习的动态校准算法，通过超10万例临床数据训练，实现误差 ±3 mmHg的医疗级精度。

（3）便捷交通

案例 1-21 导航优化，例如我们几乎每天都在用的百度地图、高德地图，都是结合历史数据与强化学习做到精准的实时路况预测。

（4）无人驾驶

案例 1-22 特斯拉Autopilot，基于计算机视觉+多传感器融合（8摄像头+AI芯片）实现L2级自动驾驶，支持自动变道、紧急制动，全球里程超50亿英里。

案例 1-23 华为ADS高阶智能自动驾驶系统，搭载MDC计算平台+激光雷达，实现L4级城区导航，路测里程超2 000万公里，如图1-7所示。

图1-7 人工智能应用——华为ADS高阶智能自动驾驶系统

2. 产业升级类应用

（1）智能制造

案例 1-24 工业质检方面的应用案例有“阿里云工业视觉解决方案”，基于深度学习与高精度工业相机，实现微米级零件缺陷检测，例如对手机壳划痕、齿轮缺齿等的检测，其误检率可以做到小于0.1%，较人工检测效率提升50倍。此方案已应用于比亚迪电池产线、海尔家电质检等200多家工厂。

案例1-25 在预测维护方面有三一重工智能运维系统，基于振动传感器+AI时序分析，提前3~7天预测工程机械故障，减少停机时间40%。

（2）智慧农业

案例1-26 极飞的精准种植，采用农业无人机，搭载多光谱传感器与AI处方图技术，遥感分析作物长势，实现厘米级精准施药，节省农药30%，覆盖超1 000万亩农田。极飞也成为全球领先的农业科技公司。

案例1-27 隆平高科的AI育种，基于基因组大数据与深度学习，预测水稻高产基因组合，育种周期缩短50%，亩产提升15%以上。该技术入选“十三五”国家科技重大专项，服务杂交水稻全球化推广。

（3）现代金融

案例1-28 蚂蚁集团的智能风控，基于机器学习（XGBoost+图神经网络）实时分析超过10万个特征，欺诈交易识别准确率达99.9%，年止损金额超过百亿元。

案例1-29 招商银行的AI投资顾问，运用NLP解析财经新闻+强化学习优化组合，提供个性化理财建议，管理规模破5 000亿元。

3. 科学研究类应用

仅以基础科学与气候环保两个方面为例。

（1）基础科学

案例1-30 AlphaFold2是著名的蛋白质结构预测人工智能系统，基于Transformer架构预测蛋白质的3D结构，精度达到原子级别，在蛋白质结构预测研究领域，破解了生物学百年难题，加速了新药研发。

案例1-31 NASA开普勒计划，基于卷积神经网络分析超过10万个恒星光度曲线，新发现50颗类地行星（如KOI-456.04），误报率降低了80%，在天文发现方面做出卓越贡献。

（2）气候环保

案例1-32 IBM“绿色地平线”碳足迹追踪系统，整合了气象卫星、地面传感器和工业排放数据，利用机器学习预测污染扩散路径，为北京等城市提供精准减排方案，助力PM2.5浓度下降超20%。该系统曾服务我国多个城市空气质量改善。

案例1-33 云南亚洲象AI监测，利用红外相机+无人机影像，通过YOLOv5算法实时追踪象群位置，预警准确率95%，减少人象冲突。2021年象群北迁零事件被央视《新闻联播》专题报道，入选国家林草局“智慧林业”十大标杆案例。

1.2.2 大模型与计算实现

1. 大模型到底有多大

文档

大模型到底有多大

大模型（large language model, LLM）的简单定义是：基于海量数据（参数量超百亿）训练的深度神经网络。例如，GPT-3就是大模型，它的参数是1 750亿个。

2017年Google提出了Transformer模型架构，支撑了现代所有的大模型诞生。那么大模型到底有多大呢？表1-1给出了目前主流大模型与Transformer的基本参数。由所列数据可见，目前最大模型的参数量已经达到了万亿级。

表 1-1　目前主流大模型与 Transformer 的基本参数

模型名称	发布年份	参 数 量	核心功能与特点	计算本质
Transformer	2017	约 0.1 亿	基础架构，支持 Seq2Seq 任务（如翻译）	自注意力机制，并行计算优化
GPT-3	2020	1 750 亿	通用文本生成、问答、代码生成等	千亿级浮点运算，依赖超大规模数据
GPT-4	2023	约 1.8 万亿	多模态理解（如文本 + 图像），推理能力增强	算力需求指数增长，训练成本高
DeepSeek	2023	推测千亿级	中文优化，长文本处理	针对垂直领域的高效计算优化

大模型为什么需要这么多参数呢？这正是现在要解决的下一个问题。

2. 大模型的计算实现

机器之所以可以智能，是因为有大模型，而大模型的“聪明”本质是暴力计算堆出来的数学魔法——每一次回答都要发动千亿参数像多米诺骨牌一样连环计算，背后是算力、算法、硬件的极限协作。你一定还会疑惑“为什么”？那么可以解答疑惑的有一个叫“训练”的词，一提到 AI，就会频繁听到这个词。那什么又是训练？为什么要训练呢？这里简单举例说明。

AI 训练就像小学生刷题：

①发习题册：给 AI 100 万道 1 + 1 = 2、3 × 5 = 15 这样的例题（训练数据）。

②闭卷考试：AI 自己尝试计算（前向推理），结果常出错 2 + 2= 5。

③老师批改：系统标出错误，让 AI 修改“脑回路”（反向传播调整参数）。

④成为学霸：经过数万亿次订正，AI 终于看到 9 × 9 就能秒答 81。

这个过程本质上就是通过反复刷题形成条件反射，把世界规律烙进参数里。再专业一点说，就是通过海量计算“硬记”规律，把数据压缩成神经网络的参数。这个例子容易理解，但覆盖面不强，接下来再举一个例子来说明 AI 的“训练”是什么。

小孩是怎么区别猫和狗的？一定有他的观察点，比如猫耳朵、狗鼻子等。AI 实际上是机器，在察言观色方面比小孩还要笨，只能通过苦行僧的办法：给 AI 看 100 万张有标注的图片（如“猫和狗”），它通过不断地调整内部参数，慢慢学会区分特征（猫耳朵、狗鼻子），这个过程 AI 从数据中“学到了知识”。不训练的 AI 像新生儿，只会乱猜，而训练后它就能举一反三了，看到新图片也能识别出猫和狗。所以，“训练”就是用数据“雕刻”AI 大脑的过程，练得越多越聪明。

当前的 AI 本质上是概率统计，如背熟 100 万张猫图后，遇到新图片计算像猫的概率也不会是百分百准确，因为他无法真正理解“猫”的概念。但是 AI 的“苦练”速度是惊人的，以 GPT-3 为例，他吃透整个互联网内容只需几个月，而人类读完这些资料需要数十万年。AI 就是具备超速的计算能力，其效率远超人类，尤其在规则明确的任务中（如人脸识别、蛋白质结构预测）等，训练后的 AI 准确率可达 99.9%，远超人类水平。

因此，计算才是大模型的生命线，参数量直接决定模型所需的浮点运算量（FLOPs）。例如，GPT-3 若回答“天空为什么是蓝色的？”这样一个问题，其总计算量约为 1.57×10^{22}FLOPs，相当于 5 万张 NVIDIA A100 显卡全速运行 1 s 的时间，可见大模型的参数规模本质上是用计算换智能的思想。由此可以认为，大模型的计算实现是深度依赖计算机科学在硬件、算法、系统等层面的突破，也反向推动计算技术的革新。

1.3 应用实例：智能手机中的计算机科学

手机已成为现代人日常生活的必需品，而智能手机更是以实用又时尚的双重优势出尽风头。我们以华为的 Mate 70 Pro+ 为例，来解析智能手机中的计算机科学。

1.3.1 智能手机简介

Mate 70 Pro+ 2024 是华为全新旗舰 HUAWEI Mate 70 系列中的一款产品，于 2024 年 11 月发布。这款手机在公开介绍的信息中有这样的描述：通过技术创新和品牌升级，在美学设计、影像体验、通信技术等多个维度全面升级，成为“史上最强大的 Mate”手机，旨在开启 AI 技术赋能终端产品新的里程碑。

以下摘取一些与智能以及计算机科学相关的功能与性能介绍：

① Mate 70 系列。加入了 AI 运动轨迹、AI 主角时刻、AI 时空穿越、AI 智控键、AI 隔空传送、AI 通话摘要、AI 消息随身、AI 降噪通话、AI 静谧通话九大 AI 功能，覆盖了运动、摄像、办公、生活等多个场景。

②在卫星寻呼方面。Mate 70 Pro+ 搭载了全新卫星寻呼功能，可一次连星持续在线，无须对星即可接收卫星消息提醒，确保与外界畅联。

③手机的核心控制与处理方面。搭载了新一代处理器麒麟 9020，是 12 线程的 CPU 芯片，分别是 2 × 2.5 GHz + 6 × 2.15 GHz + 4 × 1.6 GHz。采用 GPUMaleoon 920 提高算力，在游戏方面性能表现更强。

1.3.2 智能手机中的计算机技术

华为 Mate 70 Pro+ 搭载麒麟 9020 SoC，通过异构计算（X4/A720 CPU + Da Vinci NPU 3.0）与鸿蒙分布式架构，实现计算机科学在芯片设计（VLSI）、实时任务调度（RTOS）、多模态算法（CV/NLP）的全栈协同。主要有以下几个方面。

1. 异构计算架构（计算层）

华为 Mate 70 Pro+ 的异构计算架构采用了“1 + 3 + 4 + 1”四层异构设计模式，深度融合了四大计算单元如下：

```
· 1 × Cortex-X4（3.4 GHz）            | ◄ 高性能核（大任务）
· 3 × Cortex-A720（2.8 GHz）          | ◄ 平衡核（持续负载）
· 4 × Cortex-A520（2.0 GHz）          | ◄ 能效核（后台任务）
· 1 × Da Vinci NPU 3.0（24 TOPS）     | ◄ AI 专用加速器
· Maleoon 910 GPU（硬件光追）          | ◄ 图形计算单元
---------------------------------------------------------------
· 双 ISP 成像管道                      | ◄ 实时图像处理
· 星闪通信协处理器                      | ◄ 低时延数据传输
```

这种异构模式，在实现动态调度、能效优化和专用加速方面有良好的技术特性。

2. 多模态感知系统技术解析

手机的功能及智能从底层是来自多模态算法的全栈协同，表 1-2 列出了华为 Mate 70 Pro+ 多模态感知系统的技术解析，请参照学习。

表 1-2　华为 Mate 70 Pro+ 多模态感知系统技术解析

传感器模块	计算机科学技术支持	性能指标	典型应用场景
超光谱摄像头	计算光谱成像算法 NPU 加速光谱解析	光谱分辨率 0.1 nm	食品检测 / 皮肤健康分析
毫米波雷达	稀疏信号压缩感知算法 自适应波束成形（RL 优化）	探测距离 8m（±1 cm 精度）	手势操控 / 跌倒监测
三维结构光	实时点云重建 抗干扰编码光栅	30 万点 / 秒（功率 <300 mW）	支付级人脸识别
星闪连接芯片	时延敏感型调度算法 SCMA 多址接入	时延 <20 μs，抗干扰提升 40%	无损音频传输 / 车载投屏
多光谱环境光传感器	贝叶斯光照估计算法 动态色温映射	0.1 lx 暗光检测	自适应屏幕调光 / 摄影白平衡

3. 分布式计算框架

华为 Mate 70 Pro+ 搭载的鸿蒙 4.0 分布式计算框架，其核心技术实现可概括为以下四个关键阶段，每个阶段均体现计算机科学的深度融合。

①设备发现阶段。采用改进的 Bonjour 协议（时延 <5 ms），通过轻量级服务注册与拓扑感知算法，在局域网内实现异构设备（手机 / 平板 / 耳机）的瞬时组网。该技术涉及《计算机网络》中的服务发现协议优化。

②资源协商阶段。引入强化学习动态分配算法（Q-Learning 优化），根据设备算力、电池状态和任务优先级，实时决策计算任务的最优分布方案。这需要分布式系统与机器学习的跨领域知识。

③任务迁移阶段。基于轻量级容器技术（内存开销 <3%），实现应用状态的检查点保存与跨设备无缝恢复。关键技术挑战包括操作系统中的进程调度与编译原理的二进制兼容性保障。

④数据同步阶段。采用端到端差分隐私保护，在分布式设备间同步数据时，通过添加可控噪声（$\varepsilon = 0.5$）确保用户隐私，涉及密码学与信息论的核心理论。

该框架的创新性体现在将传统分布式计算（如 MapReduce）的批处理模式，升级为满足移动场景实时性要求的流式计算范式，其中实时调度（RTOS 微内核）与服务质量（QoS）保障尤为关键。例如，当手机与智慧屏协同游戏时，从触控输入到画面显示的端到端时延可控制在 80 ms 内，这需要同步优化通信协议栈、渲染管线调度及异构计算资源分配。

拓展学习　无处不在的嵌入式计算机

文档
嵌入式计算机中的人工智能应用

通俗地说，嵌入式技术就是“专用”计算机技术，这个专用，是指针对某个特定的应用，如针对网络、通信、音频、视频、工业控制等。从学术的角度，嵌入式系统是以应用为中心，以计算机技术为基础，并且软硬件可裁剪，适用于应用系统对功能、可靠性、成本、体积、功率有严格要求的专用计算机系统，它一般由嵌入式微处理器、外围硬件设备、嵌入式操作系统以及用户的应用程序四个部分组成。

请查阅资料，并回答以下问题：

（1）嵌入式计算机是如何实现“嵌入”？分别从硬件和软件的角度说明。

（2）嵌入式计算机系统由哪几个层次组成？分别是什么？

（3）列举常见的嵌入式计算机应用领域。

图灵奖　计算理论的开拓者与图灵奖的东方之光——姚期智

姚期智院士是世界著名的计算机科学家，由于在计算理论（包括对伪随机数生成、密码学与通信复杂度等）方面的卓越贡献，2000年他荣获了全球计算机科学领域最高荣誉——图灵奖，成为首位也是迄今唯一一位获此殊荣的华人学者。

姚院士现在是清华大学交叉信息研究院院长、香港中文大学博文讲座教授。他早年赴美求学，1972年获哈佛大学物理学博士学位，1975年获伊利诺伊大学厄巴纳-香槟分校计算机科学博士学位，有着物理学与计算机科学的双重学术背景，是跨学科的典范。他曾执教于美国麻省理工学院、斯坦福大学、普林斯顿大学等顶尖学府。新世纪以来，我国的教育和科技都进入了快车道，对杰出人才的需求非常迫切，此时（2004年），姚院士毅然放弃美国的优厚待遇，全职回国。他首先从人才培养切入，回国后的第二年（2005）就创办了“清华学堂计算机科学实验班”，就是著名的（姚班）。二十年来，培养出大批国际顶尖的计算机人才，助力中国跻身全球算法与人工智能研究第一梯队。

姚院士的研究横跨计算理论、密码学、量子计算三大领域，其核心贡献包括：

（1）计算复杂性理论：提出“姚氏假设”（Yao’s Principle），奠定了现代随机化算法分析的基础。

（2）设计“姚氏电路”（Yao’s Garbled Circuits），成为安全多方计算的核心技术之一。

（3）开展密码学研究：开创了基于计算复杂性的密码学理论框架，其论文《如何生成与交换秘密》被视为安全多方计算的里程碑，为区块链、隐私保护等技术提供了理论支撑。

（4）量子通信与计算：提出“量子通信复杂性”理论，解决了量子比特传输效率的关键问题，推动了量子信息科学的发展。

以上学术成果深刻重塑了现代计算机科学的面貌。在理论层面填补了算法设计与密码学之间的鸿沟，使“可证明安全”成为密码系统的黄金标准；在应用层面，其姚氏电路广泛应用于云计算隐私保护、联邦学习等领域；其密码学理论为比特币等加密货币的底层技术提供了可能。他“问题驱动”的研究哲学和跨学科的视野，证明了基础理论对技术革命的先导作用。他不仅是学术界的巨人，更架起了东方与西方、理论与实践的桥梁，其影响力将持续照耀计算科学的未来。

习题

一、单选题

1. 用计算机来模仿人的高级思维活动称为（ ）。

A. 数据处理 B. 科学计算 C. 人工智能 D. 自动控制

2. 当交通灯会随着车流的密集程度自动调整，而不再是按固定的时间间隔放行时，我们说，这是计算思维（ ）的表现。

A. 人性化 B. 网络化 C. 智能化 D. 工程化

3. 计算机科学在本质上源自（ ）。

A. 数学思维 B. 实验思维 C. 工程思维 D. A 和 C

4. 下面对计算机特点的说法中，不正确的说法是（ ）。

A. 随着计算机硬件设备及软件的不断发展和提高，其价格也越来越高

B. 计算精度高

C. 存储能力强

D. 运算速度快

5.（ ）和微计算机已嵌入机电设备、电子设备、通信设备、仪器仪表和家用电器中，使这些产品向智能化方向发展。

A. 内存储器 B. 微处理器 C. 控制器 D. 多核处理器

二、思考题

1. 人工智能可以取代计算机，这个说法对吗？
2. 计算机科学的核心是什么？
3. 人工智能的核心是什么？
4. 电子计算机如果没有采用二进制，将会是什么情况？
5. 计算机科学和人工智能的依存关系是什么？
6. 天文、环境、军事、仿真等领域都需要进行大量的计算，要求计算机有更高的运算速度之外还需要哪些强大功能？
7. 智慧校园与传统的校园有什么区别？
8. 你认为将来机器人在养老服务方面可以取代人吗？

三、综合应用题

简要介绍两名以上与本章内容相关的图灵奖获奖者的科学贡献，其内容包括：

1. 获奖者的基本信息和照片。
2. 他们的主要贡献。
3. 将以上信息整理并制作成幻灯片，再简单谈一下通过这个应用题你的收获是什么，介绍时长5分钟左右。

第 2 章 计算机系统

本章试图全面展示计算机科学的轮廓，包括计算机硬件、软件以及网络。当 AI 的出现使学习生态发生根本性变化的今天，“透彻”不仅在教材里，它可以在你生活的多维空间任何一种学习通道中，包括 AI 助手、MOOC、百度等。教材的任务就是抛出问题的核心，引导大家认识、辨析、挖掘与思考。当你在手机上与 AI 对话时，哪些硬件在默默工作？哪些软件模块在协同配合？数据又经历了怎样的网络旅程？从计算机应用的角度看，人们可以不关注计算机科学最深层次的每一个细节，只是从系统的观点洞悉计算机的本质以及新应用驱动下的发展动向。所以，本章的方法是给你解剖复杂系统的“手术刀”——透过现象看本质的分层抽象思维，以及理解技术演进的第一性原理。希望在这里不仅学到了知识，更重要的是掌握了探寻知识的方法，激发创造的激情。

2.1 计算机的硬件体系：从电子计算到智能加速

所谓硬件，就是构成计算机的物理部件，是计算机的物质基础。目前，计算机的硬件系统形式多样：有超级计算机，也有微型计算机；有嵌入式计算机（如自动驾驶汽车中的计算机），也有计算机集群（如 AI 大模型训练所用的高性能计算集群）等，举不胜举。但是从计算本质看计算机组成，现代计算机硬件核心依然是冯·诺依曼的计算机体系架构。所以本节围绕这个核心讨论计算机的基本工作原理以及对智能计算的适应性改变。

2.1.1 图灵机与冯·诺依曼计算机体系结构

1. 图灵与图灵机

第一章中从计算机发展的角度提到过“图灵机”，这里再从计算机体系结构的角度展开“图灵机”。在计算机的发展史上，有位名叫艾伦·麦席森·图灵（Alan Mathison Turing）的英国科学家（他是著名的数学家和密码学家），1936 年，他发表了一篇题为“论数字计算在决断难题中的应用（*On Computable Numbers, with an Application to the Entscheidungsproblem*）”的论文（建议同学们查找并阅读），提出了震惊世界的图灵机模型。这个模型的核心是：通过无限纸带、读写头和状态转换规则，给“可计算性”下了一个严格的数学定义，并提出了一个对于计算可采用的通用机器（universal machine）的概念。由此著名的图灵计算就产生了，被称为图灵机（turing machine）。这个贡献为现代计算机奠定了理论基础，所以图灵被认为是对计算机科学发展有原始贡献的天才。

1950 年图灵又发表了论文《机器能思考吗》（*Computing Machinery and Intelligence*）。这篇

论文里，它以哲学家的洞察，用“模仿游戏”（图灵测试）挑战人类对“思维”的垄断，开创了人工智能的先河，因此图灵获得了“人工智能之父”的美誉。美国计算机协会（ACM）为了纪念图灵在计算机领域的卓越贡献，专门设立了“图灵奖”，作为计算机科学领域的最高奖项。“图灵奖”有“计算机界诺贝尔奖”之称，持续奖励那些为推动计算机技术发展作出重要贡献的人。所以本书在每一章的最后都会选取一位图灵奖获得者，介绍其创新贡献及科学研究方法。

图灵机模型如图 2-1 所示，它是一个采用了符号处理方式（程序）的通用计算机模型。这个模型要解决的问题是：对于任何一种计算，都可以使用图灵机实现，输出的数据仅取决于输入的数据和程序这两个因素。也就是说，当输入数据和程序不变时，通过图灵机计算所得到的输出结果是确定的。同样，当输入数据和程序任何一个发生变化时，输出数据也会发生相应的变化。图灵认为这台机器只需要保留一些最简单的指令，对于复杂的计算只要将其分解为这几个最简单的操作，就可以模拟人类所能进行的任何计算过程。

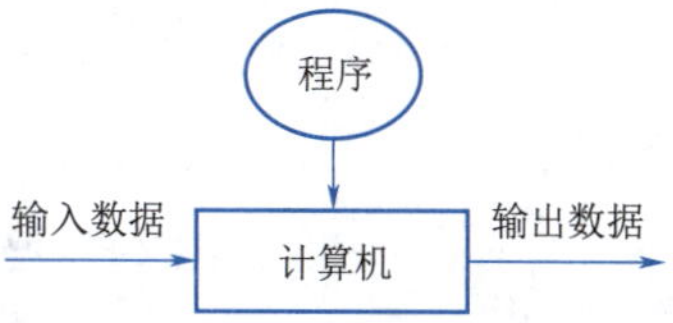

图 2-1 图灵机模型

视 频

图灵机动画

2. 冯·诺依曼计算机体系结构

约翰·冯·诺依曼（John von Neumann）是匈牙利裔美国数学家、计算机科学家、物理学家，20 世纪最杰出的全才科学家之一。

1945 年，冯·诺依曼在《EDVAC 报告》（*First Draft of a Report on the EDVAC*）中，明确提出了计算机的五大核心组件（运算器、控制器、存储器、输入设备、输出设备）。这个贡献的核心在于：存储程序原则，奠定了现代计算机的设计范式。同时，基于电子开关的物理特性（高/低电平对应 1/0），他将二进制与存储程序结合，形成了标准化设计，推动二进制成为计算机的核心数制。

图 2-2 是冯·诺依曼计算机模型，这就是直到如今计算机硬件系统的原型。“存储程序”是这个模型的最大亮点，将其与二进制相结合，完美实现了程序自动控制。这使得现代计算机有了设计标准，大大地推动了现代计算机科学的发展。

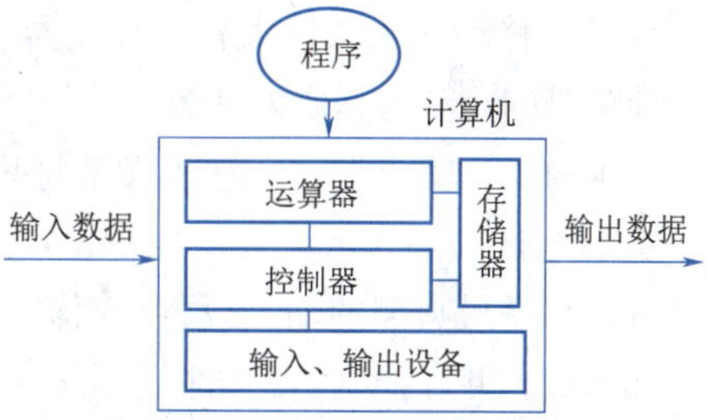

图 2-2 冯·诺依曼计算机模型

纵横学习

对于图灵机和冯·诺依曼计算机体系结构，其贡献点上本质的区别是什么？我们可以再深度理解：事实上，图灵机是回答了“计算是什么”和“什么是可计算的”，这是两个理论计算机科学问题，属于横跨形式逻辑与认知科学的发明。冯·诺依曼曾在 1948 年的演讲中也提到：“图灵的逻辑抽象自动机（即图灵机）是数字计算机的绝对终极形态”。然而，图灵机并未走到计算机硬件系统设计这一步，是冯·诺依曼完美地回答了“如何建造一台实际可用的通用计算机”这个问题，给出了现代计算机的体系架构。

文 档

CPU是怎么被制造出来的

3. 以CPU为核心的计算机硬件系统

以冯·诺依曼计算机模型所构建的现代计算机，其基本组成如图 2-3 所示。

图 2-3 表示计算机硬件系统由五大核心部件组成，即：控制器、运算器、存储器、

输入设备、输出设备。这五大部件的作用分别如下：

视频

计算机基本组成

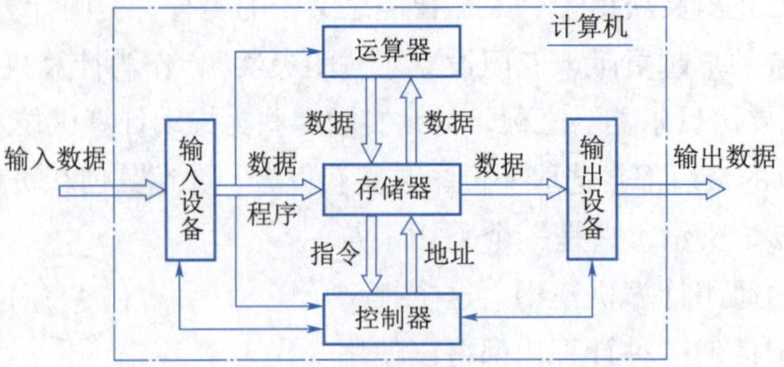

图 2-3　冯·诺依曼计算机体系结构

①控制器。控制器是整个计算机的指挥控制中心，它的主要功能是向机器的各个部件发出控制信号，使整个机器自动、协调地工作。控制器管理着数据的输入、存储、读取、运算、操作、输出以及控制器本身的活动。

②运算器。运算器是计算核心，它能完成各种算术运算和逻辑运算，所以也被称为算术逻辑部件（arithmetic logic unit, ALU）。除计算之外，运算器还应当具有暂存运算结果和传送数据能力，这一切活动都受控于控制器。

③存储器。存储器是实现计算机自动执行的核心部件。冯·诺依曼认为：对于计算机而言，程序和数据是一样的，都可以被事先存储。把程序事先存放在这个存储器中，程序设计员只需要在存储器中寻找指令，机器就会自行执行，这样，就解决了计算器需要每个问题都重新编程的问题。需要说明的是，这里所说的存储器只是冯·诺依曼计算机体系结构中的五大块之一，也称为“内存”，其特点是半导体芯片，并且与 CPU 通过内部通道相连，与手持的 U 盘、硬盘、光盘等可移动的永久性大容量存储器（外存）的作用完全不同。这种“程序内存”的方法标志着计算机的自动运算成为可能。

④输入、输出设备。输入设备将程序和原始数据转换成二进制串，并在控制器的指挥下按一定的地址顺序送入内存。例如，常用的键盘、鼠标，还有适应于 AI 系统应用的传感器、话筒等，都是最典型的输入设备。而输出设备则是用来将计算机的运算结果转换为人们能识别的感知形式，并在控制器的指挥下由机器内部传送到输出设备上，例如，显示器、打印机、耳机、音箱等，还有支持 AI 系统的 VR 触觉反馈、自动驾驶制动信号等。

从这个体系结构中不难看出计算机的结构亮点：控制器和运算器是计算机系统的核心，所以称为中央处理器（central processing unit, CPU），CPU 的控制线指向系统中的每一个部件，用于控制计算机工作时所发生的全部动作。如果把计算机的硬件系统整体看作一个精密协作的生命体，那么 CPU 就是这个生命体的“大脑”，而其他部件则是支撑其运行的“躯体”，显然，这是一个以 CPU 为核心的计算机硬件系统。

2.1.2　计算机的基本工作原理

在图 2-3 中可以看到，计算机硬件系统各部件之间的链接有单线也有双线，那么，他们的基本工作原理和流程是怎样的呢？理论上讲，计算机只是一个电子设备，它本身并不具备主动思维的能力，更没有先天性的“智能”，但是却能完成人都力所不能及的复杂计算和信息处理，而且是完全“自动化”执行，这就要涉及计算机硬件系统相关的一个重要概念：指令。

1. 指令与指令系统

（1）指令

指令是人对计算机发出的工作命令，它通知计算机执行某种操作。通常一条指令对应着一种计算机硬件能直接实现的基本操作，如“取数”“存数”“加”“减”等。将这些基本操作用命令集合的形式表达，这就是指令。

图 2-4（a）是指令的一般格式示意图，实际上它是以一串二进制数排列组合而成的符号串，例如，某一种计算机中的“一条加法指令”的符号串如图 2-4（b）所示。指令中的所有信息都是计算机硬件能识别的，所以又称为机器指令。一条机器指令至少要告诉计算机两个信息：一是做何种操作，二是操作数在哪里，前者称为指令的操作码，后者称为指令的地址码。

操作码	地址码

（a）指令格式

000011	0000001010

（b）一条加法指令

图 2-4　指令的一般格式

①操作码。控操作码是计算机首先要识别的信息，它指出计算机要完成的基本操作种类，例如，“取数”就是要完成从指定位置读取一个数据的操作。

②地址码。地址码是指出参与运算的数据存放的位置，例如，对于“取数”这条指令来说，地址码就是指明了从哪里取数。

（2）指令系统

每种计算机都规定了确定数量的指令，这批指令的总和称为计算机的指令系统。不同的指令系统所拥有的指令种类和数目是不同的，组成操作码字段的位数一般取决于计算机指令系统的规模。较大的指令系统就需要更多的位数来表示每条特定的指令，例如，一个指令系统只有 8 条指令，则有 3 位操作码就够了（$2^3=8$），如果有 32 条指令，那么就需要 5 位操作码（$2^5=32$），一个包含 n 位操作码的指令系统最多能够表示 2^n 条指令。

任何通用计算机，其指令系统都应具有至少 5 大类功能的指令：数据传送类、算术运算和逻辑运算类、程序控制类、输入输出类、控制和管理机器类（停机、启动、复位、清除等）。指令系统是表征一台计算机性能的重要因素，它的格式与功能不仅影响到机器的硬件结构，而且也直接影响到系统软件和机器的适用范围。所以，指令系统在很大程度上决定了计算机的处理能力。指令系统功能越强，人们使用就越方便，但机器结构也就越复杂。

2. 程序自动控制的实现

计算机如何自动执行连续的操作？这需要由计算机硬件各部件和程序共同解决以下三个问题：① 告诉计算机在什么情况下到哪个地址去取指定的指令；② 对指令进行分析和执行；③ 当执行完一条指令后，能自动地去取下一条要执行的指令。因此，计算机的控制器要有 5 个重要部件：指令寄存器、程序计数器、操作控制器、地址生成部件、时序电路，如图 2-5 所示。

在计算机开始工作之前，程序是被事先存入内存的，计算机开始工作就意味着要取程序中的第一条指令来分析并执行。其工作流程如图 2-5 控制器结构与存储器访问的示意图所示。

图 2-5 中所有的单线是表示控制器的命令流。计算机开始工作时，程序中第一条指令的地址被放置在程序计数器（program counter, PC）中，用于指向内存中存放当前指令的位置。PC 是个

具有“自动加 1”功能的寄存器，可以自动指向下一条要执行的指令地址，从而实现了程序的自动控制。完成一条指令的操作分为以下 3 个阶段。

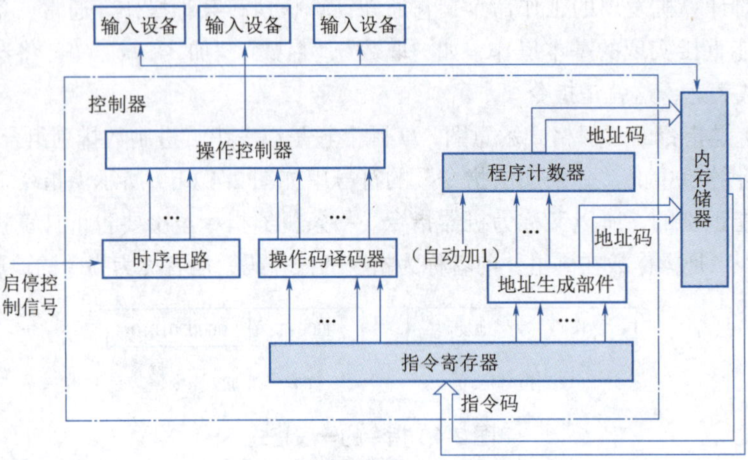

图 2-5　控制器结构与存储器访问的示意图

①取指令。根据 PC 中的内容（一组指令地址码）通过地址线（双向线）到内存中取指令，并通过双向数据线传送到指令寄存器（instruction register, IR）中。IR 是专门用于临时存放当前执行的指令码，其中包含了操作码和地址码，等待下一步操作码译码器来分析指令。当一条指令被取出后，PC 便自动加 1，为取下一条指令作好准备；

②分析指令。控制器中的操作码译码器对操作码进行译码，确定该指令的具体类型，并送往操作控制器进行分析，以识别不同的指令类别以及获取操作数的方法，产生下一步执行指令的操作命令（也称微命令），发往计算机需要执行操作的各个部件。

③执行指令。根据操作命令取出操作数，完成指令规定的操作。

可见，计算机的工作过程就是：“取指令→分析指令→执行指令”的过程，这个简单的过程就是计算机的基本工作原理，依据程序周而复始地执行这个过程，就是程序自动控制的实现。

3. 以运算器为核心的计算实现

运算器就好像是一个由电子线路构成的算盘，图 2-6 是以运算器为核心的计算实现结构示意图。运算器由累加器（ACC）、通用寄存器（R）和算术逻辑部件（ALU）组成。除此之外还有各种逻辑电路，包括移位器、多路选择器和一些控制电路，这些部件构成了基本的计算单元。

运算器主要完成加、减、乘、除四则运算，与、或、非、异或等逻辑运算，以及移位、比较和传送等操作。ALU 是运算器的核心部件，如图 2-6 所示，ALU 接收通用寄存器和累加器的输入，完成所有的计算。通用寄存器用于暂存参加运算的一个操作数，该操作数来自内存。累加器是特殊的寄存器，既能接收来自内存的二进制数作为参加运算的一个操作数，又能存储算术逻辑部件运算的中间结果和最后结果，准备下一次的运算。因其具有累计运算的功能，所以才称之为“累加器”。

运算器只能完成加、减、乘、除四则运算及其他一些辅助操作，对于比较复杂的计算，人必须将其简化成一步一步简单的加、减、乘、除等基本操作，而解决某一问题的一串基本操作的序列，称为该问题的计算程序。

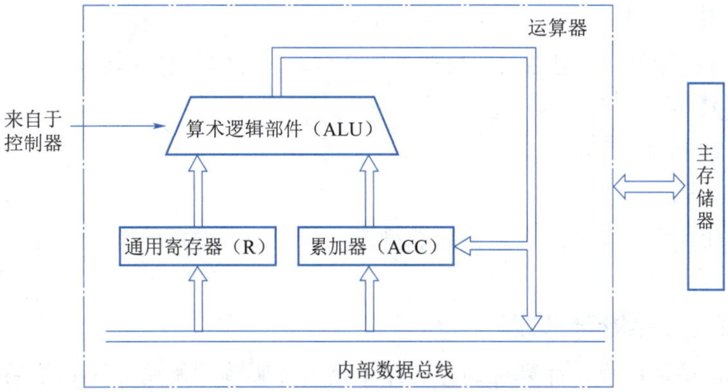

图 2-6　以运算器为核心的体系结构

计算机是以运算器为核心完成所有计算的，而运算器是以 ALU 为核心来构建运算逻辑。当计算机运行时，运算器执行何种操作由控制器来决定，参与操作的数据来自存储器，处理后的结果再送回到存储器。可见，运算器是靠控制器来指挥、存储器做数据保障来完成运算的。换句话说，计算机是以运算器为核心完成计算的，而运算器是需要控制器和存储器以及所有部件的高度协同的，这就是计算机的基本工作原理。

文档

电脑为什么只能用二进制

纵横学习

为什么称“累加器”？而不是“累乘器”或者别的什么呢？难道计算机只会做加法吗？

2.1.3　微型计算机及其多级存储体系

1. 微型计算机

微型计算机（简称微机）是一种以微处理器（CPU）为核心的小型化计算机系统，诞生于 20 世纪 70 年代。其主要特点是将运算器、控制器、寄存器等核心部件集成在单个微处理器（CPU）芯片上，同时通过大规模集成电路技术实现内存、I/O 接口等的高度集成化，从而显著缩小体积、降低功耗和成本。微型计算机具有结构紧凑、通用性强、易于普及等特点，可以缩小到我们的桌面上、书包里、手机里，被广泛应用于办公、教育、工业控制等领域，也称为个人计算机（personal computer, PC），通常人们也俗称微机、电脑等。其典型代表有台式机、笔记本计算机、嵌入式设备等。微型计算机的普及应用推动了信息技术的平民化和数字化进程，也更进一步的推动了计算机科学的发展。

2. 微型计算机的性能指标

微型计算机的性能指标是由它的指令系统、系统结构、硬件组成、软件配置等多方面的因素综合决定的。通常从以下几个方面衡量计算机的性能。

（1）字长

指微处理器一次能够完成的二进制数运算的位数，如 32 位、64 位。

（2）主频

是指微型计算机中 CPU 时钟频率（CPU clock speed），也就是 CPU 运算时的工作频率。一般来说，主频越高，一个时钟周期里完成的指令数也越多，当然 CPU 的速度就越快。

（3）内存容量

指内存中所有存储单元的总数目，反映了计算机即时存储信息的能力。

（4）外部存储器的容量

指硬盘容量（内置硬盘）。

（5）外设扩展能力

指一台微型计算机可配置外部设备的数量以及配置外部设备的类型，对整个系统的性能有重大影响。

3. 微型计算机的多级存储体系

对于广大的计算机用户，计算机的存储体系是直接影响到使用方法和效果的。这里以常用的 PC 为例，介绍计算机的多级存储体系结构。

人们对计算机存储体系的终极诉求是：尽可能大的存储容量，尽可能快的存取速度快，同时价格低。但这三者之间正好是矛盾的，例如，存储器的速度越快，价格就越高；存储器的容量越大，则存储器的速度就越慢等。所以仅仅采用一种技术组成单一的存储器是不可能同时满足这些要求的。随着计算机技术的不断发展，通常是把几种存储技术结合起来构成多级存储体系，即将存储实体由上向下分为 4 层，分别为微处理器存储层、高速缓冲存储层、主存储器层和外存储器层，如图 2-7 所示。这种多级存储体系比较好地解决了存储容量、存取速度和成本价格的问题。

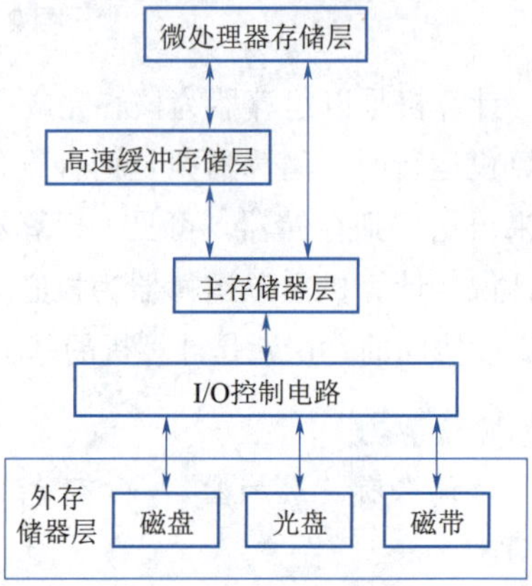

图 2-7　微型计算机的多级存储体系示意图

（1）微处理器存储层

微处理器存储层是多级存储体系结构的第一层，由 CPU 内部的通用寄存器组、指令与数据缓冲栈来实现。由于寄存器存在于 CPU 内部，一些运算可直接在 CPU 的通用寄存器中进行，这样就减少了 CPU 与内存之间的数据交换，所以速度比磁盘要快百万倍以上。但通用寄存器的数量非常有限，一般只有几个到几百个。例如，2023 年华为最新的 64 位鲲鹏 CPU，是基于 ARMv8 架构，采用 7 nm 工艺，其通用寄存器只有 31 个是 64 位的，这就不可能承担更多的数据存储任务，只能用于 CPU 工作时存储使用最频繁的数据。

（2）高速缓冲存储层

高速缓冲存储器（cache）由静态随机存储器（SRAM）组成，这是多级存储体系的第二层，设置在微处理器和内存之间，通常集成在 CPU 芯片内部，容量比内存小得多，但速度比内存高得多，接近于 CPU 的速度。

为什么要使用 cache 呢？因为内存是通过内部总线与 CPU 相连的，其存取速度比 CPU 速度慢得多，使得 CPU 的高速处理能力不能充分发挥，影响了整个计算机系统的工作效率。Cache 依据的是程序局部性原理：正在使用的内存单元邻近的那些单元将被用到的可能性很大，因而，当 CPU 存取内存某一单元时，计算机就自动地将包括该单元在内的那一组单元内容调入到 Cache 中；CPU 即将存取的数据首先从 Cache 中查找，如果找到了就不必再访问内存，有效提高了计算机的工作效率。

现代主流 CPU 普遍集成了多级缓存，以提升速度，属于中高端配置，价格也就更高。

视频

扩展内存演示

（3）主存储器层

图 2-7 所示的多级存储器体系中，主存储器（内存）是第三层存储，它是独立于 CPU 的，但却是 CPU 可以直接访问的唯一大容量存储区域。任何程序或数据要为 CPU 所使用，必须先放到内存中，即便是 Cache，它的信息也是来自内存。所以内存的速度在很大程度上决定了系统的运行速度。但是与外存相比，或者说与计算机的运行需求相比，内存的容量还是非常有限的。目前主流 PC 常见的基本内存配置在 8 GB～32 GB，也有一些高端工作站的内存可以在 32 GB 以上。这个存储量与实际计算需要相差甚远，并且内存是半导体材料制成的芯片，如图 2-8（a）所示，其特点就是存取速度快，但容量小且信息断电即失。所以必须由大容量且永久性保存信息的存储器作为补充。

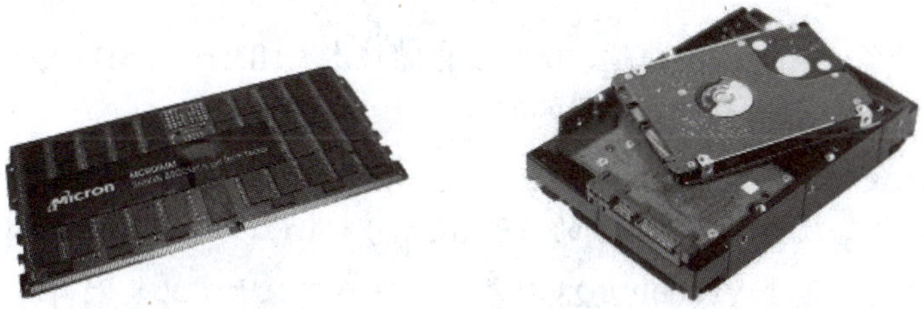

（a）内存芯片　　（b）机械硬盘

图 2-8　内存储器芯片

（4）外存储器层

外存储器是内存的坚强后盾，不仅提供大量的存储空间，而且信息永久保存，这就是存储体系中不可缺少的部分。外存储器包括软盘、硬盘、磁带、CD、磁卡等，图 2-8（b）是机械硬盘，因为采用磁性材料，所以具有永久保留信息且大容量的特点。截至 2024 年，消费级 PC 可用的最大硬盘容量已达 24 TB～30 TB，主要来自机械硬盘（HDD）和大容量固态硬盘（SSD）。表 2-1 是计算机存储容量的度量标准，1 字节用 1B（8 位二进制）表示，千字节用 KB 表示，就是 2^{10} = 1 024 字节，依此方法的度量单位还有兆字节（MB）、吉字节（GB）、太字节（TB）、拍字节（PB），其存储容量都是按照 2^{10} 进位的。

表 2-1　计算机存储容量的度量标准

单　位	缩　写	换算关系	实际字节数二进制表示	实际字节数十进制表示
字节	B	1 B	1 B	1 B
千字节	KB	1 KB = 1 024 B	1 024 B	1 000 B
兆字节	MB	1 MB = 1 024 KB	1 048 576 B	1 000 000 B
吉字节	GB	1 GB = 1 024 MB	1 073 741 824 B	1 000 000 000 B
太字节	TB	1 TB = 1 024 GB	1 099 511 627 776 B	1 000 000 000 000 B
拍字节	PB	1 PB = 1 024 TB	1 125 899 906 842 624 B	1 000 000 000 000 000 B

其实，存储容量也是计算机科学技术飞速发展的标志之一，由以下发展实例可见。

①吉字节（GB）。是 20 世纪 80 年代中后期出现的，随着硬盘容量突破 1 GB 时开始使用。例如，IBM 3380，这是 1980 年首款的 1 GB 商用硬盘，可满足图形界面和多媒体需求（如 Windows 3.0），标志着个人计算机存储进入了“GB 时代”；

②太字节（TB）。21 世纪初，随着互联网的爆发，视频和社交网络日新月异，由此牵引了大容量存储的需求。2007 年，日立的首款 1 TB 硬盘开始面向消费市场，支持了数据中心的兴起。

③拍字节（PB）。21 世纪年代，拍字节已经成为云计算 / 大数据的标准单位。因为 AI 训练、全球级数据分析需要 PB 级存储。例如，Facebook 在 2012 年称其数据可达 100 PB（1 PB = 100 万 GB），这标志着社交网络进入超大规模数据处理时代（2012 年用户超 10 亿，日均 PB 级数据增长），支持照片 / 视频每天数亿的上传存储，所以可以说 Facebook 是数据规模的里程碑。

综上从 GB 到 PB，约 30 年的跨越，反映了存储技术（HDD → SSD →云）和计算需求的指数级增长，驱动了从个人计算到智能时代的变革。

案例 2-1 西部数据（WD）Ultrastar DC HC670，其存储容量是 26 TB，采用了充氦技术，CMR 垂直记录；在固态硬盘方面，三星的（Samsung）870 QVO 的存储容量有 8 TB。

案例 2-2 联想的拯救者 Y9000P 2023 年推出的游戏笔记本，其基本内存是 16 GB，可扩展至 32 GB，而采用的固态硬盘容量是 1 TB，是内存的近千倍。戴尔 XPS 8950 高性能台式机，内存是 32 GB，硬盘采用 SSD 和 HDD 配合的方式，容量为：1 TB NVMe SSD + 2 TB HDD。

通过以上案例，可对照理解内存、缓存、外存之间的差别。

2.1.4 摩尔定律与微处理器的发展

每谈到计算机发展时，都会听到“摩尔定律”这个词，自从有了芯片以后，摩尔定律几乎成了计算机发展的度量尺。本节仅用有限篇幅抛砖引玉，作为读者自学的引子。

1. 晶体管与集成电路

1947 年，当世界上第一个晶体管诞生时，就好像宇宙的第一次爆炸带来的震惊。因为早期的电子计算机使用真空管，在稳定性、体积等各方面受到很大限制。而晶体管是一种半导体器件，较真空管而言具有体积小、重量轻、耗能少、寿命长、可靠性高等诸多优点。以晶体管取代真空管是计算机发展史上的重大革命，他极大地提高了计算机的性能和稳定性。早期的真空管和晶体管如图 2-9 所示。

什么是集成电路呢？集成电路（integrated circuit, IC）是一种微型电子器件或部件。采用一定的工艺，把一个电路中所需的晶体管、电阻、电容和电感等元件及布线互连一起，制作在一小块或几小块半导体晶片或介质基片上，然后封装在一个管壳内，成为具有所需电路功能的微型结构。其最大特点就是所有元件在结构上已组成一个整体，使电子元件向着微小型化、低功耗、智能化和高可靠性方面迈进了一大步。尤其是半导体硅基材料的出现，推动了集成电路的划时代革命。因为他可以有更高的集成度、稳定性、低功耗等优势，使得从手机、笔记本计算机、平板计算机，到数据中心的服务器，再到各种智能穿戴设备，都有了基于硅材料的集成电路芯片。

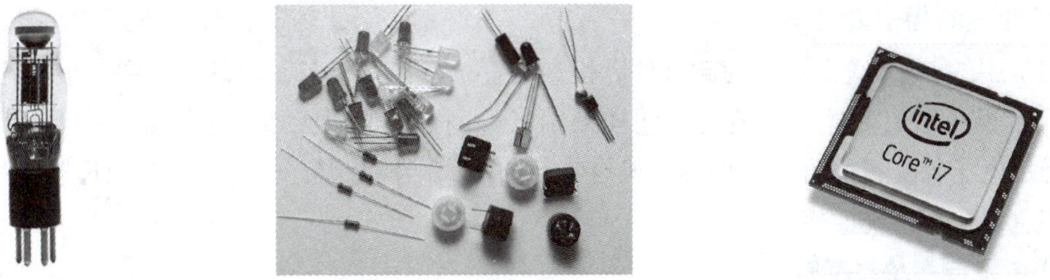

（a）电子管　　（b）晶体管　　（c）CPU 进程电路芯片

图 2-9　电子管、晶体管与集成电路

2. 摩尔定律

1965 年，英特尔创始人戈登·摩尔预测：当价格不变时，一片集成电路上可容纳的晶体管数目约每隔 18 至 24 个月增加一倍，性能同步提升一倍，这就是摩尔定律。最初这个预测是对半导体技术发展趋势的观察，而计算机的代际演进本质上就是晶体管和半导体芯片能力的发展，在以后的半个多世纪的发展中，这个预测被事实验证是准确的。

图 2-10 是芯片集成度 50 年的发展示意图，图中可见：1971 年，Intel 4004 芯片的集成度是 2 300 个晶体管；到 2001 年，DEC 公司的 Alpha 21164 芯就片拥有了 930 万个晶体管的高性能设计；再看 2006 年 Intel Core Duo 双核处理器，其集成度达到上亿的数量。

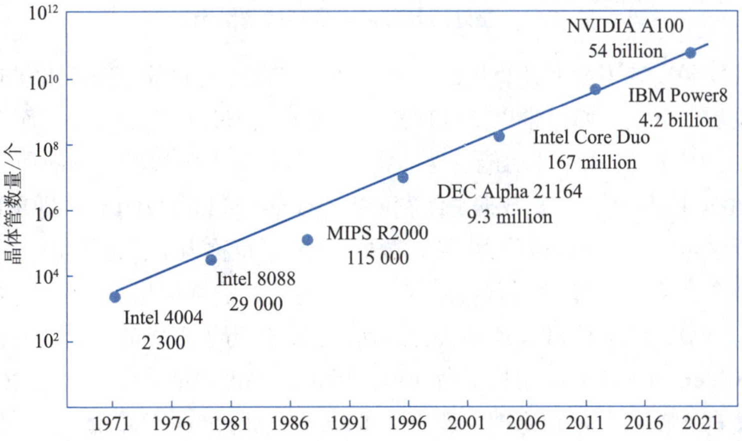

图 2-10　芯片的摩尔定律

1970—2010 年，从一个晶体管到在一块芯片上集成数以亿计的晶体管，摩尔定律是芯片发展的“灯塔”，计算机的发展高度依赖于半导体芯片的进步。但是，2010 年之后，摩尔定律已经遇到了严重的技术瓶颈，“堆料”的难度越来越高，集成度对计算系统的贡献仅占到 40%，摩尔定律明显开始放缓，人们认为已经进入了后摩尔时代。那么，大家一定会关心一个问题：摩尔定律为什么会失效？核心原因有以下几点。

①物理极限。传统平面芯片逼近了物理极限（晶体管尺寸逼近原子级：3 nm 以下），量子隧穿效应导致漏电失控。

②经济瓶颈。先进制程研发成本呈指数增长（3 nm 工艺研发超预期）。

③散热制约。单位面积功耗密度超过火箭尾焰（1 000 W/cm² 级）。

3. 微处理器与协处理器

人们常用的PC，通常被称为微型计算机，尽管微型计算机与一般的大、中、小型计算机一样地沿用了冯·诺依曼体系结构，也同样采用二进制数，所以无本质区别。但是要说明的是：较其他通用电子计算机而言，微型计算机有自己的两大结构特点：一是采用微处理器作为CPU，二是采用总线实现系统连接。

(1) 微处理器及其发展

所谓微处理器，就是将CPU（运算器、控制器）以及一些需要的电路集成在一个半导体芯片上，同样完成取指令、分析和执行指令操作以及所有的算术和逻辑运算，并能够与外界存储器和逻辑部件交换信息，控制微型计算机各部分协调工作。图2-11是微处理器芯片以及芯片制作示意图，与传统的CPU相比，微处理器具有体积小、重量轻和容易模块化等优点。

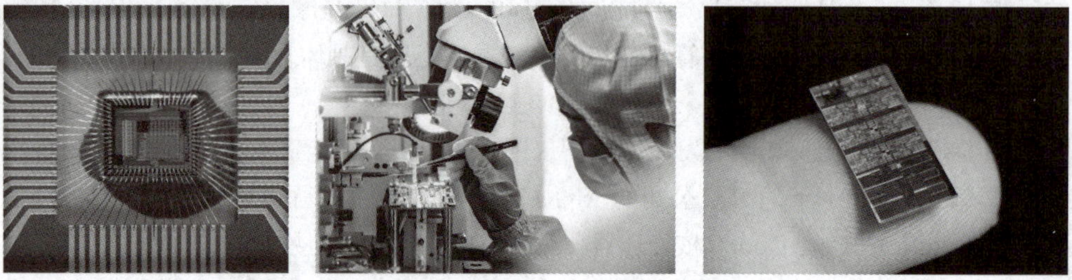

图 2-11　微处理器芯片以及芯片制作示意图

微处理器的发展决定了微型计算机的发展。每当一款新型的微处理器出现时，就会带动微机系统的相应发展，所以人们通常以微处理器的发展看微型计算机的发展。而微处理器的发展除了摩尔定律，通常还按照各种功能、性能指标来划分的。例如，最早的微处理器（1971—1973）是Intel 4004（第一代），其数据总线宽度（data bus width）为4位，即单次能处理/传输的二进制数据位数为4位，所以被称为“4位微处理器”，也称为字长是4位的微处理器。

随后便是微处理器的大革命时代，后续的半个世纪，陆续推出了字长8位、16位、32位和64微处理器。1992年64位微处理器就已经问世了，经历了多次的优化改进，直到2003年，AMD Opteron/Athlon 64（x86-64架构）微处理器问世，才正式推动了在主流PC机上的普及应用，奠定了现代PC/服务器64位基础，被业界称为x86架构的64位革命。

请思考： 为何64位普及在2000年后？目前，在一些专用领域（如航天器计算机等）也使用128位微处理器，但还不能做到商用，属于实验室或专用领域。请问为什么？

案例 2-3 2005年至今，是熟知的酷睿（Core）系列微处理器时代。早期的酷睿是基于笔记本处理器的；2006年推出的新一代基于Core微架构的产品酷睿2，是一个跨平台的构架体系；2010年发布了第2代Core i3/i5/i7；2011年又发布了新的处理器微架构，将显卡与CPU封装在同一块基板上，使视频处理时间比老款处理器至少提升了30%。

(2) 协处理器

协处理器（coprocessor）也是一种芯片，但是它的功能是辅助微处理器完成特殊任务，用于减轻微处理器的负担，例如，数字协处理器可以控制数字处理，图形协处理器可以处理图形绘制。著名的GPU（graphics processing unit, GPU）就是一种协处理器，他专门针对浮点运算、加密、图形渲染等问题工作。协处理器的主要特点是非独立性，他依赖CPU调度，通常不直接运行操作系统或管理内存，而是与 CPU 协同工作，用于提升系统整体效率。

2.1.5　以总线为数据通道的微型计算机体系结构

为了既方便数据传送，又能将所有计算机用到的部件都集中到一个系统单元（机箱）内，微型计算机的体系结构采用了总线设计方案。

1. 总线结构

任何一个微处理器都要与一定数量的部件和外部设备连接，但如果将各部件和每一种外部设备都分别用一组线路与 CPU 直接连接，那么连线将会错综复杂，甚至难以实现。为了简化硬件电路设计、简化系统结构，常用一组线路，再配置适当的接口电路，与各部件和外部设备连接，这组共用的连接线路被称为总线。如图 2-12 给出了以总线为公共通道的微型计算机体系结构示意图。

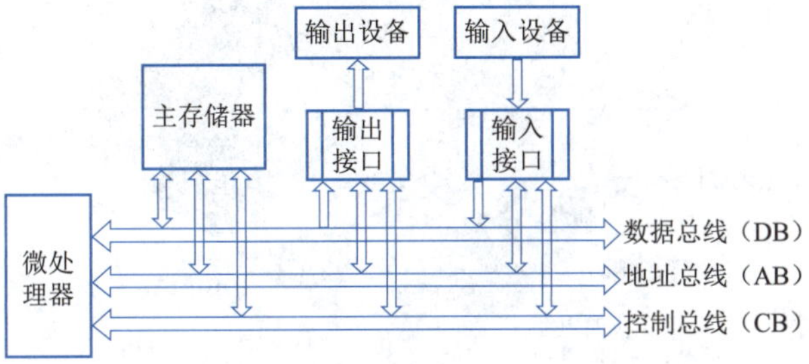

图 2-12　以总线为公共通道的微机体系结构

由图 2-12 可见，CPU 与内存之间是通过三组总线传递信息的，外部设备所对应的各接口电路也是挂在总线上的，形成了以总线为数据通道的微型计算机体系结构。这样的总线结构既缩小了微机的体积，又方便了部件和设备的扩充或更换，尤其是这种方式形成了一种统一的总线标准，大大地方便了不同设备的互联。

2. 总线的类型

总线分为内部总线、系统总线和外部总线三种。

（1）内部总线

内部总线区别于图 2-12 所给出的总线，所谓“内部”，是指总线在 CPU 芯片内部，是 CPU 内部各组件之间的连线，所以也叫片内总线。内部总线作为 CPU 内部的公共数据通道，用于提高控制器、运算器及各逻辑单元之间的信息传送效率。前面讲解“程序自动控制的实现”和“以运算器为核心的计算实现”时，主要涉及的是内部总线，例如图 2-6 中的内部数据总线，就是在 CPU 内部与运算器对接的总线。

（2）系统总线

系统总线主要提供了 CPU 与计算机系统各部分之间的信息通路，决定了 CPU 与主存、内部与外部的联络方式。在讨论微机系统结构时所说的总线，通常是指系统总线。从系统观点上说，把微机各部件之间需要进行传递的信号分为三类：数据信号、地址信号和控制信号。对应这三类信号传递所需的总线也分成三组：数据总线（data bus, DB），用于传输指令和数据信息；地址总线（address bus, AB），专门用于传输指令和数据的地址信息；控制总线（control bus, CB），将微处理器与微机系统各部件之间的连接组织在一起，传递 CPU 发出的各种控制信号以及各部件的回答信号。这就是著名的微机三总线结构，也是以总线为数据通道的微机体系结构特色，

(3) 外部总线

外部总线是微机与外部设备之间的总线，也称为扩展总线。主板上存在一些插槽，也叫扩展槽，扩展槽中的金属线就是外部总线。图 2-13 是微型机的主板，其中的一些扩展槽（网卡 IEE1394、前置 USB、IDU 接口等）都是用于插入外部板卡的地方，其管脚的金属线与槽口的外部总线相接触，实现了信号互通的目的。外部总线提供了计算机系统的功能扩展，例如，更换显卡或网卡，增加新的外部设备等。

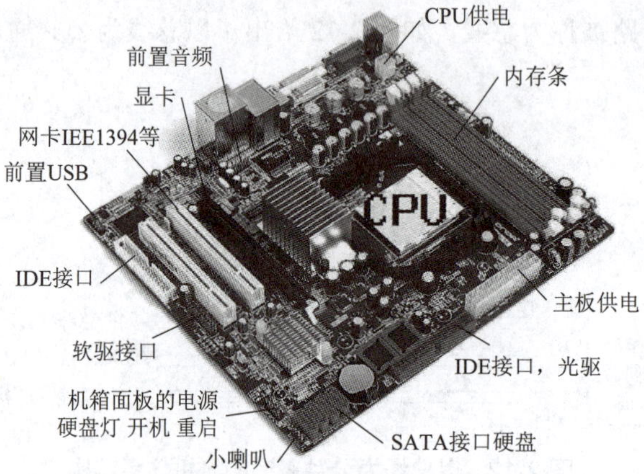

图 2-13　微机主板

3. 总线的技术指标

如果说微处理器是微机的心脏，那么，总线就是微机的神经了。通常有三种评价总线的技术指标：总线位宽、总线频率和总线带宽。

(1) 总线位宽

指总线能同时传送的二进制位数。微机常有的总线位宽有 16 位、32 位、64 位等，目前使用的主要是 32 位和 64 位的技术指标。总线位数越多，传输数据就越快。例如，如果某个数据占有 8 个字节，而总线位宽只有 32 位，那么就需要两次才能传送完该数据；而对于 64 位总线只要一次就可以完成传送。

请思考： 总线位宽与字长有什么异同？又有什么联系？

(2) 总线频率

总线频率含义与处理器的时钟频率一样，总线频率越高，传送数据越快。

(3) 总线带宽

是指单位时间内总线上可传送的数据量，它表达了数据的传输率。与其密切相关的两个因素是总线位宽和总线频率，它们之间的关系是：

$$总线带宽 = 总线频率 \times 总线位宽 \div 8$$

或

$$总线带宽 = (总线位宽 \div 8) \div 总线周期$$

2.1.6　多核处理器与并行计算机

1. 多核处理器

当计算需求量出现了剧增的态势，依赖 CPU 独立处理问题所带来的限制日益突出。所以考虑将计算任务变成 CPU 与其他具有计算能力的部件分担任务，这就是多核处理器（chip multi-processor, CMP）的问题背景。CMP 也称为片上多处理器或单芯片多处理器，是指在一个处理器中集成两个或多个完整的计算引擎（内核），将多个完全功能的核心集成在同一个芯片内，整个芯片作为一个统一的结构对外提供服务，其特色就是一片多核。

多核处理器是从“双核”开始的，有两种思路：一种是直接方式，即将所有组件都直接连接到 CPU，消除系统架构方面的瓶颈，同时也将两个处理器核心连接到同一个内核上，两个核心之间以芯片速度通信，降低处理器之间的延迟。图 2-14 是一个双核处理器的结构示意图，图中可见这个处理器内部提供了“系统请求队列”，工作时两个核心并行将其请求放在队列中（排队），当获得资源后其请求就可送往相对应的核心，以完成处理任务。这样一来，所有的处理过程都在 CPU 内完成，而且是两个核心同时工作。另一种是总线方式，即采用多个核心共享前端总线的方式。前者的架构更容易支持双核以至多核，而后者会遇到多个内核争用总线资源的瓶颈问题。

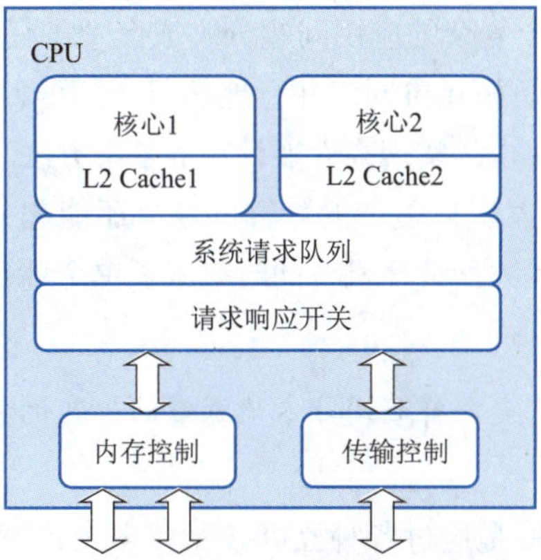

图 2-14　双核处理器结构示意图

多核处理器架构实际上体现了“分治法”的思想，它通过划分任务，使线程应用能够充分利用多个执行内核，并可在特定的时间内执行更多任务。需要特别强调的是：多核处理器是单个芯片，能够直接插入单一的处理器插槽中，操作系统会利用所有相关的资源，将每个执行内核作为分立的逻辑处理器对待。

双核处理器技术的引入显然是提高处理器性能的有效方法，因为处理器实际性能是指：处理器在每个时钟周期内所能处理指令数的总量，因此增加一个核心，处理器每个时钟周期内可执行的单元数将增加一倍。要强调的是，如果想让系统达到最大性能，必须充分利用两个核心中的所有可执行单元，也就是说，让所有执行单元都有活可干。

2. 并行计算机

与多核不同的是，并行计算机是由多个处理器组成的计算机系统。大型并行计算机系统结构一般可分为两大类：单指令多数据流（single-instruction multiple-data, SIMD）计算机和多指令多数据流（multiple-instruction multiple-data, MIMD）计算机。SIMD 一般为专用机；通常应用的主要是 MIMD 计算机。MIMD 又分为以下 5 类。

①并行向量处理机（parallel vector processor, PVP）

②对称多处理机（symmetric multiprocessor, SMP）

③大规模并行处理机（massively parallel processor, MPP）

④工作站机群（cluster of workstations, COW）

⑤分布式共享存储（distributed shared memorys, DSM）多处理机

案例 2-4 我国银河 1 号计算机就是采用了并行向量处理机（PVP）体系结构，如图 2-15 所示。

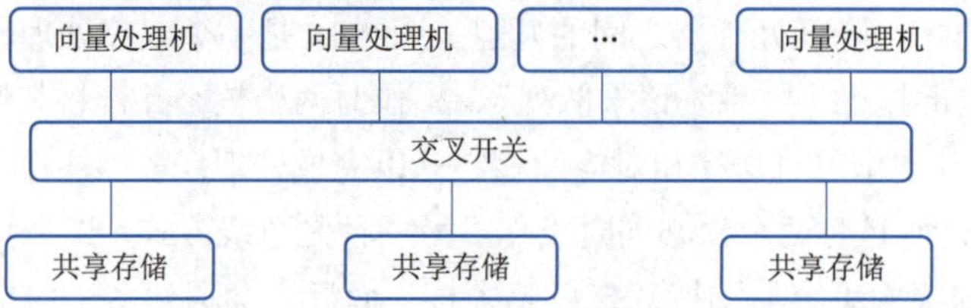

图 2-15　银河 1 号的 PVP 结构示意图

当执行计算任务时，将一个复杂的应用问题分解成多个子任务，并分配给图 2-12 所示的不同向量处理机，各个处理机之间相互协同，并行地执行子任务，从而达到加速求解复杂问题的目的。这就是并行计算的目的，也是实现高性能计算的基本方法。

并行计算不仅能快速解决大型且复杂的计算问题，还能充分利用非本地资源，节约成本。使用多个“廉价”计算资源取代大型计算机，同时克服了单个计算机存在的存储器限制。

纵横学习

请查阅资料，了解并行计算是怎样利用非本地资源的，其优势是什么？

3. 集群计算机系统

什么是集群计算机系统？就是通过各种互联技术将多个计算机系统连接在一起，利用所有被连接系统的综合计算能力来处理大型计算问题，通常被称为高性能计算集群系统，实际上就是一个更大范围的并行计算机系统。这里强调的是：集群就是将多个计算机系统连在一起，而不是多个 CPU 的相连。

对于非计算机专业的读者而言，多核、并行、集群这几个概念有时会混淆，对于集群的具体定义：集群（cluster）技术是指一组相互独立的计算机，利用高速通信网络组成一个计算机系统。集群系统中的单个计算机通常称为节点，每个群集节点都是运行各自进程的一个独立服务器，这些进程可以彼此通信。对网络客户机来说就像是形成了一个单一系统，协同起来向用户提供应用程序、系统资源和数据，并以单一系统的模式加以管理。

案例 2-5 图 2-16 是淘宝网图片存储与处理系统的高性能集群计算机系统的拓扑图结构。可见整个集群系统就像一个庞大的服务器一样，有处理单元、缓存单元和存储单元。

通过集群技术，可以在付出较低成本的情况下获得性能、可靠性、灵活性等多方面相对较高的收益，这是计算机工程思维的成果，其计算任务调度才是集群系统中的核心，是复杂计算

系统设计的思维方法。

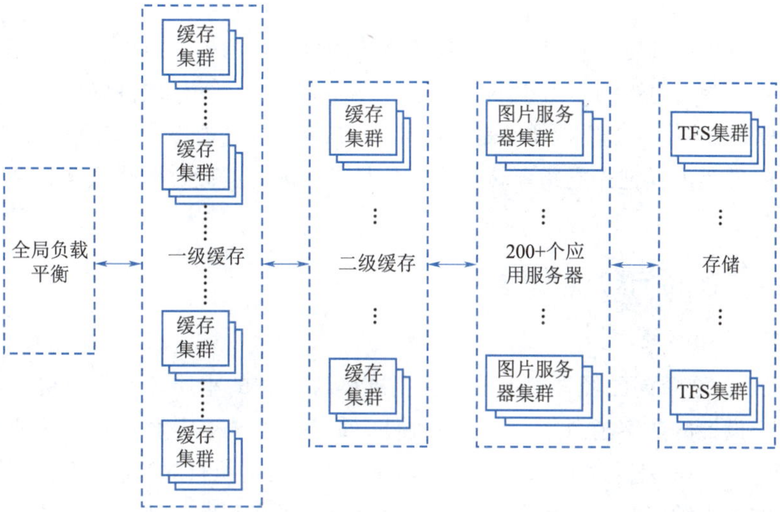

图 2-16　淘宝网的图片存储与处理系统全局拓扑结构图

2.1.7　AI 驱动的异构扩展（GPU/TPU）

进入后摩尔时代之后，计算机硬件体系的发展明显涉及架构问题，如上面介绍的并行计算、集群等。尤其进入 AI 爆发普及应用以来，AI 驱动的异构扩展更是不断地推陈出新，例如，当下 AI 驱动的算力革命，一个显著的趋势就是超异构计算。

那么什么才是异构呢？在计算机与人工智能领域，“异构”指由不同类型计算机硬件或软件架构组成的系统。所谓的 AI 驱动的异构扩展，是指利用 AI 技术动态优化异构资源的分配与协作，从而提升系统整体效率。其中的核心思想是：AI 通过实时分析任务需求（如计算量、延迟要求等），自动匹配最适合的硬件资源。例如，AI 的模型训练仅依赖传统的 CPU 是难以完成其计算的，通常会使用图形处理器 GPU 进行加速，因为 GPU 正是一种专门用于处理图像和图形运算工作的协处理器芯片；但是 GPU 并不能取代 CPU，因为所有数据预处理都是 CPU 来完成的，这是 CPU 的专长。这就是 AI 驱动的异构资源扩展。

这里还要提到一个张量处理单元（tensor processing unit, TPU），这是谷歌专为机器学习设计的 AI 加速芯片，其核心功能是：高效矩阵运算、低精度计算优化、高带宽内存集成（减少数据搬运延迟）等，他更适合大规模云端推理任务，所以通常用来替代 GPU 的专用 AI 算力引擎。

21 世纪后，AI 的迅速发展，使堆料大战的集成度提升逐渐从绝对主导转变为与其他技术并重，架构创新逐步被强化，仅异构创新这一点在计算系统的性能提升方面，其贡献比例就达到了 30%。所以，AI 驱动的异构扩展就是要将不同类型的计算资源整合在一起，以达到计算最优化，从而形成更强大的计算力量。异构甚至超异构计算技术充满了挑战和机遇，这在计算机硬件系统进化中是一个划时代的革命。

2.2 计算机软件系统：人与硬件的翻译官

如果一台计算机不插电，看上去就只是冷冰冰的机器，而插上电的计算机却会展示无限的可能，这仅仅是因为“电”吗？当然不是，是因为有了赋予计算机硬件以生命灵魂的计算机软件。所以说，软件如同“乐谱”，硬件是“钢琴”，二者结合才能奏出数字世界的交响曲。本节将揭示计算机软件是怎样把人类指令转化为电信号，让冰冷的硬件听懂人类指令，完成从点击到响应的魔法之旅。

2.2.1 软件的本质与分类模型

1. 软件的本质

如今，“软件”这个词已经耳熟能详，但要准确说清它的本质却并不简单。计算机软件本质上是一套精心设计的数字指令集，它指挥硬件完成各种任务。软件的核心价值在于它实现了“思维的可编程化”——把人类的知识和经验转化为可以自动执行的算法流程。无论是简单的计算器还是复杂的人工智能，软件都在充当人和机器之间的翻译官：既把人们的需求翻译成机器指令，又把计算结果以人们能理解的方式呈现。正是这种独特的数字媒介属性，让软件成为现代社会最重要的生产力工具之一。

从手机 App 到操作系统，所有软件都是通过编程语言将人类思维逻辑转化为机器能理解的代码，让冰冷的芯片具备处理信息、解决问题甚至模拟现实的能力。所以说，计算机软件的本质是“可编程的逻辑实体”，它既是抽象规则的代码化表达（如数学公式→程序），也是动态重构硬件资源的虚拟层（如游戏引擎模拟物理世界），其终极意义在于扩展人类能力——将重复性、高复杂度或超人力范围的任务（如实时全球通信、海量数据分析）编码为可自动执行的流程，成为思维与生产力的倍增器。

2. 软件的分类模型

软件类型很多，通常按功能、运行层次、交付方式等不同维度进行细分。

（1）按功能划分

①系统软件。管理硬件并提供基础服务，如操作系统（如 Windows、Linux）、设备驱动、固件等。

②应用软件。传直接面向用户，解决特定需求，如办公软件（如 Word）、社交 App（微信）、游戏等。

③开发软件。用于创建其他软件，如编程语言（如 Python）、编译器（如 GCC）等。

④嵌入式软件。内置于硬件设备中，如智能家电控制程序、汽车 ECU 等。

（2）按运行层次划分

①底层软件。直接与硬件交互，如 BIOS、操作系统内核。

②中间件。连接不同系统，如数据库管理系统、Web 服务器。

③上层软件。用户直接使用的应用，如浏览器（如 Chrome）、视频剪辑软件（如 Premiere）。

（3）按交付方式划分

①本地软件。安装在设备上运行，如单机游戏、Photoshop。

②云端软件（SaaS）。通过互联网提供服务，如在线文档（如 Google Docs）、云存储（如 Dropbox）。

③混合模式。部分本地 + 云端，如智能家居 App（本地控制 + 云同步）。

除以上三大类之外，还有按授权模式划分：开源软件（代码公开，如 Linux）；闭源商业软件（如 Windows、Adobe 系列）；免费软件（如 Chrome）；订阅制软件（如 Office、WPS）。种类繁多，不胜枚举。

从计算系统设计的角度看，硬件和软件结合构建了系统。而从应用的角度看，硬件和软件都存在各自的体系和不断的问题求解过程、不断的优化和设计过程。继上节的硬件介绍之后，本节仅关注常用的软件系统构建。尤其对于非计算机专业的实际应用而言，用户更关注软件的平台作用。因此，仅从功能和运行层次角度看，软件平台主要由三类软件提供：一种是系统软件，二是中间件，三是应用软件。他们和计算机硬件以及和用户之间的层次关系如图 2-17 所示。

图 2-17 软件分类模型示意图

由图 2-17 的软件分类模型示意图不难看出，系统软件在最底层，他可以直接与计算机硬件系统打交道。系统软件包括了操作系统（operating system, OS）和一系列基本工具，如一些驱动程序、编译器、虚拟机等。而用户经常需要用的是应用软件在最外层，他需要系统软件的支持，所以通常把系统软件称为“平台软件”。

应用软件是为了某种特定的用途而开发的软件，例如，图像浏览器、办公应用、抖音平台等等，这些都是特定功能的程序。这些软件必须在系统软件支持下才能运行，有时也需要中间件的支持。如大型多人在线游戏（MMO）、社交类游戏或需要持久化存储玩家数据的游戏，都需要数据库的支持。

案例 2-6《原神》（*genshin impact*）游戏软件，是由我国的米哈游公司开发的一款“开放世界冒险游戏”。这款游戏采用了现代化的软硬件技术支持，这里我们仅解析就软件系统相关的关键技术支持：游戏研发软件是 Unity 引擎，这种引擎应该是归类为中间层软件，其特性就是“翻译官”，高度依赖外部 API（application programming interface, API）。

那么 API 又是谁提供的呢？当然就是最底层的操作系统。具体说起来还是有点复杂，就《原神》而言，在移动端（手机、平板等），他同时适应安卓和苹果两种设备，安卓设备采用的底层软件是 Android 操作系统（Linux 内核）；苹果设备采用了 iOS 操作系统（UNIX-like 内核）；在 PC/ 主机端，则是运行在 Windows、PlayStation OS 等底层操作系统上。作为中间件的 Unity，其作用仅是作为跨平台框架，通过调用不同操作系统提供的 API（如 Android 的 NDK、iOS 的 Metal）来实现图形渲染（OpenGL ES/Vulkan/Metal）、输入控制（触屏 / 手柄）和内存管理，只要在运行时动态链接系统已安装的图形驱动（如 Windows 的 DirectX、Linux 的 OpenGL/Vulkan）即可。而游戏软件的逻辑代码属于应用层，用于实现游戏玩法、UI 交互、剧情脚本等业务逻辑，通常用高级语言编写（如 C#/Lua/Python 等），这些是运行在 Unity 虚拟机环境中，不直接操作 OS 内核，依赖 Unity 引擎提供的 API。

通过《原神》游戏软件这个案例，看到了软件的不同层次结构是如何协同工作，以更高效地调度计算机的硬件资源。

2.2.2 操作系统核心功能

由图 2-17 可见，在计算机软件系统中，最核心的就是操作系统。他是最底层的软件，控制所有计算机运行的程序并管理整个计算机的资源分配，是计算机裸机与应用程序及用户之间的桥梁。它允许计算机用户使用应用层的所有软件，例如电子制表、网页浏览器、AI 软件等；他也允许程序员利用编程语言、函数库、系统调用和程序生成工具来开发软件。如果没有操作系统，用户也就无法使用其他软件或程序。

1. 操作系统分类

现代操作系统通常按照设备、用途、内核三大维度划分，如果仅从用途方面划分，可以认为只有通用型和专用型两种。

（1）通用型 OS

①计算机：Windows、macOS、Linux。

②手机：Android、iOS、HarmonyOS。

（2）专用型 OS

①嵌入式：FreeRTOS（智能硬件）。

②游戏主机：PlayStation OS、Switch OS。

③实时系统（RTOS）：工业 / 航天控制。

除此之外，还有一些新兴的 OS 类型，例如，云 OS（Cloud OS），是为云计算优化而生的轻量级操作系统，其特点是：原生支持虚拟化 / 容器（如 Kubernetes 集成）；极简内核，资源占用低；自动化运维，包括自修复、滚动更新等；分布式架构适配等等。例如 CoreOS、RancherOS 就是专门用于云原生环境的两款轻量级云 OS，支持容器化（如 Docker/Kubernetes），提供轻量级、高可用的集群管理，适用于自动化运维和分布式部署。

总体而言，无论对于哪一类的操作系统，处理各种复杂的事情都需要具有以下 4 个方面的特征。

①并发性。指两个或两个以上的事件或活动在同一时间间隔内发生。

②共享性。指计算机系统中的资源（包括硬件资源和信息资源）可被多个并发执行的用户程序和系统程序共同使用，而不是被其中某一个程序所独占。

③异步性。也称随机性，指在多道程序环境中允许多个进程并发执行。这是由于资源有限

而进程众多，多数情况下进程的执行不是一贯到底的，而是被切换调度。

④虚拟性。虚拟性是指操作系统中的一种管理技术，它是把物理上的一个实体变成逻辑上的多个对应物，或把物理上的多个实体变成逻辑上的一个对应物的技术。显然，前者是实际存在的而后者是虚构假想的。采用虚拟技术的目的是为用户提供易于使用、方便高效的操作环境。

建议： 如果你困惑于很多术语堆积和名称泛滥，例如，仅这里就有轻量级、容器化、进程，还有 FreeRTOS、Docker、Kubernetes 等，建议是：如果此处没有展开的内容，就是认为对一般应用而言没有那么必须，时间有限时不必深究。但是大家会疑问：那为什么要给出来呢？因为知识欠了完整很难进行下一步，也欠读者一个想要深入学习的引导，仅为自主选择性学习而已。

2. 操作系统的主要功能

为了让应用程序运行起来，让中间件被合理流畅使用，操作系统需要提供多种服务，其核心就是如何调度和使用计算机的软硬件资源。

计算机系统的资源可分为设备资源和信息资源两大类。设备资源指的是组成计算机的硬件设备，包括了 CPU、内存储器、外存储器和所有的外部设备；信息资源指的是存放于计算机内的各种数据，如文件、程序库、知识库、系统软件和应用软件等。

操作系统是硬件与用户沟通的桥梁，当用户使用计算机时，首先是通过操作系统提供的用户界面与计算机进行交互，例如通过鼠标或者键盘的方式输入命令，操作系统对命令进行解释，然后驱动硬件设备完成用户要求的任务。以 PC 机为例，操作系统应该包括以功能。

①文件系统（file system）。用于保存和管理文件，包括程序和文档等数据。

②用户界面（user interface）。提供人机交互接口，便于操控计算机并提交计算任务。

③内存管理（memory management）。将不同用户、不同程序的数据资源从文件中动态加载到内存中并进行有效的管理，以备 CPU 访问。

④进程管理（processing management）。管理大量程序的运行和调度，确保 CPU 计算资源的高效利用。

⑤设备管理（device management）。提供外界设备与计算机之间的数据交互管理，包括键盘输入以及显示器输出等输入输出功能。

⑥网络通信（networking）。提供计算机之间的数据交互和服务访问。

⑦安全机制（security）。保证计算机的运行安全和信息安全。

例如，玩《原神》游戏的过程，就是要运行《原神》软件程序，首先需要 OS 的文件系统对《原神》软件程序的装入支持，也需要 OS 提供的用户界面窗口以启动游戏程序，然后 OS 的内存管理、进程管理、设备管理等功能提供全面的过程服务支持。

3. 磁盘管理与引导程序

在本章第一节就介绍过存储程序的重要思想以及多级存储体系，那用户是怎样触及这些存储系统又该如何正确使用他们呢？这里以硬盘为例，从操作系统的资源管理角度讨论磁盘管理问题。

（1）磁盘特性

磁盘的基本特性是永久存储信息，所有程序通常都是事先静态保存于外部存储器上，包括硬盘、U 盘、光盘、磁带以及其他任何类型的存储介质上，当程序执行时才由操作系统唤醒他们。磁盘存储容量差别巨大，存储原理也大有不同，如何组织这么庞大的数据，实现快速地访问和“增、删、改、查”等功能呢？这就是操作系统磁盘管理的主要任务，以硬盘为例进行介绍。

硬盘（包括别的外部存储介质）的物理存储结构是：把磁盘划分为柱面、扇区等基本结构，对其读写数据（即存取数据）就是利用这些基本结构的索引，通过对磁盘驱动程序的调用来实现。“簇”是磁盘上存储数据进行分配空间的最小度量单位。当创建一个文件时，无论其大小，其存储都是以簇来分配的。例如只有一个字节的很小的文件，但它在磁盘上也并不是只占一个字节的空间，而是占有整个一簇。不同的存储介质（如软盘、硬盘），簇的大小也不一样，但都是采用以“簇”为单位的磁盘数据存取模式。

（2）磁盘格式化

所谓格式化，就是为磁盘创建文件系统的过程，通过划分磁道、扇区并初始化存储结构，使其能够被操作系统识别和存取数据。所有磁盘使用之前都要被格式化，这个过程实际上是对磁盘进行物理划分的过程，通常整个磁盘按所记录数据作用的不同分为 5 个部分：① 主引导记录（main boot record, MBR）；② 操作系统引导记录（OS boot record, OBR）；③文件分配表（file assign table, FAT）；④根目录（directory, DIR）；⑤数据区（DATA）。

（3）引导程序

从计算机加电到用户的操作系统桌面打开，有三个引导程序为之工作。以上在磁盘组成的 5 个部分中，MBR 和 OBR 看上去都有“引导记录”这个功能，但是他们的作用有很大不同。

①主引导记录 MBR。这是传统磁盘分区方案的核心数据结构，位于整个磁盘的首扇区，其存储空间只有 512 字节，主要功能有两个方面：一是存储初始引导代码，供主机初始启动时读取并启动系统；二是进行分区管理，通过分区表（64 字节）记录最多 4 个主分区的起止位置与类型。

②操作系统引导记录 OBR。存放在每个分区的第一个扇区，即为本分区服务的，其作用是存储分区的引导程序，负责加载该分区内的操作系统内核。而且是由 MBR 分区表定位后才能加载，属于二级引导阶段。

③固件（BIOS/UEFI）引导程序。这是固化在主板上非易失性存储器中的引导程序，他独立于磁盘，其作用是专门用于启动操作系统。其工作过程是：计算机加电之后即自动执行这一引导程序，用于加载磁盘主引导记录 MBR。

这里给出了两款固件引导程序，BIOS 是早期的引导程序模式，只有 1 MB～4 MB 大小，其作用是计算机启动时的硬件检测、基本驱动和引导逻辑。BIOS 的兼容性强，但仅支持≤ 2 TB 磁盘及 4 个主分区；现代 UEFI 是一种统一可扩展固件接口，其程序会有 8 MB～32 MB 大小，在高端主板可达 64 MB，他支持更多硬件驱动和高级服务，所以用于取代传统 BIOS 的，提供更快的启动速度。但是，BIOS 目前仍广泛用于传统 BIOS 引导的场景中。

（4）计算机启动引导的实现

所谓磁盘启动引导，就是计算机启动时，由主机固件（BIOS/UEFI）加载磁盘引导程序，再由引导程序加载操作系统内核并移交控制权的过程，最终完成系统启动。过程如下：

①固件初始化。BIOS/UEFI 加载磁盘引导扇区。

②内核启动。引导代码将控制权移交操作系统内核，内核接管硬件并初始化。

③交互就绪。内核创建首个用户进程，最终进入交互界面，完成引导。

纵横学习

从主机固化的 BIOS/UEFI 程序唤醒磁盘引导程序之后，操作系统的启动完成了一系列的系统准备与部署，可查阅资料做进一步了解。

4. 文件管理与系统调用

磁盘上的数据存储量如此之大，是如何被访问的？这就是操作系统的文件管理和系统调用功能。其方法就是：操作系统将磁盘上的物理存储抽象为文件并加以合理管理，然后通过系统调用供应用程序使用。

（1）文件管理的物理实现

前面提到过，磁盘数据是基于扇区存取的，但因为不同的硬盘基本参数不同，扇区大小也不同，每次需要存取扇区的数量和位置都会不同，这些问题不可能对每个程序按需处理，因此就需要一种机制对这些扇区进行规划：一个文件的存取需要多大空间？涉及哪些扇区？如何分配和释放这些空间？这就是磁盘文件管理所必需的物理机制，传统的解决方法：设置文件分配表。

文件分配表（file allocation table, FAT），是早期 Microsoft 的操作系统 DOS/Windows 所使用的文件系统核心结构，基本采用 FAT12、FAT16 和 FAT32 格式。这里的 12、16、32 是指簇地址的位数和磁盘管理能力的区别，例如，FAT12 表示有 12 位簇编号，最多支持 4084 个簇，而 FAT32 表示有 32 位簇编号，可支持超百万个簇。可见文件分配表就是直接指向磁盘的物理空间，用于记录磁盘空间中文件的存储位置，主要由表头 + 簇链组成。FAT 的核心结构如下：

①表头。记录文件系统类型（FAT12/16/32）、簇大小等元数据。

②簇条目。每个簇对应一个表项，存储以下标记值：

- 空闲簇（如 0x0000）。
- 占用簇（指向下一簇的编号，形成文件链）。
- 坏簇 / 结束符（如 0xFFF7 表示坏簇，0xFFFF 表示文件结尾）。

以上可见，FAT 方式是通过链表实现非连续空间的存储，遍历效率较低，而且以簇为最小存储单位的方法容易产生大量的存储碎片，造成空间浪费，也不支持大文件，所以目前已被 NTFS/ext4 等现代文件系统取代。但因为 FAT 的跨平台兼容性很强，所以 U 盘这类外存目前仍普遍使用 FAT32。

（2）NTFS 文件系统与树目录结构

NTFS（new technology file system, NTFS）是现代主流文件系统（Windows 的核心文件系统）。NTFS 是建立在保护文件和目录数据基础上，同时力求节省存储资源、减少磁盘占用量的一种先进的文件系统。我们以此为例说明用户看得见的操作系统文件管理机制。

①目录结构。为了使用户能方便地在外存上找到自己所需的文件，通常由系统为每个文件建立一个目录项。目录项包括文件名、文件属性、文件在磁盘上的物理位置等。若干个目录项可构成一个目录文件。大型的文件系统通常采用三级或三级以上的目录结构，以提高对目录的检索速度和文件系统的性能。图 2-18 给出了多层目录结构示意图，这个结构像一棵倒放的树，

所以也称为树状目录结构。

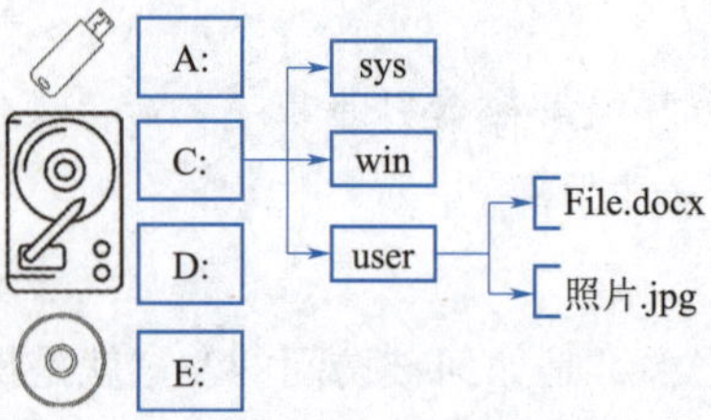

图 2-18　多层树状目录结构示意图

②路径名。在树状目录结构中，文件的访问是通过路径（如 C:\user\ 照片 .jpg）实现多级目录嵌套，支持高效文件检索与分类。其中盘符 C:\ 称为根目录，从根目录到任何数据文件（File/照片）都只有一条唯一的通路。在该路径上从树的根（即主目录）开始，把全部目录文件名与数据文件名依次地用“\”连接起来，即构成该数据文件的路径名，系统中的每一个文件都有唯一的路径名。磁盘文件的访问就是以这种路径的方式进行的。

③文件名与文件类型。文件名由“主名称 + 扩展名”组成，如图 2-19 中的文件“File.docx”，其主名称是 File，扩展名是 docx，标识名为 File 的文件是 Word 文档类型。常用的文件类型见表 2-2。

表 2-2　常用的文件类型列表

扩 展 名	文件类型	用　途
.txt	纯文本文件	无格式文本存储
.docx	Word 文档	办公文档（微软 Word）
.xlsx	Excel 表格	数据表格（微软 Excel）
.jpg	图片文件	压缩图像（通用照片格式）
.mp3	音频文件	音乐 / 声音存储
.pdf	PDF 文档	跨平台图文固定格式
.exe	可执行程序	Windows 应用程序安装 / 运行
.zip	压缩文件	多文件打包压缩

表 2-2 中的扩展名标识了不同文件类型，他决定系统是如何打开或处理该文件。

请思考：删除了的文件能找回来吗？

（3）系统调用

用户是通过操作系统来使用计算机的，换句话说，操作系统是作为用户与计算机硬件系统之间的接口，这是一个软件接口。通常这种接口以三种方式为用户提供使用计算机的途径。

①命令方式。这是指由操作系统提供一组联机命令接口，允许用户通过键盘输入有关命令来取得操作系统的服务，并控制用户程序的运行。

②图形化用户接口方式。图形化用户接口（graphics user interface, GUI），他提供了图形化的操作界面，使用 WIMP 技术（即窗口 Window、图标 Icon、菜单 Menu 和鼠标 Pointing Device），引入形象的各种图标，将系统的各项功能、各种应用程序和文件直观、逼真地表示出来。用户可以通过选择窗口、菜单、对话框和滚动条等很方便地完成对作业和文件的各种控制和操作，

所以成为最为流行的用户接口形式。

③系统调用。系统调用是应用程序请求操作系统代为执行特权操作（如文件读写、进程创建等）的唯一安全通道。我们时常听到应用编程接口（application programming interface, API），他和系统调用是什么关系呢？通俗地讲，API 是开发者使用的“工具箱”，封装了复杂的操作（可能包含系统调用）；而系统调用则是工具箱底层的“扳手”，直接触发操作系统内核特权操作。API 与系统调用二者通过分层协作：API 简化开发，系统调用保障安全与硬件访问。

案例 2-7 Python 的 open() 函数调用 C 库 API，最终转为 Linux 的 sys_open 系统调用，如同用标准化工具（API）指挥工人（内核）完成实际搬运（磁盘读写）。

2.2.3 软件如何运行

软件在计算机上到底是怎么被运行的？现在以微信为例来说明软件的运行流程。

1. 启动加载

用户点击微信图标后，操作系统将微信的可执行文件（如 WeChat.exe）从磁盘加载到内存，同时载入所依赖的动态库（如网络模块 dll）。

2. 初始化与登录

CPU 执行微信的初始化代码：启动 GUI、加载本地缓存（如聊天记录），并调用系统 API（如 socket() 函数）连接腾讯服务器完成身份验证。

3. 核心功能运行

消息收发：输入文字后，微信通过系统调用 send() 将数据加密并发送至服务器，接收时调用 recv() 从内核获取推送消息。

多媒体处理：发送图片时，调用系统 API（如 open() 读取文件）并压缩后上传；接收时通过 GPU 加速解码显示。

4. 资源协调

操作系统为微信分配 CPU 时间片、内存及网络带宽。例如，后台运行时可能被限制资源以节省电量（移动端）。

5. 退出释放

关闭微信时，内核回收其占用的内存、文件句柄和网络连接，并保存未同步数据至本地数据库。

通过软件运行过程，我们是否可以对计算机的软件系统有一个概括的了解。

2.3 计算机网络系统——全球计算机的“神经脉络”

计算机网络如同现代社会的“数字神经”，将全球数十亿设备互联，支撑从网页浏览到金融交易的一切数字化活动。如果说计算机的硬件和软件支撑的计算机系统相当于具备了独立行为能力的人，这些人各自发挥着自己的优势，各显神通。但是像天气预报、太空空间站这类大型应用，还有像淘宝购物、美团外卖，甚至小到共享单车这类应用，纵使独立的计算机有天大的本事也难以完成，这就是计算机网络的使命。本节将从应用的角度介绍网络的基本架构、核心机制、平台级支持，以及网络互联推动的新技术发展。

2.3.1 网络通信

如果说前面所说的计算机体系相当于独立的“计算机人”，那么网络就相当于“人类社会”，具有非常复杂的组成和强大的功能，其主要目的是克服独立计算机在应用方面的能力局限，实现互联通信。如何做到计算机的网络通信？主要依赖于三大核心要素：信道、通信协议、网络设备，以下仅从应用角度分别介绍。

1. 信道

信道指网络传输介质，是网络通信的物理基础，保障信息流动通道。根据传输介质的不同，信道分为有线信道和无线信道，也称为有线传输和无线传输。

（1）有线信道

有线信道包括双绞线、同轴电缆、光纤、电力线等。表 2-3 给出常用的有线传输介质的主要参数。

表 2-3　常用的有线传输介质主要参数对比

类　型	带　宽	距　离	典型应用
双绞线	1 Gbit/s～10 Gbit/s	≤ 100 米	企业 / 家庭局域网
同轴电缆	100 Mbit/s～1 Gbit/s	≤ 500 米	有线电视、监控
光纤	1 Tbit/s +	千米～百千米	主干网、数据中心
电力线	10 Mbit/s～1 Gbit/s	视电网质量	智能家居、辅助覆盖

表 2-3 中的 bit/s（bits per second）是指“比特 / 秒”（位 / 秒），表示单位时间内能传输的二进制比特（bit）数量，是带宽的标准单位。bit/s 直接量化了“数据管道”的粗细，bit/s 数值越大，单位时间内传输的数据量越多，如同水管流速的单位是“升 / 秒”，水管越粗，这个指标值就越大。所以 bit/s 的大小表示了信道传输数据的能力。

由表 2-3 可见，光纤的带宽是 T 级的，通常，它可以是同轴电缆的数千倍甚至上万倍，因此现代核心网络的信道通常首选光纤传输介质，但是有线信道的选择通常需要权衡成本、带宽、距离和部署环境等因素，视情况不同而定。常用的单位换算关系对照表见表 2-4。

表 2-4　常用的单位换算关系对照表

单　位	换算关系	典型应用场景
bit/s	1 bit/s	低速传感器（如 IoT 设备）
kbit/s	1 kbit/s = 1 000 bit/s	早期拨号上网（56 kbit/s）
Mbit/s	1 Mbit/s = 1 000 kbit/s	家庭宽带（100～1 000 Mbit/s）
Gbit/s	1 Gbit/s = 1 000 Mbit/s	光纤 /5G（1～100 Gbit/s）
Tbit/s	1 Tbit/s = 1 000 Gbit/s	主干网 / 超算中心

请思考：对于信道度量为什么用 bit/s 而不是 B/s 呢？

（2）无线信道

目前无线信道普遍采用电磁波为媒介传输数据，这是无线通信的物理基础。例如，目前的

Wi-Fi、5G、卫星等应用都无一例外地采用以电磁波为信道的无线技术，主要依赖不同频段的电磁波来实现不同应用，如射频、微波、光波等。目前，无线信道因其应用背景不同，有多种分类，尤其是新技术驱动下的无线通信日益发展，其主要分类、技术指标以及典型应用见表 2-5。

表 2-5 常用的无线信道与主要技术指标

类　型	频　段	覆盖范围	典型应用
蜂窝通信（5G）	Sub-6 GHz/mmWave	100 m～数千米	移动互联网、物联网
Wi-Fi	2.4/5/6 GHz	10～100 m	家庭 / 企业局域网
蓝牙 /Zigbee	2.4 GHz	1～100 m	可穿戴设备、智能家居
卫星通信（LEO）	Ku/Ka 波段	全球	偏远地区互联网
太赫兹（实验）	0.1～10 THz	室内短距离	未来新技术：6G/ 超高速传输

2. 通信协议

通信协议是设备之间实现数据交换的规则与标准，它定义了数据传输的格式、时序、错误控制等关键流程。例如：定义数据如何打包、寻址、传输和校验（如 TCP/IP、HTTP、5G NR 等），以确保互通性和可靠性。协议就如同“语言”，统一规则才能实现互通，他涵盖了从物理层到应用层的整个网络体系，没有协议，设备间无法理解彼此的数据。

从应用角度，当前主流的网络通信协议可分为：互联网基础协议、无线与移动通信协议、文件与数据传输协议、物联网协议、实时通信协议、区块链与去中心化协议等 6 个分类，分别服务于不同场景，以下简要介绍部分协议的发展及用途。

（1）互联网基础协议

互联网基础协议包括了三部分：核心 TCP/IP 协议族、网页浏览协议 HTTP/HTTPS、域名解析协议 DNS，这是网络的基础协议。

① TCP/IP 协议族。这是互联网的核心协议，经历了十年的发展。早在 1974 年计算机科学家文顿 · 瑟夫和罗伯特 · 卡恩　就提出了 TCP，被公认为是 TCP/IP “之父”。1978 年 TCP 被拆分为 TCP（传输控制）和 IP（网络寻址）两个独立协议，形成现代的 TCP/IP 模型，奠定了互联网通信的基础架构。1981 年 IP 和 TCP 正式发布，成为标准。1983 年，ARPANET（互联网前身）正式采用 TCP/IP 作为标准协议，取代 NCP（旧协议），标志着互联网的诞生；1985 年，TCP/IP 首次在 UNIX 系统中实现，由此推动了普及。这一协议族的设计初衷是解决异构网络的互联问题，最终成为全球互联网的基石。

② HTTP/HTTPS。这是网页浏览协议。其中 HTTP 是超文本传输协议，负责客户端（浏览器）与服务器之间的请求 - 响应交互，实现网页内容的传输，是网页浏览的基础协议。HTTP 于 1991 年发布，最初仅支持纯文本传输，经过不断发展，1999 年引入了持久连接技术，并进行了多方面优化，可支持多媒体、API 应用、二进制流等多种类型的数据传输，成为主流版本沿用至今。而 HTTPS 则是 HTTP 的安全版本，通过 SSL/TLS 加密确保数据保密性与完整性，防止窃听或篡改，例如对于支付、登录等敏感操作。HTTP 与 HTTPS 两者共同支撑现代网页的快速访问与安全通信。

③ DNS。域名解析协议。什么是域名？域名是为了替代复杂的 IP 地址，如百度的 IP 地址

为 192.168.1.1，用户使用非常不好记忆，所以为它起了对应的域名：baidu.com。当使用浏览器时，DNS 的作用就是将人类易记的域名再转换为机器可读的 IP 地址，实现网络访问。

（2）无线与移动通信

① 5G。5G 是第五代移动通信技术，主要提供了高速率、低延迟，例如，延迟可在 1 ms 内，支持像自动驾驶这样实时应用，另外还实现了每平方千米百万级 IoT 设备接入的大连接。华为是 5G 标准制定的核心贡献者之一，后续还有进一步的介绍。

② Wi-Fi。是一种无线局域网技术，核心作用是通过无线电波实现设备的高效联网，具体可用于无线上网、本地互联和物联网支撑。

（3）文件与数据传输

① FTP/SFTP。文件上传下载，较 FTP 而言，SFTP 加密更安全。

② QUIC。Google 推出的高速传输协议，有效减少了延迟。

3. 网络设备

组建一个网络首先需要网络设备的支持，上面介绍的有线传输介质就是网络设备的一种，除此之外所需的硬件设备还有：路由器、交换机、基站、网卡、集线器等，其作用是负责信号的转发、路由和物理层处理，表 2-6 列出了主要网络设备的分类、功能及典型应用。

表 2-6　主要网络设备的功能与应用列表

网络设备	主要功能	典型应用场景
路由器	连接不同网络（如 LAN 与 WAN），通过 NAT、DHCP、防火墙等功能实现数据路由和共享上网	家庭宽带、企业网关、数据中心出口
交换机	在局域网（LAN）内高效转发数据帧，基于 MAC 地址实现设备间直连通信，支持 VLAN 划分	企业内网、机房组网、以太网供电（如 IP 电话、监控）
基站	无线信号覆盖，连接终端（手机 /IoT）与核心网，调制解调、资源调度（如 5G Massive MIMO）	移动通信（4G/5G）、远地无线覆盖
网卡	终端设备联网接口，实现有线（RJ45）或无线（WiFi/蓝牙）信号收发与协议处理	计算机、服务器、智能设备的网络接入
调制解调器（modem）	完成数字信号与模拟信号的转换	早期通过电话线拨号上网传输数据；或宽带接入时的信号转换

几个重要概念：

①路由。路由（routing）是指数据包从源设备传输到目标设备时，通过路由器等网络设备动态选择最优路径的过程。

②猫与路由器的区别。猫是调制解调器的俗称，调制完成将计算机的数字信号转换为电话线 / 光纤能传输的模拟信号；解调则是将接收到的模拟信号还原为数字信号供终端使用。可见，猫的本质是信号翻译官，实现将电波转化为网络语言，就像人们进行多国交流时需要翻译一样，猫工作层级集中在物理层；而路由器负责数据包的路由选择、设备连接管理和网络安全（如 NAT 转换、防火墙），工作在网络层，类似“交通枢纽”。

案例 2-8　2025 年华为推出的光猫 X6Pro，能同时解析千兆光纤和 5G 基站的混合信号。

③路由器与交换机的区别。路由器是工作在网络层，基于 IP 地址进行路由选择和软件转发，

支持跨网络通信及协议处理（如 TCP/IP），通常用来连接不同网络，如家庭局域网与互联网等等；而交换机是工作在 OSI 模型的数据链路层，基于 MAC 地址进行数据帧的硬件转发，适用于局域网内的设备互联，如办公室计算机、打印机等，无法直接连接互联网，也无法划分子网，所有设备默认处于同一广播域。

图 2-19 是网络硬件设备关系图，请结合实际的网络系统（实验室局域网、校园网等）进一步学习理解。

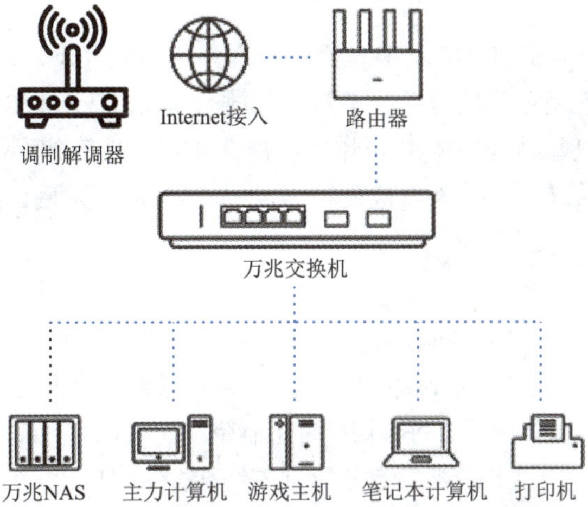

图 2-19　路由器与交换机的网络连接示意图

2.3.2　计算机网络的基本架构

文 档

如何理解网络体系结构

计算机网络要完成数据处理和数据通信两大基本功能，所以其结构分为两层：面向数据处理的计算机系统和终端设备；负责数据通信的通信控制处理和通信线路。

1. 计算机网络基本组成

从应用角度，我们更关注计算机网络的逻辑功能。典型的计算机网络从逻辑功能分为两个子网：资源子网和通信子网。

（1）资源子网

资源子网是计算机网络中负责数据处理和用户服务的部分，包括主机、服务器、终端、等数据处理设备构成。资源子网的核心功能是负责全网的数据处理业务，向网络用户提供计算、存储和应用等服务。这里的终端既包括简单的输入输出终端，也包括具备存储和处理信息能力的智能终端，主机和终端通过网卡直接接入通信子网。例如企业员工的 PC 就属于资源子网，他是通过网线接入交换机（通信子网）中。

（2）通信子网

通信子网是计算机网络中负责数据传输与路由控制的核心部分，由传输介质、网络设备和通信协议组成。其作用是为资源子网（主机、服务器）提供透明、高效的数据传输通道。

需要说明的是，在通信子网中，时常会碰到一个叫作“通信控制处理机”这样的术语，有时人们会误认为它是一个特定的设备，其实它是同类功能设备的总称，本质上是为了从功能视角统一描述通信子网中所有负责“数据传输控制”的设备，例如，路由器、交换机，还有调制解调器、SDN 控制器、防火墙等，都是为数据传输而各负其责的，都属于通信控制处理机。

例如，当你发微信时，家里的路由器会把消息拆包、寻址、转发到腾讯服务器，全程无须你的手机操心路径。这里的路由器就属于通信控制处理机，在现代网络中，路由器、交换机、调制解调器都属于这类设备。总之，资源子网是服务的提供者，而通信子网是数据的传输者。

2. 计算机网络的分类

计算机网络类型非常多，按照覆盖地理范围，通常可分为局域网、城域网和广域网。

（1）局域网

局域网（local area network, LAN），其范围一般在几十米到几千米，通常局限在单个建筑或园区内，多为本地网络使用单位组建并且不对外开放。例如，基于 IEEE 802.11ax 标准的第六代 Wi-Fi 企业局域网就是典型的局域网，广泛用于高密度办公、工业物联网、智慧园区等。LAN 的特点是“高速、可控、私有”，适合小范围高效协作，比如校园网，如果在同一地点，一定使用 LAN。

（2）城域网

城域网（metropolitan area network, MAN），通常指城市内部的网络连接，例如，5G 城市网络切片基础设施城域网，是通过 5G 网络切片技术，为智慧城市的不同应用（如交通、安防、政务）提供独立虚拟专网的基础设施，每个切片可定制带宽、时延和可靠性（如车联网切片需超低延迟，政务切片需高安全），实现资源高效分配与多业务共存。上海浦东新区就是通过 5G 切片同时运行智能红绿灯控制、4K 监控视频回传和市民服务平台的，互不干扰。

（3）广域网

广域网（wide area network, WAN），广域网可以整合卫星、空间站、地面站等节点，实现跨洲际、跨空域的全球通信，其连接通常借用公用电信网络。例如，乌克兰的 Starlink Emergency WAN（战时卫星互联网支援系统）就是“星链低地球轨道卫星星座网络”的应用。星链通过数千颗低轨卫星（LEO）实现全球覆盖，包括海洋、极地等传统地面网络无法覆盖的区域，数据可通过卫星星座在不同大洲的地面站间跳转，例如从亚洲用户直接连接到欧洲服务器，无须依赖地面光缆。这就是典型的广域网。

文档

如何理解局域网协议

案例 2-9 北京理工大学的校园网有三种情况。

①北京理工大学的中关村单一校区，典型 LAN。

②北京理工大学（中关村校区 + 良乡校区），属于 LAN + MAN 混合。

③北京理工大学（中关村校区 + 良乡校区 + 珠海校区），属于 LAN + MAN + WAN。

表 2-7 是 LAN 与 MAN/WAN 的核心差异。

表 2-7　LAN 与 MAN/WAN 的核心差异

特　性	网　络	
	LAN	MAN/WAN
延迟	微秒级	毫秒级或更高
管理权	完全自主控制	依赖运营商
成本	低（自购设备）	高（租用专线）
安全策略	内网隔离 + 认证	加密隧道（如 IPSec）

纵横学习

太空空间站用什么网？中国空间站是通过“天链二号”中继卫星实现实时通信，舱内 Wi-Fi 支持科学实验数据共享（国际空间站（ISS）依赖 TDRSS 中继系统，宇航员用 iPad 控制实验设备）。中国空间站网络是“中继卫星（WAN）+ 舱内局域网（LAN）”的混合架构，网络接入是“天地一体化通信系统”，未来还将向激光通信和星际协议演进。这其中都采用了什么技术？又是属于哪一类型的网络？有兴趣的同学可查阅资料自主学习。

思考：如果你去南极探险，需要乘坐海上大游轮，那游轮上用什么网？

3. 计算机网络的七层架构模型

为了简化网络设计的复杂性，大多数网络使用分层的组织方法。每一层都建立在前一层的基础之上，层的个数和功能随网络不同而有区别，但每层的目的都是为其上边的层提供某些服务。在层次结构的计算机网络系统中，每一层都具有相对独立的通信功能。各层间相对独立的通信就好像国家之间的往来，分为元首级的通信、部长级的通信、工作人员级的通信，他们各以不同方式进行不同内容的通信；同一级的通信都是对等的，并且都是在各自的下一级的通信支持下进行的。这一精妙的设计使得计算机网络前途无量。

基于以上原则，国际标准化组织将整个网络通信功能划分为 7 个层次模型，即：开放系统互连参考模型（open system interconnection reference model, OSI/RM）。图 2-20 给出了 OSI 参考模型的基本层次关系和功能描述。

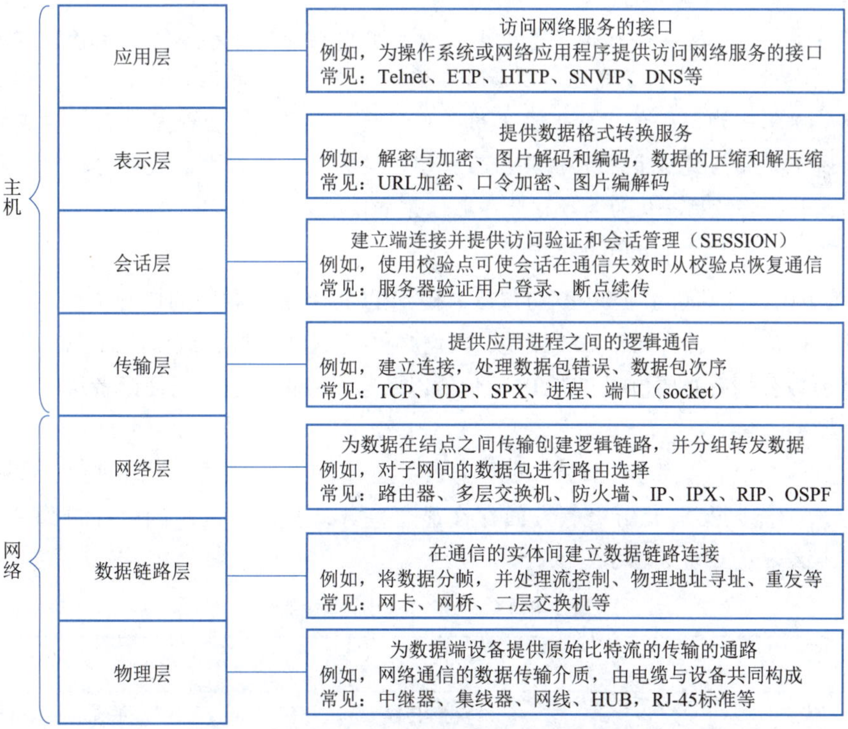

图 2-20　OSI 开放系统互连 7 层参考模型

由图 2-20 可见，OSI 层模型分为主机和网络两大部分，从网络部分最底层的物理层（第 1 层）到主机部分最外层的应用层（第 7 层），各层次分工明确，又递进支撑。物理层利用物理传输介质为其上层的数据链路层提供物理连接。主要任务是在通信线路上传输二进制数据的电信号。此层按照传输介质的电气或机械特性的不同，传送不同格式的数据，传送数据的单位为 bit。它主要涉及与传输介质有关的电气、机械等方面的接口，不涉及通信方式（单工、半双工、全双工）等问题。物理层与数据链路层合作实现了点到点的通信，即确保可靠的节点到节点的数据传输。

网络层的主要功能是控制通信子网内的寻径、流量、差错、顺序、进出路由等，即负责节点与节点之间的路径选择，让数据从物理连接的一端传送到另一端，负责点到点之间通信联系的建立、维护和结束。它通过设计路由算法，为报文之间分组通过通信子网选择最适当的路径，执行路径选择、拥挤控制与网络互联等功能。网络层是 OSI 参考模型中最复杂的一层，他与传输层合作实现了端到端的通信，即确保可靠的终端到终端的数据传输。

会话层负责控制每一个节点究竟什么时间可以传送与接收数据，为不同用户提供建立会话关系并对会话进行有效管理；表示层主要用于处理两个通信系统中信息的表示方式，完成字符和数据格式的转换，对数据进行加密和解密、压缩和恢复等操作；应用层是 OSI 参考模型的最高层，它与用户直接联系，负责网络中应用程序与网络操作系统之间的联系，包括建立与结束使用者之间的联系，监督并且管理相互连接起来的应用系统以及所使用的应用资源。

在 7 层模型中，每一层都提供一个特殊的网络功能。如果单从功能的角度观察，下面 4 层（物理层、数据链路层、网络层和传输层）主要提供电信传输功能；而上面 3 层（会话层、表示层和应用层）则以提供使用者与应用程序之间的处理功能为主。也就是说，下面 4 层属于通信功能，上面 3 层属于处理功能。

案例 2-10 我们发送一份邮件，看上去只需要用到 OSI 的 4 个层为你工作。写邮件（应用层）→ 打包（传输层）→ 确定发送路径（网络层）→ 发信号（物理 / 链路层）"，但实际上 7 层都会被涉及，如第一步写邮件，看上去只用了应用层，但实际上会话层、表示层在邮件场景中会按需被合并到应用层完成相应的任务；而发信号实际上也是需要最底层的物理层和第 2 层的链路层协同工作，将数据转化为物理信号并通过介质传输。

4. TCP/IP模型与OSI模型的区别

在 2.3.1 中已经介绍过了 TCP/IP 协议族，提到 TCP/IP 是互联网的核心协议。在介绍了 OSI 之后，大家往往有点疑惑：既有 OSI 模型，又何必再有 TCP/IP 呢？或者既有 TCP/IP，又何必再谈 OSI 呢？所以我们有必要再提 TCP/IP 的价值以及与 OSI 的区别，以便读者从应用和学习的角度理解两个模型的精髓。

OSI 模型与 TCP/IP 模型是网络通信的两大模型，但在层次结构、设计理念、实际应用、协议支持、层次功能以及发展历史等方面存在显著差异，各自有自身的存在价值并不可取代。TCP/IP 的四层结构模型见表 2-8。

表 2-8 TCP/IP 的四层结构模型

层　级	功　能	协议示例
网络接口层	物理传输	Ethernet、WiFi
网际层	寻址与路由	IP、ICMP
传输层	端到端连接	TCP、UDP
应用层	用户服务	HTTP、DNS、FTP

（1）TCP/IP 四层模型

由表 2-8 可见，TCP/IP 的四层结构模型更加简洁，他把 OSI 的会话层和表示层直接合并到应用层，仅保留 4 个核心层级，减少了协议栈复杂度。而且 TCP/IP 允许底层（如网络接口层）自由替换（如以太网 /WiFi/5G 替换），上层的应用层也可以快速扩展。可见 TCP/IP 是高度实用主义的体现，他简化分层、灵活配置。所以互联网选择了更灵活的 TCP/IP 架构，以"够用就好"的哲学思路解决了全球异构网络互联的工程难题。

案例 2-11 Web 浏览（HTTP/HTTPS），人几乎每天都在用 Web 浏览器访问网站（如淘宝、谷歌等），其中 TCP/IP 各层的作用如下：

（1）应用层。HTTP/HTTPS 协议传输网页请求（输入网址）。

（2）传输层。TCP 确保数据完整（三次握手、重传机制）。

（3）网际层。IP 路由寻址（将域名解析为服务器 IP）。

（4）网络接口层。通过 Wi-Fi/ 光纤发送物理信号。

更重要的是：全球网站基于 TCP/IP 实现秒级加载，支撑日均万亿次访问。你可以亲自体验网页加载过程就是 TCP/IP 在运作。

（2）OSI 模型为什么不被淘汰

既然 TCP/IP 有极大优势和被认可度，OSI 模型为什么不被淘汰？而且从历史发展角度，1974 年 TCP 就有了雏形，而最早的 OSI 是 1978 年首次提出，1984 年才正式发表，OSI 是滞后于 TCP 的。但是存在即合理，OSI 与 TCP/IP 有以下不可取代性。

①理论与实践。OSI 因其理论完备且纯净，更多地被用作教育和理论研究工具，是教育的基石，帮助学生和研究者深入理解网络通信的基本原理。而 TCP/IP 模型则是现代网络通信的基石，它支撑全球互联网的运行，被广泛应用于各种网络设备和软件中。

②持续与垂类理念。OSI 模型侧重于提供一个通用的、标准化的网络通信框架，确保不同厂商、不同协议的设备能够实现无缝对接且持续发展。而 TCP/IP 模型则更注重实用性，它基于实际应用的互联网协议栈构建，专门服务于互联网通信。

③协议支持。OSI 模型并没有直接绑定特定的协议，而是提供了一个协议设计的指导原则。TCP/IP 模型则直接关联了众多的协议，如 IP、TCP、UDP、HTTP 等，这些协议共同构成了互联网通信的基础。

还有在层次功能、发展历史等方面也有各自的特色，这里不一一列举。总之，OSI 模型和 TCP/IP 模型各有其特点和优势。OSI 模型为网络通信提供了理论框架和指导原则，而 TCP/IP 模型则是现代网络通信的实际应用和基础。在实际应用中，可以根据具体需求选择合适的模型进行网络通信的设计和实现。

2.3.3 基于网络平台的计算演变

从大型机到云端，再到万物边缘——计算资源正从中心向网络末梢扩散，驱动着效率与体验的持续革命。本节介绍基于网络平台支撑的计算演变。

1. 从集中式到分布式

早期的大型机是单点计算的，依赖单一的计算节点或处理器来完成计算任务。到了客户端 - 服务器时期，核心计算模式变成了集中式分工：例如银行系统，后台主机是服务器，提供数据和算力，客户端（如ATM机）发起请求并展示结果，通过请求-响应机制完成交互；还有早期的网页浏览也是同样模式（浏览器→网站服务器），这种方式突出了“中心供给+终端消费”的简单关系，避免分层技术细节，但最核心的计算仍然是集中式进行的。

自20世纪90年代，随着互联网爆发，现代分布式计算应运而生。其核心突破是将算力分散到多节点协同工作，通过并行处理海量数据（如谷歌网页索引），解决单机算力性能瓶颈。这个时期诞生了多节点协同的分布式架构（如Hadoop集群），最典型的应用之一就是阿里云全球数据中心协同处理双十一订单。这是分布式计算模式带来的红利。

2. 云计算革命

云计算是基于互联网而诞生的一种计算模式，这是信息时代的一种新的计算革命。2006年，现代云计算的商业化兴起，以亚马逊推出AWS（amazon web services）的EC2（弹性计算云）和S3（简单存储服务）为标志，成为云计算基础设施的里程碑。

（1）云计算架构

云计算的核心是可以将很多计算机资源协调在一起，用户通过网络就可以获取到无限的资源，这就是通常说的“弹性资源”，并且获取资源不受时间和空间的限制。如何做到？最基本的保障就是云架构的平台级支持。

通用的云计算体系结构如图2-21所示，这是一个强大的“云”计算网络，连接了大量并发的网络计算和服务，可利用虚拟化技术扩展每一台服务器的能力，将各自的资源通过云计算平台结合起来，提供超级计算和存储能力。

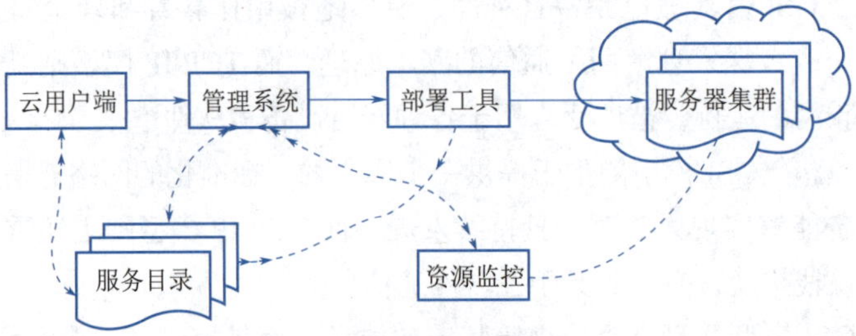

图2-21　云的体系结构示意图

图2-21各部分的功能如下：

①云用户端。提供云用户请求服务的交互界面，也是用户使用云的入口，用户通过Web浏览器可以注册、登录及定制服务、配置和管理用户。

②服务目录。云用户在取得相应权限后可以从服务目录中选择或定制服务列表，也可以对已有服务进行退订，最终在云用户端界面以图标或列表的形式展示定制的服务。

③管理系统和部署工具。提供管理和服务功能，管理云用户的授权、认证、登录等操作；并可以管理可用计算资源和服务，根据用户发送来的请求转发到相应的相应程序，智能地调度和部署资源。

④资源监控。监控和计量云系统资源的使用情况，以便做出迅速反应，完成节点同步配置、负载均衡配置和资源监控，确保资源能顺利分配给合适的用户。

⑤服务器集群。为虚拟的或物理的服务器，由管理系统管理，负责高并发量的用户请求处理、大运算量计算处理、用户Web应用服务，存储云数据时采用相应数据切割算法和并行方式

完成上传下载。

用户可通过云用户端从服务目录中选择所需的服务，其请求通过管理系统调度相应的资源，并通过部署工具分发请求、配置 Web 应用。这种云计算架构为云计算提供了平台级支持，所有需要云计算支持的应用都可以依次展开。

（2）云计算的典型应用

案例 2-12 Netflix 的迁移。

Netflix（网飞）是全球领先的流媒体平台，以海量影视内容和个性化推荐系统闻名。Netflix 最初依赖自建的数据中心，但很快就面临了扩展性和故障恢复的挑战。Netflix 的解决方案就是使用亚马逊的 AWS 云计算服务，于 2016 年完成全面迁移，即：所有业务向 AWS 的迁移，包括视频流、推荐系统、用户数据等核心功能。Netflix 利用 AWS 的弹性计算服务支撑了亿级用户使用，实现了快速全球化部署和成本优化，成为云计算在视频领域的标杆案例。

案例 2-13 双十一购物节。

2023 年双十一峰值流量达每秒 70 万笔订单，全部由阿里云弹性扩容承载。实现零宕机，成本比自建机房低 60%。

案例 2-14 三一重工的工业云。

2020 年，三一重工北京桩机工厂启动了智能化改造，引入了华为的云 AI、物联网及树根互联的工业互联网平台（根云）。华为云提供云计算底座和 AI 算法（如设备故障预测），树根互联（三一孵化的工业互联网公司）负责设备连接与数据中台。效果是：设备故障预测准确率达 90%，产能提升 30%。2021 年，该工厂被世界经济论坛评为全球重工行业首家“灯塔工厂”，成为标杆案例。所以自 2022 年，三一重工的工业云模式被复制到三一长沙、昆山等多家工厂，也在我国的“新基建”与“数字化转型”战略方面做了标杆。

以上仅从娱乐、生活和工业方面的应用说明基于网络平台的计算演变，还有教育、金融、医疗等方面更多的案例，读者可以查阅学习。

2.3.4　新一代网络计算范式

当前，随着 5G、AI、边缘计算等技术的爆发式发展，传统云计算正加速向“云 - 边 - 端”协同的新范式演进。这一变革以分布式智能、实时响应、超低延迟为核心特征，正在推动工业互联网、自动驾驶、元宇宙等前沿领域的突破。

1. 边缘计算——让智能触达数据源头

边缘计算是通过将算力下沉至靠近数据产生的位置（如工厂设备、城市摄像头、车载终端），他的算力网络是通过全局调度来实现“东数西算”等国家战略级资源优化。其本质是打破传统云计算的中心化瓶颈，在终端与云之间构建一层动态化的“神经末梢”。这一策略完美契合了分布式智能、实时响应、超低延迟的核心需求，成为在新一代网络计算的新范式。

案例 2-15 特斯拉的车载计算。

特斯拉的自动驾驶主要依靠摄像头，然后再通过强大的 AI 芯片，和大量的机器学习，让汽车里的电脑知道前面是不是障碍物，要不要躲避，前面是不是坑，怎么识别坑，甚至识别路牌上的字符，该往哪里走，这个做法让车子更智能，但是难度会更大。而特斯拉的车载计算采用了“本地化处理”策略，即通过车载 AI 芯片直接处理摄像头、雷达等传感器的原始数据，避免云端往返导致的决策延迟。这就是边缘计算的更极端形态——算力完全下沉至终端设备（车辆本身），而非边缘服务器，其延迟要求可以达到毫秒级（如识别突然出现的行人），而云端计算是无法满足这个速度的。尤其是在可靠性方面，即使网络中断（如隧道中），本地算力仍能保障基础安全功能。

其实特斯拉更偏向于终端计算，这里之所以用特斯拉的车载计算为例，是因为其设计哲学仍是边缘计算的核心理念，完美体现了分布式智能（每辆车都是自主决策节点），在实时性方面做到了本地处理规避网络延迟，可靠性方面也保证了弱网环境下仍能运行。

案例 2-16 杭州的智慧城市。

杭州的"城市大脑"，其主力AI芯片就选用了华为昇腾（ascend）系列，采用昇腾910进行训练、昇腾310完成推理，边缘节点即时处理交通流量视频，优化红绿灯配时。其算力达256TOPS（INT8），支持了边缘端低功耗部署，与华为Atlas边缘服务器深度集成，构成"云-边-端"协同体系。与华为Atlas边缘服务器深度集成，构成"云-边-端"协同体系。

华为昇腾AI边缘芯片、阿里云Link Edge等平台已实现规模化落地，成为5G+工业互联网战略的核心支撑。

2. 算力网络——"东数西算"的资源调配

什么是算力网络，就是搭建一张能够连接算力的网络，让接入网络的需求方能够共享网络中的所有算力资源（CPU、GPU、存储、软件等各种软硬件资源）。在信息时代，算力决定万物的能力，各行各业对于算力的需求出现了高速增长，如上面提到的自动驾驶、智慧城市，除此之外还有数字货币、宇宙探测、数字教育等，各领域的算力需求显著增加，在此背景下，算力网络的构建成为关键。

算力网络的核心在于实现业务级互联，提供算力路由服务。通过新的智能网络，感知算力分布拓扑，将用户的任务路由到最匹配的算力位置。相较于云计算，算力网络更强调网络基础设施的优化和网络技术的实现。算力网络的目标是通过通信、网络技术的先进实现，使算力网络成为可以完全控制算力流动的智慧管道。

文档
关于"东数西算"工程

案例 2-17 "东数西算"工程。

"东数西算"是2022年启动的国家"十四五"规划工程项目，其内容是：在京津冀、长三角、粤港澳大湾区、成渝、内蒙古、贵州、甘肃、宁夏等8地启动建设国家算力枢纽节点，并规划10个国家数据中心集群。核心目标是：优化全国算力资源布局，缓解东部能源与土地压力，利用西部绿色电力优势（如宁夏的风电、贵州的水电），打造全国一体化大数据中心协同创新体系。

"东数西算"工程就是通过构建全国一体化的算力网络，实现数据资源的跨区域高效调配。该战略将东部密集的数据计算需求（如AI训练、金融分析）定向调度至西部可再生能源丰富、成本低廉的数据中心（如贵州、内蒙古枢纽），依托高速光纤网络和智能调度算法，在保障低时延的同时，降低整体能耗与碳排放，推动算力像水电一样成为普惠资源。

3. AI原生架构——大模型驱动的新型计算范式

AI原生架构是指从系统设计之初就以人工智能（尤其是大模型）为核心基础所构建的计算架构。其本质是将AI能力深度融入系统的底层逻辑，使计算、存储、网络等资源能够自主感知、动态优化，并支持自然语言交互等智能化特性。这里的“原生”强调 AI 不是外挂插件，而是系统的“基因代码”，从底层重构了计算逻辑，让智能如同呼吸般自然存在。如智能手机的触控交互生来就是为手指设计的，那 AI 原生架构生来就是为智能思考而构建的。

总之，AI 原生架构就是说：生来就懂 AI 的系统，自己会思考怎么解决问题；而“云计算平台 + AI 工具箱”这种模式就是非原生 AI 架构。

案例 2-18 阿里云 AI 原生调度系统：大模型动态优化算力分配。

当大模型训练任务激增，算力需求爆炸式增长时，同时带来的是能源成本飙升，数据中心 PUE 优化进入了瓶颈期，亟须智能调度降低能耗。而传统云计算依赖人工规则调度，响应延迟高达分钟级，同时异构计算（CPU/GPU/NPU）的混合部署，使资源利用率不足 40%。为此，2022 年阿里云正式发布了“AI 原生调度系统”，并于 2023 年全面商用，缓解了云计算行业面临的“算力 + 成本”两大核心痛点。

阿里云 AI 原生调度系统技术要点是：①大模型智能感知：利用通义大模型实时解析任务特征（如计算密集型 /IO 密集型），动态生成最优资源分配策略；②异构算力自适配：自动拆解计算子任务，精准调度至 CPU/GPU/NPU 集群（如大模型训练自动路由至含光 800 NPU）；③意图驱动交互：支持自然语言指令（如“优先保障 AIGC 任务”），直接重构底层资源拓扑。

以上技术支持实际上完成了一次范式革新：从“预设规则 + 人工干预”到“AI 自主决策实时调度”。使其算力利用率提升至 75%。成为全球首个实现大模型全链路控制的云调度系统，做到了“感知 - 决策 - 执行”的 AI 原生闭环。

2.4 应用实例：AI 原生计算机系统——华为昇腾 Atlas 900 SuperCluster

计算机系统的智能化演进不仅是技术的迭代，更是设计哲学的变革。本应用实例以华为昇腾 AI 集群为例，因其完整实现了从传统计算到 AI 原生架构的跨越，从硬件上突破了“存储墙”与“功耗墙”的技术壁垒，软件上构建大模型驱动的自主管理系统，网络上实现了算力与数据的动态流动。本节以这一案例诠释“系统级智能”如何重构计算机科学的边界，使读者从设计理念以及发展角度审视本章关注的计算机系统，也使读者了解中国在算力基础架构领域的创新成果。

2.4.1 华为昇腾 Atlas 900 SuperCluster 简介

华为 Atlas 900 SuperCluster 是 2024 年发布的全球首个 AI 原生超级计算机集群，其名称中的 Atlas 源自希腊神话中的“擎天巨神”，象征着系统承载千亿级参数大模型训练的算力支撑力。在华为昇腾（Ascend）产品体系中，Atlas 800 是面向企业级训练任务的高性能服务器，而 Atlas 900 SuperCluster 代表顶级性能定位。表 2-9 是华为 Atlas 900 SuperCluster 在行业中的定位对比。

Atlas 900 SuperCluster 是华为昇腾 AI 集群的旗舰载体，其命名融合神话象征与技术抱负，实际性能与设计理念均代表中国在 AI 算力基础设施领域的最高水平。

表 2-9　华为 Atlas 900 SuperCluster 在行业中的定位对比

特　性	型　号	
	传统超算（如神威·太湖之光）	Atlas 900 SuperCluster
核心负载	科学计算（浮点精度）	AI 训练（混合精度）
调度模式	人工规则分配	大模型动态优化（AI-Native）
典型应用	气候模拟、核聚变研究	千亿参数大模型训练、自动驾驶仿真

2.4.2　华为昇腾 AI 集群的核心技术演进

1. 全栈昇腾生态

华为昇腾 AI 集群的硬件系统搭载了昇腾 910B AI 芯片，是自己研发的达·芬奇架构，其算力密度处于业界领先地位；在软件方面，运行 MindSpore AI 框架，支持完全自动分布式训练；在网络支持方面，采用了华为 CloudEngine 交换机，实现了 RDMA 高速互联，在延迟方面低至 10 μs。

2. AI-Native的设计

①系统级深度整合。首先实现了定制化调度引擎，即从芯片指令集到资源调度均由大模型驱动，采用了盘古大模型，并完成了定制化其资源调度引擎，使资源管理系统（RMS）直接内嵌了盘古大模型的轻量化版本，可实时预测 AI 训练任务的计算需求（如 GPU 内存占用、通信带宽），动态调整算力分配。另外实现了硬件 - 模型协同优化，即盘古大模型的算子库针对 Atlas 900 的昇腾 910 B 芯片指令集（如向量化计算单元）进行了指令级优化，使训练效率提升了 30%。从设计角度实现了系统级的深度整合。

②功能独占性。在全局负载预测方面，盘古大模型可分析历史任务数据，提前预判集群热点（如某节点即将过载），主动迁移任务（Atlas 800 仅支持被动负载均衡）。在华为内部测试中，该功能将集群整体利用率从 60% 提升至 82%。除此之外，通过盘古的异常检测能力，Atlas 900 可自动识别硬件故障（如 GPU 显存错误）并切换备份节点，实现了故障自愈。

③生态封闭性。为了系统安全和优先级灵活控制，Atlas 900 采用专有 API 接口：Atlas 900 的盘古调度接口，仅限超算中心级客户调用；将大模型的先进功能与国家项目绑定，例如多模态任务调度，优先服务于“中国天眼”这种国家级项目。

3. 国产化标杆

昇腾 AI 集群实现了从芯片（昇腾）、操作系统（openEuler）到上层应用（如华为云 ModelArts）的全方位自主可控，突破了一些技术封锁。表 2-10 提供了华为 Atlas 900 和 Atlas 800 在是性能层级与设计目标方面的比较。

表 2-10　Atlas 900 与 Atlas 800 的比较

特　性	型　号	
	Atlas 800 训练服务器	Atlas 900 SuperCluster
定位	企业级 AI 训练 / 推理	超大规模 AI 训练与科学计算（国家级算力基础设施）
算力规模	单机柜 8 卡昇腾 910B（～2 PFLOPS）	万卡级集群（昇腾 910B + 鲲鹏 CPU，ExaFLOP 级算力）
核心技术	支持单机多卡并行	全栈 AI-Native 设计（大模型动态调度 + 无损网络）
应用场景	中型模型训练、边缘推理	千亿参数大模型全流程训练（如盘古、悟道）

以上仅从定位、算力规模、核心技术和应用场景四个方面说明了华为昇腾 AI 集群的核心技术演进，其实还有更多的技术细节，读者可以自主学习。

拓展学习　量子计算能普及吗？

量子计算的基本理论在 1981 年就提出了，其发展历程充满了挑战与希望。当前，科学家们已经成功研制出原型样机，但要实现大规模普及，依然面临重重障碍。

量子计算机是基于量子力学原理运作的计算设备，首先它处理和计算的是量子信息，执行的是量子算法。和电子计算机的根本区别是：量子计算机中信息的基本单元是量子比特。量子比特的状态不是 0 和 1，而是由两个量子态“|0 >”和“|1 >”叠加形成，这种叠加态不是“同时处于 0 和 1 两种状态”，而是像一个旋钮，可以停在 0 到 1 之间的任意比例（如 70% 的 |0 > +30% 的 |1 >）。只有测量时才会“坍缩”成 0 或 1，而在此之前是真正的“模糊态”，这种特性使得量子比特在信息处理上具有独特的优势。

其次量子计算机的工作原理与传统计算机也截然不同。它利用量子位进行运算，能够处理复杂问题，解决传统计算机难以攻克的难题。然而，量子位极其脆弱，容易受到外界干扰，导致计算结果的误差。尽管目前量子计算机仍处于初级阶段，但其潜在的应用前景已引发广泛关注。未来，量子计算机有望在药物研发、气候模拟、金融分析等领域发挥重要作用。例如，在药物研发方面，量子计算机可以模拟分子间的相互作用，加速新药的发现过程。在金融分析方面，量子计算机能够处理海量数据，提高风险管理的精度。

量子计算机的普及之路依然漫长，但随着技术的进步和研究的深入，我们有理由相信，未来的某一天，量子计算机有所突破。据 DeepSeek 预测，未来的 20 年多年里，若纠错技术突破，在量子计算机中可能融入云计算，如量子协处理器。但普及的瓶颈在于：量子计算机需要百万级稳定量子比特（目前仅千级），且成本极高。所以量子计算机如何走进千家万户，为人类带来前所未有的科技红利，还存在很大挑战，需要科学家们的不懈努力。但是必将逐步成熟，最终进入普通用户的视野。

图灵奖　世界上第一台存储程序式计算机的研制者——莫里斯·文森特·威尔克斯

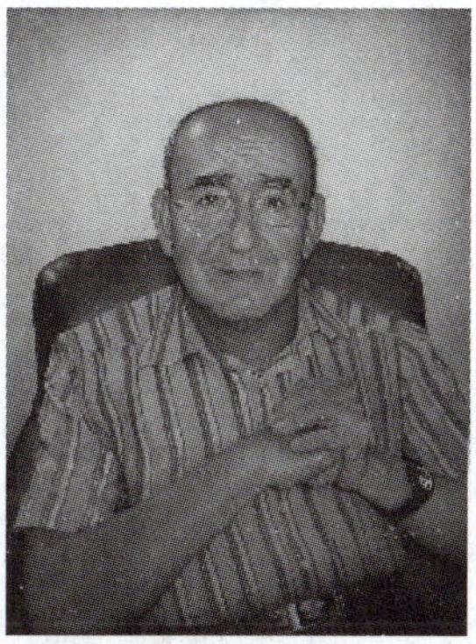

莫里斯·文森特·威尔克斯爵士（Sir Maurice Vincent Wilkes）是英国皇家科学院院士、计算技术的先驱。他设计和制造了世界上第一台存储程序式电子计算机 EDSAC，1949 年 EDSAC 首次运行成功，这对计算机体系结构产生了深远影响，如“变址”和微程序设计等。这一贡献奠定了计算机科学的基础，因此，他荣获了 1967 年的第二届图灵奖，以表彰他在电子计算机科学领域以及其他许多方面的杰出贡献。

莫里斯·文森特·威尔克斯于 1913 年生于英国中西部的达德利，距著名的工业重镇伯明翰仅 20 km。中学阶段就显现了他对于数学、物理和无线电的特别爱好。当无线电广播刚刚开始普及时，他便对组装收音机十分入迷，很快成为这方面的“小专家”，并取得了业余无线电操作员证书，为学校的广播站制造过一些设备。1931 年，他进入了英国剑桥的圣约翰学院，于 1934 年以优秀成绩毕业。之后，他以突出的成绩进入剑桥著名的卡文迪什实验室工作。这个实验室获得诺贝尔物理学奖的人数最多，所以有“诺贝尔奖的摇篮”的美称。在卡文迪什实验室，他完成了“关于甚长无线电波在电离层中的传播特性”的研究，并以此为题完成了博士论文，25 岁时他取得剑桥大学博士学位。

1946 年，莫里斯·文森特·威尔克斯获得了冯·诺伊曼设计的 EDVAC 计算机的一份复印件，他以此为蓝本，设计并建造了 EDSAC。这是第一台采用冯·诺依曼机器结构的电子计算机，具有延迟存储电子自动计算器的功能。1967 年在接受图灵奖时，莫里斯·文特森·威尔克斯发表了题为“计算机的过去和现在”（*Computers Then and Now*）的演说，他在演说中预见到硬件和软件的结合、程序设计语言和数据结构的重要作用，甚至谈到了可移植性问题，而当时结构化程序设计的概念还没有正式提出，其预见性令人佩服。

由于莫里斯·文特森·威尔克斯的突出贡献，他于 1956 年就成为英国皇家科学院院士，1977 年和 1980 年先后当选为美国工程院和美国科学院外籍院士。1956 年他发起成立了英国计算机协会并任首任主席。他也是国际信息处理联盟 IFIP 的主要发起人之一。除了图灵奖之外，他还于 1980 年获得 ACM 的另一个奖项：Eckert-Mauchly 奖；1968 年获 AFIPS 的 Harry Goode 奖。1977 年，他 64 岁时，提出一个语言翻译系统——“语义原语系统”（se-mantic primitive）。这表明他在计算机语言方面也有着深入的思考和研究。1981 年获 IEEE 的 McDowell 奖；1982 年获宾夕法尼亚大学的 Pender 奖；1988 年获日本的 C&C 奖；1991 年获意大利的 Italgas 奖。全球有 8 所大学授予他名誉博士学位，ACM 的计算机体系结构委员会还建立了以莫里斯·文特森·威尔克斯命名的奖项，即：Wilkes Award。

综上所述，莫里斯·文特森·威尔克斯在计算机设计、制造、编程语言等方面都做出了重要贡献，为计算机科学的发展奠定了坚实的基础。

习　题

一、单选题

1. 微型机在使用过程中突然断电，则（　　）中的信息将全部丢失。

A. SRAM　　B. ROM　　C. CD-ROM　　D. 磁盘

2. 下列关于接口的说法中，正确的是（　　）。

A. 系统单元与外部设备是通过电缆和接口连接起来的

B. 不可以用连接器充当接口

C. 接口分为串口和并口，并口每次只能传送一个比特

D. 打印机使用的是串口

3. 为了支持多任务处理，操作系统的处理器调度程序使用（　　）技术把 CPU 分配给各个任务，使多个任务宏观上可以“同时”执行。

A. 分时　　B. 并发　　C. 批处理　　D. 并行

4. 计算机启动时，引导程序对计算机系统进行初始化后，把（　　）程序装入主存储器。

A. 编译系统　　B. 系统功能调用

C. 操作系统核心部分　　D. 服务性程序

5. 当电子邮件到达时，若收件人没有开机，该邮件将（　　）。

A. 自动退回给发件人　　B. 开机时对方重新发送

C. 保存在服务商的 E-mail 服务器上　　D. 该邮件丢失

二、思考题

1. 如今的大容量存储一般采用什么方式？

2. 字长说明了计算机的什么能力？字长和字节的区别是什么？

3. 如果 U 盘上存了一些数据，目前运行的程序要用到这些数据，能把它们直接送到运算器吗？为什么？

4. 文件管理是对哪种设备实施的管理？为什么要采用文件管理机制？

5. 并行运算是如何实现的？平常编制的程序中用到并行运算了吗

6. 什么是计算机的软件平台？为什么把操作系统称为平台

7. 计算机网络采用层次结构模型有什么好处？请举例说明自己见过的物联网应用？

8. 区块链的核心技术是什么？

9. 你认为未来计算机的体系结构会向哪些方向演进？

10. 比特币的基本原理是什么？

三、综合应用题

1. 了解电脑一体机的优缺点以及内部结构？

一体机的主要优点如下：

①简约无线：最简洁优化的线路连接方式，只需要一根电源线就可以完成所有连接电脑自动关机。减少了音箱线，摄像头线，视频线，网线，键盘线，鼠标线等。

②超值整合：同价位拥有更多功能部件，集摄像头、无线网线、音箱、蓝牙、耳麦等于一身。

③节省空间：比传统分体台式机更纤细，联想一体台式机可节省最多 70% 的桌面空间。

④节能环保：一体台式机更节能环保，耗电仅为传统分体台式机的 1/3（分体台式机 2 个小时耗 1 度电，一体台式机 6 小时仅耗 1 度电），带来更小电磁辐射。

但是，一体机的缺点也很明显，请自主学习并列举。

2. 体验云计算应用。

假如现在有两台性能良好的 PC，你现在想在这两台计算机上依托云计算技术部署一个简单的 Web 考试系统，请查阅相关资料，给出你的解决方案。

第 3 章 计算机程序与算法

算法是解决特定问题的一系列步骤或过程。它由若干条指令组成，具有输入、输出、确定性和有限性等性质。算法的主要目的是提供解决问题的思路和步骤，通常使用半形式化的语言描述。程序是算法的具体实现，是计算机指令的有序集合。程序使用形式化的计算机语言编写，可以不满足算法的有限性。

3.1　语言与程序

语言是人类或计算机系统用于表达信息、传递指令或描述逻辑的符号系统，在计算机领域根据用途可分为自然语言和编程语言。

自然语言是人类日常交流使用的语言，支持隐喻、情感表达和创造性表达，使用上具有灵活性，但依赖上下文和语境，同一句话可能有多种解释，存在模糊性和歧义性。

编程语言是用于编写计算机程序的形式化语言，通过严格的语法和语义控制计算机行为。编程语言具有精确性，无歧义，每个语句有明确含义。遵循严格的语法规则，可通过编译器/解释器被计算机直接或间接执行。编程语言的发展是计算机科学史上最重要的里程碑之一。从最初的机器指令到现代的高级语言，语言的演进反映了人类对抽象化和效率的不懈追求。

3.1.1　计算机语言的发展

计算机语言总的来说分为机器语言、汇编语言、高级语言三大类，也可以说是计算机语言发展历史的三个阶段。

1946 年 2 月 14 日，世界上第一台计算机 ENIAC 诞生，使用的是最原始的穿孔卡片。这种卡片上使用的语言是只有专家才能理解的语言，与人类语言差别极大，这种语言就称为机器语言。机器语言是第一代计算机语言。这种语言本质上是计算机能识别的唯一语言，后来发展的语言最终送入计算机时还是这种机器语言。

计算机语言发展到第二代，出现了汇编语言。汇编语言用助记符代替了操作码。用地址符号或标号代替地址码。这样就用符号代替了机器语言的二进制码，所以也称为符号语言。汇编语言在计算机语言发展史上是机器语言向更高级的语言进化的桥梁。

当计算机语言发展到第三代时，就进入了“面向人类”的高级语言 。高级语言是一种接近于人们使用习惯的程序设计语言。它允许用英文写计算程序，程序中的符号和式子也与日常用的数学式子差不多。高级语言发展于 20 世纪 50 年代中叶到 70 年代，目前仍然在不断地发展，种类也相当多，比如 FORTRAN、COBOL、C、C++、Pascal、Java、Python 等，进一步提高了编程的抽象层次，使得程序员可以更容易地编写和维护复杂的程序。

3.1.2 高级语言处理系统

高级语言相对于机器语言和汇编语言更接近人类语言，具有更高的抽象层次和更强的表达能力。高级语言与计算机的硬件结构及指令系统无关，它有更强的表达能力，可方便地表示数据的运算和程序的控制结构，能更好地描述各种算法，而且容易学习掌握。有文字记载的高级程序设计语言有数百种，目前被广泛应用的有：Python、Java、JavaScript、C#、C/C++、R、PHP、TypeScript、Swift、Rust 等，这些语言都属于高级语言。虽然其语法、命令格式各不相同，但程序设计的思想和逻辑是相通的。

高级语言的语法接近自然语言，可读性好，易于理解和学习。高级语言可移植性好，编写的程序可以在不同的计算机系统上运行，只需进行少量修改。高级语言提供了丰富的数据类型和控制结构，抽象能力强，支持模块化和面向对象编程。

高级编程语言拥有很多函数库，用户可以根据自身的需求在代码中加入头文件来调用这些函数实现自己的功能，使用者也可以根据自己的喜好编写函数在后续的代码中调用。高级编程语言作为一种通用的编程语言，它的语言结构和计算机本身的硬件以及指令系统无关，它的可阅读性更强，能够方便地表达程序的功能，更好地描述使用的算法。高级编程语言，作为用户层面的编程工具，用户并不需要去了解硬件的结构，而是用逻辑的语言去实现想要的目标。

高级语言设计的程序必须经过“翻译”以后才能被机器执行。“翻译”的方法有两种，一种是解释，一种是编译。解释是把源程序翻译一句，执行一句的过程，如 Python 语言。编译是源程序翻译成机器指令形式的目标程序的过程，再用链接程序把目标程序链接成可执行程序后才能执行，如 C 语言。

高级程序语言设计在现代软件开发中扮演着重要角色，通过使用高级语言和设计方法，程序员可以更高效地开发出高质量的软件系统。

3.1.3 人工智能编程语言

人工智能起源于 20 世纪 50 年代，那时候计算机语言还比较基础，早期的 AI 研究用机器语言或汇编语言。

LISP 语言是 1958 年 MIT 的 John McCarthy 开发的，是首个用于人工智能的高级语言，支持符号运算和列表处理。它支持运行时类型检查，具有元编程能力，可通过代码修改自身，支持复杂逻辑，适合早期的专家系统和自然语言处理等。首个 AI 专家系统 Dendral 就是基于 LISP 开发的，LISP 语言是 AI 历史上的里程碑，现在基本上被 Python 等取代。

Prolog 是 1972 年法国 Alain Colmerauer 开发的一种程序设计语言，基于谓词逻辑，通过事实和规则推导结论。它擅长非数值计算，适合知识表示和推理。用于开发如 MYCIN 细菌感染诊断系统之类的专家系统，以及开发问答系统等自然语言处理方面。Prolog 在知识图谱等特定领域仍有应用，但主流地位已被 Python 等取代。

C 语言是 1972 年贝尔实验室 Dennis Ritchie 开发的，具有高效性的特点，接近汇编的性能，适合底层开发。它曾被应用于早期 AI 框架开发，如早期的机器学习库，也被用于机器人控制及实时性要求高的硬件交互，目前仍用于 CUDA 编程等高性能计算。

Python 是 1991 年由荷兰 Guido van Rossum 开发的解释型程序设计语言，具有简洁易读的特点，语法清晰，适合快速开发。它拥有丰富的库生态，包括 NumPy、SciPy 等科学计算基础库和传统机器学习库 scikit-learn、深度学习框架 TensorFlow 和 PyTorch 等。Python 语言被广泛应用于从数据处理到模型部署的全栈 AI 开发，也被用于学术研究。人工智能领域的前沿论文代码多基于 Python 语言实现，目前是 AI 领域的绝对主导语言，覆盖从学术到工业的全场景。

R 语言是在 1993 年由 Ross Ihaka 和 Robert Gentleman 两位统计学家共同创造的。R 语言内置了大量统计模型和可视化工具，专精于统计分析，广泛用于数据科学和统计学习，例如数据清洗、可视化。它也被应用于线性回归、聚类分析等传统机器学习。在统计建模领域仍重要，但深度学习多转向 Python。

MATLAB 是 MathWorks 公司在 1984 年开发的计算软件，在 20 世纪 90 年代以后开始应用于 AI 领域，它将数值分析、矩阵计算、科学数据可视化以及非线性动态系统的建模和仿真等诸多强大功能集成在一个易于使用的视窗环境中，被应用于快速原型开发、算法验证和机器人路径规划等。目前在学术界仍有应用，但工业界多转向 Python。

Julia 是 MIT 团队 Jeff Bezanson 等在 2012 年开发的语言，具有较高性能，拥有接近 C 语言的速度，但语法简洁，支持并行计算，内置多线程和 GPU 加速。Flux.jl 是一个基于纯 Julia 技术栈的机器学习框架，结合原生 GPU 和自动微分支持，提供简洁优雅的解决方案。该框架使简单任务易于实现，并且高度可定制。Julia 是一种新兴程序设计语言，逐渐在高性能 AI 领域获得关注。

C++ 是贝尔实验室 Bjarne Stroustrup 在 1985 年推出的编程语言，在 2000 年后开始应用于 AI 领域。C++ 的特点是高效性，直接操作内存，适合高性能计算。被应用底层框架开发，如 CUDA、OpenCV 等。目前在需要极致性能的场景中仍被使用。

Swift 是 Apple 公司在 2014 年推出的程序设计语言，是苹果生态的首选语言，支持 iOS/macOS 开发，具有安全高效的特点，内存管理自动化。它应用于移动端 AI，Core ML Tools 提供了更精细的组合式权重压缩技术，可以方便地将大语言模型和扩散模型移植到 Apple 芯片上。Swift 在苹果生态的 AI 应用中占主导地位。

3.2 用 Python 语言写程序

3.2.1 一个简单的 Python 程序

在人工智能领域，目前应用最广泛的是 Python 程序设计语言。其语法简洁，支持面向对象、函数式编程多种编程范式，广泛应用于人工智能和数据科学等领域。

与其他语言相比，Python 是最接近自然语言的程序设计语言，关键字少、结构简单、语法清晰、易于阅读，使学习者可以在较短的时间内掌握编程方法。Python 用户可以借助其丰富的第三方库，快速地完成一些复杂的开发任务。近几年，由于大数据和人工智能领域的飞速发展，Python 借助其极其强大的科学计算和数据分析的能力，得到越来越广泛的应用，成为人工智能和大数据领域事实上的标准语言。

在 Python 中，编写一个输出 “Hello,World” 程序非常简单，以下是一个示例：

```
print("Hello,World!")
```

这个代码使用了 Python 的内置 print() 函数来输出字符串 “Hello, World!”。也可以使用变量来存储字符串，然后再用 print() 函数打印出来：

```
message="Hello,World!"
print(message)
```

3.2.2　环境配置

Python 是解释型编程语言，其开发环境也较简单，只需要安装 Python 解释器就可以利用内置的 IDLE 编写 Python 程序。Python 解释器可以在 Python 官方网站下载，在安装过程中，需要选中 “Add Python.exe to PATH” 复选框，使我们可以在任何路径下调用 Python 解释器和 pip 命令。

Pycharm 集成数据科学和网络开发所需的所有的 Python 工具，是专门用于 Python 编程的 IDE，提供智能代码自动补全、代码检查、即时错误高亮显示和快速修复功能，以及自动代码重构和丰富的导航功能，可使编程变得更简单和高效。

Pycharm 里提供了大量可免费用于辅助代码生成的人工智能插件，如 Lingma（通义灵码）、GitHub Copilot 等。通义灵码是一款基于通义大模型的智能编码辅助工具，提供行级 / 函数级实时续写、自然语言生成代码、单元测试生成、代码注释生成、代码解释、研发智能问答、异常报错排查等能力，为开发者带来高效、流畅的编码体验。

IDLE 是 Python 内置的集成开发和学习环境，具有两种类型的主窗口：Python Shell 窗口和文件编辑窗口，分别用于交互式编程和文件式编程，如图 3-1 所示。

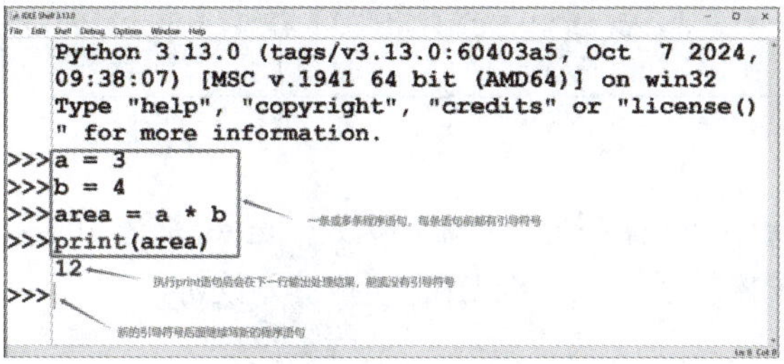

（a）Python Shell 窗口

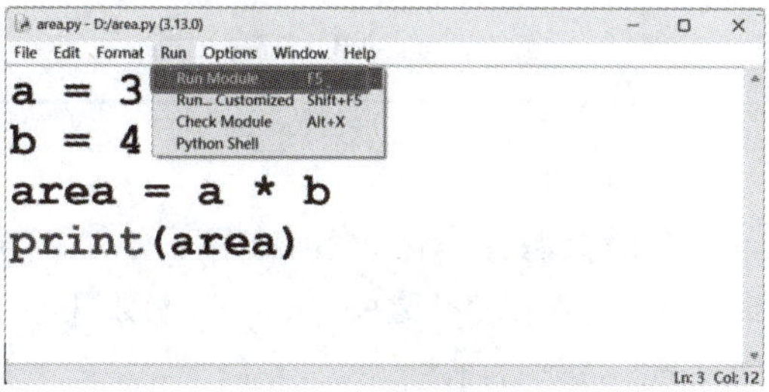

（b）文件编辑窗口

图 3-1　交互编程窗口与文件式编程窗口

交互式编程是指解释器即时响应用户输入的代码并输出运行结果。可通过单击 “开始” 菜单中的 IDLE 进入 Python Shell 交互环境。也可以在 Windows 操作系统的控制台下输入 “python” 进入交互环境。在 >>> 提示符后输入程序语句并按回车键后，会在下一行输出运行结果。交互式编程不需要创建文件，通过 Python 解释器的交互模式来编写代码，输入输出比较直观，可以快速得到结果，常用于熟悉 Python 的语法和简短代码测试，但不方便修改，退出也无法保存代码，不适合用于编程实践。

文件式编程是把程序代码保存在一个文件里，这样可以长期保存，反复调用，避免了交互式每次要重复输入代码的问题，适用于编程实践和开发。单击 File → New File 命令会打开一个新的编辑窗口，在这个窗口里编写代码可以保存成扩展名为 .py 的文件，可以反复运行。

3.2.3 数据与数据类型

数据是对客观事物的性质、状态以及相互关系等进行记载的物理符号或这些物理符号的组合。数据可以是连续的值，比如声音、图像；也可以是离散的，如符号、文字等。所有客观对象都要抽象成数据，才能在计算机中进行存储和处理。

根据需要对数据进行的操作和处理的不同，可以将数据和操作定义成若干种类型，其中应用最广泛的类型有数值类型（整型、浮点型、复数）、文本序列（字符串）、序列类型（列表、元组和 range）、映射类型（字典）和集合类型等，常用数据类型见表 3-1，每种数据类型都有自己的特点、属性和方法，不同类型的数据适用的场景也不同。

表 3-1　常用数据类型

对　象	示　例	说　明
整型	1 024、79、0、−66	整数大小无限制（受内存大小限制）
浮点型	123.45、12.、.23、0.78	取值范围：2.2250738585072014e-308 到 1.7976931348623157e+308
字符串	'1024'、"test"、'''10test'''	使用成对的单引号、双引号或三引号界定
Range	range(1, 10, 2)、range(5)	range (start, stop[,step]) 返回从 start 到 stop，步长为 step 的整数序列，常用于控制循环
列表	[1, 2, 3, 4]、[1, 2, 'a', "b"]	用一对方括号界定，元素间逗号分隔，元素可为数字、字符串、列表、元组等任意数据类型
元组	(1, 2, 3, 4)、(1, 2, 'a', 'b')、(1,)	用一对圆括号界定，元素间逗号分隔，元素可为任意数据类型
集合	{1, 2, 3, 4}、{'h', 'l', 'e', 'o'}、{'you', 'me', 'he'}	用一对大括号界定，元素无顺序，集合中元素具有唯一性，元素间逗号分隔
字典	{'age': 40, 'name': 'zhao'}	用一对大括号界定，元素间用逗号分隔，每个元素包括包含“键”和“值”两部分

1. range

range 类型表示不可变的数字序列，通常用于在 for 循环中指定循环次数，是 for 循环中应用最广泛的可迭代对象之一。range() 函数既可用于控制循环，又可以用于生成等差数列。

range() 函数语法：

```
range(stop)                  #0,1,2,3,4,…,stop-1，初值为 0，步长为 1 的等差数列
range(start,stop[,step])     #start,start+step,…，步长为 step 的等差数列
```

start 和 step 是可选参数，缺省时，start = 0，step = 1。range 生成的内容 r[i] = start + step * i，当 step 为正数，要求 i >= 0 且 r[i] < stop；当 step 为负数，要求 i >= 0 且 r[i] > stop。

range() 函数相对于列表和元组的优点在于占用内存固定，占用内存较小，它仅存储 start、stop 和 step 值，在需要时通过计算生成序列中的每个值。

range() 函数常与 for 和控制变量一起使用，遍历 range() 数列中的数并控制循环次数。循环控制变量经常用 i、j 等表示，每次循环从 range() 产生的数列中依次取一个值。

```
for<var>in range([start,]stop[,step]):
    <语句块>
```

2. 字符串

字符串是 Python 中最常用的数据类型，属于不可变数据类型。Python 中 input() 函数接收到的数据、读文本文件获得的数据都是字符串数据类型。

字符串使用一对单引号、一对双引号或三对引号为定界符，用引号包围起来的 0 个或多个字符就称为一个字符串。包含字符的个数称为字符串的长度，当包含 0 个字符时，称为空字符串。

字符串与列表、元组和 range 等序列数据类型具有一些共性。他们内部元素之间都存在先后顺序，都支持序列的拼接、重复、索引、切片、测试长度、最大值、最小值和存在性测试等操作，各操作的描述见表 3-2。

表 3-2　序列通用操作

操作符	描　述
s[i]	索引，返回序列 s 的第 i 项
s[start:end]	切片，返回序列 s 从 start 到 end（不包括 end）的元素生成新的序列
s + t	拼接两个序列 s 和 t
s * n 或 n * s	n 为整数，将序列 s 重复 n 次生成新序列
len(s)	返回序列 s 的长度（包含元素的个数）
min(s)	返回序列 s 的最小值
max(s)	返回序列 s 的最大值
s.count(x)	序列 s 中 x 的个数
s.index(x)	序列中第一个 x 的索引值
x in s	如果序列 x 与序列 s 中的任一子序列或元素相等，返回 True，否则返回 False
x not in s	如果序列 x 与序列 s 中的任何子序列都不相等，返回 True，否则返回 False

Python 内置的字符串处理方法非常多，这里只介绍一些特别常用的方法，见表 3-3。

表 3-3　常用字符串处理方法

方法名	描　述
str.upper()/str.lower()	转换字符串 str 中所有字母为大写 / 小写
str.strip()	用于移除字符串开头、结尾指定的字符（缺省时去掉空白字符，包括 \t、\n、\r、\x0b、\x0c 等）
str.join(iterable)	以字符串 str 作为分隔符，将可迭代对象 iterable 中字符串元素拼接为一个新的字符串。当 iterable 中存在非字符串元素时，返回一个 TypeError 异常
str.split(sep=None)	根据分隔符 sep 将字符串 str 切分成列表，缺省时根据空格切分，可指定逗号或制表符等
str.count(sub)	返回 sub 在字符串 str 里面出现的次数
str.find(sub)	检测 sub 是否包含在字符串 str 中，如果是返回开始的索引值，否则返回 -1
str.replace(old, new)	把字符串 str 中的 old 替换成 new
str.index(sub)	与 find() 方法一样，返回子串存在的起始位置，如果 sub 不在字符串 str 中，会报一个异常
for <var> in <string>	对字符串 string 进行遍历，依次将字符串 string 中的字符赋值给前面的变量 var

3. 列表

Python 中的列表是置于方括号中的一组数据，数据项之间用逗号分隔，列表是可变数据类型。列表中的每个数据项称为一个元素，元素的数据类型无限制，各元素类型可以相同，也可以不同，可以将列表或元组作为列表的元素。

```
lsa=[1,2,3,4,5]                                  # 整数元素
lsb=['湖北','河北','山东','山西']                  # 字符串元素
lsc=['Susan','Female',19,[85,74,99,89,92]] # 字符串、整数、列表
```

列表可以通过索引赋值改变列表中指定序号元素值，也可以使用 append()、extend() 和 insert() 方法用于向列表中添加元素，这三种方法也都是原地操作，无返回值，无新对象产生。

（1）ls.append(x)

用于向列表末尾追加一个元素，ls 为操作的列表名，x 为增加的元素。

```
ls=[88,56,95,46]              # 通过赋值创建列表 ls
ls.append(100)                # 列表末尾增加新元素 100
ls.append('python')           # 列表末尾增加新元素 'python'
print(ls)                     #[88,56,95,46,100,'python']
```

（2）ls.extend(L)

将另一个列表或可迭代对象中的所有元素追加到当前列表的末尾。

```
ls=[88,56,95,46]
ls.extend(range(5))           # 在原列表末尾增加新列表中的元素 0,1,2,3,4
print(ls)                     # 输出 [88,56,95,46,0,1,2,3,4]
```

（3）ls.insert(i, x)

向列表中任意位置插入一个元素，ls 为操作的列表名，i 为插入位置的序号，x 为增加的元素。

```
ls=[88,56,95,46]
ls.insert(2,99)               # 在序号为 2 的位置插入新值 99
print(ls)                     # 输出 [88,56,99,95,46]
```

列表的 pop()、remove() 和 clear() 方法可被用于删除列表中的元素，下面分别介绍其用法。

（1）ls.pop(i)

用于移除列表 ls 中序号为 i 的一个元素。无参数 i 时，移除列表的最后一个元素。pop() 方法返回值为被移除的元素，是唯一能删除列表元素又能返回值的列表方法。

```
ls=list('08974')              # 将字符串转为列表 ['0','8','9','7','4']
s=ls.pop()                    # 移除列表最后一个元素 '7'，并将其赋值给 s
print(ls,s)                   # 输出列表元素和移除的元素 ['0','8','9' ,'7'] 4
ls.pop(2)                     # 移除列表中序号为 2 的元素 '9'
print(ls)                     #['0','8' ,'7']
```

（2）ls.remove(x)

删除列表中第一个与参数 x 值相同的元素，当列表中不存在与参数 x 相同的元素时，抛出错误。

```
ls=list('08984')                    #将字符串转为列表 ['0','8','9','8','4']
ls.remove('8')                      #删除列表中字符串元素 '8'，只移除第一个 '8'
print(ls)                           #['0','9','8','4']
```

（3）ls.clear()

删除列表中全部元素，即清空列表。Python 中提供了 sort() 和 reverse() 两个方法对列表元素进行排序。

ls.sort() 方法可以对列表 ls 中的数据在原地进行排序，默认为升序排序，当设置参数 reverse = True 时，为降序排序。

```
ls=['app','Apple','at','AM']        #元素为字符串的列表 ls
ls.sort()                           #默认排序规则，直接比较字符串
print(ls)                           #['AM','Apple','app','at']
```

ls.reverse() 方法的作用是将列表 ls 中的元素逆序。

```
my_list=['73','13','9','82']        #通过赋值创建元素为字符串的列表 my_list
my_list.reverse()                   #将列表元素逆序
print(my_list)                      #['82','9','13','73']
```

sort() 和 reverse() 这两种方法都是原地操作，直接修改了原始的列表中的数据。只希望在输出时进行排序或逆序输出，不改变列表中的原始数据的顺序时，可以使用内置函数 sorted() 和 reversed()。使用这两个内置函数时，列表要放在括号中作为函数的参数。

sorted(iterable, key = None, reverse = False) 根据可迭代对象参数 iterable 返回一个新的排序后的列表，与 sort() 方法相同，也支持排序关键字参数 key 和反转参数 reverse。

reversed(seq) 返回一个将序列 seq 中元素顺序反转的迭代器对象，如需查看反转结果可以用 list() 将反转结果转为列表。

4. 字典

字典是 Python 内置唯一映射数据类型，是一种可变数据类型。字典使用一对大括号来存放数据，元素之间用逗号分隔。每个元素都是一个“键：值”（Key: Value）对，用来表示“键”和“值”的映射关系或对应关系。字典的存储是按加入顺序存储的，但不可用序号索引和切片等方法。字典具有快速查找、插入、修改和删除的特性，特别适合处理需要快速查找或更新的数据，比如用户信息、学生成绩、商品库存等。

例如，{'name': ' 张明 ', 'age': 18, 'gender': 'M'}，是一个包含三个数据元素的字典，分别是键值对 'name': ' 张明 '、'age': 18 和 'gender': 'M'。

字典中的键不可重复，必须是字典中独一无二的数据，键必须使用不可变数据类型的数据，如字符串、整型、浮点型、元组、冻结集合等，不可以使用列表和集合等可变类型数据。字典的值可以是任意类型的数据，也可以重复。

字典实际应用场景包括：

（1）记录用户信息

可以用字典来存储用户的姓名、年龄、地址等信息，其中键是属性名称，值是属性对应的具体内容。

```
user_info={"name": "Alice","age": 30,"address": "123 Main St"}
```

（2）统计数据

字典经常用于统计数据，比如计算文本中每个单词出现的频率。

```
word_count={"Python": 5,"is": 3,"awesome": 2}
```

（3）配置文件/参数存储

字典可以用来存储应用程序的配置参数或用户设置。

```
config={"theme": "dark","font_size": 12,"language": "English"}
```

（4）快速查找表

字典能够快速地根据键查找对应的值，特别适合用作查找表，比如根据学生学号查找成绩。

```
student_scores={"1001": 90,"1002": 85,"1003": 78}
```

5. 集合

集合类型用来保存无序的、不重复的不可变数据，其概念和数学中集合的概念基本一致。set 和 frozenset 的不同在于 set 是可变数据类型，集合内数据可增可减，有 add()、remove() 等方法。而 frozenset 是不可变数据类型，一旦创建，其数据便不可增减，可以作为字典的键或其他集合的元素。set 和 frozenset 的关系类似于列表和元组的关系。没有明确说明的集合数据类型，都指数据可变的集合（set）。

集合是可变的，集合中的元素无固定顺序，不支持索引和切片等序列操作，在增加和删除元素时集合也不记录新元素位置或者插入点。

集合对象支持 union（联合）、intersection（交集）、difference（差集）和 sysmmetric difference（对称差集）等数学运算。

集合是一种可遍历结构，可以用在 for 循环中用于数据的遍历。集合具有无序排序且不重复的特点，基本功能包括关系测试和消除重复元素。在需要删除重复项，或者求交集、差集之类的数学运算时，可以使用集合，而且用于迭代时，集合的表现优于列表。

字典和集合都是用大括号界定的多个数据，其共性是它们的元素是无序的，且字典的键和集合的元素都只能是字符串或数字等不可变数据类型。

3.2.4 对象与变量

数据的存储和管理都是以对象为单位进行的，系统会为每个新创建的对象分配一块内存空间，并用该段内存的首地址作为对象的身份标识，此值可以用 id() 函数获取。每个对象有三个基本属性：类型、身份标识和值。type（object）函数可以返回对象 object 的数据类型。id（object）函数可返回表示对象 object 的身份标识，也就是系统为这个对象分配的内存的首地址，用一个整数表示。value 就是这个对象存储的值。

每个对象除了这三个基本属性以外，在使用过程中，用户经常会通过加标签的方式给对象附加一个名字，以方便在程序中通过这个名字引用该对象，Python 也延续习惯用法将名字称为变量。

赋值是指将一个对象或表达式的值传给一个标识符的操作。可以近似地将赋值理解为两部分的操作：一是将具体的对象存储在内存某地址处，二是将变量名与这个地址关联起来，相当于给这块内存区域绑定一个"标签"，以后就用标签（变量名）来访问这块内存中存储的对象。

在 Python 中，变量仅仅是一个名字。一个赋值语句将把赋值符号"="左边的名字与右边的表达式或值关联起来。Python 中的赋值符号除了"="以外，还包括 +=、-=、*=、/=、%=、**=、//= 等，分别表示先运算再赋值，例如 c += a 作用与 c = c + a 相同。

为每个对象起一个简洁且能清晰表达对象意义的名字，以使自己编写的程序可以让其他程序员用尽可能少的时间便能阅读和理解。比较好的命名是使用单词及单词的组合作为变量名称，使其具有一定的意义，可提高程序的可读性和可维护性。常用的规范是用单词或下划线连接多个小写字母的单词作为变量名，如：number、id_check、get_birthday_by_id。变量的命名支持使用大小写字母、数字和下划线，且数字不能为首字符。Python 变量名区分大小写字母，true 和 True 不同。

Python 关键字是语言内置的特殊词汇，具有特定的含义和用途，一般用于构成程序框架、表达关键值和具有结构性的复杂语义，这些关键字不能用作变量名或函数名。例如用于控制流程的 for、while、if、elif、else、continue、break、pass 等，用于函数定义的 def、return、lambda 等，用于运算的 and、or、not、is、in 等，以及 True、False、None 等关键字都不能用于做变量名。

3.2.5　内置类型

Python 主要内置类型有数字、序列、映射、类、实例和异常等。

1. 逻辑值检测

利用 if 或 while 条件表达式或通过逻辑运算，任何对象都可以进行逻辑值的检测，以便在 if 或 while 作为条件或作为布尔运算的操作数来使用。逻辑值为 False 的内置对象包括被定义为假值的常量：None 和 False；任何数值类型的零：0，0.0，0j，Decimal(0)，Fraction(0, 1)；空的序列和多项集：''，()，[]，{}，set()，range(0)。除这些对象外，其他对象逻辑值均为 True。

2. 逻辑运算

Python 语言支持 and、or、not 逻辑运算符。and 和 or 两边的 x 和 y 可以是数字、变量或表达式，逻辑运算返回的是参与逻辑运算的操作数或表达式的值，并不是 False 和 True。三种运算的表达式与功能描述见表 3-4，逻辑运算符 or、and 和 not 中，not 优先级最高，or 最低。

表 3-4　逻辑运算符

运 算 符	表 达 式	功能描述
or	x or y	首先对表达式 x 求值，如果值为 True 则返回 x 的值，否则对表达式 y 求值并返回其结果值
and	x and y	首先对表达式 x 求值，如果值为 False 则返回 x 的值，否则对表达式 y 求值并返回其结果值
not	not x	表达式 x 值为 False 时返回 True，否则返回 False

3. 成员运算

运算符 in 用于成员检测，返回布尔值 True 或 False。如果 x 是 s 的成员则 x in s 值为 True，否则为 False。x not in s 返回 x in s 取反后的值。所有内置序列和集合类型以及字典都支持此运算，对于字典来说 in 检测其是否在字典的键中存在。对于字符串和字节串类型来说，当且仅当

x 是 y 的子串时 x in y 为 True。空字符串总是被视为任何其他字符串的子串，因此 "" in "abc" 将返回 True。

4. 比较运算

比较运算符用于比较两个值，并确定它们之间的关系，结果是布尔值 True 或 False。Python 中有 8 种比较运算，包括 2 种一致性比较（==、!=）、4 种次序比较（<、>、<=、>=）和 2 种标识号比较（is 和 is not）。这些比较运算符的优先级相同，比布尔运算优先级高。比较运算符可以连续使用，例如：x < y < = z 相当于同时满足条件 x < y and y < = z，x is y == z 相当于 x is y and y == z。比较运算与成员运算的优先级也相同，成员运算符 in 也可以与比较运算符一起连续使用。

Python 所有的内建类型都支持比较运算，不同的类型的比较方式不一样。一致性比较（ == 和 != ）基于对象的值，具有相同值的实例一致性比较结果为相等。

5. 运算优先级

Python 支持多种运算符的混合运算，所有运算符的优先级由高到低排列的描述见表 3-5。

表 3-5　常用运算优先级

序　号	运 算 符	描　述
1	**	幂运算
2	*、/、//、%	乘法、除法、整除与取模
3	+、-	加法与减法
4	<、<=、>、>=、!=、==、in、is	比较运算、成员检测和标识号检测
5	not x	逻辑非运算
6	and	逻辑与运算
7	or	逻辑或运算
8	lambda	lambda 表达式
9	:=	赋值表达式、海象运算符

3.2.6　程序基本结构

基本的程序设计模式将程序的功能分为三个主要部分：输入（input）、处理（process）和输出（output），称为 IPO 程序设计方法。输入是一个程序的开始，处理是程序对输入数据进行计算产生输出结果的过程，输出是程序展示运算结果的方式。

输入通常涉及用户输入、读文件或从其他数据源获取数据，最常见的输入方法包括用户输入和文件读取。用户输入通过内置函数 input(prompt) 实现，prompt 参数一般是一个提示用户输入相关信息的字符串，如果存在 prompt 参数，则将其写入标准输出（输出到显示器），末尾不带换行符。

输出的作用是将程序的处理结果通过显示器、绘图仪等设备反馈给用户或以文件形式持久保存。输出主要方式是用 print() 函数输出到标准输出设备（显示器）和写入到文件。

```
name=input("请输入你的姓名：")        # 先输出提示信息，光标不换行，等待用户输入姓名
age=input("请输入你的年龄：")         # 先输出提示信息，光标不换行，等待用户输入年龄，
```

```
print(f'你的名字是{name}，今年{age}岁。')
```

print() 函数主要用于将单个对象或多个对象输出到屏幕上。输出多个对象时，用逗号“,”将要输出的对象隔开作为参数，输出时默认用空格对输出值进行分隔。输出多个对象时，可以用 sep 参数指定分隔符号，sep 参数的值必须是字符串。

```
print('2024','08','11')            # 默认输出时用空格分隔 2024 08 11
print('2024','08','11',sep='/')  # 用 sep 参数指定符号用于输出时分隔值 2024/08/11
print('09','28','36',sep=':')    # 用 sep 参数指定符号用于输出时分隔值 09:28:36
```

print() 函数中 end 参数默认值是换行符（'\n'），此参数值缺省时，执行 print() 函数后会自动输出一个换行。如果希望多个 print() 语句的输出在同一行中，可以给 print() 函数里的 end 参数一个字符串类型的值，例如设置 end='' 或 end=','，使每条 print() 语句的输出后用空格或逗号代替默认的回车符，实现多条 print() 语句输出在同一行内的效果。

```
print('你好，',end=' ')              # 输出后不换行，用空格隔开
print('欢迎',end='')                 # 输出后不换行，用空字符串隔开
print('学习 Python！')               # 输出后换行
print('欢迎进入程序世界！')          # 在新的一行输出
# 输出：
你好，欢迎学习 Python！
欢迎进入程序世界！
```

Python 3.6 以后提供的一个格式化字符串字面值方法，用“f”或“F”做前缀格式化字符串输出，在字符串中，放置在大括号“{}”中的变量或表达式在程序运行时会被变量和表达式的值代替，大括号中的变量值可以为任意类型。

```
name='Tom'
gender='male'
age='20'
print(f'姓名：{name}，性别：{gender}，年龄：{age}')
# 输出：姓名：Tom，性别：male，年龄：20
print(f'姓名：{"Tom"}，性别：{"male"}，年龄：{40}')
# 注，3.12 以前版本大括号中的值为字符串时需用与 f 后不同的引号
```

处理阶段涉及对输入数据进行数学计算、条件逻辑、循环与分支等流程控制，这部分通常是程序的核心部分。

下面是一个数学计算的例子，良好的习惯是将输入、处理和输出之间用空行区别开：

```
# 输入：获取用户输入的圆的半径
radius=float(input("请输入圆的半径："))

# 处理：利用面积公式计算圆的面积
pi=3.14159
area=pi * (radius ** 2)

# 输出：输出圆的面积
print(f"圆的面积是：{area}")
```

这个程序各行首都对齐在同一层次，其中的语句按出现的先后顺序依次执行，称为顺序结

构。大部分程序是由顺序、分支和循环三种结构构成。

顺序结构是结构化程序设计中最简单和直接的一种结构，依照解决问题的先后顺序写出相应的语句，程序按语句出现的先后顺序依次执行。

分支结构根据不同分支中的条件表达式判定的结果决定执行哪个分支下的语句块。

循环结构是在满足某条件的情况下，重复执行一个语句块中的语句。在实际应用中，为了实现特定的业务逻辑和算法，不可避免要综合使用顺序结构、分支结构和循环结构。

循环结构用于完成重复性的工作，不确定重复执行次数时用 while 控制循环，确定次数的循环用 for ... in 结构，in 后面可以是 range、字符串、列表、元组、字典、集合和文件对象等可迭代对象，其执行次数由可迭代对象中元素数量决定。

案例 3-1 在棋盘的每个方格中放入米粒，第一个格子放 1 粒，第二个格子放 2 粒，以此类推，直到 64 个格子都被填满，计算一共有多少粒米。

```
total=0                        # 设置总数 total 初值为 0
for i in range(64):            # 重复执行 64 次，i 依次取 0，1，2，3，...，63
    total=total+2**i           # 执行 64 次，每次加上 2 的 i 次方
print(total)                   # 输出总数：18446744073709551615
```

这个程序中，for 开头的语句结尾是冒号，位于缩进区域的一条或多条语句称为语句块，其中的语句会被重复执行。print() 语句离开了缩进位置就不再重复执行了，只执行 1 次。

除重复执行代码外，程序还可以根据不同的条件执行不同的语句块。应用 if...elif...else 控制程序执行不同条件下的语句块。

案例 3-2 身体质量指数（BMI）是一个由身高和体重算出的数值，可根据公式：BMI＝体重［kg］÷（身高［m］）^{2} 来计算，BMI 值可用于确定是否处于健康体重。下面代码可用于根据 BMI 的值输出判定结果。

```
# 输入身高和体重计算 BMI 值
height=float(input('请输入身高（米）：'))          # 输入身高并转换为浮点数
weight=float(input('请输入体重（公斤）：'))        # 输入体重并转换为浮点数
bmi=weight/pow(height,2)                          # 计算 BMI 指数
print('BMI 指数为：{:.2f}'.format(bmi))           # 输出 BMI 指数并保留两位小数

# 根据 BMI 值输出健康建议
if bmi<18.5:                                      # 判断 BMI 指数是否小于 18.5
    print("体重过轻")                             # 输出体重过轻
elif 18.5<= bmi<25:                               # 判断 BMI 指数是否在 18.5 到 24.9 之间
    print("体重正常")                             # 输出体重正常
elif 25<= bmi<29:                                 # 判断 BMI 指数是否在 25 到 29.9 之间
    print("体重超重")                             # 输出体重超重
else:                                             # 判断 BMI 指数是否大于等于 30
    print("肥胖")                                 # 输出肥胖
```

语句块是一组相关的、缩进一致的程序语句，它们作为一个整体在特定的上下文中执行。使用缩进来定义语句块是 Python 的一个独特特征。同一块中的所有语句必须有相同的缩进级别。通常使用 4 个空格作为一个缩进级别。语句块常用于函数定义、条件语句（if ... elif ... else）和循环语句（for/while）后，这些语句有一个共同的特点就是都用半角冒号结束。可以简单地理解为

若一条程序语句以冒号结尾，其后一定有一个处于缩进位置的语句块，当缩进返回到之前的级别或文件结束时，语句块结束。语句块可以嵌套，在一个语句块内部可以包含其他语句块，每个嵌套级别都有更深的缩进。

案例 3-3 下面是一个展示语句块嵌套的例子。

```
def test():                  # 定义一个函数，缩进层次都是函数体的语句
    for i in range(10):#for 循环语句，后面 4 条语句是被多次执行的循环体的语句块
        if i % 2==0:     #if 分支语句，缩进的 print(f'{i} 是偶数 ') 在满足条件时执行
            print(f'{i} 是偶数 ')
        else:            # 下面缩进的是 else 分支执行的语句
            print(f'{i} 是奇数 ')
    return None          # 函数返回值为 None，函数体的语句均在缩进一个层次内

test()   # 调用函数 test()，离开缩进，语句与函数定义的缩进层次相同
```

IPO 结构使得程序逻辑清晰、易于理解和维护。它帮助程序员组织思路，将复杂的问题分解为更小、更易管理的部分。在实际应用中，这些阶段可能会更复杂，可能会涉及更多的函数、类或模块，但基本原理保持不变。

函数将一段经常使用的代码封装起来并通过一个名字来调用，例如 print() 函数就是将用于输出的一段代码命名为 print() 供用户直接调用，这样的设计可以避免重复编写相同的代码。函数是编程中的基本构建块，掌握函数的定义和使用对于编写高效、可维护的代码至关重要。函数可以隐藏实现细节，使代码更易于理解和维护。函数也可以接受参数，使其更灵活、通用。程序设计中面对复杂问题时一般的处理方法是将其分解成多个规模更小的子问题，每个子问题分别用一个函数实现，使之成为可管理的、独立的代码块。

案例 3-4 下面是一个函数定义和调用的例子。

```
def greet(name,gender):                    # 函数定义，用 def、函数名、参数构成，冒号结尾
    """ 这个函数用于打招呼 """             # 文档字符串，说明函数功能、参数、返回值等信息
    if gender=='male':                     # 函数体，根据性别返回不同的问候语
        return f"Hello,Mr.{name}!"         # 返回值，将函数处理结果返回给调用函数处
    else:
        return f"Hello,Miss.{name}!"

# 调用函数
message=greet("Alice",'male')              # 调用函数，获取函数的处理结果进一步应用
print(message)                             # 输出 : Hello,Mr.Alice!
```

3.3 数 据 结 构

在计算机科学中，数据结构是一种数据组织、管理和存储的格式。它是相互之间存在一种或多种特定关系的数据元素的集合。通常情况下，精心选择的数据结构可以带来更高的运行或者存储效率。数据结构研究的是数据的逻辑结构和数据的物理结构以及它们之间的相互关系。它包含三个方面的内容：即数据的逻辑结构、数据的存储结构和数据的操作。

数据结构有很多种，一般来说，按照数据的逻辑结构对其进行简单的分类，包括线性结构

和非线性结构两类。线性结构就是表中各个结点具有线性关系。线性表就是典型的线性结构，还有栈、队列和串等都属于线性结构。非线性结构就是各个结点之间具有多个对应关系。在实际应用中，数组、广义表、树结构和图结构等数据结构都属于非线性结构。

程序设计中常用的数据结构包括数组、堆栈、队列、链表、树、图、堆和散列表等。不同的数据结构适用于不同的应用场景，以下是一些常见的数据结构及其应用场景：

数组是一种聚合数据类型，它是将具有相同类型的若干变量有序地组织在一起的集合。数组是最基本的数据结构，在各种编程语言中都有对应。一个数组可以分解为多个数组元素，按照数据元素的类型，数组可以分为整型数组、字符型数组、浮点型数组、指针数组和结构数组等。数组还可以有一维、二维以及多维等表现形式。数组的特点是可以通过下标随机访问元素，适用于需要快速访问和修改元素的场景，如实现栈和队列。

堆栈是一种特殊的线性表，又称为栈。它只能在表的固定端进行数据结点的插入和删除操作。栈按照先进后出、后进先出的原则来存储数据，也就是说，先插入的数据将被压入栈底，最后插入的数据在栈顶，读出数据时，从栈顶开始逐个读出。栈的应用包括递归调用、表达式求值和符号匹配。

队列也是一种特殊的线性表。队列按照先进先出的原则来存储数据。队列只允许在表的一端进行插入操作，而在另一端进行删除操作。常用于操作系统的管道通信、并发容器和“生产者 - 消费者”模型，包括任务调度和广度优先搜索等。

链表是一种数据元素按照链式存储结构进行存储的数据结构，这种存储结构具有在物理上非连续的特点。链表由一系列数据结点构成，每个数据结点包括数据域和指针域两部分。其中，指针域保存了数据结构中下一个元素存放的地址。链表结构中数据元素的逻辑顺序通过链表中的指针链接次序实现。链表的特点是插入和删除操作非常快，适用于需要频繁插入和删除元素的场景，如实现 LRU 缓存。

树是典型的非线性结构，它是由 n（$n>0$）个有限结点组成的一个具有层次关系的集合。在树结构中，有且仅有一个根结点，该结点没有前驱结点。在树结构中的其他结点都有且仅有一个前驱结点。树是一种层次结构的数据结构，常用于表示具有层次关系的数据，如文件系统和组织结构。二叉树、红黑树和 B 树等树结构在数据库和文件系统中有广泛应用。

图是另一种非线性数据结构。图的数据结构包含一个有限的集合作为结点集合，以及一个无序对（对应无向图）或有序对（对应有向图）的集合作为边的集合。如果两个结点之间存在一条边，那么就表示这两个结点具有相邻关系。图是一种由顶点和边组成的非线性数据结构，常用于表示网络结构，如社交网络和交通网络。图的应用包括最短路径算法和网络流量分析。

堆是一种特殊的树形数据结构，一般讨论的堆都是二叉堆。堆的特点是根结点的值是所有结点中最小的或者最大的，并且根结点的两个子树也是一个堆结构。堆是一种特殊的树形数据结构，常用实现优先队列。堆的应用包括堆排序和找到数据中的最大或最小值。

散列表源自散列函数，其思想是如果在结构中存在关键字和 T 相等的记录，那么必定在 F（T）的存储位置可以找到该记录，这样就可以不用进行比较操作而直接取得所查记录。散列表是一种通过键值对直接访问数据的结构，常用于需要快速查找的场景，如实现字典和集合。散列表的应用包括缓存、数据库索引和去重。

这些数据结构在不同的应用场景中发挥着重要作用，选择合适的数据结构可以提高程序的效率和性能。数据结构在软件开发和实际项目中扮演着至关重要的角色，是解决复杂问题、提高程序性能和优化资源使用的关键工具。

3.4 算法与算法设计

算法是指解题方案的准确而完整的描述，是一系列解决问题的清晰指令，算法代表着用系统的方法描述解决问题的策略机制。也就是说，能够对一定规范的输入，在有限时间内获得所要求的输出。不同的算法可能用不同的时间、空间或效率来完成同样的任务。一个算法的优劣可以用空间复杂度与时间复杂度来衡量。算法中的指令描述的是一个计算，当其运行时能从一个初始状态和（可能为空的）初始输入开始，经过一系列有限而清晰定义的状态，最终产生输出并停止于一个终态。算法设计指的是设计能解决问题的尽可能优的算法，本节将介绍几种常用的算法。

3.4.1 枚举算法

枚举算法又称为穷举法，是一种暴力搜索算法，其核心思想是通过遍历所有可能的解，从中找到满足问题要求的解。枚举算法通常适用于问题规模较小或者解空间有限的情况，因为它的时间复杂度通常非常高，随着问题规模的增大，计算量会呈指数增长。

枚举算法的基本步骤：

①确定解空间，确定所有可能的解的集合；

②遍历解空间，通过遍历所有的可能解，检查这些解是否满足问题的要求；

③筛选解，对于每一个可能的解，判断其是否符合条件，如果符合则记录下来；

④输出结果，最终输出符合条件的解，或者输出符合条件的最优解。

案例 3-5 百钱百鸡问题是中国古代的一个经典数学问题：用 100 文钱买 100 只鸡，其中公鸡 5 文钱 1 只，母鸡 3 文钱 1 只，小鸡 1 文钱 3 只。问如何买公鸡、母鸡、小鸡，使得总数为 100 只，且总花费为 100 文。

这是一个典型的整数解组合问题，即有多个约束条件（鸡的种类、单价、数量和总金额），需要找到所有满足条件的解，适合用枚举算法来解决。

公鸡的数量为整数 x，母鸡的数量为整数 y，小鸡的数量为整数 z，隐含条件是小鸡是 3 的倍数。

总数量约束：$x + y + z = 100$

总价格约束：$5x + 3y + z/3 = 100$（小鸡每 3 只 1 文钱）

这个问题的求解可以使用枚举算法，即遍历所有可能的数量组合，然后筛选出符合条件的解。从问题描述中可以看出，公鸡、母鸡和小鸡的数量必须是非负整数且不大于 100。再确定枚举解空间，逐一枚举公鸡和母鸡的数量，通过约束条件计算小鸡的数量，并验证是否满足总花费为 100 文的条件。最后是筛选合法解，对于每一种公鸡和母鸡的组合，计算相应的小鸡数量，并判断是否满足条件，最终输出合法解。

以下是使用枚举算法解决百钱百鸡问题的 Python 实现：

```
def hundred_chickens():
    """用 100 文钱买 100 只鸡问题，输出所有可能的解 """
    for cock in range(101):                 # 枚举公鸡的数量
        for hen in range(101):              # 枚举母鸡的数量
            for chick in range(101):  # 枚举小鸡的数量
                # 判断是否满足总花费为 100 文，总鸡数是 100 只，小鸡是 3 的倍数
                if 5 * cock+3 * hen+chick//3==100 and chick % 3==0\
                        and cock+hen+chick==100:
                    print(f"公鸡：{cock}只，母鸡：{hen}只，小鸡：{chick}只")

# 主程序，调用函数并输出结果
hundred_chickens()
```

这个问题的解空间为100*100*100，直接枚举的效率可以接受，但我们仍然可以做一些优化。首先，可以缩小解空间。由于公鸡和母鸡的价格较高，显然不可能买超过20只公鸡，而母鸡也不能超过33只，考虑到当公鸡和母鸡数量确定时，小鸡数量可用 $100-x-y$ 获得，这样可以减少一些无效的枚举，使解空间缩小为20*33，减少循环次数，极大提升效率。

```
def hundred_chickens():
    """用 100 文钱买 100 只鸡问题，输出所有可能的解 """
    for cock in range(20):                  # 枚举公鸡的数量
        for hen in range(33):               # 枚举母鸡的数量
            chick=100-cock-hen              # 计算小鸡的数量
            # 判断是否满足总花费为 100 文，总鸡数是 100 只，小鸡是 3 的倍数
            if 5 * cock+3 * hen+chick//3==100 and chick % 3==0:
                print(f"公鸡：{cock}只，母鸡：{hen}只，小鸡：{chick}只")

# 主程序，调用函数并输出结果
hundred_chickens()
```

枚举算法简单易懂，由于枚举算法的核心思想是遍历所有可能的解空间，适用于有明确约束条件并且解空间有限的问题。算法的逻辑通常非常简单，容易实现和理解。可以保证找到解，如果解存在，枚举算法最终一定能找到正确的解，因为它会遍历所有可能的情况。适合小规模问题，在问题规模较小或解空间较小时，枚举算法可以快速找到解。

枚举算法的缺点是效率低，枚举算法的时间复杂度通常是指数级或更高的，随着问题规模的增大，算法的运行时间会急剧增加，导致效率非常低下。不适合大规模问题，当解空间非常大时，枚举算法不可行，因为它可能需要花费非常多的时间来寻找解。

枚举算法虽然效率不高，但在小规模问题上非常有效，广泛应用于各种组合、排列、优化问题。组合优化问题，如背包问题、旅行商问题等，其中需要找到最优解。搜索问题，如数独、八皇后问题等，枚举所有可能的解，找到符合条件的解。密码破解，暴力破解密码是一种典型的枚举算法应用，通过尝试所有可能的密码组合，最终找到正确的密码。数论问题，包括质数判定、因数分解等问题。排列组合问题，如生成排列、组合、子集等。

3.4.2 迭代算法

迭代算法是指通过重复执行一系列指令，逐步逼近问题的解。它通常通过循环结构来实现，每次循环都会根据当前的状态更新结果，直到满足某个条件停止。迭代是编程中最常见的概念

之一，尤其在处理重复计算、递增、递减等操作时，迭代算法具有广泛的应用。迭代算法是编程中的基础工具之一，是解决重复性问题时的强大工具。在列表遍历、累积求和、阶乘、查找最大值最小值等任务中都有应用。

案例 3-6 斐波那契数列是一个著名的数列，其特点是前两个数为 0 和 1，从第三个数开始，每个数是前两个数之和。前几个斐波那契数为：0，1，1，2，3，5，8，13……给定一个整数 n，求第 n 个斐波那契数。

算法思路：

（1）斐波那契数列的第 1 个数是 0，第 2 个数是 1。

（2）使用迭代法，从第 3 个数字开始，逐步计算到第 n 个数字。

（3）每次将前两个数字相加，得到当前数字。

```
def fibonacci(n):
    """ 计算并返回第 n 个斐波那契数 """
    if n==0 or n==1:                # 处理特殊情况
        return n
    a,b=0,1                         # 初始化前两个斐波那契数
    for i in range(2,n+1):          # 从第 2 个数开始迭代，计算到第 n 个数
        a,b=b,a+b                   # 更新 a 和 b 的值，a 是当前数，b 是下一个数
    return b

# 主程序，示例调用
n=12
result=fibonacci(n)
print(f" 第 {n} 个斐波那契数是 : {result}")
```

斐波那契数列的第 n 个数等于前两个数之和。使用两个变量 a 和 b 来存储前两个斐波那契数，并在每次循环时更新它们的值。通过迭代，逐步计算出第 n 个斐波那契数。相比递归方法，迭代方法节省了大量的内存和时间。通过不断更新变量，能够轻松计算出较大的斐波那契数。

3.4.3 递归算法

递归（recursion）是指在函数的定义中使用函数自身的方法。基本思想是把规模大的问题转化为规模小的相似的子问题来解决。在函数实现时，因为解决大问题的方法和解决小问题的方法往往是同一个方法，所以就产生了函数调用它自身的情况。这个函数必须有明显的结束条件，以避免产生无限递归的情况。

在函数内部，可以调用其他函数。如果一个函数在内部调用函数本身，这个函数就是递归函数。递归的问题是可以用同样的解题思路来回答除了规模大小不同、其他完全一样的问题。比如阶乘、斐波那契数列等，用递归方法来解决这类问题，可以用较少的代码完成。

递归算法特性：

①必须有一个明确的递归终止条件。递归在有限次调用后要进行回溯才能得到最终的结果，那么必须有一个明确的临界点，程序一旦到达了这个临界点，就不用继续函数的调用而开始回溯，该临界点可以防止无限递归。

②给出递归终止时的处理办法。在递归的临界点应该直接给出问题的解决方案。

③每次进入更深一层递归时，问题规模相比上次递归都应有所减少或更接近于解。

能用递归解决的问题必须可以分解为若干规模较小、与原问题形式相同的子问题，这些子问题可以用相同的解题思路来解决。从程序实现的角度而言，需要抽象出一个简单的重复的逻辑，以便使用相同的方式解决子问题。

递归函数的优点是定义简单，逻辑清晰。理论上，所有的递归函数都可以写成循环的方式，但循环的逻辑不如递归清晰。递归的缺点是效率不高，而且使用递归函数需要注意防止栈溢出。

案例 3-7 斐波那契数列又称黄金分割数列，这个数列从第 3 项开始，后一项的值总是与他前面两项的和的值相等。

0，1，1，2，3，5，8，13，21，34，55，89，144，233，377，610，987……

在数学上，可以给出归纳方法定义：

```
f(n)=n                      (n ≤ 1)
f(n)=f(n-1)+f(n-2)          (n ≥ 2, n ∈ N*)
```

很明显这是一个分段函数，可以用二分支来实现：

```
def fibonacci(n):
    """ 定义递归函数，接收非负整数 n，返回斐波那契数列的第 n 项 """
    if n<= 1:  # 前两项为 0 或 1
        return n
    else:
        return fibonacci(n-1)+fibonacci(n-2)   # 后一项等于前两项之和

num=int(input())            # 输入非负整数
print(fibonacci(num))       # 调用递归函数求斐波那契数列的第 n 项并输出
```

3.4.4 二分法

二分法是一种用于求解单调连续函数（即函数在某个区间内单调递增或递减）的根的数值方法。它是根据中间值定理工作的：如果函数 $f(x)$ 在区间 $[a, b]$ 上连续，且满足 $f(a)\cdot f(b)<0$，则区间 $[a, b]$ 内至少存在一个 c，使得 $f(c)=0$。二分法通过不断将区间对半分，逐步缩小包含根的区间，最终逼近函数的根。

二分法的步骤：

（1）初始区间选择：找到一个区间 $[a, b]$，使得 $f(a)\cdot f(b)<0$。

（2）计算中点：令 $m=\dfrac{a+b}{2}$，并计算 $f(m)$。

（3）检查中点是否是根：如果 $f(m)=0$，则 m 就是根，停止迭代。

（4）缩小区间：如果 $f(a)\cdot f(m)<0$，则根在区间 $[a, m]$ 中；否则，根在区间 $[m, b]$ 中。

（5）重复迭代：继续将区间对半分，直到区间长度小于设定的精度。

应用二分法解决问题的关键点有三个：一是初始区间检查，确保函数在区间 $[a, b]$ 内有根，即 $f(a)\cdot f(b)<0$。二是确定收敛条件，当函数值 $f(m)$ 足够接近零，或区间长度足够小，停止迭代。三是可设定最大迭代次数防止死循环，函数有最大迭代次数 。

案例 3-8 二分法求解方程 $f(x)=x^2-2=0$ 的根。

```
low,high=0,2                        # 初始化二分查找的上下界
while True:                         # 开始无限循环
    x=(high+low)/2                  # 计算上下界的中点
    if abs(x ** 2-2)<= 1e-6:        # 如果中点的平方与输入的数的差的绝对值小于等于 1e-6
        print(x)                    # 打印中点的值 1.4142136573791504
        break                       # 结束循环
    elif x ** 2-2<0:                # 如果中点的平方小于输入的数
        low=x                       # 将中点设为新的下界
    else:                           # 如果中点的平方大于输入的数
        high=x                      # 将中点设为新的上界
```

二分法的优点一是简单且稳健，二分法结构非常简单，且只需要保证函数在区间两端的符号不同（即 $f(a)\cdot f(b)<0$），就可以保证收敛。二是不需要导数，二分法不依赖函数的导数，只需要函数的值。三是全局收敛，二分法总是能够找到区间内的根，收敛性非常好。

二分法也有其局限性，一是收敛速度较慢，通常需要较多次迭代才能达到高精度。二是只能处理单根问题，二分法只能找到区间内的一个根，如果区间内有多个根，可能无法找到所有根。三是要求连续性，二分法要求目标函数在区间上是连续的，否则可能无法正确工作。

3.4.5　蒙特卡罗算法

蒙特卡罗算法是一种基于随机采样的数值计算方法，常用于解决复杂的数学问题，尤其是在求解多维积分、模拟随机过程、估计概率等问题中。其核心思想是通过大量随机样本来逼近问题的解，最终达到高精度的近似结果。

蒙特卡罗算法的步骤通常包括：

①定义问题：将问题转化为可以通过随机样本求解的形式。

②采样：从问题的定义空间中生成大量随机样本。

③计算：对每个样本应用问题的数学模型，求得结果。

④平均：将所有样本的结果求平均，得到问题的近似解。

蒙特卡罗算法的特点是：样本数量越多，结果越精确。它适用于高维度、复杂的计算问题，尤其是在传统方法难以求解的情况下。

案例 3-9 通过蒙特卡罗算法估算圆周率 π。假设我们有一个单位正方形（边长为 1）和一个内接的四分之一圆（半径为 1），四分之一圆的面积为 $\frac{\pi}{4}$，正方形的面积为 1。我们可以通过以下方法估算 π：

随机生成 n 个点，均匀分布在正方形中，统计落在四分之一圆内的点数量 m，通过圆内点的比例估算 π。四分之一圆内的点满足：$x^2+y^2\leqslant 1$，四分之一圆的面积占正方形面积的比例为 $\frac{\pi}{4}$，因此我们可以通过公式 $\pi\approx\frac{m}{n}$ 估算 π 值。

```
import random


times=int(input())              # 输入正整数，表示产生点数量 10000
hits=0                          # 计数器，落在圆内的点数，初值为 0
```

```
for i in range(times):      # 重复执行 times 次
    x,y=random.uniform(0,1),random.uniform(0,1)   # 产生一个点坐标 x, y
    if x**2+y**2<= 1:       # 计算坐标（x,y）到原点的距离，小于半径则在圆内
        hits+= 1            # 统计落在圆内点数量
pi=(hits/times) * 4         # 计算并输出圆周率值，浮点数
print(pi)                   # 输出圆周率，每次结果可能不同 3.134
```

样本数越多，估算的 π 值越精确。比如，使用 1 000 000 个点时，可以估算出非常接近 π 的结果。虽然蒙特卡罗算法非常简单，但它的收敛速度较慢，需要大量样本才能获得高精度结果。

3.5 Pandas 数据处理

Pandas 是一款建立在 Python 编程语言之上的快速、强大、灵活且易于使用的开源数据分析和处理工具，提供了高性能和高可用性的数据结构以用于解决数据分析问题，它纳入了大量的库和一些标准的数据模型，提供了可用于高效操作大型数据集的工具，是使 Python 成为强大而高效的数据分析工具的重要因素之一。

通常，Pandas 的引用方式为：

```
import pandas as pd
```

在所有引用 Pandas 的文档中，用 pd 作为别名是一个被广泛接受的通用的做法。

3.5.1 数据访问

Pandas 输入输出 API 提供了对文本、二进制和结构化查询语言（SQL）等不同格式类型文件的读写函数，其主要方法见表 3-6。

表 3-6　Pandas 输入输出 API

格式类型	数据描述	读	写
文本	CSV	read_csv()	to_csv()
文本	JSON	read_json()	to_json()
二进制	MS Excel	read_excel()	to_excel()
SQL	SQL	read_sql()	to_sql()

Pandas 可以方便快速地读取本地文件，如 CSV、TXT、JSON、EXCEL 等文件。read_csv() 是数据分析中最常用的函数之一，广泛被用于逗号分隔的文本数据导入与清洗，将 CSV 文件快速加载到 Pandas DataFrame 中，在机器学习项目中，用于从 CSV 文件中提取特征和标签数据。

```
import pandas as pd

# 基本用法
df=pd.read_csv('data.csv')

# 指定分隔符为制表符，指定列名为 A、B、C，并指定第一行作为列名
df=pd.read_csv('data.txt',sep='\t',names=['A','B','C'],header=None)
```

```
# 跳过前 10 行并限制读取行数为 100
df=pd.read_csv('large_data.csv',skiprows=10,nrows=100)

# 处理缺失值，将 NA 和 ? 替换为 NaN
df=pd.read_csv('data_with_na.csv',na_values=['NA','?'])

# 解析日期列，将日期字符串转换为 datetime 对象
df=pd.read_csv('time_series_data.csv',parse_dates=['date_column'])
```

3.5.2 Pandas 数据结构

Pandas 兼容所有 Python 的数据类型，除此外，还支持 Series 和 DataFrame 数据结构。

Series 与 Numpy 中的数组、Python 中的列表相似，其区别是列表中的元素可以是各种不同的数据类型，而数组中只允许存储相同的数据类型，这样可以更有效地利用内存，提高运行速度。

DataFrame 是二维数据结构，类似于电子表格，可以在列中存储不同类型的数据，包括字符、整数、浮点数值、分类数据等。可采用切片的方法查看 DataFrame 中指定的部分数据，也可用 head(n) 和 tail(n) 方法查看开始或结尾的 *n* 行数据。

案例 3-10 Titanic 数据集是一个经典的数据集，常用于机器学习和数据科学的入门教程。这个数据集包含了泰坦尼克号乘客的信息，如姓名、性别、年龄、票务信息等，以及他们是否幸存下来。读取数据集为 dataframe 格式并查看前 3 行数据。

```
import pandas as pd

data_df=pd.read_csv('titanic.csv')      # 加载数据集转为 dataframe 格式
print(data_df.head(3) )                 # 显示列前 3 条数据
```

输出：

```
    PassengerId  Survived  Pclass  Name  Sex  Age  SibSp  Parch  Ticket  Fare  Cabin
Embarked
    0 1 0 3 Calic, Mr. Jovo         male 17.0 0 0 315093 8.6625  NaN S
    1 2 0 3 Ling,  Mr. Lee          male 28.0 0 0 1601   56.4958 NaN S
    2 3 0 3 Moran, Mr. James        male NaN  0 0 330877 8.4583  NaN Q
```

3.5.3 数据清洗

数据清洗是数据分析和机器学习项目中的关键步骤，主要包括：识别和处理数据中的缺失值，包括删除、填充等方法。根据条件过滤数据，保留所需的部分数据。将数据从一种类型转换为另一种类型，以满足分析或建模的需求等工作。

使用 info() 方法可以查看数据信息，包括所有列的非空数据数量、数据类型和内存占用量等信息，无返回值。使用 describe() 方法生成描述性统计数据，包括总结数据集分布的中心倾向、分散性和形状的统计，不包括 NaN 值。对于数值数据，结果索引将包括 count、mean、std、min、max 以及下百分位数和上百分位数。对于对象数据（如字符串或时间戳），结果索引将包括 count、unique、top 和 freq 。

案例 3-11 查看 titanic.csv 数据集的描述性统计数据。

```
import pandas as pd
```

```
data=pd.read_csv('titanic.csv')      # 加载数据，转为 dateframe 格式数据
print(data.describe())               # 查看统计摘要
```

输出：

```
PassengerId Survived Pclass ... SibSp Parch Fare
count 891.000000 891.000000 891.000000 ... 891.000000 891.000000
891.000000
mean 446.000000 0.383838 2.308642 ... 0.523008 0.381594 32.204208
std 257.353842 0.486592 0.836071 ... 1.102743 0.806057 49.693429
min 1.000000 0.000000 1.000000 ... 0.000000 0.000000 0.000000
25% 223.500000 0.000000 2.000000 ... 0.000000 0.000000 7.910400
50% 446.000000 0.000000 3.000000 ... 0.000000 0.000000 14.454200
75% 668.500000 1.000000 3.000000 ... 1.000000 0.000000 31.000000
max 891.000000 1.000000 3.000000 ... 8.000000 6.000000 512.329200
[8 rows x 7 columns]
```

案例 3-12 在 Titanic 数据集中，有一些特征存在缺失值，比如年龄、舱位等。在应用中需要决定如何处理这些缺失值。一般可以使用 isnull() 或 isna() 方法识别缺失值、使用 dropna() 方法删除包含缺失值的行或列、使用 fillna() 方法填充缺失值，可以使用均值、中位数、众数等统计量。

```
import pandas as pd

data_df=pd.read_csv('. titanic.csv')
data_dropped=data_df.dropna()                        # 删除缺失值
mean_age=data_dropped['Age'].mean()                  # 计算去除缺失值后的平均年龄
data_df['Age']=data_df['Age'].fillna(mean_age)       # 使用均值填充缺失值
print(data_df.head())                                # 显示前 5 行
```

```
PassengerId Survived Pclass Name Sex Age SibSp Parch Ticket Fare Cabin
Embarked
0 1 0 3 Calic, Mr. Jovo male 17.000000 0 0 315093 8.6625 NaN S
1 2 0 3 Ling, Mr. Lee male 28.000000 0 0 1601 56.4958 NaN S
2 3 0 3 Moran, Mr. James male 35.674426 0 0 330877 8.4583 NaN Q
3 4 1 3 Mamee, Mr. Hanna male 35.674426 0 0 2677 7.2292 NaN C
4 5 1 3 Bing, Mr. Lee male 32.000000 0 0 1601 56.4958 NaN S
```

案例 3-13 根据特定的条件过滤数据，只保留女性乘客或者特定舱位的乘客。

```
import pandas as pd

data_df=pd.read_csv('.titanic.csv')                          # 读取数据为 Dataframe 类型
female_passengers=data_df[data_df['Sex']=='female']  # 过滤出女性乘客
print(female_passengers.head())                              # 输出前 5 行
```

案例 3-14 有时候数据的类型并不符合我们的预期，需要进行类型转换。可以使用 dtypes 属性查看各列的数据类型，使用 astype() 方法进行类型转换。

```
import pandas as pd

data_df=pd.read_csv('.titanic.csv')
```

```
print(data_df.dtypes)                                              # 检查数据类型
data_dropped = data_df.dropna().copy()                             # 删除缺失值并复制数据
data_dropped.loc[:, 'Age'] = data_dropped['Age'].astype(int)  # 将年龄列转换为整数类型
print(data_dropped.head())                                         # 显示前 5 行数据
否则新的 pandas 版本下会有一个警告
```

学习数据清洗的基本步骤和常用方法，包括处理缺失值、数据过滤和类型转换等技能是进行数据分析和机器学习项目的基础，对于初学者来说尤为重要。基于这组数据，还可以处理其他缺失值、数据可视化和高级过滤等操作。

3.5.4　数据统计分析

Pandas 提供了一些数值型数据的统计方法，可以更方便地实现数据的统计。

案例 3-15 使用 mean() 方法实现乘客支付的船票费平均值的计算。

```
import pandas as pd

data_df=pd.read_csv('./data/titanic.csv')
print(round(data_df['Fare'].mean(),2))   # 乘客支付的船票费平均值,32.2
```

表 3-7 中列出了 Pandas 中提供的统计方法，可以用于各种统计运算。

表 3-7　Pandas 描述统计方法

方法名称	描　述	方法名称	描　述	方法名称	描　述
count()	非空值数目	std()	样本标准差	sum()	求和
var()	方差	mean()	平均值	sem()	标准误差
mad()	平均绝对偏差	skew()	样本偏离	median()	中位数
kurt()	样本峰度	min()	最小值	quantile()	样本分位数
max()	最大值	cumsum()	累加	mode()	众数
cumprod()	累乘	abs()	绝对值	cummax()	累积最大值
prod()	乘积	cummin()	累积最小值		

学习使用 Pandas 库进行数据的统计分析，包括计算常用统计指标、数据分组和聚合等操作，认识到统计分析是数据分析中的基础步骤，有助于理解数据的分布和特征。利用 Pandas 可以计算均值、中位数、标准差等统计量，并可以根据特定的特征对数据进行分组，分组后的数据还可以进行聚合操作，如求和、平均值等。

案例 3-16 使用 mean() 方法计算数值列的均值，使用 median() 方法计算数值列的中位数，使用 std() 方法计算数值列的标准差。

```
import pandas as pd

data=pd.read_csv('titanic.csv')    # 加载数据
mean_age=data['Age'].mean()        # 计算年龄的均值
print("Mean Age:",mean_age)
median_age=data['Age'].median()    # 计算年龄的中位数
```

```
print("Median Age:",median_age)
std_age=data['Age'].std()          # 计算年龄的标准差
print("Standard Deviation of Age:",std_age)
```

案例 3-17 利用 groupby() 方法按性别和舱位等级分组。对分组后的数据进行聚合操作，计算各组的幸存人数、平均年龄等。使用 size() 或 count() 方法计算各组的幸存人数，使用 mean() 方法计算各组的平均年龄。

```
import pandas as pd

data=pd.read_csv('titanic.csv')                              # 加载数据
survived_by_sex = data.groupby('Sex')['Survived'].sum() # 计算每个性别的存活人数
print(survived_by_sex)
mean_age_by_group = data.groupby(['Sex','Pclass'])['Age'].mean() # 计算每个性别和舱位等级的平均年龄
print(mean_age_by_group)
```

3.6 应用实例：简易情感分析与手写数字识别

3.6.1 简易情感分析

案例 3-18 根据电影《哪吒 2》的英文介绍文本进行情感分析。英文文本可以使用 replace() 方法替换逗号、句号后直接用 split() 分词。情感词库需要针对英文文本手动列出一些积极和消极的词汇，比如 positive_words = ["captivate", "success", "profound", "breathtaking", "exciting"]，可以根据实际情况调整。

```
with open('neza.txt','r',encoding='utf-8') as fr:
    text=fr.read()    # 读取文件中的数据为字符串
# 转小写并简单去标点
clean_text=text.lower().replace(',','').replace('.','').replace('!','')
words=clean_text.split()   # 用空格分词

# 自定义情感词库，可扩展
positive_words={
    "captivate","success","profound","breathtaking",
    "exciting","legendary","epic","immersive"
}
negative_words={"catastrophic","harrowing","limitations","adversity"}
positive_count=0      # 统计积极词汇数量
negative_count=0      # 统计消极词汇数量

for word in words:  # 遍历单词，统计积极、消极词汇数量
    if word in positive_words:
        positive_count+= 1
    elif word in negative_words:
        negative_count+= 1

print(f"积极词汇数：{positive_count}")
```

```
print(f"消极词汇数：{negative_count}")

print("\n=== 文本情感 ===")
if positive_count >negative_count:
    print("这是一篇充满积极评价的影评！")
elif positive_count<negative_count:
    print("这篇影评包含较多负面描述")
else:
    print("文本情感较为中性")
```

3.6.2　手写数字识别

案例 3-19 首先加载数据集，对数据进行预处理，将 MNIST 中 28×28 的灰度图图像归一化到 0～1，并调整维度以适应卷积网络。接着构建模型结构：使用 Conv2D 层提取特征，通过 MaxPooling2D 层降维，利用 Flatten 层转换数据格式，最后使用 Dense 层进行分类。在激活函数方面，ReLU 适合隐藏层，避免梯度消失，输出层用 softmax 处理多分类。编译模型时，损失函数用交叉熵，优化器选 Adam，评估指标设为准确率。训练时，可能需要 10 个 epoch，批量大小设为 128。训练完成后，评估模型在测试集上的表现，可视化训练过程，最后做预测示例，运行结果如图 3-2 所示。

```
import numpy as np
import matplotlib.pyplot as plt
from tensorflow import keras
from tensorflow.keras import layers

#1.加载数据集
(x_train,y_train),(x_test,y_test)=keras.datasets.mnist.load_data()

#2.数据预处理
x_train=x_train.astype("float32")/255    #归一化到 [0,1] 范围
x_test=x_test.astype("float32")/255      #归一化到 [0,1] 范围
x_train=np.expand_dims(x_train,-1)       #调整输入维度 (28,28,1)
x_test=np.expand_dims(x_test,-1)         #调整输入维度 (28,28,1)
y_train=keras.utils.to_categorical(y_train,10) #One-hot 编码标签
y_test=keras.utils.to_categorical(y_test,10)   #One-hot 编码标签

#3.构建模型
model=keras.Sequential(
    [
        layers.Input(shape=(28,28,1)),
        layers.Conv2D(32,kernel_size=(3,3),activation="relu"),
        layers.MaxPooling2D(pool_size=(2,2)),
        layers.Conv2D(64,kernel_size=(3,3),activation="relu"),
        layers.MaxPooling2D(pool_size=(2,2)),
        layers.Flatten(),
        layers.Dropout(0.5),
        layers.Dense(10,activation="softmax"),
    ]
)
```

```
#4.编译模型
model.compile(loss="categorical_crossentropy",optimizer="adam",
              metrics=["accuracy"])

#5.训练模型
history=model.fit(x_train,y_train,batch_size=128,
                  epochs=10,validation_split=0.1)

#6.评估模型
score=model.evaluate(x_test,y_test,verbose=0)
print("Test loss:",score[0])
print("Test accuracy:",score[1])

#7.可视化训练过程
plt.plot(history.history['accuracy'],label='Training Accuracy')
plt.plot(history.history['val_accuracy'],label='Validation Accuracy')
plt.title('Training Progress')
plt.ylabel('Accuracy')
plt.xlabel('Epoch')
plt.legend()
plt.show()

#8.预测示例
sample_index=42  #可以修改这个索引查看不同样本
sample_image=x_test[sample_index]
prediction=model.predict(np.array([sample_image]))
predicted_label=np.argmax(prediction)

print(f"\nPredicted: {predicted_label}")
print(f"Actual: {np.argmax(y_test[sample_index])}")

#显示预测图像
plt.imshow(sample_image.squeeze(),cmap='gray')
plt.title(f"Prediction: {predicted_label}")
plt.show()
```

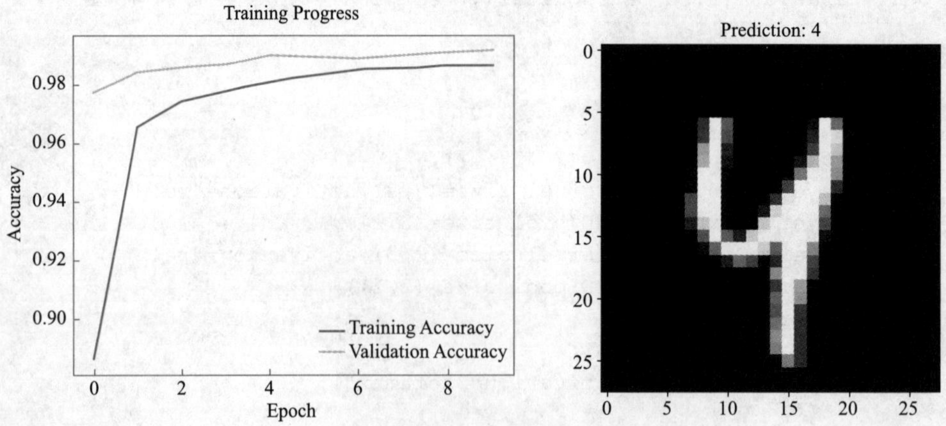

图 3-2　训练过程及预测结果

拓展学习　Matplotlib 数据可视化

Matplotlib 是一个应用最为广泛的、高质量的 Python 2D 绘图库。它能让使用者很轻松地将数据图形化，并且提供多样化的输出格式。利用 Matplotlib 绘制简单曲线图首先要导入 Matplotlib 库中绘制曲线图的子库 pyplot，一般起别名为 plt，绘制曲线的关键函数有两个：一个函数是 plot(x，y)，作用是根据坐标 x，y 值绘图；另一个函数是 show()，作用为将缓冲区的绘制结果在屏幕上显示出来。语法为。

```
import matplotlib.pyplot as plt        # 导入 Matplotlib 库的子库 pyplot，别名 plt

plt.plot(x,y)                          # 根据坐标 x,y 值绘图
plt.show()                             # 将缓冲区的绘制结果在屏幕上显示出来
```

案例 3-20 利用 np.linspace() 产生包含 50 个 x 值的数组，利用 np.sin() 和 np.cos() 分别计算得到 50 个 y 值，绘制平滑的正余弦曲线图，如图 3-3 所示。

```
import matplotlib.pyplot as plt        # 导入 pyplot 子库命名为 plt
import numpy as np                     # 导入 numpy 库命名为 np

x_arr=np.linspace(0,2*np.pi)           #0 到 2pi 之间产生 50 个等间距的点的数组
sin_arr=np.sin(x_arr)                  # 根据 x 值计算 50 个 sin(x) 值，数组类型
cos_arr=np.cos(x_arr)                  # 根据 x 值计算 50 个 cos(x) 值，数组类型

plt.plot(x_arr,sin_arr)                # 根据坐标  x,sin_lsx  值绘 sin(x) 曲线图
plt.plot(x_arr,cos_arr)                # 根据坐标  x,cos_lsx  值绘 cos(x) 曲线图
plt.show()                             # 显示绘制结果
```

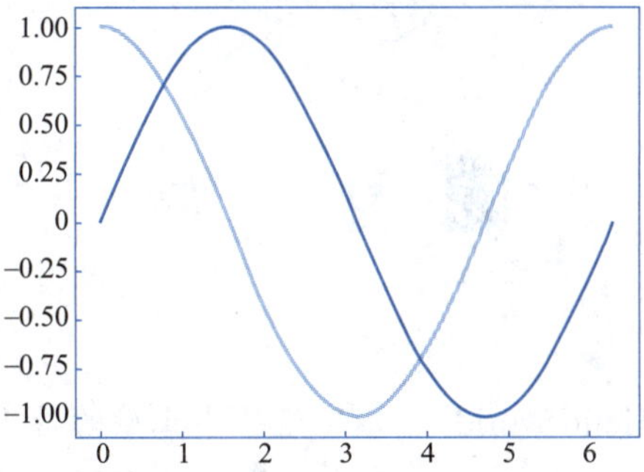

图 3-3　绘制正余弦函数曲线

图灵奖　计算机科学奠基人、编程界先驱——艾兹格 · W. 迪杰斯彻

艾兹格 · W. 迪科斯彻（Edsger Wybe Dijkstra）是一位计算机科学家和数学家，由于在程序设计语言的科学与艺术方面卓越贡献，他在 1972 年获得图灵奖。

艾兹格 · W. 迪科斯彻生于荷兰鹿特丹，于 1959 年在阿姆斯特丹大学获得博士学位，曾获得北爱尔兰贝尔法斯特女王大学荣誉学位。Dijkstra 被西方学术界

称为“结构程序设计之父”，他一生致力于把程序设计发展成一门科学。他还获得过 1974 年 AFIPS Harry Goode Memorial Award、1989 年 ACM SIGCSE 计算机科学教育教学杰出贡献奖，以及 2002 年 ACM PODC 最具影响力论文奖。Dijkstra 是欧洲工程院的首批院士。

Dijkstra 在计算机软件和理论方面做出了许多开创性工作。他的根本性贡献覆盖了很多领域，包括：编译器、操作系统、分布式系统、程序设计、编程语言、程序验证、软件工程、图论等。他创造了大量常用的、写入权威教科书的基本计算机概念和术语，如堆栈、显示、信号量、死锁、互斥、结构化编程等。这些概念和术语为计算机科学的发展奠定了坚实的基础。他提倡使用结构化编程方法，强调程序的清晰性、可读性和可维护性。这种编程思想对于提高软件质量、减少错误和提高开发效率具有重要的意义。

Dijkstra 的伟大贡献包括：

①银行家算法：这是一种著名的死锁避免算法。该算法最初是为银行家给多个顾客贷款设计的，但后来被直接应用于操作系统中，用于资源分配。

②最短路径算法：这是计算机科学中一个重要的图论算法，用于在图中找到从起始顶点到其他所有顶点的最短路径，广泛应用于需要计算最短路径的场景。

③结构化编程：提出了“Go To 语句有害论”，主张从高级语言中取消 Go To 语句，提倡使用三种基本控制结构来编写程序。这种结构化编程方法显著提高了软件的生产率和维护性 。

④ THE 操作系统：参与设计和开发了 THE 操作系统。这是他对于操作系统领域的一个直贡献。

⑤第一个 Algol 60 编译器的设计者和实现者：ALGOL 60 是科学计算机语言的基础，对后来的计算机语言发展产生了深远影响 。

他的贡献和成就将永远铭刻在计算机科学的历史长河中，他的思想、算法和教育方法将继续引领着计算机科学的发展。我们应该时刻铭记 Dijkstra 的贡献和影响，从他的思想和方法中汲取智慧和灵感。我们也应该像 Dijkstra 一样，保持对计算机科学和数学的热爱和追求，为这一领域的发展贡献自己的力量。

习　　题

一、单选题

1. 在屏幕上打印输出“Hello World”，以下选项中正确的是（　　）。

   A. print('Hello World')　　B. printf("Hello World")

   C. printf('Hello World')　　D. print(Hello World)

2. 以下选项中，不符合 Python 语言变量命名规则的是（　　）。

   A. keyword33_　　B. 33_keyword

   C. _33keyword　　D. keyword_33

3. 以下选项中，不是 Python 语言关键字的是（　　）。

   A. while　　B. continue

   C. goto　　D. for

4. 以下选项中，不属于 IPO 模式一部分的是（　　）。

A. Program（程序）　　B. Process（处理）

C. Output（输出）　　D. Input（输入）

5. Python 文件的扩展名是（　　）。

A. pdf　　B. do

C. pass　　D. py

二、编程题

1. 输出 100 以内所有素数。

2. 计算函数 sin(x) 在区间（a，b）与 x 轴包围的面积。

3. 现有方程：$f(x)=x^5-15x^4+85x^3-225x^2+274x-121$，已知 $f(x)$ 在［1.5，2.4］区间单调下降，且在该区间 $f(x)=0$ 有且只有一个根，用二分法求解该根。

4. 水仙花数是指一个 3 位数，它的每个位上的数字的 3 次幂之和等于它本身，例如，$1^3+5^3+3^3=153$，输出所有 3 位的水仙花数。

5. 一元二次方程 $ax^2+bx+c=0$，a、b、c 的值由用户在三行中输入，根据用户输入的数值求解方程的实数解。

三、思考题

1. 常用的数据结构有哪些？各适用于哪些问题场景？

2. 常用的算法有哪几种？每种算法适用于解决哪类问题？在各类算法中如何提高执行效率？

3. 在做数据分析时，为什么要做数据清洗？

第一篇　WPS AI 单元实训

使用WPS AI辅助你完成自己的“大学生活计划书”

具体要求如下：

1. 用AI生成属于你自己的“大学生活计划书”，其中必须包含“学习目标”“社团活动”等内容。

文档

大学生活计划书

2. 对文档进行基本编排：设置标题（黑体三号居中）、正文（宋体小四，1.5倍行距），插入分页符制作封面，使用表格或SmartArt制作学期计划甘特图（提示：如果不了解甘特图，请通过AI获取帮助）。

3. 对“学习目标”“社团活动”等关键词添加超链接（跳转至对应章节），并利用“审阅-批注”功能模拟导师修改建议（至少3处）。

4. 生成PDF版本，文件命名为“学号＋姓名_计划书”，统计全文字数并标注于页脚。

考察点提示：

字体排版、图文混排、交互功能、格式标准化（如页眉页脚）。通过实际文档制作掌握WPS核心功能，同时培养学习计划能力。

成品请扫描二维码。

第二篇

人工智能基础与应用

学习引导

AlphaGo 战胜围棋世界冠军

2016 年 3 月，阿尔法狗（AlphaGo）与围棋世界冠军李世石进行围棋人机大战，以 4:1 总比分获胜，之后在网上的快棋对战当中与中日韩一系列顶尖棋手对战无一败绩。2017 年，AlphaGo 又以 3:0 战胜了当时世界排名第一的围棋世界冠军柯洁。

AlphaGo 是 Google Deep Mind 团队开发的一个围棋人工智能机器人，当时在大众的认知里：机器而已！但是事实是机器赢了，人们开始思考：计算机已经超越人脑了吗？

其实早在 1997 年，IBM 计算机“深蓝”就战胜了国际象棋冠军卡斯帕罗夫，此后鲜有败绩，但很多人仍然坚信，围棋会作为人类智慧的最后一道防线，绝不会被计算机打败。所谓千古围棋无同局，围棋棋盘横纵各 19 条线，一共 361 个交叉点，棋局可能出现的变化比地球上所有的沙粒还要多，而且棋局更看中全局，讲究形势，被认为是只合适人脑的复杂游戏。但 AlphaGo 的智能程度已经超乎了人们的想象，他的前所未有的走法也刷新了人们对围棋走法的认识。AlphaGo 的主要工作原理是“深度学习”，它用多层人工神经网络模拟了人类的大脑，通过对人工神经网络的不断训练使其拥有了强大的学习能力。AlphaGo 由许多数据中心作为节点相连，每个节点内有着多台超级计算机，类似于人脑的神经元，它在掌握了近万盘人类高手棋局并通过不断博弈后，会模拟人类棋手选择落子位置。因为 AlphaGo 的学习能力足以碾压所有人类，一天之内就能自我对弈 3 万局，不断总结经验提高棋力，同时比赛过程中不会有恐惧、紧张、疑惑等人类情绪，也不会因为疲惫而出现漏洞。

无论 AlphaGo 和李世石谁胜谁负，都是人类的胜利，是人类工程师的努力，才让人工智能变得如此强大。本部分首先展示人工智能学科框架，继而从应用的角度介绍机器学习和人工神经网络，使所有非计算机的读者能够了解人工智能的本质，不再感到神秘，也能找到应用的切入点。

第 4 章 人工智能学科框架

当人工智能突破计算实现层之后，如何构建自己的认知体系？人工智能学科的本质是从“执行计算”到“创造智能”的范式跃迁，所需要的三大支柱是：符号推理的严谨性 + 统计学习的适应性 + 连接主义的涌现性。终极的问题是：如果计算机是智能的躯壳，那么什么才是人工智能的灵魂？本章将绘制这幅认知地图，揭示 AI 如何从工具升维为方法论。

4.1 从计算实现到智能涌现

1956 年在美国达特茅斯（Dartmouth）学院召开的学术研讨会上，专家们在研究“如何用机器模拟人的智能”，首次提出人工智能，标志着人工智能学科的诞生。如果说人工智能的诞生需要三个条件，则：一是计算机；二是图灵测试；第三就是达特茅斯会议。

2024 年，世界计算大会的主题是从“计算万物”到“智算万物”，一字之差，精准反映出现代计算技术正在全球经历着颠覆性变革。人们在开始关注更绿色的算力，提出要加大先进绿色技术应用，积极引入绿电能源，加快建设绿色数据中心、智算中心，构建灵活高效的算力互联网，打造多元泛在、智能敏捷、安全可靠、绿色低碳的数字基础设施。

4.1.1 计算主义的边界

什么是计算主义？什么又是计算主义边界？为什么关注这个“边界”？

1. 计算主义

计算主义认为：认知过程本质上是计算过程，可以由计算机模拟。计算主义随着计算机的兴起而兴起，成为一种新型的世界观和方法论。17 世纪的英国哲学家霍布斯曾提出“思想就是计算”的观点，而图灵的工作则为计算主义提供了重要的理论基础，使其在人工智能和认知科学中占据主导地位。

图 4-1 所示为 2004 年出版的一本图书：《走向计算主义：数字时代人工创造生命的哲学》，其内容就是考究人工生命思想的兴起过程、理论根据、构建方法以及最新进展，并在此基础上系统地探讨这种新生命观的主要内容，再从这些内容出发，进一步概括出一种新的计算主义世界观。类似的图书很多，业界的认识也很一致：所有可计算问题都能通过算法解决。例如，素数判定、路径规划、图像分类等。

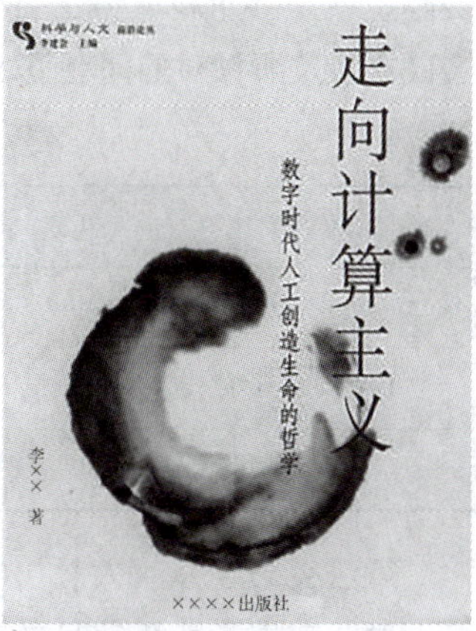

图 4-1　走向计算主义图书示例

2. 计算主义边界

计算主义方法论很严谨很科学，他对“所有”计算有非常明确的限定：“所有可计算问题”。也就是说，计算主义从一开始就认识到“存在本质不可计算的问题”，其边界就是“能用算法解决的问题”和“永远无法用计算搞定的事情”之间的分界线。事实上是存在非常多的不可计算问题，如意识难题、计算复杂性问题、物理世界的不可计算性等。停机问题就是最著名的不可计算问题之一，阿兰·图灵证明了停机问题是无法通过任何算法解决的，因此是不可计算的。

3. 人工智能科学的使命

图 4-2 表达了计算主义者的清醒认知，他们不回避边界，正是这些边界极限定义了计算的疆域。计算的边界是一个多层次的问题，涉及计算理论的边界、计算能力的边界、算法设计的边界以及人类理解的边界等多个方面。人工智能科学领域的一次次突破，其实也就是在这些边界问题上的创新发现和实践，也意味着人工智能科学技术发展将继续面临严峻的挑战。

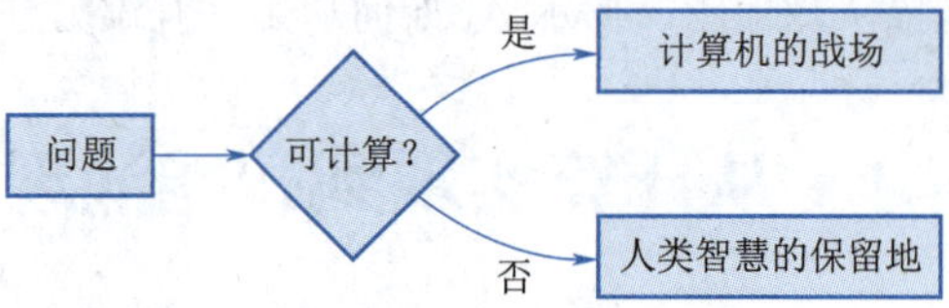

图 4-2　计算主义者的认知示意图

4.1.2　智能的三重突破

挑战即使命，人工智能科学的进步实际上是在不断逼近甚至突破计算边界这个“天花板”的过程。本节以对人工智能从算法、数据和算力三方面的突破（智能的三重突破）为例，来说明智能科学是设置怎样的“跳板”，以突破边界线制取得进步的。

1. 算法突破

算法突破的本质，是找到了“用数据自动编程”的新范式。因为传统方法编程是人类手工设计规则（如象棋 AI 的评估函数等），而算法突破的核心是：让机器从数据中自己发现规律。其技术支持：通过神经网络完成层次化特征提取；通过强化学习实现试错奖励机制；通过遗传算法实现生物进化模拟。其共同思路是放弃精确控制，拥抱概率优化。所以，所谓算法突破，实际上就是寻求概率方法替代确定性，或接受不完美解（如近似算法）来突破理论限制。算法突破方法及所针对的问题见表 4-1。

表 4-1　算法突破方法及针对的问题

计算主义边界	算法突破的应对策略	典型案例
哥德尔不完备性	引入概率推理与近似证明	深度学习放弃严格逻辑，用统计逼近
停机问题不可判定	设计早期停止机制（early stopping）	训练神经网络时自动终止无效计算
NP 难问题	开发启发式算法（如蒙特卡罗树搜索）	AlphaGo 的决策简化

算法突破了从“人教机器”到“机器自学”的范式革命，例如，深度学习就是通过堆叠神经元层，实现了特征学习自动化，成为当前的主流突破路径。关于机器学习和神经网络的内容，

将在后续的 5、6 章专门介绍。

2. 数据突破

世界的一切规律，都藏在数据的相关性里，例如，亚马逊推荐系统不知道为什么买尿布会搭啤酒，但却知道“确实会”，这就是实际数据得出的结论。AI 在数据突破方面，敏锐地发现了“数据即知识”的炼金术：让数据自己说话。

案例 4-1 ImageNet 催生了 AlexNet。ImageNet 是一个大型可视化数据库项目，专门用于视觉对象识别软件研究的大型数据库，包含了超过 1 400 万张经过人工标注的图像，覆盖了 2 万多个类别。自 2010 年以来，ImageNet 项目每年举办一次大规模视觉识别挑战赛（ILSVRC），以促进计算机视觉和深度学习的发展。

AlexNet 是一种深度神经网络架构，它是由亚历克斯·克日卓夫斯基（Alex Krizhevsky）与团队于 2012 年共同设计的，是首个现代深度卷积神经网络架构。在 2012 年 ImageNet 竞赛（ILSVRC）中，AlexNet 以 15.3% 的 top-5 错误率夺冠（第二名错误率为 26.2%），标志着深度学习在计算机视觉领域的崛起。因此，人们也认为是 ImageNet 这个巨大数据量的项目直接推动了 AlexNet 的发展和应用。

值得一提的是：亚历克斯是杰弗里·辛顿（Geoffrey Everest Hinton，2018 年图灵奖获得者）的学生，AlexNet 的名称就是源自第一作者亚历克斯的名字（Alex）。

3. 算力突破

神经网络理论 1956 年就提出了，为什么 AI 普及的元年被认为始于 2023 年？因为 1956 年时，计算机算 100 次加法需要 1 分钟时间，这是目前的需求难以想象的。所以，AI 的发展在于算力的突破，而算力最初的障碍主要在于：数据爆炸和物理极限、硬件瓶颈、能源与散热问题、基础设施建设等方面。

以数据爆炸和物理极限为例：2020 年训练 GPT-3 的算力需求是 2012 年 AlexNet 的 60 万倍；另外传统芯片制造技术逐渐逼近物理极限，硅基晶体管的微缩空间已所剩无几，内存墙问题突出，导致数据搬运能耗占系统总功耗的 60% 以上。

算力突破具体解决办法是：硬件碾压 + 架构革命，例如，GPU 应用方案，采用 1 块 V100 显卡就相当于 = 16 万亿次计算 / 秒；用 TPU 定制，即采用 AlphaGo 专用芯片，其能效比 CPU 高 100 倍；采用分布式集群，以 GPT-3 训练为例，用了 285 000 个 CPU 核心 + 10 000 块 GPU。

图 4-3 所示为“算法 - 数据 - 算力”三者协同的效应示意图。

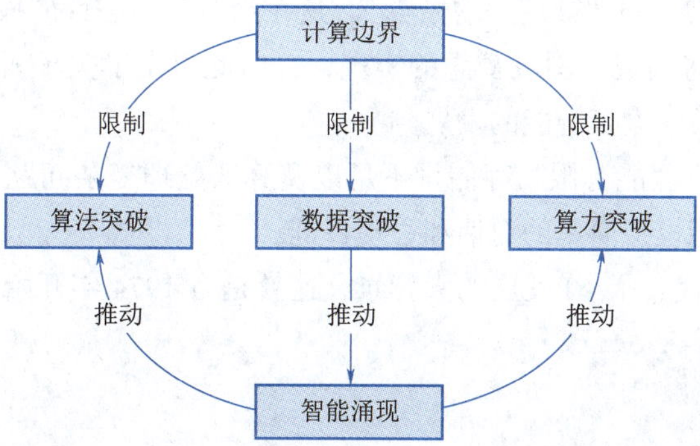

图 4-3 “算法 - 数据 - 算力”三者协同效应示意图

4.2 AI 技术范式演进

自从 1956 年人工智能被正式提出至今，已经历了近 70 个年头，其发展充满了未知的探索。从早期的三个学派：符号主义（symbolicism）学派、连接主义（connectionnism）学派、行为主义（behaviourism）学派，到发展中的统计学习方法兴起、深度学习爆发、认知智能与多模态融合，以及当前 AI 技术新范式，其发展可谓波澜壮阔，也多有曲折起伏。仅从技术角度看，AI 发展并不是线性进步，而是范式替代与融合的革命过程。本节仅从技术范式演进的角度看 AI 的发展历程，旨在引导读者俯视 AI 范式革命的意义，了解符号主义、统计学习、连接主义三大范式的核心差异与历史转折点，从而理解如今智算生态的形成与未来挑战。

4.2.1 符号主义范式与专家系统

1. 符号主义的概念

符号主义起源于 20 世纪 50 年代，并在 2000 年以前占据主导地位。这个阶段在 AI 技术上的突破是：符号主义、逻辑推理和早期的自然语言理解被重点关注。符号主义学派认为：智能的核心在于对符号的操纵，就像用语言思考、用数学公式推理一样。研究者试图将人类的知识和推理过程“翻译”成机器能理解的符号和规则，让机器也能像逻辑学家一样思考和决策。所以，符号主义是与计算机科学血缘关系最亲密的学派，是人工智能的先驱流派，沿用了近半个世纪之久。

2. 符号主义的应用

符号主义最广泛的应用是在知识工程和专家系统方面。从 AI 启蒙到第一次浪潮袭来时，其研究主要是基于符号主义和逻辑推理，研究者试图构建能够模拟人类智能的算法。

案例 4-2 第一个聊天机器人伊丽莎。1966 年，全球第一个聊天机器人伊丽莎（Eliza）问世，这是由计算机科学家约瑟夫·维森鲍姆（Joseph Weizenbaum）在麻省理工学院人工智能实验室开发的。Eliza 就是一个基于符号主义理论的人工智能程序，该程序通过与用户进行对话来模拟心理治疗的过程，它能够根据用户输入的文本，依赖关键词与转换规则来回应用户问题。

Eliza 的工作原理主要包括：①本地模式匹配，通过一组关键词和规则，当检测到用户输入包含这些关键词时，它会根据规则给出相应的回应。②长期记忆机制：Eliza 会采用记忆队列记住之前的对话内容，并在后续对话中按需要引用或修改这些内容。也就是首次实现了接收自然语言形式的输入，并给人一种“被理解的错觉”。这在当时是突破性的成功运作，在计算机领域掀起了巨大波澜，人们将其视为图灵梦想的实现，也由此引发了关于人工智能伦理的讨论，学术界和公众也因此开始关注人工智能的发展。

但是，当时的计算机性能有限、存储量不足以及算法处理复杂问题，Eliza 的对话水平只是最初级的智能系统，仅能模拟简单的对话和心理咨询。

Eliza 的这一局限性代表了 AI 发展的大背景，这就是自 1974 年开始，AI 发展进入了第一个低谷期的原因。

3. 专家系统

1）专家系统的概念

专家系统（expert system）是一种模拟人类专家解决领域问题的智能计算机程序系统，也是基于符号主义理论的一种技术。最早的专家系统是 1965 年就开始提出的 DENDRAL 系统，是专门为了解决化学分子结构的推断问题而研发的。DENDRAL 的基本原理是：利用质谱数据和化学家对质谱数据与分子构造关系的经验知识，通过一系列算法和规则，生成可能的分子结构图，并最终确定分子结构。

顾名思义，专家系统是一类特殊的知识系统，能够像人类专家一样解决复杂问题。它们通常包含知识获取、知识表示、知识组织与管理、知识利用等技术，通过模拟专家思维过程进行推理和决策。通过集成大量专业知识与经验，模拟人类专家的决策过程，能够解决特定领域的复杂问题。专家系统是人工智能的重要应用分支，也是符号主义的一个重要应用实例，其本质就是符号、规则、计算。其核心特征包括：

①知识库与推理机分离：知识库存储领域专家的规则和经验，推理机负责逻辑判断，两者独立设计便于知识更新。

②模拟专家思维：采用启发式推理（而非纯数学计算）处理模糊或不确定性问题，如医疗诊断或地质勘探。

③解释功能：能回溯推理过程并向用户说明结论依据，增强透明性。

2）专家系统的应用

专家系统作为 AI 的典型代表，已经在多个领域得到了广泛应用，如医疗诊断、金融投资、教育培训、工业生产、环境保护、军事决策等

案例 4-3 专家系统 MYCIN 的成长。MYCIN 是由美国斯坦福大学研制的用于细菌感染患者诊断和治疗的专家系统。该系统于 1972 年开始建造，1978 年最终完成。MYCIN 知识库有二百多条规则，可识别 51 种病菌，正确处理 23 种抗生素。MYCIN 系统的设计目标有三个：①在临床上提出有用的建议；②在需要时针对决策进行说明解释；③从行业专家处直接获取行业知识。MYCIN 展示了人工智能在复杂决策过程模拟中的潜力，巨大的影响力在于其知识表达和推理方案所体现出的强大功能。对于专家系统的发展有着重要的影响，被人们视为专家系统的设计规范，现在的专家系统大多都是参考 MYCIN 而设计研发的基于规则的专家系统。图 4-4 所示为 MYCIN 的系统架构示意图。

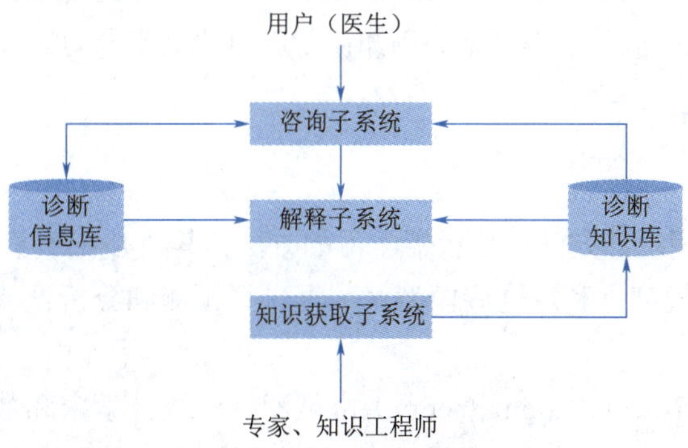

图 4-4　MYCIN 的系统架构示意图

然而，MYCIN 依赖人工规则编码，面临知识提取难、维护成本高的瓶颈。例如，专家经验难以完整转化为规则，导致知识获取效率低，且维护成本高；另外，领域适应性差，因为规则库无法自动扩展（如应对新型病原体），这些瓶颈严重影响了发展。

从以上案例可见，技术驱动的 AI 演变是需求的牵引。MYCIN 案例是传统专家系统的代表，技术瓶颈的根本原因是：所采用的技术是规则驱动的专家系统。进入 20 世纪 90 年代后，AI 研究者开始将浅层神经网络与专家系统规则结合起来，但仍然存在算力和数据不足的局限，只能做到仅局部优化，而未完全取代规则核心。直到 2012 年后，出现了根本性的转折：AlexNet 在 ImageNet 夺冠，引发了深度学习革命；2014 年起，医疗、金融等领域开始用深度学习完全替代传统专家系统。例如，IBM Watson 从规则引擎转向深度学习（如肿瘤诊断）；Google 的 DeepMind Health（2016）取代部分临床决策系统。

图 4-5 所示为专家系统发展过程中部分标志性成果，也反映了 AI 的技术演进过程。例如，医学诊断方面的突破性案例，仍以 MYCIN 为例，1980 年 MYCIN 需要人工编写 500 多条抗生素规则才能进行医疗诊断，而 2020 年谷歌推出的医疗大型语言模型 Med-PaLM，是直接通过医学文献和病例自学习完成诊断的。所以，专家系统教会 AI “人类如何思考”，而深度学习才是让 AI “自己学会思考”，两者融合才是未来的发展方向。

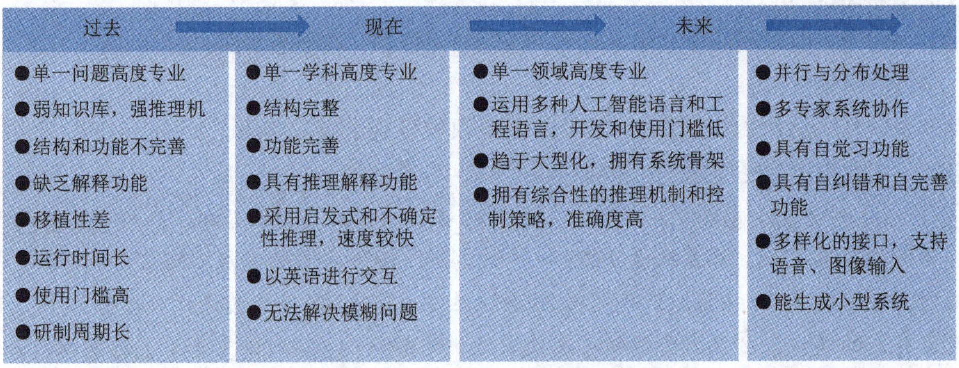

图 4-5　专家系统的技术演进

至此，演进远未终止，新变革刚刚开始，因为 AI 的技术演进永远在路上。2020 年至今，已经进入了全面融合技术形态：通过端到端深度学习，可以直接处理原需专家系统的任务（如诊断、推荐），这一时期的标志性事件是：IBM Watson 在 2016 年将癌症诊断模块从规则库迁移到深度学习模型，标志着 AI 从“人类显式编码知识”迈向“机器自动学习规律”的范式革命。

4.2.2　统计学习范式

1. 统计学习的概念

统计学习是一种使用统计方法进行机器学习的方法，其核心在于基于数据进行预测和分析。统计学习通过构建概率模型，利用这些模型对数据进行预测和分析，特别是对未知数据的预测和分析。

统计学习理论（statistical learning theory）由俄罗斯的统计学家和数学家弗拉基米尔·万普尼克（Vladimir N. Vapnik）等人提出，该理论是研究利用经验数据进行机器学习的一种一般理论，属于计算机科学、模式识别和应用统计学相交叉与结合的范畴。该理论的基本内容诞生于 20 世纪 60 到 70 年代，正是人工智能起步发展的阶段，到了 90 年代中期发展到比较成熟阶段，成为处理小样本学习问题的最佳理论之一。统计学习理论基于概率和随机样本，主要用于机器学习领域，并且在处理小样本学习问题上表现出色，受到世界机器学习界的广泛重视。

统计学习有三个基本要素：

①模型：所要学习的条件概率分布或决策函数。

②策略：选择合适的损失函数或风险函数。

③算法：用于求解最优模型的算法，如梯度下降法、牛顿法等。

总之，统计学习的基本思想方法是：通过最小化经验风险函数，建立输入变量与输出标签的映射关系。

在人工智能学科领域，统计学习范式确立了以数据为中心、以泛化为目标的研究纲领，推动了机器学习从规则驱动到概率驱动的范式转换。

2. 统计学习方法的应用

统计学习广泛应用于各种数据分析场景，包括监督学习、无监督学习和强化学习，这些应用将在本书第 5 章专门介绍，这里从统计学习范式演进视角给出典型应用案例。

案例 4-4 农业实验设计→精准农业变量施肥。费希尔（R.A. Fisher）20 世纪 20 年代提出随机区组实验设计，通过方差分析比较不同施肥方案的效果。他在罗斯林研究所工作时，进行了大量农业实验，并认识到土壤和环境因素可能对试验结果产生混杂作用。为了解决这个问题，他引入了区组设计，将实验区域划分为相似的区组，并在每个区组内进行不同处理。这种方法使得试验中的处理可以在不同区组内进行比较，从而减少由于区组内的变异引起的误差，达到了很好的效果。

这种精准农业变量施肥方法的本质就是一种统计学习方法，用于判断农业实验中的假设是否成立，其中采用的就是基于数据的统计学习方法，数据是方法的基本支撑，因为方法的核心是通过计算 P 值来判断实验结果是否具有统计显著性。而 P 值是指在原假设为真的条件下，观察到当前数据或更极端数据的概率。

实验的具体方法：随机区组实验 + 方差分析。

实验假设：田块均匀、误差独立同分布。

潜在问题：无法处理真实农田的空间异质性，即误差不能独立，田块也会有不同分布，例如壤肥力梯度、病虫害斑块等。

因此，统计学习范式在需求的牵引下持续演进，最突破性的贡献就是：将空间自相关纳入统计模型，即用“空间结构化数据建模”取代“误差独立同分布”。这样通过空间统计模型解决了传统农业实验的静态假设缺陷，实现了从“离散实验点”到连续空间推断；从“统计显著性”到可操作决策。

由以上案例可见，统计学习是一种数据驱动的交叉学科，整合了概率论、统计学、信息论、计算理论、最优化理论和计算机科学等多个领域的知识。

4.2.3　连接主义范式

1. 连接主义的概念

连接主义（connectionism）也称为仿生学派或生理学派，是人工智能领域的一个重要流派。连接主义的核心思想是通过模拟人脑神经网络的结构和功能来实现人工智能。连接主义认为：智能源于大量简单单元（如神经元）的相互连接和互动，通过调整网络中的权重，使网络能够学习和识别模式。

连接主义的起源可以追溯到1943年，生理学家麦卡洛克（McCulloch）和数理逻辑学家皮茨（Pitts）共同提出的MP（McCulloch-Pitts）模型。MP是一种简化的神经元模型，是用电子装置模仿人脑结构和功能的一次重要尝试。该模型将神经元视为一个逻辑单元，能够接收多个输入，并根据这些输入产生一个输出。每个输入可以视为一个二进制信号（0或1），表示激活或未激活状态。神经元会对接收到的所有输入信号进行加权求和，当加权输入的总和达到或超过一个阈值时，神经元会被激活，输出一个信号（通常为1）；如果总和低于阈值，则神经元不激活，输出为0。

MP模型不仅模拟了生物神经元的基本工作原理，还实现了基本的逻辑运算，如与（AND）、或（OR）和非（NOT）运算。通过连接多个这样的神经元，可以构建出复杂的网络，执行更高级的计算和处理任务。MP模型是人工神经网络研究的基石之一。它不仅描述了神经元的基本功能，还为后续的神经网络研究提供了理论基础。许多现代神经网络模型都是在MP模型的基础上进行改进和扩展的。

20世纪60到70年代时，连接主义尤其是以感知机（perceptron）为代表的脑模型研究曾出现热潮，但由于当时的理论模型、生物原型和技术条件的限制，在70年代后期至80年代初期研究陷入了低谷。直到1982年和1984年提出用硬件模拟神经网络后，连接主义才重新受到重视。1986年提出的反向传播算法（BP算法）进一步推动了连接主义的发展，而连接主义直接加速了人工神经网络（artificial neural network, ANN）技术的发展。

2. 连接主义的技术特点

在技术方面连接主义的特点如下：

①神经网络模型：基于对人脑神经系统的理解，特别是神经元之间的互联模式。典型实现是人工神经网络（ANNs），包括前馈神经网络、卷积神经网络、循环神经网络等多种形式。

②分布式表示与并行计算：信息以网络中所有神经元权重的分布状态表示，有助于处理模糊、冗余和非结构化的信息。神经网络中的各个节点可以同时对输入进行处理，实现高度的并行计算。

③学习与适应：通过训练数据自动调整网络权重，使网络能够学习从输入到输出的映射关系。常见的学习算法包括有监督学习（如反向传播）、无监督学习（如自编码器）、强化学习（如Q-learning）等。经过训练的神经网络能够对未见过的数据做出合理的预测或决策，表现出良好的泛化能力。

④非线性与非逻辑推理：神经网络通过多层非线性变换捕捉复杂的数据关系和模式，适用于解决非线性问题。连接主义模型不依赖于传统的逻辑推理规则，而是通过调整权重分布实现“软”推理，允许一定程度的不确定性、模糊性和概率性。

3. 连接主义的现代应用

连接主义在现代技术中有着广泛的应用，尤其是在深度学习领域。深度学习在语音识别、图像识别等领域取得了巨大成功。深度学习技术需要大规模的计算资源和丰富的数据集，因此许多企业提供了深度学习平台和预训练模型，简化了深度学习的应用过程。例如，TensorFlow和PyTorch都是知名的深度学习框架。

案例 4-5 华为的智能手机语音助手小艺。小艺是华为 2019 年推出的面向终端用户的智慧语音助手，既可以实现语音启动应用及服务，也可以实现多轮对话获取信息发布指令。“小艺”这个名字的前身是“小 E”，2018 年，因搭载 EMUI 9.0 系统的华为 Mate 20 系列发布，其 AI 语音助手才正式更名为“小艺”，成为“AI 智能语音助手”。到 2023 年，小艺月活用户数超 2 亿，其智慧屏小艺日均唤醒数为 7 次以上。如此惊人的服务业绩，根本原因是：小艺大模型是基于华为盘古 L0 基座大模型的基础，而大模型通常指的是那些具有大量参数和复杂结构的深度学习模型，其技术黏度可见一斑。

其实，华为智能手机的语音助手最早于 2013 年发布，但那时只是“语音助手”而非“智能语音助手”。区别在于：早期没有智能的语音助手主要因为技术限制和算法的不成熟，如 IBM 的 Shoebox 系统，早在 1962 年就发布了，但只能识别有限的词汇，并且依赖庞大的计算资源，识别准确率较低。此外，早期的语音识别系统在处理大量词汇和复杂语境时存在显著的技术瓶颈，主要受限于计算能力和算法的限制。而 2018 年华为首次将原生 AI 能力融入操作系统，针对终端消费者场景构建了大量的场景数据与精调模型后的 L1 层对话模型，其对话开发平台基于自动语料泛化算法。在服务展示方面，平台提供了文本播报、端侧能力、卡片、Web 调用等多种相应方式。2024 新的小艺 App 在盘古大模型加持下，具备更强的感知、推理能力，可实现 23 类 Top 场景记忆感知，任务成功率超过 90%，知识量突破万亿；支持包括健康顾问、文案写手在内的多种智能体。纯血鸿蒙小艺智能体已经支持 DeepSeek-R1，升级至原生鸿蒙的华为用户可以通过“小艺助手 App－发现－智能体广场”与 DeepSeek 进行对话，实现更加无缝的 AI 体验。

这个案例说明了 AI 技术加速迭代的范式演进，连接主义也正是这样从“中心化超级大脑”向“环境化微型智能”的方向发展。

4.3　现代 AI 技术栈

人工智能的工程化实践已演化为覆盖硬件、框架、工具链和应用层的全栈技术生态。本节将介绍 AI 技术栈（AI system stack）的演进及各核心组件的协同关系，目的是帮助读者构建对 AI 基础设施的系统性认知，理解技术演进如何推动产业级应用落地，提升面向实际问题的解决能力。

4.3.1　基于 AI 技术栈的分层模型

ChatGPT 的推理成本每下降一个数量级，其用户规模就扩大十倍——揭示了大模型时代的技术栈已成为 AI 竞争的核心战场。那么什么是 AI 技术栈？它对 AI 的发展和应用有着怎样的影响？本节将概念、发展和结构模型方面进行简要介绍。

1. AI技术栈及其发展

所谓技术栈，就是构建应用程序所用的一组技术，例如，Web 开发者都知道 LAMP 栈，数据领域工作者至少都听说过现代数据栈或者后现代数据栈 IYKYK，它们都是为应用需求而生成的技术组合，也都是当今新技术叠加后的优化组合产物。依此类推，AI 技术栈就是为了构建 AI 系统而独有的技术集合。

AI 技术栈比较标准的定义：AI 技术栈是指构建和运行人工智能系统所需的一系列技术和工具的集合，它包括从底层硬件到上层应用的多个层次，每个层次都有特定的功能和组件，承担着确保系统高效运行的关键功能。特别强调：AI 技术栈和 OSI 形似神不似，它们是不同的概念。AI 技术栈与传统的单体架构不同的是：分层方法允许模块化、可扩展性以及更便捷的故障排除等，完全是新技术加持的结果。而且更重要的还有：AI 技术栈不是一般意义上的理论框架，而是用户可以进行人工智能系统开发、训练和部署的新技术架构，不仅能帮助人们构建高效的智能应用，还能在激烈的市场竞争中脱颖而出。

随着 AI 工程化发展逐步形成的实践共识，AI 技术栈的演变分为三个阶段：

①概念萌芽期（2012—2015 年）。2012 年，AlexNet 引发了深度学习革命，但工程实现却依赖手工 CUDA 编码，所以 2014 年就出现了类似 Caffe 这种深度学习框架。这种方法强调“硬件 - 算法强耦合”，学界开始使用 Deep Learning Stack，核心关注点是：框架与 GPU 的协同，这就是 AI 技术栈术语雏形期。

②术语成型期（2016—2018 年）。这个时段的关键事件是：首先 2016 年英伟达发布了 *AI Computing Stack* 白皮书，这是一系列用于支持 AI 计算的硬件和软件组件的总和，首次明确划分了“硬件→系统软件→框架→应用”。它包括各种类型的处理器（如 CPU、GPU、TPU 等）、内存、存储设备、网络设备以及相关的软件库和框架，这些组件共同协作，为 AI 计算提供强大的支持和优化；其次是 2017 年 TensorFlow 1.0 发布，提出“从训练到部署的全栈解决方案”，满足了生产环境中的稳定性要求。此外，TensorFlow 引入了许多新功能和改进，包括更好的 API 设计、更好的分布式训练支持以及更好的性能优化等。

③学术规范化（2019 至今）。最近几年里程碑文献是 2020 年的《深度学习编译器：全面综述》（*The Deep Learning Compiler*：*A Comprehensive Survey*）。这是一篇关于深度学习编译器的综合性调查文章，详细分析现有编译器的设计架构，并强调多级中间表示的设计及其优化方法。文章指出：部署不同的深度学习模型到多种硬件上存在困难，但推动了编译器的研究和开发。深度学习编译器通过将模型转换为多级 IR（中间表示）并应用优化，如层融合和算子融合，提高性能和效率。它们采用前端和后端架构，前端处理与硬件无关的转换，后端进行硬件特定优化。编译器利用了通用编译器工具链（如 LLVM），以及自动调优技术来确定最佳硬件参数配置，以实现高效代码生成。2021 年，MLSys 会议将 *AI System Stack* 列为了关键研究方向。此刻，AI 技术栈正式诞生，被解释为构建、部署和维护 AI 系统的一系列工具和框架，通常包含多个层次，每个层次都有其特定的功能和目标，共同协作以形成一个完整的系统。

当前，对于 AI 技术栈的规范定义是基于 IEEE 标准描述：支持 AI 模型全生命周期的软硬件层次化集合，其本质是深度学习规模化落地催生的工程范式。由 AI 技术栈这十多年的技术演进，足以可见其先进性以及与 OSI 的本质区别。

2. AI技术栈新五层模型

之所以称之为“新五层模型”，其原因是很多技术是 2024 年才涉及的。新五层模型包括：基础设施层、数据层、框架层、模型层和应用层。我们关心的不仅是五层结构模型本身，而且关注它产生的动力，以及“新”之所在。

表 4-2 列出了新五层结构分别针对的核心问题以及典型代表技术创新。

表 4-2 五层核心及问题背景

层 级	核 心 问 题	2024 典型技术
基础设施层	如何突破内存墙	HBM4 + 光互连
数据层	如何避免数据搬运开销	Zero-Copy 数据管道
框架层	如何平衡灵活性与性能	PyTorch 2.0 Dynamo
模型层	如何实现万卡调度	KubeFlow Multi-Node RDMA
应用层	如何保证 API 高并发	Triton 动态批处理

（1）基础设施层

这是 AI 世界的"钢筋水泥"，提供最底层的算力和存储支持。由于处理器厂商与内存厂商相互分离的产业格局，导致内存技术与 CPU 技术发展不同步。在过去的 20 多年中，CPU 的性能以每年大约 55% 速度快速提升，而内存性能的提升速度只有每年 10% 左右。这种发展的不均衡导致高性能处理器难以发挥应有功效，这对日益增长的高性能计算需求形成了极大的制约。这就是著名的"内存墙"（memory wall）问题，解决办法就是多硬件的协同。核心组件包括 GPU、TPU、云服务（如 AWS、Azure、GCP）等。这些硬件为模型训练和推理提供动力，例如训练 GPT-4 需要上万块 GPU 协同工作。

典型技术：HBM4 + 光互连。HBM 是高宽带内存，其作用是让 GPU 这类处理能力强大的芯片能够访问更大的外部内存带宽，并且通过光互联技术和直接逻辑集成可以有效地提升 HBM 的性能。

（2）数据层

数据层包含训练机器学习模型所需的数据以及存储这些数据的数据库。典型的数据集如 ImageNet、TensorFlow Datasets 等。此外，还包括数据预处理和清洗的工具，确保数据的质量和格式适合模型训练。

典型技术：Zero-Copy 数据管道。Zero-Copy 是一个用于构建 I/O 管道的 Go 语言包，能在 Linux 上实现高效的 I/O 操作，特别在特定的文件描述符类型上。当 I/O 加速不可行时，Zero-Copy 会自动回退到用户空间进行数据传输，确保数据传输的透明性和可靠性。

（3）框架层

这是开发者的"工具箱"，包含各种开发框架和库，如 PyTorch 和 TensorFlow。这些框架提供了自动微分、分布式训练、模型导出等功能，使得开发者可以更高效地构建和部署模型。

典型技术：PyTorch 2.0 Dynamo。PyTorch 2.0 中 Dynamo 是 2022 年发表的一个即时编译工具，旨在优化 eager 模式下的代码执行效率。Dynamo 能够将 Python 代码转换为更高效的执行计划，从而提升模型训练和推理的速度，并减少资源消耗。Dynamo 是 PyTorch 2.0 中新增的核心技术，它能够在运行时动态地重写和优化模型的执行流程，相当于给 PyTorch 装了个"加速器"，使得程序运行得更快、更高效。

（4）模型层

模型层是 AI 的"大脑"，包含各种大型语言模型、视觉模型等，典型模型如 GPT、Claude、Gemini 等。此外，还包括用于构建、部署和监控模型的工具，如 PyTorch/TensorFlow、Weights & Biases、LangChain 等。

典型技术：KubeFlow Multi-Node RDMA。Kubeflow 是什么？需要先了解 Kubernetes：这是用于管理容器化应用的开源系统，支持自动化部署、扩缩容、负载均衡及故障恢复等功能。Kubernetes 的设计目标是简化大规模容器集群的管理，提升开发与运维效率。而 KubeFlow 就是一个基于 Kubernetes 的机器学习工具项目，支持众多训练框架，包括 TensorFlow、PyTorch、Caffe2、MxNet 等。KubeFlow Multi-Node RDMA 则是一种在 Kubernetes 环境中利用 RDMA（remote direct memory access）技术进行多节点通信的方法。KubeFlow 是建立在 Kubernetes 之上的一个开源机器学习平台，它集成了大量的机器学习工具和组件，支持从数据采集到模型训练和部署的整个流程。

（5）应用层

应用层是面向用户的 AI 应用，如 ChatGPT、GitHub Copilot、Notion、Grammarly 等。这些应用直接与用户交互，提供具体的 AI 功能和服务。

典型技术：Triton 是一种用于并行编程的语言和编译器，允许开发者通过 Python 语言编写自定义 GPU 内核。Triton 的定位是面向 GPU 体系特点，自动分析和实施分块神经网络计算。其设计宗旨是提升 AI 模型训练过程中 GPU 编程的易用性与效率，为 AI 和深度学习领域提供了基于高性能 GPU 的高效开发途径。Triton 于 2021 年正式发表，既是语言也是编译器，通过提供领域特定的语言和编译器，直接面向底层的内核开发和编译优化问题，从而提升性能。它适用于 PyTorch、Unsloth、FlagGems 等多个开源项目，并得到 NVIDIA、AMD、Intel、Qualcomm 等芯片巨头的支持。

分层设计模型可以隔离不同层次之间的耦合，减少某一层次的问题对整个系统的影响，从而提高系统的稳定性和可靠性。除此之外，分层逻辑重构有助于将复杂的 AI 系统分解为更小的、更易于管理的部分，这有助于促进技术创新和研发，使得开发人员可以专注于特定层次的问题解决和优化。通过理解这些层次和组件，可以更好地构建和管理 AI 系统，确保其高效运行并满足特定的业务需求。

案例 4-6 百度曦灵——AI 全栈技术赋能。

曦灵是百度公司官方推出的数字人平台，于 2024 年 3 月发布。这是一款集数字人生产、内容创作、业务配置服务于一体的产品。在曦灵平台上传一张照片，就能快速生成一个可被 AI 驱动的 2D 数字人像，以前需要两三个月时间做出来的 3D 数字人，可以压缩到小时级，同时还可以通过一句话语音描述或简单捏脸等多种形式快速生产数字人。

为什么说百度曦灵是 AI 全栈技术赋能？主要是因为其依托百度强大的 AI 全栈技术，涵盖了自然语言处理、计算机视觉、语音识别与合成等多个关键领域，为数字人的智能化交互提供了坚实的保障。例如，在计算机视觉方面，通过最新的 AI 算法，数字人可以模仿真人的表情和动作，实现高度逼真的交互体验。此外，曦灵平台还支持云渲染和端渲染，兼容多种通信协议和多终端场景，使得数字人的应用范围更加广泛。

4.3.2 面向人工智能应用的计算机系统支持

为什么 GPT-3 无法在手机上训练？为什么 AI 技术栈新五层模型的第一层就是基础设施层？因为 AI 系统涉及的算力和存储都需要最底层的计算机硬件系统支持。下面从计算机科学对 AI 应用支持的视角介绍系统架构。

1. 支持AI计算的系统架构

图 4-6 所示为 AI 计算需要的系统核心架构。可见，支持 AI 计算实施的三大层级构成是：AI 应用层、计算机系统支持层、计算机科学理论层。

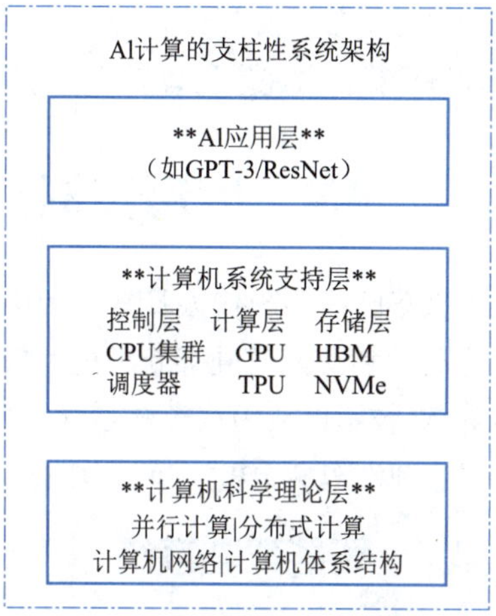

图 4-6　AI 计算需要的系统核心架构

2. 计算机系统支持层——中间层

为什么先讲中间层？因为它就是我们熟悉的计算机，其结构由控制器、计算器、存储器构成（CPU + 存储器），这就是冯 · 诺依曼计算机体系结构的核心。但是，显而易见的是其中有很大的增强：CPU 是以集群形式出现的，用于提高控制调度能力；计算层增加了加速计算的 GPU；存储层增加了高带宽内存 HBM，用于存储 AI 模型参数，适配于高性能计算的显存需求，通过 3D 堆叠和宽总线来实现超高数据传输速率，可显著提升 AI 训练 / 推理效率，有效解决了 AI 计算的“内存墙”瓶颈，可加速 GPU 计算。可见，AI 是高端的计算机应用，如果形象地比喻，可以认为计算机系统就是 AI 的“发电厂 + 输电网”，他承担三大使命：将算法转化为硬件可执行的指令；管理百亿级参数的存储与调用；协调千卡级计算资源的同步。如果没有这套精密系统，AI 模型只是理论公式。

3. AI应用层——顶层

从计算机科学视角，AI 的前沿应用是计算机科学的“成品展示”，如 GPT、自动驾驶等。所有智能表现的本质是数学运算与计算机硬件协同的终端呈现，脱离计算基础则瞬间失效。听起来像是摩天大楼的玻璃幕墙——光鲜可见但极度脆弱，依赖底层理论和系统实时支撑，缺一不可。

请思考： 有人说如果没有计算机科学，AI 连犯错的机会都没有，这个说法对吗？为什么？

4. 计算机科学理论层——底层

基础理论层是 AI 发展的沉默基石，是支撑 AI 和计算机系统的底层科学，主要包括数学、计算机体系结构、算法理论、电子工程等学科。没有这些基础，AI 模型既无法正确运行，也无法持续优化。

数学提供了 AI 的逻辑骨架，例如，线性代数是深度学习的基础，GPT-3 的 1 750 亿参数本质是超大规模矩阵计算；概率论支撑贝叶斯网络和强化学习等关键算法；离散数学确保 AI 的可解释性，如自动驾驶的决策树依赖逻辑推理；计算机体系结构相当于 AI 的“物理身体”，冯 · 诺依曼架构定义了现代计算机的存储与计算分离模式，直接影响 AI 训练效率；并行计算理论决定了 GPU/TPU 如何优化 AI 计算；电子工程则是 AI 的“神经末梢”：半导体物理决定了芯片的品质，例如台积电的 3 nm 工艺让 GPT-4 的算力提升了 40%；而信号处理（如傅里叶变换）是计算机视觉、语音识别的底层技术。

科学是成体系的，相通的，例如，从计算机系统体系到支撑大规模训练的异构计算架构；从网络互联到现代 AI 技术栈呈现出的软硬件协同设计。人工智能建立在坚实的计算机科学基础之上，从底层的数学理论到中层的系统架构，再到顶层的 AI 应用，每一层都环环相扣，缺一不可。

正如电力革命不仅需要发电机，更需要完整的电网理论。AI 的变革也绝非仅靠算法就能实现。唯有理解计算，方能敬畏智能；唯有贯通体系，才能真正创新。

4.4 应用实例：汽车智能驾驶中的人工智能应用

汽车已成为现代人日常生活中必不可少的交通工具，随着新能源汽车的快速发展，中国的智能制造和智能驾驶等新理论、新技术引领着世界汽车产业新业态，如今搭载大模型、具身智能等 AI 技术已成为汽车核心竞争力，从智能驾驶向无人驾驶快速升级，成为未来发展趋势。下面以吉利汽车“千里浩瀚”为例，解析汽车智能驾驶中的人工智能应用。

4.4.1 智能驾驶系统

1. “千里浩瀚”简介

吉利“千里浩瀚”智驾系统是基于 AI 技术构建的智能驾驶解决方案，覆盖 H1～H9 五个层级，适配不同车型，系统融合了端到端模型、视觉语言模型（VLM）、世界模型等 AI 技术。千里浩瀚支持从 L2+到 L3 级自动驾驶能力，最低标配算力为 100 TOPS，最高层级 H9 实现行业量产 L3 级方案。其技术架构以星睿智算中心（算力 23.5EFLOPS）为底层支撑，结合 750 万辆 L2 级智驾车辆积累的百亿公里数据。

2. 主力车型应用情况

目前搭载“千里浩瀚”系统的车型包括：

①吉利银河 E8：全系标配 H5 层级智驾功能，支持无图城市 NOA、360 度全姿态泊车。

②银河星耀 8 EM：搭载 H7 层级方案，集成激光雷达与毫米波雷达，支持高速领航辅助（HWP）与代客泊车（AVP）。

③未来新车型：计划覆盖吉利银河品牌全系产品，H9 层级将实现 L3 级自动驾驶能力。

4.4.2 人工智能吉利汽车全领域应用

“吉利银河”汽车 AI 智能化及“千里浩瀚”能力阶层示意图如图 4-7 所示。

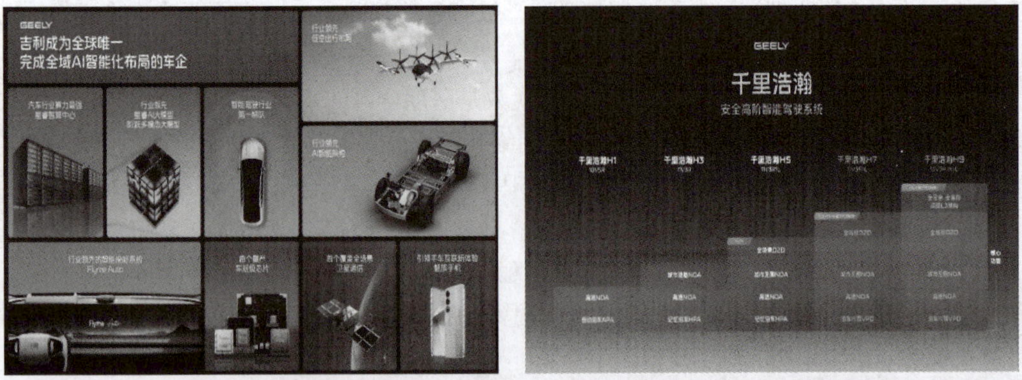

（a）吉利全域 AI 智能化主要应用　　（b）吉利“千里浩瀚”能力阶层示意图

图 4-7 “吉利银河”汽车 AI 智能化及“千里浩瀚”能力阶层示意图

1.“吉利银河”汽车AI全领域应用架构主要应用

①智能驾驶：硬件设备采用双 Orin-X 芯片（254 TOPS），采用 128 线激光雷达 ×1- 800 万像素摄像头 ×7 作为感知传感器；软件模型采用星睿 AI 大模型（支持 BEV + Transformer 融合感知），实现 NOA（导航辅助驾驶）高阶智驾导航系统、无图城市领航，复杂路口通过率 96%。

②智能座舱：硬件设备骁龙 8295 芯片（30 TOPS），采用 10.25 英寸 AR-HUD、多模态生物传感器 ×3 作为感知传感器；软件模型采用自研语义引擎 Galaxy AI 语音助手、D 全息交互系统，支持唇语识别 + 眼球追踪多模态交互，响应延迟≤ 150 ms

③车联网：硬件设备 5G-V2X 通信模组，配合高精度地图定位模块，如银河 N.O.S 车联网系统，采用星睿云端协同计算平台，形成车端 - 云端数据融合时延≤ 50 ms，OTA 升级效率提升 300%。

④智能制造：硬件设备采用 AI 质检机器人，应用数字孪生仿真平台和工业 AI 大模型（缺陷检测精度 99.97%），进行柔性生产排程系统，产线换型时间缩短至 15 min，零件质量追溯率达 100%。

⑤车路协同：硬件设备路侧 RSU 设备和边缘计算节点，配合 RoadAI 路网感知系统，进行动态交通流优化算法，支持 30 + 路口协同调度，通行效率提升 40%。

2.“吉利银河”汽车的自动控制系统硬件架构

“吉利银河”汽车的自动控制系统硬件部分由计算平台、传感器配置、卫星感知、电池与续航等四方面组成。

（1）计算平台

如图 4-8 所示，计算平台采用高通 Snapdragon Ride，支持多传感器融合处理。

（2）传感器配置

8 个高清摄像头（最高分辨率 8 K）、12 个超声波雷达、5 个毫米波雷达，H7/H9 层级增加激光雷达。

（3）卫星感知

依托吉利未来出行星座的 30 颗在轨卫星，实现全球 90% 区域覆盖，支持实时环境预警。

（4）电池与续航

搭配高能量密度电池，智驾模式下续航 600 km，30 min 内完成快充。

3.“吉利银河”汽车的软件与AI模型

（1）“吉利银河”车机软件

采用的车机系统是 Flyme Auto，这是星纪魅族集团依托十几年操作系统自研经验打造的智能座舱操作系统。自 2023 年 3 月发布以来，已经接入领克、吉利银河等多个品牌的 19 款车型，是目前搭载上市车型最多的智能座舱操作系统之一。

（2）算法框架

基于星睿大模型与多模态大模型，支持端到端决策与场景理解。

（3）核心 AI 技术

采用视觉语言模型（VLM），用于环境语义理解与交互决策，如图 4-9 所示。

（4）世界模型

世界模型（world models）是人工智能领域的一种概念，指智能体（如 AI 系统）对外部环境建立的内部动态表征。其核心功能包括：模拟与预测以及心智模型借鉴，以实现动态预测交通参与者行为，优化路径规划。

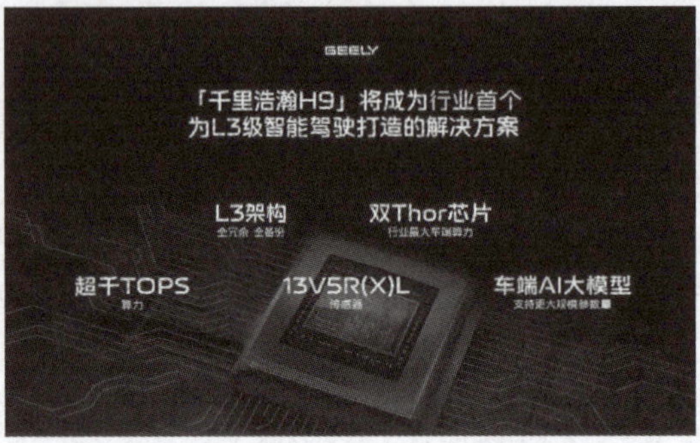

图 4-8　千里浩瀚 L9 计算平台配置

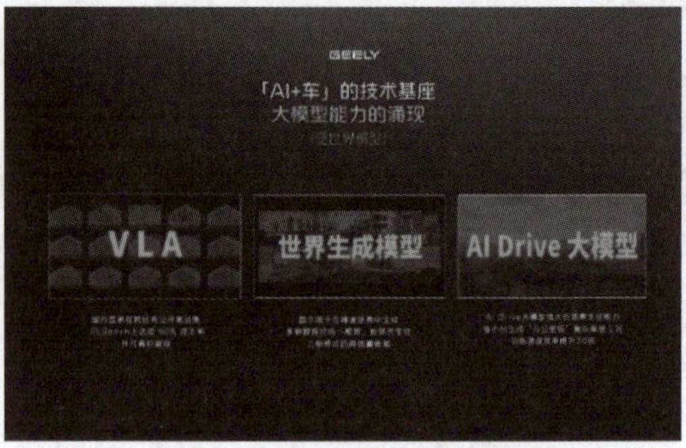

图 4-9　吉利 AI + 车算法框架

（5）深度学习引擎

实时处理 120 GB/s 数据量，支持复杂场景下的感知与决策。

4. 感知与自动控制

（1）环境感知

通过多传感器融合实现 360° 无死角监测，支持夜间、雨雪等极端天气下的稳定识别。

（2）控制策略

控制策略包括横向与纵向两种。横向控制是基于模型预测控制（MPC）实现车道居中与变道辅助；纵向控制则是采用自适应巡航（ACC）与拥堵辅助（TJA），响应精度毫秒级。

综上可见，“千里浩瀚”汽车系统通过“AI + 智驾”模式，以硬件性能、算法创新与数据闭环为核心，推动汽车品牌向高阶智能化转型。其分层级方案兼顾技术普惠与高端体验，标志着吉利在自动驾驶领域的系统性突破。

拓展学习　关于知识工程

知识工程（knowledge engineering）是一门研究知识获取、表示、推理和应用的交叉学科，旨在构建模拟人类专家决策能力的智能系统。它结合了人工智能、数据库技术、认知科学等多领域，核心目标是将人类知识转化为计算机可处理的结构化形式，进而开发如专家系统、知识图谱等应用。

知识工程可以帮助企业更高效地进行生产和管理。通过构建智能制造系统，企业可以将生产中的各种知识和经验进行积累和整合，从而提高生产效率和产品质量。知识工程还可以实现智能化的生产调度和资源分配，使生产过程更加灵活和高效。

请查阅资料，并回答以下问题：

（1）知识工程的技术演变主要途径有哪些？

（2）你了解哪个实际的 AI 应用系统中用到了知识工程？试举一例。

图灵奖　人工智能之父——马文·明斯基

技术的进步总是离不开关键人物的推动，人工智能亦是如此。从假设机器人能否思考，到设计跳棋程序挑战人类，再到探索神经网络，人工智能早期的 4 位计算机科学家充满智慧和魅力，他们就是图灵、麦卡锡、明斯基和塞缪尔，他们都是人工智能的奠基人。这里介绍明斯基和他的卓越贡献。

明斯基 1927 年出生在纽约的一个犹太家庭，曾在纽约最著名的高中和最知名的私立中学就读。1945 年，高中毕业后入伍成为海军，退伍后在哈佛大学主修数学专业，同时也选修电气工程、遗传学、心理学等多个学科的课程；1950 年，进入普林斯顿大学攻读数学博士，博士论文题为《神经网络和脑模型问题》（*Neural Nets and the Brain Model Problem*），这是对人工神经网络（ANNs）领域的早期贡献；1954 年，明斯基取得博士学位后留校任教；1959 年，他和麦卡锡分别离开哈佛大学和达特茅斯学院，齐聚在麻省理工学院，共同创建了世界上第一个人工智能实验室—— MIT AI Lab（麻省理工人工智能实验室）这一实验室后来发展成为著名的人工智能实验室，对现代计算产业产生了深远影响；1969 年，他被授予图灵奖，是历史上第一位获此殊荣的人工智能学者，被誉为“人工智能之父”。

明斯基在人工智能领域做出了开创性的贡献，提出了许多重要的概念和理论。1956 年，他与约翰·麦卡锡共同发起了“达特茅斯会议”，并在会上提出了“人工智能的概念，标志着人工智能作为一个独立学科的诞生。他的学术成就横跨多个学科，包括人工智能、机器学习、神经网络、虚拟现实等。他与 Seymour Papert 合作提出的”意识的社会”理论，认为智能是众多代理之间的互动产物，这一理论对人工智能的发展产生了重要影响。他的著作《意识的社会》在 1985 年出版，进一步推动了人工智能领域的研究。除此之外，明斯基还是框架理论的创立者，这一理论为人工智能中的知识表示和推理提供了重要的方法；他还开发了世界上最早的能够模拟人类活动的机器人 Robot C，这一成果使机器人技术跃上了一个新台阶；他也是虚拟现实最早的倡导者之一，提出了利用微型摄像机、运动传感器等设备来实现 Telepresence 的方案，这一思想与现代虚拟现实技术有着密切的联系。

总之，明斯基作出重要贡献的领域，除了人工智能（机器学习、知识表示、常识推理、计算机视觉、机器人操作），还包括认知心理学、神经网络、自动机理论、符号数学、图形学和显微镜技术，他的代表作包括《情感机器》《心智社会》等著作。所以，除了人工智能之父，他还是跨学科贡献的卓越科学家。

习　题

一、单选题

1. 以下叙述不正确的是（　　）。
   A. 图灵测试对于人工智能是很有意义的
   B. 机器智能和人工智能完全不相同
   C. 机器智能可以完全在特定的领域中超越人类智能
   D. 机器智能可以有人类智能的创造力
2. 智能的三重突破不包含（　　）。
   A. 算法突破　　B. 硬件突破
   C. 算力突破　　D. 数据突破
3. 人工智能的分类不包括（　　）。
   A. 计算机视觉　　B. 广泛外延
   C. 自然语言理解与交流　　D. 认知与推理
4. 支持 AI 计算的系统架构不包括（　　）。
   A. 计算机科学理论层　　B. 计算机系统支持层
   C. 自然语言理解层　　D. AI 应用层
5. 计算主义边界认为（　　）。
   A. 认知过程本质上是计算过程　　B. 所有问题都是可计算的
   C. 所有问题都是可以用算法描述的　　D. 计算无疆域

二、思考题

1. 人工智能可以取代计算机，这个说法对吗？
2. 人工智能的核心是什么？
3. 简述 AlphaGo 中的人工智能原理。
4. AI 技术栈和 AI 技术的区别是什么？
5. AI 技术栈的五层结构模型可以取代 OSI 模型吗？为什么？
6. 专家系统必须关联人工智能的哪些技术？
7. 统计学习范式在实际的 AI 系统中有哪些应用？试举一例。
8. 符号主义盛行是哪个阶段？这个时期的代表作是什么？试举一例。

三、综合应用题

简要介绍一名与本章内容相关的图灵奖获奖者的科学贡献，介绍内容包括：

（1）获奖者的基本信息和照片。

（2）他们的主要贡献。

（3）将以上信息整理并制作成 WPS 幻灯片文稿，总体要求在 8 min 左右。通过这个应用题你的收获是什么？

第 5 章
机器是如何学习的

机器学习是一种让机器像人类一样学习的技术。机器学习算法通过分析大量的数据，自动提取数据中的特征，并构建一个模型，用于预测或分类新的数据。机器学习的原理与人类学习的原理非常相似，但机器学习在学习速度、记忆能力和泛化能力等方面存在一些差异。随着技术的不断发展，机器学习将会在各个领域发挥越来越重要的作用，推动人工智能技术的发展。

5.1 机器学习概述

5.1.1 从人类学习到机器学习

机器学习，顾名思义，就是让机器像人类一样学习。为了更好地理解机器学习，首先需要回顾一下人类是如何学习的。人类的学习是一个复杂的过程，涉及感知、记忆、思考和行动等多个环节。简单来说，人类通过观察、实践和反思，从经验中获取知识，并利用这些知识来解决问题。

例如，一个孩子学习识别苹果的过程。最初，孩子可能对苹果一无所知。通过观察，孩子会发现苹果具有圆形、红色或绿色等特征。通过触摸，孩子会感受到苹果的质地。通过品尝，孩子会体验到苹果的味道。经过多次观察、触摸和品尝，孩子逐渐形成了对苹果的印象。当孩子再次看到一个苹果时，他会将这个苹果的特征与之前存储的苹果印象进行比较。如果特征相似，孩子就会判断这个物体是苹果。如果特征差异较大，孩子可能会寻求父母的帮助，进一步学习苹果的特征。

在这个过程中，孩子通过以下几个步骤来学习识别苹果：

①数据收集：通过观察、触摸和品尝等方式，收集关于苹果的数据。这些数据包括苹果的颜色、形状、质地和味道等。

②特征提取：从收集到的数据中提取苹果的特征。例如，苹果的圆形、红色或绿色等特征。

③模型构建：根据提取到的特征，构建一个苹果的模型。这个模型可以简单地理解为一个关于苹果的印象。

④模型评估：当再次看到一个物体时，他会将这个物体的特征与苹果的模型进行比较。如果特征相似，就会判断这个物体是苹果。

⑤模型优化：如果判断错误，他会寻求父母的帮助，进一步学习苹果的特征，并优化苹果的模型。

机器学习的原理与人类学习的原理非常相似。机器学习算法通过分析大量的数据，自动提取数据中的特征，并构建一个模型，用于预测或分类新的数据。

案例 5-1 机器学习识别猫。

假设想要训练一个机器学习模型，使其能够识别图片中的猫（见图 5-1）。可以按照以下步骤进行：

①数据收集：收集大量的猫的图片，以及一些非猫的图片。这些图片需要进行标注，即告诉模型哪些图片包含猫，哪些图片不包含猫，并将这些图片分为训练集、验证集和测试集。

②特征提取：使用一些图像处理技术，从图片中提取猫的特征。例如，提取猫的眼睛、鼻子、耳朵和尾巴等特征，目前更常用的方法是使用卷积神经网络（CNN）自动提取特征。CNN 可以学习到图像中对猫的识别最有用的特征，而无须人工干预。

③模型选择：选择一个合适的机器学习模型，如逻辑回归、支持向量机（SVM）或卷积神经网络（CNN）。不同的模型适用于不同的数据类型和问题，对于图像识别问题，卷积神经网络通常表现更好。

④模型训练：使用训练集来训练选定的模型。模型训练的目标是找到最佳的模型参数，使得模型能够尽可能准确地识别猫。训练过程中，模型会不断地调整参数，以最小化预测错误。

⑤模型评估：使用验证集来评估训练好的模型的性能。常用的评估指标包括准确率、精确率、召回率和 F1 值。评估结果可以帮助人们了解模型的预测精度和泛化能力。

⑥模型优化：根据评估结果，对模型进行优化，如调整模型参数、选择不同的特征、更换不同的算法等。模型优化的目标是提高模型的预测精度和泛化能力。

⑦模型测试：使用测试集来评估模型的最终性能。测试集是模型从未见过的数据，它可以真实地反映模型在实际应用中的表现。

图 5-1 机器学习识别猫

通过以上步骤，可以训练出一个能够识别图片中的猫的机器学习模型。当模型接收到一张新的图片时，会提取图片中的特征，并将这些特征与模型中存储的猫的特征进行比较。如果特征相似，模型就会判断这张图片包含猫。

FastAI 是建立在 PyTorch 之上的高级库，以其简洁的 API 著称，特别适合快速原型开发。下面给出使用 FastAI 实现识别猫的代码。

```
from fastai.vision.all import *

#1. 准备数据
path=Path("数据集")
dls=ImageDataLoaders.from_folder(path,valid_pct=0.2,\
    item_tfms=Resize(224),batch_tfms=aug_transforms())
#2. 创建模型（使用预训练的 ResNet34）
learn=vision_learner(dls,resnet34,metrics=error_rate)
#3. 训练模型（使用一阶段定制学习率策略）
learn.fine_tune(4)
#4. 查看结果
learn.show_results()
#5. 保存模型
learn.export('cat_classifier.pkl')
#6. 预测新图片
img=PILImage.create('新猫咪图片.jpg')
pred_class,pred_idx,probs=learn.predict(img)
print(f"预测：{pred_class}")
print(f"概率：{probs[pred_idx]:.4f}")
```

这个例子展示了机器学习的基本原理：通过分析大量的数据，自动提取数据中的特征，并构建一个模型，用于预测或分类新的数据。

机器学习与人类学习虽然原理相似，但在学习速度、记忆能力、泛化能力和创造力等方面还存在一些差异。机器学习算法的学习速度通常比人类快得多。机器学习算法可以在短时间内分析大量的数据，并从中提取有用的信息，记忆能力比人类强得多。机器学习算法可以记住大量的数据，并利用这些数据进行预测或分类。机器学习算法的泛化能力可能不如人类，通常只能处理与训练数据相似的数据，对于与训练数据差异较大的数据，预测精度可能会下降。机器学习算法缺乏创造力，只能根据已有的数据进行学习，无法创造出新的知识。

5.1.2　机器学习的核心要素

机器学习是一个涉及多个环节的复杂过程，但其核心要素可以概括为四方面：数据、特征、模型和评估。这四个要素相互关联、相互影响，共同决定了机器学习算法的性能。

1. 数据：机器学习的基石

数据是机器学习的原材料，是模型学习的基础。没有数据，机器学习算法就无法进行训练。数据的质量和数量直接影响模型的性能。高质量的数据能够提供更准确的信息，帮助模型更好地学习数据的模式；而大量的数据可以提高模型的泛化能力，使其能够更好地适应新的数据。

数据可以分为多种类型，如数值型数据、文本型数据、图像数据和音频数据等。不同的数据类型需要采用不同的处理方法。例如，数值型数据可以直接用于模型训练；文本型数据需要进行分词、词向量化等处理；图像数据需要进行图像增强、特征提取等处理。

2. 特征：连接数据与模型的桥梁

特征是从原始数据中提取出来的、能够反映数据本质属性的信息。特征是连接数据与模型的桥梁，可将原始数据转化为模型可以理解的形式。好的特征能够提高模型的预测精度，简化模型的复杂度，并提高模型的可解释性。

特征工程是指从原始数据中提取、选择和转换特征的过程。特征工程是机器学习中非常重要的一个环节，它需要深入理解业务知识，以及对数据具有敏锐的洞察力。常用的特征工程方法包括特征提取、特征选择和特征转换。

特征提取是从原始数据中提取有用的特征。例如，从文本数据中提取关键词、词频等特征；从图像数据中提取边缘、纹理等特征。特征选择是从提取到的特征中选择最相关的特征。例如，可以使用过滤式方法、包裹式方法或嵌入式方法来选择特征。特征转换是将提取到的特征进行转换，使其更适合模型训练。例如，可以使用标准化、归一化或离散化等方法来转换特征。

3. 模型：学习数据模式的工具

模型是机器学习算法的核心，用于学习数据中的模式，并进行预测或分类。模型可以分为多种类型，如线性模型、决策树模型、支持向量机模型和神经网络模型等。不同的模型适用于不同的数据类型和问题。

选择合适的模型需要考虑多个因素，如数据的复杂程度、问题的类型、计算资源和可解释性要求等。一般来说，对于简单的问题，可以选择线性模型或决策树模型；对于复杂的问题，可以选择支持向量机模型或神经网络模型。

4. 评估：衡量模型性能的标准

评估是衡量模型性能的标准，用于评估模型在未见过的数据上的表现。评估结果可以帮助人们了解模型的预测精度和泛化能力，并指导人们对模型进行优化。常用的评估指标包括准确率、精确率、召回率、F1 值、均方误差和 R 平方等。不同的评估指标适用于不同的问题。例如，对于分类问题，可以使用准确率、精确率、召回率和 F1 值；对于回归问题，可以使用均方误差和 R 平方。

案例 5-2 预测学生考试成绩。

假设想要训练一个机器学习模型，使其能够根据学生的学习情况预测学生的考试成绩。可以按照以下步骤进行：

①数据收集：收集学生的学习数据，包括学生的平时成绩、作业完成情况、课堂参与度、学习时长等。同时，还需要收集学生的考试成绩作为标签。例如，收集 100 名学生的学习数据和考试成绩，并将这些数据分为训练集、验证集和测试集。

②特征工程：从收集到的数据中提取学生的特征。例如，将学生的平时成绩、作业完成情况、课堂参与度和学习时长作为特征，对特征进行转换，例如将学生的学习时长进行归一化处理，使其取值范围在 0～1 之间。

③模型选择：选择一个合适的机器学习模型，如线性回归模型。线性回归模型假设学生的考试成绩与学生的学习情况之间存在线性关系。

④模型训练：使用训练集来训练选定的模型。模型训练的目标是找到最佳的模型参数，使

得模型能够尽可能准确地预测学生的考试成绩。训练过程中，模型会不断地调整参数，以最小化预测错误。

⑤模型评估：使用验证集来评估训练好的模型的性能。常用的评估指标包括均方误差和R平方。评估结果可以帮助人们了解模型的预测精度和泛化能力。

⑥模型优化：根据评估结果，对模型进行优化，例如调整模型参数、选择不同的特征、更换不同的算法等。模型优化的目标是提高模型的预测精度和泛化能力。

⑦模型测试：使用测试集来评估模型的最终性能。测试集是模型从未见过的数据，它可以真实地反映模型在实际应用中的表现。

PyCaret是一个低代码机器学习库，能让人们用极少的代码完成整个工作流程：

```
import pandas as pd
import numpy as np
from pycaret.regression import *

#1.成模拟数据
np.random.seed(42)
n_students=100
df=pd.DataFrame({
    '过去平均分': np.random.randint(60,95,n_students),
    '学习时间': np.random.randint(5,20,n_students),
    '出勤率': np.random.randint(70,100,n_students)/100,
    '作业完成率': np.random.randint(60,100,n_students)/100
})
#创建目标变量
df['期末成绩']=(df['过去平均分']*0.4+df['学习时间']*2+
               df['出勤率']*15+df['作业完成率']*20+
               np.random.normal(0,5,n_students))
#2.始化PyCaret环境(自动处理数据分割、预处理等)
s=setup(df,target='期末成绩',session_id=123)
#3.较多个模型并自动选择最佳模型
best_models=compare_models()
#4.建最佳模型
final_model=create_model(best_models)
#5.分析模型
evaluate_model(final_model)
plot_model(final_model,plot='feature')    #特征重要性
plot_model(final_model,plot='residuals')  #残差分析
#6.预测新学生成绩
new_student=pd.DataFrame({ '过去平均分': [85],'学习时间': [12],
                          '出勤率': [0.95],'作业完成率': [0.9]})
prediction=predict_model(final_model,data=new_student)
print(f"新学生预测成绩: {prediction['prediction_label'].values[0]:.2f}")
#7.保存模型(可选)
save_model(final_model,'student_score_model')
```

这个例子展示了机器学习的四个核心要素：数据、特征、模型和评估。使用学生的学习数据和考试成绩等数据，以学生的平时成绩、作业完成情况、课堂参与度和学习时长为特征，应用线性回归模型，使用均方误差和R平方作为评估指标。数据是机器学习的基石，特征是连接

数据与模型的桥梁，模型是学习数据模式的工具，评估是衡量模型性能的标准。

数据、特征、模型和评估是机器学习的核心要素，理解这四个要素，可以帮助人们更好地理解机器学习的原理，并构建更有效的机器学习模型。在实际应用中，需要根据具体的问题，选择合适的数据、特征、模型和评估方法，从而取得良好的效果。

5.1.3 机器学习与传统编程的区别

机器学习和传统编程是两种不同的解决问题的方法。虽然它们都依赖于计算机，但它们在解决问题的思路、方法和应用场景上存在着显著区别。理解这些区别对于初学者来说至关重要，因为它有助于人们选择合适的工具来解决特定的问题。

在传统编程中，程序员需要编写明确的指令，告诉计算机如何一步一步地完成任务。程序是按照程序员预先设定的逻辑顺序执行的，每一步都必须精确地定义。这种编程方式适用于解决那些逻辑清晰、规则明确的问题。

案例 5-3 计算一个圆的面积。

在传统编程中，需要编写如下代码：

```
def calculate_area(radius):
    """ 计算并返回圆的面积 """
    pi=3.14159
    area=pi*radius*radius
    return area

radius=5
area=calculate_area(radius)
print(" 圆的面积是：",area)
```

这段代码明确地告诉计算机如何计算圆的面积：首先定义圆周率 pi，然后根据公式计算面积，最后返回结果。计算机严格按照代码的指令执行，不会有任何偏差。

与传统编程不同，机器学习不是通过编写明确的指令来解决问题，而是通过让计算机从数据中学习，自动发现数据中的模式，并利用这些模式做出预测或决策。机器学习算法不需要程序员预先设定所有的规则，而是通过训练数据自动学习规则。这种方法适用于解决那些规则复杂、难以用明确指令描述的问题。

例如，识别图片中的猫。在传统编程中，很难编写出能够识别各种各样猫的程序。因为猫的种类繁多、姿态各异、光照条件也千变万化，要编写出能够处理所有这些情况的程序，几乎是不可能的。

但是，使用机器学习，可以让计算机从大量的猫的图片中学习，自动发现猫的特征，并构建一个能够识别猫的模型。不需要告诉计算机猫的眼睛是什么样的、耳朵是什么样的，只需要给计算机提供足够多的猫的图片，它就可以自己学习到这些特征。

为了更清晰地理解机器学习和传统编程的区别，可以从以下几方面进行比较（见表 5-1）：

表 5-1　机器学习和传统编程的区别

区别项	编　程	机 器 学 习
问题解决方式	通过编写明确的指令解决问题	通过让计算机从数据中学习来解决问题
规则设定	程序员预先设定所有的规则	机器学习算法可以自动学习规则
适用场景	适用于解决那些逻辑清晰、规则明确的问题	适用于解决那些规则复杂、难以用明确指令描述的问题
程序编写	需要编写大量的代码	需要准备大量的数据
可解释性	代码易于理解和调试	模型的内部机制可能难以解释
程序执行	按照程序员预先设定的逻辑顺序执行	根据数据中的模式进行预测或决策
鲁棒性	程序对于输入数据的变化可能比较敏感	模型对于输入数据的变化可能具有一定的鲁棒性

案例 5-4 垃圾邮件识别。

可以尝试使用传统编程的方法来识别垃圾邮件，编写一个程序，检查邮件中是否包含某些特定的关键词，如“免费”“促销”“广告”等。如果邮件中包含这些关键词，就将其判断为垃圾邮件。但是，这种方法存在很多问题。首先，垃圾邮件发送者会不断地改变关键词，以绕过检测。其次，有些正常的邮件也可能包含这些关键词，导致误判。例如，一封关于“免费软件”的邮件可能被误判为垃圾邮件。

为了提高识别精度，可以不断地添加新的规则，检查邮件的发送者是否在黑名单中，或者检查邮件的标题是否包含某些特定的字符。但是，这种方法仍然无法完全解决问题。因为垃圾邮件发送者总是能够找到新的方法绕过检测。

使用机器学习可以让计算机从大量的垃圾邮件和正常邮件中学习，自动发现垃圾邮件的特征，并构建一个能够识别垃圾邮件的模型。

可以按照以下步骤进行：

①数据收集：需要收集大量的垃圾邮件和正常邮件，并将这些邮件进行标注，即告诉模型哪些邮件是垃圾邮件，哪些邮件是正常邮件。

②特征工程：从邮件中提取一些特征，如邮件的发送者、标题、正文内容、是否包含附件等。对于文本内容，可以使用词袋模型或 TF-IDF 等方法将其转换为数值向量。

③模型选择：选择一个合适的机器学习模型，如朴素贝叶斯、支持向量机或神经网络。

④模型训练：使用训练集来训练选定的模型。模型训练的目标是找到最佳的模型参数，使得模型能够尽可能准确地识别垃圾邮件。

⑤模型评估：使用验证集来评估训练好的模型的性能。常用的评估指标包括准确率、精确率、召回率和 F1 值。

⑥模型优化：根据评估结果，可以对模型进行优化，如调整模型参数、选择不同的特征、更换不同的算法等。

⑦模型测试：使用测试集评估模型的最终性能。

与传统编程方法相比，机器学习方法具有以下优势：

一是自适应性，机器学习模型可以自动适应垃圾邮件的变化，无须人工干预；二是鲁棒性，机器学习模型对于输入数据的变化具有一定的鲁棒性，可以处理各种各样的垃圾邮件；三是精度高、机器学习模型可以达到较高的识别精度，减少误判率。

这个例子清晰地展示了机器学习和传统编程的区别。传统编程需要程序员编写明确的指令，而机器学习则通过让计算机从数据中学习来解决问题。对于垃圾邮件识别这种规则复杂、难以用明确指令描述的问题，机器学习方法显然更有效。

机器学习和传统编程是两种不同的解决问题的方法，机器学习适用于解决那些规则复杂、难以用明确指令描述的问题，而传统编程适用于解决那些逻辑清晰、规则明确的问题。在实际应用中，需要根据具体的问题，选择合适的方法来解决。

5.2 机器学习的基本范式

5.2.1 监督学习

监督学习是机器学习中最常见、也是应用最广泛的一种类型，是通过示例学习的智能方式。其核心思想是通过向算法提供带有“标签”的训练数据，让算法学习输入数据与输出结果之间的关系，从而能够对新的、未见过的数据进行预测。可以把监督学习想象成一个学生在老师的指导下学习。老师提供课本（训练数据），课本上既有题目（输入数据），也有对应的答案（标签）。学生通过学习课本上的例题，掌握解题方法，最终能够独立完成考试（预测新数据）。

监督学习的关键在于“监督”二字，这意味着训练数据必须是带有标签的。标签可以是分类标签（例如，判断一封邮件是否为垃圾邮件），也可以是数值标签（例如，预测房价）。算法通过学习这些标签，建立输入数据与输出结果之间的映射关系。

监督学习可以分为两大类：分类和回归。分类是指预测输入数据所属的类别。例如，判断一封邮件是否为垃圾邮件，识别图片中的动物种类，或者预测用户是否会点击广告。分类问题的标签是离散的，表示不同的类别。回归是指预测输入数据的数值。例如，预测房价、股票价格或者用户的年龄。回归问题的标签是连续的，表示数值的大小。

监督学习的流程通常包括以下几个步骤：

①数据收集：收集带有标签的训练数据。训练数据的质量和数量直接影响模型的性能。

②数据预处理：对数据进行清洗、转换和标准化等处理，使其更适合模型训练。

③特征工程：从原始数据中提取有用的特征。特征工程是机器学习中非常重要的一个环节，它需要深入理解业务知识，以及对数据具有敏锐的洞察力。

④模型选择：选择一个合适的机器学习模型。不同的模型适用于不同的数据类型和问题。

⑤模型训练：使用训练数据来训练选定的模型。模型训练的目标是找到最佳的模型参数，使得模型能够尽可能准确地预测标签。

⑥模型评估：使用验证数据来评估训练好的模型的性能。常用的评估指标包括准确率、精确率、召回率、F1 值、均方误差和 R 平方等。

⑦模型优化：根据评估结果，对模型进行优化，如调整模型参数、选择不同的特征、更换不同的算法等。

⑧模型部署：将训练好的模型部署到实际应用中，用于预测新的数据。

案例 5-5 预测房价。

假设想要训练一个机器学习模型，使其能够根据房屋的面积、卧室数量、地理位置等特征预测房屋的价格。可以按照以下步骤进行：

①数据收集：收集大量的房屋数据，包括房屋的面积、卧室数量、地理位置和价格等。这些数据可以从房地产网站、房屋中介或政府部门获取。例如，可以收集 1 000 套房屋的数据，并将这些数据分为训练集、验证集和测试集。

②数据预处理：对数据进行清洗、转换和标准化等处理。例如，将地理位置转换为经纬度坐标，并将房屋面积和卧室数量进行归一化处理，使其取值范围在 0～1 之间。

③特征工程：从收集到的数据中提取房屋的特征。例如，将房屋的面积、卧室数量、地理位置、房屋类型、装修程度等作为特征。

④模型选择：选择一个合适的机器学习模型，例如线性回归模型。线性回归模型假设房屋的价格与房屋的特征之间存在线性关系。

⑤模型训练：使用训练集来训练选定的模型。模型训练的目标是找到最佳的模型参数，使得模型能够尽可能准确地预测房屋的价格。训练过程中，模型会不断地调整参数，以最小化预测错误。

⑥模型评估：使用验证集来评估训练好的模型的性能。常用的评估指标包括均方误差和 R 平方。评估结果可以帮助了解模型的预测精度和泛化能力。

⑦模型优化：根据评估结果，对模型进行优化，如调整模型参数、选择不同的特征、更换不同的算法等。模型优化的目标是提高模型的预测精度和泛化能力。

⑧模型部署：将训练好的模型部署到房地产网站或房屋中介的系统中，用于预测新的房屋的价格。

在这个例子中，输入数据包括房屋的面积、卧室数量、地理位置等特征。以房屋的价格为标签，使用线性回归模型。模型通过学习训练数据，建立房屋特征与价格之间的映射关系。当模型接收到一套新的房屋数据时，会根据房屋的特征预测房屋的价格。

这个例子展示了监督学习的基本原理，通过向算法提供带有标签的训练数据，让算法学习输入数据与输出结果之间的关系，从而能够对新的、未见过的数据进行预测。监督学习就像一个学生在老师的指导下学习，通过学习课本上的例题，掌握解题方法，最终能够独立完成考试。

监督学习是机器学习中最常见、也是应用最广泛的一种类型。它通过向算法提供带有标签的训练数据，让算法学习输入数据与输出结果之间的关系，从而能够对新的、未见过的数据进行预测。监督学习的应用非常广泛，几乎涉及所有领域。例如，在医疗领域，可以使用监督学习来诊断疾病；在金融领域，可以使用监督学习来预测股票价格；在电商领域，可以使用监督学习来推荐商品。人们熟悉的应用包括：苹果的 Face ID 使用监督学习训练模型来识别用户的面部特征；特斯拉的自动驾驶系统使用监督学习训练模型来检测道路上的物体；Google Photos 使用监督学习来自动分类照片；Gmail 使用监督学习来过滤垃圾邮件；Google Translate 使用监督学习来翻译文本；Siri、Google Assistant 等语音助手使用监督学习来识别用户的语音指令。

5.2.2　无监督学习

与监督学习不同，无监督学习处理的是没有标签的数据。这意味着算法需要自己去发现数据中的结构和模式，而没有明确的“正确答案”来指导学习。可以把无监督学习想象成一个探险家，在一个未知的领域中探索，试图发现隐藏的宝藏（数据中的模式）。

无监督学习的目标通常包括聚类、降维和关联规则学习等几种：

聚类是将数据分成不同的组（簇），使得同一组内的数据相似度较高，而不同组之间的数据相似度较低。例如，将用户分成不同的兴趣群体，将商品分成不同的类别。降维是将高维数据降低到低维空间，同时尽可能保留数据的重要信息。降维可用于数据可视化、特征提取和降低计算复杂度。关联规则学习是发现数据中不同项之间的关联关系。例如，发现哪些商品经常被一起购买，哪些疾病经常同时发生。

无监督学习的应用也十分广泛。例如，在市场营销领域，可以使用无监督学习来对客户进行分群，从而制定个性化的营销策略；在生物信息学领域，可以使用无监督学习来发现基因之间的关联关系；在图像处理领域，可以使用无监督学习来进行图像分割和特征提取。

无监督学习的流程通常包括以下几个步骤：

①数据收集：收集没有标签的数据。数据的质量和数量仍然很重要，但由于没有标签，数据清洗和预处理变得更加重要。

②数据预处理：对数据进行清洗、转换和标准化等处理，使其更适合模型训练。由于没有标签，需要更加谨慎地选择预处理方法，避免引入偏差。

③特征工程：从原始数据中提取有用的特征。特征工程在无监督学习中尤为重要，因为算法需要依赖这些特征来发现数据中的模式。

④模型选择：选择一个合适的无监督学习模型。不同的模型适用于不同的数据类型和任务。

⑤模型训练：使用训练数据来训练选定的模型。模型训练的目标是找到最佳的模型参数，使得模型能够尽可能好地发现数据中的模式。

⑥结果评估：评估模型发现的模式的质量。由于没有标签，评估变得更加困难，通常需要使用一些内部指标（例如，聚类模型的轮廓系数）或外部知识来进行评估。

⑦结果解释：解释模型发现的模式的含义。这通常需要领域专家的参与，才能将模型的结果转化为有用的知识。

案例 5-6 客户分群。

假设一家电商公司想要了解他们的客户，以便制定更有效的营销策略，可以使用无监督学习来对客户进行分群。

①数据收集：收集客户的购买数据，包括客户的购买金额、购买频率、购买商品类别、浏览商品记录等。这些数据没有标签，不知道哪些客户属于哪个群体。例如，可以收集 10 000 名客户的数据。

②数据预处理：需要对数据进行清洗、转换和标准化等处理。例如，可以将购买金额进行对数转换，以减少极端值的影响；可以将购买频率进行归一化处理，使其取值范围在 0～1 之间。

③特征工程：可以从收集到的数据中提取客户的特征。例如，可以将客户的平均购买金额、购买频率、购买商品类别数量、最常购买的商品类别等作为特征。

④模型选择：可以选择一个合适的无监督学习模型，如 K-means 聚类算法。K-means 算法将数据分成 K 个簇，使得每个数据点都属于离它最近的簇的中心点。

⑤模型训练：使用客户数据来训练选定的模型。模型训练的目标是找到最佳的簇中心点，使得每个簇内的数据相似度较高，而不同簇之间的数据相似度较低。

⑥结果评估：使用一些内部指标来评估聚类结果的质量。例如，可以使用轮廓系数来衡量聚类结果的紧密度和分离度。

⑦结果解释：需要解释每个簇的含义。例如，可以发现一个簇的客户是高消费、高频率的客户，他们经常购买高端商品；另一个簇的客户是低消费、低频率的客户，他们经常购买打折商品。

通过对客户进行分群，可以更好地了解客户，并制定更有效的营销策略。例如，可以向高消费客户推荐新款商品，向低消费客户提供优惠券，或者向不同兴趣群体的客户推荐不同的商品。

在这个例子中，数据是客户的购买数据、任务是客户分群、模型是 K-means 聚类算法。模型通过学习客户数据，将客户分成不同的群体，每个群体具有相似的购买行为。这个例子展示了无监督学习的基本原理：通过让算法自己去发现数据中的结构和模式，而没有明确的“正确答案”来指导学习。无监督学习就像一个探险家，在一个未知的领域中探索，试图发现隐藏的宝藏。

无监督学习是一种强大的机器学习技术，它可以帮助人们发现数据中的隐藏模式，从而更好地理解数据，并做出更明智的决策。虽然无监督学习没有标签的指导，但它仍然可以从数据中学习到有用的知识，并应用于各种领域。电商平台可以使用聚类分析，将客户分成“高价值客户”“潜在客户”“流失客户”等，然后针对不同的客户群体采取不同的营销策略。医学图像分析中，可以使用聚类分析将 CT 扫描图像分割成不同的组织区域。新闻网站可以使用文档聚类，将新闻分成“政治”“经济”“娱乐”等类别。银行可以使用聚类分析，将正常的交易数据聚成一类，然后将与正常交易数据差异较大的交易数据识别为欺诈交易。可以使用 PCA 将图像数据降维，提取出图像的主要特征，然后用于图像识别。可以使用 GAN（生成对抗网络）生成人脸图像，用于人脸识别、身份验证等。超市可以使用关联规则学习，发现“购买尿布的顾客通常也会购买啤酒”，然后将尿布和啤酒放在一起销售，提高销量。

5.2.3　强化学习

强化学习是一种特殊的机器学习范式，它与监督学习和无监督学习有着显著的区别。在强化学习中，不再提供带有标签的训练数据，而是让一个“智能体”在一个“环境”中通过不断地尝试和犯错来学习。智能体通过执行“动作”来与环境互动，并从环境中获得“奖励”。智能体的目标是学习一个“策略”，使其能够在不同的状态下选择最佳的动作，从而最大化累积奖励。

可以将强化学习想象成训练一只小狗。人们不会告诉小狗每一步该怎么做，而是让它自由探索，并根据它的行为给予奖励或惩罚。例如，如果小狗成功地捡回了飞盘，会给予它奖励（例如，一块饼干）；如果小狗咬坏了家具，会给予它惩罚（例如，口头训斥）。通过不断地尝试和反馈，小狗最终会学会如何捡回飞盘，并避免咬坏家具。

强化学习的目标是找到一个最佳的策略，使得智能体能够最大化累积奖励。为了实现这个目标，智能体需要不断地探索环境，并利用获得的反馈来更新其策略和价值函数。

强化学习的应用非常广泛，例如，训练 AI 玩游戏，如围棋、象棋、电子游戏等；机器人控制，控制机器人完成各种任务，如行走、抓取、装配等；推荐系统，根据用户的历史行为，推荐用户可能感兴趣的商品或服务；自动驾驶，控制汽车自动驾驶；金融交易，自动进行股票交易等。

案例 5-7 训练 AI 玩迷宫。

假设想要训练一个 AI 智能体，使其能够自动走出迷宫（见图 5-2）。可以按照以下步骤进行：

图 5-2　迷宫

①初始化环境：定义一个迷宫环境，包括迷宫的地图、起点和终点。智能体可以执行的动作包括向上、向下、向左和向右移动。如果智能体到达终点，则获得奖励 +1；如果智能体撞到墙壁，则获得奖励 -0.1；否则，获得奖励 0。

②智能体观察环境：智能体观察当前在迷宫中的位置（状态）。

③智能体选择动作：智能体根据当前的策略，选择一个动作（向上、向下、向左或向右移动）。最初，智能体可能随机选择动作。

④智能体执行动作：智能体执行选择的动作，在迷宫中移动。

⑤环境返回奖励和新的状态：环境返回智能体执行动作后获得的奖励（+1、−0.1 或 0），以及新的位置（状态）。

⑥智能体更新策略和价值函数：智能体根据获得的奖励和新的位置，更新其策略和价值函数。例如，如果智能体到达终点，则增加到达终点路径上的动作的价值；如果智能体撞到墙壁，则减少撞墙动作的价值。

⑦重复步骤②～⑥：不断地重复步骤②～⑥，直到智能体学会如何走出迷宫。

在这个例子中，AI 智能体在迷宫环境中 向上、向下、向左和向右移动。智能体观察在迷宫中的位置状态，到达终点奖励 +1，撞墙奖励 -0.1，其他情况奖励 0，策略是智能体根据当前位置选择动作的规则。模型通过不断地尝试和反馈，学习到一个最佳的策略，使其能够自动走出迷宫。通过让智能体在一个环境中通过不断地尝试和犯错来学习，并根据获得的奖励来更新其策略。强化学习就像训练一只小狗，通过奖励和惩罚来引导它学习正确的行为。

强化学习是一种强大的机器学习技术，它可以让智能体在复杂的环境中学习到最佳的策略，并应用于各种领域。虽然强化学习需要大量的尝试和反馈，但它可以解决那些难以用监督学习或无监督学习解决的问题。

5.2.4　应用场景

在机器学习领域，监督学习、无监督学习和强化学习是三种主要的学习方式。它们各有特点，适用于不同的应用场景。理解这三种学习方式的区别，以及它们各自的优势和劣势，对于选择合适的机器学习方法来解决实际问题至关重要。

监督学习就像在老师的指导下学习，人们提供给算法带有标签的训练数据，让算法学习输入数据与输出结果之间的关系。这种学习方式适用于那些人们已经知道“正确答案”的问题。可以应用于预测房价、垃圾邮件识别和图像分类等场景。

预测房价（回归）是利用房屋的面积、卧室数量、地理位置等特征，预测房屋的价格。因为有历史房屋的销售数据，其中包含了房屋的特征和对应的价格（标签），所以可以使用监督学习中的回归算法。垃圾邮件识别（分类）是根据邮件的内容、发件人等特征，判断一封邮件是否为垃圾邮件。同样，人们有大量的邮件数据，其中包含了邮件的特征和是否为垃圾邮件的标签，所以可以使用监督学习中的分类算法。图像识别（分类）是训练一个模型来识别图片中的物体，例如猫、狗、汽车等。人们需要大量的带有标签的图片数据，其中包含了图片的特征和对应的物体类别，才能训练出一个有效的图像识别模型。

监督学习的优势：一是预测精度高，由于有标签的指导，监督学习算法可以达到较高的预测精度；二是易于理解和解释，监督学习模型的内部机制相对容易理解和解释，例如，线性回归模型可以直接给出特征与预测结果之间的关系。其劣势是需要大量的带标签数据才能训练出一个有效的模型。获取带标签数据通常需要人工标注，成本较高。泛化能力可能有限，如果训练数据不能很好地代表真实世界的数据分布，监督学习模型的泛化能力可能会受到限制。

无监督学习就像在一个黑暗的房间里探索，人们提供给算法没有标签的数据，让算法自己去发现数据中的结构和模式。这种学习方式适用于那些人们不知道“正确答案”，或者想要发现数据中隐藏的模式的问题，可应用于客户分类、商品推荐和异常检测等场景。

客户分群（聚类）是根据客户的购买行为、浏览记录等特征，将客户分成不同的群体。人们没有预先定义好的客户群体，而是让算法自己去发现客户之间的相似性，并进行分群。商品推荐（关联规则学习）是通过分析用户的购买记录，发现哪些商品经常被一起购买，从而向用户推荐相关的商品。例如，如果用户购买了尿布，可以向他推荐婴儿湿巾。异常检测（聚类 / 降维）是利用无监督学习来检测异常数据，如信用卡欺诈、网络攻击等。通过学习正常数据的模式，可以识别出与正常数据模式不同的异常数据。

无监督学习的优势：一是不需要标签数据，可以处理大量的无标签数据；二是可以发现数据中隐藏的模式，无监督学习可以帮助人们发现数据中人们事先不知道的模式，如客户群体、商品关联关系等。其劣势是结果评估困难，由于没有标签的指导，评估无监督学习结果的质量通常比较困难；结果解释需要领域知识，无监督学习算法发现的模式可能难以解释，需要领域专家的参与才能将结果转化为有用的知识。

强化学习就像在一个游戏中学习，可让一个智能体在一个环境中通过不断地尝试和犯错来学习。智能体通过执行动作来与环境互动，并从环境中获得奖励。智能体的目标是学习一个策略，使其能够在不同的状态下选择最佳的动作，从而最大化累积奖励。智能体可应用于游戏 AI、机器人控制和自动驾驶等场景。

游戏 AI（策略学习）是训练一个 AI 智能体来玩游戏，如围棋、象棋、电子游戏等。智能体通过不断地与游戏环境互动，学习如何选择最佳的动作，从而赢得游戏。机器人控制（策略学习）是训练一个机器人来完成各种任务，如行走、抓取、装配等。机器人通过不断地与环境互动，学习如何控制自己的动作，从而完成任务。自动驾驶（策略学习）是训练一个自动驾驶系统来控制汽车自动驾驶。自动驾驶系统通过不断地与交通环境互动，学习如何选择最佳的驾驶策略，从而安全、高效地完成驾驶任务。

强化学习的优势：一是可以解决那些需要长期规划和决策的问题，如游戏 AI、机器人控制等；二是不需要人工标注数据，可以通过与环境互动来学习。其劣势是训练过程可能不稳定，需要大量的尝试和调整才能找到一个有效的策略。奖励函数的设计对强化学习的结果有很大的影响，需要仔细考虑。

选择哪种学习方式取决于具体的应用场景，见表 5-2。如果有大量的带标签数据，并且想要预测结果，则监督学习是最佳选择；如果没有标签数据，或者想要发现数据中隐藏的模式，则无监督学习是最佳选择；如果需要解决复杂的决策问题，并且可以通过与环境互动来学习，则强化学习是最佳选择。

表 5-2　学习目标与应用场景

特　性	监 督 学 习	无监督学习	强 化 学 习
数据类型	带标签数据	无标签数据	与环境互动产生的序列数据
学习目标	学习输入数据与输出结果之间的关系	发现数据中的结构和模式	学习一个策略，最大化累积奖励
适用场景	已知“正确答案”的问题，需要预测结果的问题	需要发现数据中隐藏模式的问题，数据探索	需要长期规划和决策的问题，控制、优化问题
例子	预测房价、垃圾邮件识别、图像识别	客户分群、商品推荐、异常检测	游戏 AI、机器人控制、自动驾驶

5.3　常见的机器学习算法

5.3.1　线性回归

线性回归作为预测连续值的最基本算法之一，不仅是统计学和机器学习的基石，也是理解更复杂模型（包括某些类型的神经网络）的关键。线性回归通过建立自变量（特征）和因变量（目标变量）之间的线性关系，来预测未知的因变量值。尽管其简单，在许多实际应用中仍然非常有效，并且为理解更复杂的回归技术奠定了基础。

线性回归是机器学习中最简单、是最基础的算法之一，属于监督学习的范畴，主要用于解决回归问题，即预测连续的数值型数据。线性回归的核心思想是：假设输入变量（特征）和输出变量之间存在线性关系，通过学习训练数据，找到最佳的线性方程，从而能够对新的数据进行预测。

可以把线性回归想象成在一张散点图上画一条直线，这条直线尽可能地靠近所有的数据点。这条直线就代表了输入变量和输出变量之间的线性关系。

线性回归的模型可以用以下公式表示：

$$y = w_1 \times x_1 + w_2 \times x_2 + \cdots + w_n \times x_n + b$$

式中，y 是预测值（输出变量）；$x_1, x_2, \cdots, x_n$ 是输入变量（特征）；$w_1, w_2, \cdots, w_n$ 是权重（系数），表示每个特征对预测值的影响程度；b 是偏置（截距），表示当所有特征都为 0 时，预测值的大小。

线性回归的目标就是找到最佳的权重 $w_1, w_2, \cdots, w_n$ 和偏置 b，使得模型的预测值尽可能地接近真实值。

线性回归的求解方法主要有最小二乘法和梯度下降法两种。最小二乘法是一种经典的求解线性回归的方法，其目标是最小化所有数据点的预测值与真实值之间的平方误差之和。通过对平方误差求导，可以得到权重和偏置的解析解。梯度下降法是一种迭代的求解线性回归的方法，其基本思想是沿着误差函数的梯度方向，不断地调整权重和偏置，直到误差函数达到最小值。梯度下降法适用于大规模数据集，以及无法求出解析解的情况。

线性回归的应用非常广泛，例如，利用房屋的面积、卧室数量、地理位置等特征，预测房屋的价格；利用股票的历史价格、交易量等特征，预测股票的未来价格；利用广告投入、促销活动等特征，预测产品的销售额；利用学生的学习时间、作业完成情况等特征，预测学生的考试成绩。

案例 5-8 线性回归预测房价。

在预测房价的例子中，假设只考虑房屋的面积这一个特征，来预测房屋的价格，那么线性回归的模型可以简化为：

$$y = w \times x + b$$

式中，y 是房屋的价格；x 是房屋的面积；w 是权重，表示房屋面积对价格的影响程度；b 是偏置，表示当房屋面积为 0 时，房屋的价格。

目标是找到最佳的权重 w 和偏置 b，使得模型的预测值尽可能地接近真实值。可以使用最小二乘法或梯度下降法来求解权重 w 和偏置 b。假设使用最小二乘法，经过计算，得到 $w=1.5$，$b=0$，那么线性回归的模型就变成：

$$y = 1.5 \times x + 0$$

这个模型表示，房屋的价格等于房屋面积的 1.5 倍。也就是说，每增加 1 m^2 的面积，房屋的价格就增加 1.5 万元。如果有一套新的房屋，面积为 130 m^2，使用这个模型来预测它的价格预计为 195 万元。

$$y = 1.5 \times 130 + 0 = 195$$

虽然线性回归是一种简单而有效的算法，但它也存在一些局限性。线性回归只能处理输入变量和输出变量之间存在线性关系的问题。如果输入变量和输出变量之间存在非线性关系，线性回归的预测效果会比较差。线性回归对异常值比较敏感，如果训练数据中存在异常值，线性回归模型的预测结果可能会受到很大的影响。如果输入变量之间存在高度相关性（多重共线性），线性回归模型的权重估计可能会不稳定。

下面给出线性回归预测房价的程序：

```
import numpy as np
import matplotlib.pyplot as plt
from sklearn.model_selection import train_test_split
from sklearn.linear_model import LinearRegression
from sklearn.metrics import r2_score

#显示中文字符串
plt.rcParams['font.sans-serif']=['SimHei']  #设置中文字体
plt.rcParams['axes.unicode_minus']=False

#1. 生成示例数据
np.random.seed(42)
area=np.random.randint(50,200,100).reshape(-1,1)  #房屋面积（平方米）
```

```
price=5000 * area.ravel()+np.random.normal(0,50000,100)  #房价（元）
#2.数据分割
X_train,X_test,y_train,y_test=train_test_split(area,price,\
                              test_size=0.2,random_state=42)
#3.训练模型
model=LinearRegression()
model.fit(X_train,y_train)
#4.模型评估
y_pred=model.predict(X_test)
r2=r2_score(y_test,y_pred)
print(f'价格={model.coef_[0]:.2f}×面积+{model.intercept_:.2f}')
print(f'R² 分数：{r2:.2f}')
#5.预测新房价
new_area=120
predicted_price=model.predict([[new_area]])[0]
print(f'面积{new_area}平方米的预测价格：{predicted_price:.2f}元')
#6.可视化
plt.figure(figsize=(10,6))
plt.scatter(X_test,y_test,color='blue',label='实际数据')
#绘制回归线
x_range=np.array([min(area),max(area)])
plt.plot(x_range,model.predict(x_range),color='red',label='回归线')
#标记预测点
plt.scatter(new_area,predicted_price,color='green',s=100,\
    marker='*',label=f'预测:{new_area}平方米')
plt.title('房屋面积与价格的线性回归')
plt.xlabel('面积（平方米）')
plt.ylabel('价格（元）')
plt.legend()
plt.grid(True)
plt.show()
```

运行结果如图 5-3 所示。

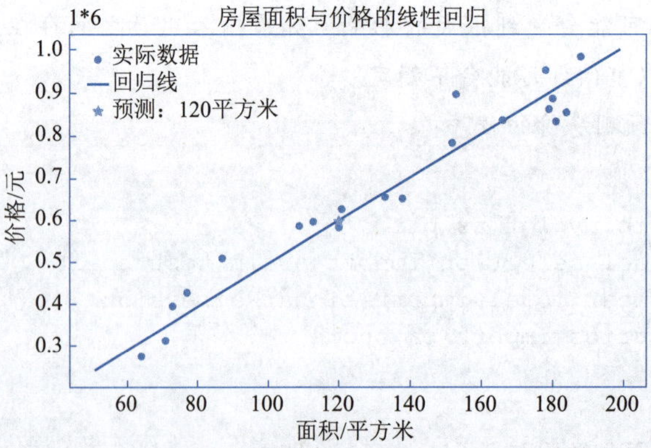

图 5-3 线性回归预测房价

线性回归是一种简单而基础的机器学习算法，适用于预测连续的数值型数据。其核心思想是假设输入变量和输出变量之间存在线性关系，通过学习训练数据，找到最佳的线性方程，从而能够对新的数据进行预测。虽然线性回归存在一些局限性，但它仍然是解决回归问题的重要工具。

5.3.2　决策树

决策树是一种非常直观且易于理解的机器学习算法。它模仿人类的决策过程，通过一系列的判断条件，将数据逐步划分到不同的类别或预测值。决策树既可以用于分类问题，也可以用于回归问题，是一种非常灵活的算法。

可以把决策树想象成一棵树（见图 5-4），每个节点代表一个判断条件，每个分支代表一个判断结果，每个叶子节点代表一个类别或预测值。从根节点开始，根据数据的特征值，逐步进行判断，最终到达某个叶子节点，得到预测结果。

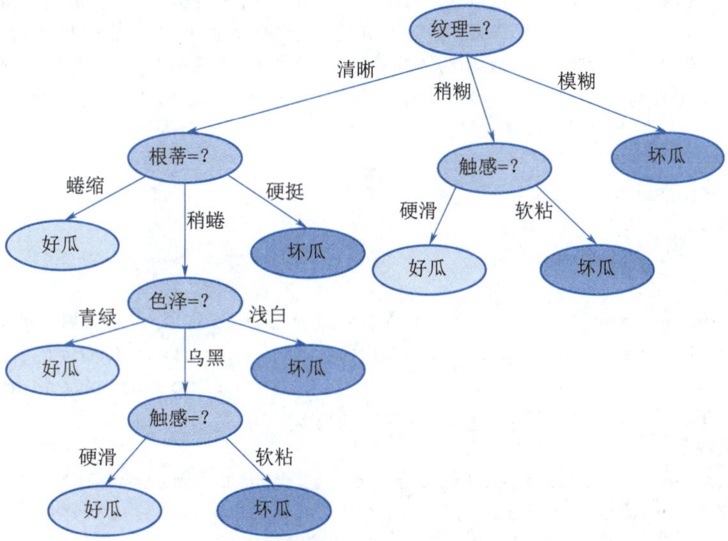

图 5-4　决策树算法

决策树由以下几部分组成：根节点是树的起始节点，包含所有的数据。内部节点代表一个判断条件，根据数据的特征值进行判断，将数据划分到不同的分支。分支代表一个判断结果，连接内部节点和子节点。叶子节点代表一个类别或预测值，是决策树的最终结果。

决策树的构建过程是一个递归的过程，主要包括以下几个步骤：

①选择最佳特征：从所有特征中选择一个最佳的特征，作为当前节点的判断条件。最佳特征的选择标准是能够最大限度地提高数据的纯度。常用的纯度指标包括信息增益、信息增益比和基尼指数。

②创建分支：根据选择的特征，将数据划分到不同的分支，每个分支代表一个特征值。

③递归构建子树：对每个分支的数据，递归地执行步骤①和步骤②，直到所有数据都属于同一个类别、所有特征都已使用完毕、达到预设的树的深度。

决策树的应用非常广泛，例如，评估贷款申请人的信用风险，判断是否批准贷款。根据患者的症状和体征，诊断患者可能患有的疾病。预测哪些客户可能会流失，以便采取相应的措施。根据用户的历史购买记录，推荐用户可能感兴趣的商品。

案例 5-9 判断西瓜好坏。

构建一个决策树，判断一个西瓜是好瓜还是坏瓜。

```
import pandas as pd
from sklearn.tree import DecisionTreeClassifier
from sklearn.preprocessing import LabelEncoder
from sklearn.model_selection import train_test_split

#1. 创建西瓜数据集
data={'色泽':['青绿','乌黑','乌黑','青绿','浅白','青绿','乌黑','乌黑','乌黑','青绿','浅白','乌黑','青绿','浅白','乌黑','青绿','青绿','浅白'],'根蒂':['蜷缩','蜷缩','蜷缩','蜷缩','硬挺','稍蜷','稍蜷','稍蜷','硬挺','硬挺','硬挺','蜷缩','稍蜷','稍蜷','稍蜷','蜷缩','蜷缩','硬挺'],'敲声':['浊响','沉闷','浊响','沉闷','清脆','浊响','浊响','沉闷','清脆','清脆','清脆','沉闷','浊响','浊响','沉闷','浊响','沉闷','清脆'],'纹理':['清晰','清晰','清晰','清晰','模糊','稍糊','清晰','稍糊','模糊','清晰','模糊','稍糊','稍糊','模糊','清晰','清晰','模糊','模糊'],'好瓜':['是','是','是','是','否','否','是','是','否','否','否','是','是','否','是','是','否','否']
}
df=pd.DataFrame(data)
#2. 特征编码
X=df.drop('好瓜',axis=1)
y=df['好瓜']
encoders={col: LabelEncoder().fit(X[col]) for col in X.columns}
X_encoded=pd.DataFrame({col: encoders[col].transform(X[col])\
                                    for col in X.columns})
y_encoded=LabelEncoder().fit_transform(y)
#3. 训练决策树
model=DecisionTreeClassifier(max_depth=3,random_state=42)
model.fit(X_encoded,y_encoded)
#4. 预测新西瓜
new_watermelon={'色泽':'青绿','根蒂':'蜷缩','敲声':'浊响','纹理':'清晰'}
#编码新样本特征
X_new=[encoders[feature].transform([value])[0] for feature,value in new_watermelon.items()]
prediction=model.predict([X_new])[0]
result="是" if prediction==1 else "否"
print(f"新西瓜：{new_watermelon}")
print(f"预测结果：{result}好瓜")
```

运行结果：

```
新西瓜：{'色泽'：'青绿','根蒂'：'蜷缩','敲声'：'浊响','纹理'：'清晰'}
预测结果：是好瓜
```

决策树的优点很多，其结构非常直观，易于理解和解释。可以处理离散型和连续型数据，不需要进行数据转换。决策树不需要进行特征缩放，因为它是基于特征值的判断，而不是基于特征值的距离。决策树可以处理缺失值，可以通过一些策略来处理缺失值，如将缺失值分配到概率较高的分支。

决策树也有一些缺点，例如决策树容易过拟合，即在训练数据上表现很好，但在测试数据上表现较差。为了避免过拟合，可以对决策树进行剪枝，即减少树的深度和复杂度。决策树对数据比较敏感，如果训练数据发生变化，决策树的结构可能会发生很大的变化.在选择特征时，决策树容易选择那些取值较多的特征，从而产生偏置。

为了克服决策树的缺点，人们提出了许多改进的决策树算法，如随机森林和梯度提升决策树。随机森林是一种集成学习算法，它通过构建多个决策树，并将它们的预测结果进行组合，来提高预测精度和泛化能力。梯度提升决策树也是一种集成学习算法，它通过迭代地训练多个决策树，并将它们的预测结果进行加权组合，来提高预测精度和泛化能力。

决策树是一种非常直观且易于理解的机器学习算法，它模仿人类的决策过程，通过一系列的判断条件，将数据逐步划分到不同的类别或预测值。决策树既可以用于分类问题，也可以用于回归问题，是一种非常灵活的算法。尽管决策树存在一些缺点，但通过一些改进的算法，可以有效地提高决策树的预测精度和泛化能力。

5.3.3 KNN 算法

KNN（k-nearest neighbors）算法，即 K 近邻算法，是一种简单而有效的机器学习算法。它既可用于分类问题，也可用于回归问题。KNN 算法的核心思想是：如果一个样本在特征空间中最相邻的 K 个样本中的大多数属于某一个类别，则该样本也属于这个类别（分类问题）；或者，该样本的预测值等于它最相邻的 K 个样本的平均值（回归问题）。

可以把 KNN 算法想象成“物以类聚，人以群分”。当想要判断一个新朋友的性格时，会观察他周围的朋友，如果他的朋友都很开朗，那么也会认为他是一个开朗的人。

KNN 算法的原理非常简单（见图 5-5），主要包括以下几个步骤：

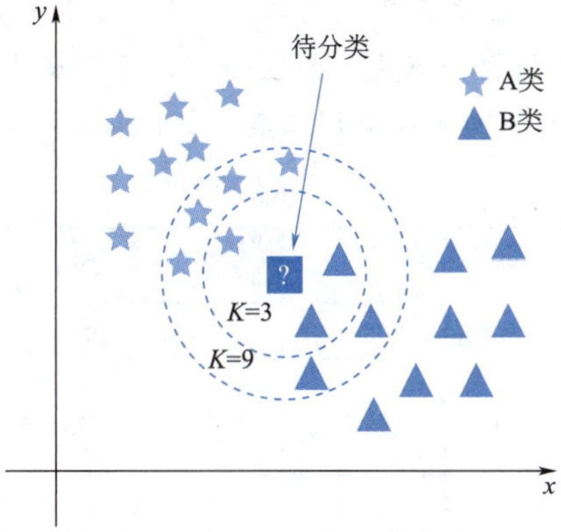

图 5-5 KNN 算法

①计算距离：计算新样本与训练集中所有样本之间的距离。常用的距离度量方法包括欧氏距离、曼哈顿距离、余弦相似度等。

②选择 K 个最近邻：选择与新样本距离最近的 K 个训练样本。

③分类或回归：统计 K 个最近邻中，每个类别的样本数量，将新样本划分到数量最多的类别。计算 K 个最近邻的平均值，将该平均值作为新样本的预测值。

KNN 算法的性能受到 K 值的选择、距离度量方法和特征缩放这三个关键因素的影响。K 值的选择对 KNN 算法的性能有很大的影响。如果 K 值太小，容易受到噪声的影响，导致过拟合；

如果 K 值太大，容易忽略局部特征，导致欠拟合。通常需要通过交叉验证等方法来选择最佳的 K 值。不同的距离度量方法适用于不同的数据类型和应用场景。例如，欧氏距离适用于连续型数据，余弦相似度适用于文本数据。KNN 算法是基于距离的算法，因此需要对特征进行缩放，使得不同特征的取值范围相同，避免某些特征对距离计算产生过大的影响。常用的特征缩放方法包括标准化和归一化。

KNN 算法的应用非常广泛，例如，根据用户的历史观看记录，推荐用户可能感兴趣的电影。根据用户的历史购买记录，推荐用户可能感兴趣的商品。将文本划分到不同的类别，例如新闻分类、情感分析等。识别图像中的物体，例如人脸识别、车辆识别等，检测异常数据，如信用卡欺诈、网络攻击等。

案例 5-10 判断水果类别。

构建一个 KNN 模型，判断一个水果是苹果还是香蕉，有以下训练数据，见表 5-3。

表 5-3　水果数据

水　果	颜　色	大　小
苹果	红色	大
苹果	红色	中
苹果	黄色	中
香蕉	黄色	大
香蕉	黄色	小
香蕉	绿色	小

现在，有一个新的水果，颜色是黄色，大小是中等，想要判断它是什么水果。首先，需要定义距离度量方法。由于颜色和大小都是离散型特征，可以使用曼哈顿距离。然后选择 K 值。假设选择 $K=3$。接下来，需要计算新水果与训练集中所有水果之间的距离，见表 5-4。

表 5-4　水果间距离

水　果	颜　色	大　小	距　离
苹果	红色	大	2
苹果	红色	中	1
苹果	黄色	中	0
香蕉	黄色	大	1
香蕉	黄色	小	1
香蕉	绿色	小	3

选择与新水果距离最近的 3 个水果：苹果（黄色，中）、香蕉（黄色，大）、香蕉（黄色，小）。统计这 3 个水果中，苹果类别的样本数量为 1，香蕉类别的样本数量为 2，由于香蕉的数量最多，因此将新水果划分到香蕉类别。

KNN 算法的优点：KNN 算法的原理非常简单，易于理解和实现；KNN 算法不需要训练，可以直接使用训练数据进行预测；KNN 算法可用于多分类问题，不需要进行特殊处理；KNN 算法对异常值不敏感，因为它是基于距离的算法，异常值对距离计算的影响较小。

KNN 算法的缺点：KNN 算法的计算复杂度高，因为需要计算新样本与训练集中所有样本之间的距离；当训练集很大时，预测速度会很慢；KNN 算法需要存储所有的训练数据，因此空间复杂度很高；容易受到维度灾难的影响，当特征维度很高时，KNN 算法的性能会下降，因为在高维空间中，所有样本之间的距离都变得很近，难以区分。

为了克服 KNN 算法的缺点，人们提出了许多改进的 KNN 算法，如 KD 树、Ball 树和加权 KNN。KD 树是一种用于加速 KNN 搜索的数据结构，可以有效地降低计算复杂度。Ball 树是另一种用于加速 KNN 搜索的数据结构，它比 KD 树更适用于高维数据。加权 KNN 算法根据距离的远近，对 K 个最近邻赋予不同的权重，距离越近的样本权重越高，从而提高预测精度。

KNN 算法是一种简单而有效的机器学习算法，它基于相似性的原理，将新样本划分到与它最相邻的 K 个样本所属的类别或预测值。KNN 算法既可以用于分类问题，也可用于回归问题，应用非常广泛。尽管 KNN 算法存在一些缺点，但通过一些改进的算法，可以有效地提高 KNN 算法的性能。

5.4　应用实例：房价预测问题中的机器学习应用

5.4.1　房价预测问题的机器学习视角

将房价预测问题置于机器学习的框架下，意味着不再仅仅依赖传统的统计方法或经济模型，而是采用一种数据驱动、算法驱动的方式来理解和预测房价的变动。这种视角转变的核心在于，将房价预测视为一个可以被机器学习算法学习和优化的过程。它不仅仅是预测一个数值，更是理解影响房价的复杂因素及其相互作用，并从中提取有价值的模式和规律。

从机器学习的角度来看，房价预测被明确地定义为一个回归问题。回归问题的目标是预测一个连续的数值型变量，而房价作为房屋交易价格的体现，无疑符合这一特性。这意味着可以利用各种回归算法，如线性回归、多项式回归、支持向量回归（SVR）、决策树回归、随机森林回归、梯度提升回归树（GBRT），以及神经网络等，来建立房价与各种影响因素之间的数学关系模型。选择合适的回归算法是构建有效预测模型的关键一步，需要根据数据的特性和问题的复杂度进行权衡。

在机器学习的视角下，房价预测的关键在于明确目标变量和特征变量之间的关系。目标变量，顾名思义就是希望预测的房价，通常以房屋的实际成交价格或评估价值来表示。特征变量则是可能对房价产生影响的各种因素，这些因素可以分为多个维度。例如，房屋本身的属性：包括房屋的面积、卧室数量、浴室数量、楼层、房龄、装修状况、房屋类型（公寓、别墅、联排别墅等）、朝向、采光、通风等。房价预测是一个典型的回归问题，也是机器学习领域中一个非常经典的应用实例。从机器学习的角度来看，房价预测的目标是：利用房屋的各种特征（如面积、卧室数量、地理位置等）建立一个模型，能够准确地预测房屋的价格。

可以将房价预测问题想象成一个“黑盒子”，输入是房屋的各种特征，输出是房屋的价格。我们需要通过机器学习算法，训练出一个能够准确地模拟这个“黑盒子”的模型。

从机器学习的角度来看，房价预测问题包含数据、特征、目标变量、模型、损失函数和优化算法这几个要素。

房价预测的基础是数据。需要收集大量的房屋销售数据，其中包含房屋的各种特征和对应的价格。这些数据将作为训练机器学习模型的“原材料”。特征是描述房屋的各种属性，例如，房屋的面积是影响房价的最重要因素之一。通常来说，房屋面积越大，价格越高。卧室数量也是影响房价的重要因素。通常来说，卧室数量越多，价格越高。房屋的地理位置对房价有很大的影响。位于市中心或交通便利地区的房屋，价格通常较高。房屋的年龄也会影响房价。通常来说，房屋房龄越大，价格越低。周边配套设施，如学校、医院、商场等，也会影响房价。周边配套设施越完善，价格通常越高。目标变量是需要预测的房屋的价格。模型是用于建立特征和目标变量之间关系的数学函数。在房价预测问题中，可以使用各种机器学习模型，如线性回归、决策树、KNN 等。损失函数用于衡量模型的预测结果与真实值之间的差距。在房价预测问题中，常用的损失函数包括均方误差（MSE）和平均绝对误差（MAE）。优化算法用于调整模型的参数，使得损失函数达到最小值。常用的优化算法为梯度下降法。

使用机器学习解决房价预测问题，通常需要经过以下几个步骤：

①数据收集：收集大量的房屋销售数据，其中包含了房屋的各种特征和对应的价格。

②数据预处理：对数据进行清洗、转换和规范化，使得数据更适合于机器学习模型的训练。数据预处理包括缺失值处理、异常值处理、特征缩放、特征编码。

③特征选择：从所有特征中选择最相关的特征，用于模型的训练。特征选择可以提高模型的预测精度，并降低模型的复杂度。

④模型选择：选择合适的机器学习模型，用于建立特征和目标变量之间的关系。在房价预测问题中，可以选择线性回归、决策树、KNN 等模型。

⑤模型训练：使用训练数据，训练机器学习模型。模型训练的目标是找到最佳的模型参数，使得损失函数达到最小值。

⑥模型评估：使用测试数据，评估模型的预测精度。常用的评估指标包括均方误差（MSE）、平均绝对误差和 R 平方。

⑦模型部署：将训练好的模型部署到实际应用中，用于预测新的房屋价格。

可以使用线性回归模型来建立房屋面积和房价之间的线性关系。例如，可以假设房价等于房屋面积乘以一个系数加上一个常数。通过训练数据，可以学习到最佳的系数和常数，从而能够预测新的房屋价格。可以使用决策树模型来建立房屋特征和房价之间的非线性关系，例如，可以根据房屋的地理位置、卧室数量等特征，将房屋划分到不同的类别，然后对每个类别分别预测房价。可以使用 KNN 模型来预测房价，对于一个新的房屋，可以找到与它最相似的 K 个房屋，然后将这 K 个房屋的平均价格作为新房屋的预测价格。

房价预测问题也存在一些挑战，数据质量、特征选择、模型复杂度和市场变化都会影响预测效果。房屋销售数据可能存在缺失值、异常值等问题，影响模型的训练效果。选择哪些特征用于模型的训练，对模型的预测精度有很大的影响。模型过于简单，可能无法捕捉到房屋特征和房价之间的复杂关系；模型过于复杂，容易过拟合。房地产市场是动态变化的，影响房价的因素也在不断变化。因此，需要定期更新模型，以适应市场的变化。

从机器学习的角度来看，房价预测问题是一个典型的回归问题。需要收集大量的房屋销售数据、选择合适的特征、建立合适的模型，并使用合适的优化算法来训练模型。通过机器学习，可以建立一个能够准确地预测房屋价格的模型，为房地产市场提供有价值的信息。

5.4.2 数据收集与特征工程

在机器学习项目中，特别是像房价预测这种实际问题，数据收集和特征工程是至关重要的两个步骤，它们直接决定了模型的预测质量。再好的模型，如果没有高质量的数据和精心设计的特征，也无法达到理想的预测效果。

可以把数据收集和特征工程想象成烹饪美食的准备工作。好的食材（数据）和精湛的刀工（特征工程）是做出美味佳肴的关键。

数据收集是机器学习的第一步，也是最基础的一步。我们需要收集大量的、具有代表性的房屋销售数据作为模型训练的“原材料”。数据的来源可以是多种多样的，例如，房地产网站、政府公开数据、房地产经纪公司等。在数据收集过程中，需要注意尽量收集包含所有必要特征的数据，避免数据缺失。确保数据的准确性，避免错误的数据影响模型训练。收集具有代表性的数据，覆盖不同地区、不同类型的房屋，避免模型产生偏见。收集最新的数据，反映房地产市场的最新情况。

特征工程是指利用领域知识，对原始数据进行转换、组合和提取，创造出更有意义的特征，从而提高模型预测精度的过程。好的特征工程可以“化腐朽为神奇”，将原始数据转化为更具有表达力的特征，让模型更容易学习到数据中的模式。

特征工程主要包括以下特征转换、特征组合、特征提取和特征选择四方面。特征转换是对原始特征进行数学变换，例如，对数变换，对偏态分布的特征进行对数变换，可使其更接近正态分布。例如，房屋面积通常是偏态分布的，可以使用对数变换来使其更接近正态分布。平方变换，对特征进行平方变换，可以增强特征的非线性关系。标准化，将特征缩放到均值为 0，标准差为 1 的范围内。归一化，将特征缩放到 0～1 的范围内。特征组合是将多个原始特征进行组合，创造出新的特征。例如，房屋面积与卧室数量的乘积可以反映房屋的居住密度。房屋距离市中心的距离与房屋面积的比例可以反映房屋的性价比。特征提取是从原始数据中提取出更有意义的特征。例如，从地理位置信息中提取出房屋周边的学校、医院、商场等配套设施的数量。从房屋描述文本中提取出关键词，如“精装修”“学区房”等。特征选择是从所有特征中选择最相关的特征，用于模型的训练。特征选择可以提高模型的预测精度，并降低模型的复杂度。

在使用线性回归模型预测房价时，需要选择合适的特征，如房屋面积、卧室数量等。如果只使用房屋面积一个特征，可能无法准确地预测房价。可以通过特征组合，例如，将房屋面积与卧室数量相乘，创造出一个新的特征，从而提高模型的预测精度。使用决策树模型预测房价时，需要对特征进行离散化处理。例如，可以将房屋面积划分为几个区间，例如“小于 50 m^2”“50～100 m^2”“大于 100 m^2”。通过特征离散化，可以简化决策树的结构，并提高模型的泛化能力。在使用 KNN 模型预测房价时，需要对特征进行缩放，如标准化或归一化。如果不进行特征缩放，房屋面积的取值范围可能远大于卧室数量的取值范围，导致房屋面积对距离计算产生过大的影响，从而影响模型的预测精度。

数据收集与特征工程的中有一些技巧可以使用。充分利用领域知识，理解数据的含义和特征之间的关系，从而创造出更有意义的特征。通过数据可视化，可以发现数据中的模式和异常，为特征工程提供思路。数据收集和特征工程是一个迭代优化的过程，需要不断地尝试不同的方法，评估模型的效果，并根据评估结果进行调整。

数据收集和特征工程是机器学习项目中至关重要的两个步骤，它们直接决定了模型的预测质量。通常需要收集高质量的数据，并利用领域知识，对原始数据进行转换、组合和提取，创造出更有意义的特征。通过精心设计的数据收集和特征工程，可以提高模型的预测精度，并解决实际问题。

5.4.3 模型训练与评估

在机器学习流程中，模型训练与评估是核心环节。经过数据收集和特征工程的准备，可以开始训练模型，让它从数据中学习房价的规律，并最终能够预测新的房屋价格。模型评估则是检验模型学习效果的关键步骤，可帮助人们了解模型的预测能力，并进行优化。

可以把模型训练想象成学生学习知识，模型评估想象成考试。学生通过学习（模型训练）掌握知识，然后通过考试（模型评估）检验学习效果。

模型训练是指使用训练数据，调整模型的参数，使得模型能够尽可能准确地预测目标变量的过程。在房价预测问题中，模型训练的目标是找到最佳的模型参数，使得模型的预测房价与实际房价之间的差距尽可能小。

模型训练的过程通常包括选择模型、定义损失函数、选择优化算法和训练模型四个步骤。选择模型是根据问题的特点和数据的类型，选择合适的机器学习模型。在房价预测问题中，可以选择线性回归、决策树、KNN 等模型。损失函数用于衡量模型的预测结果与真实值之间的差距。在房价预测问题中，常用的损失函数包括均方误差和平均绝对误差。优化算法用于调整模型的参数，使得损失函数达到最小值。常用的优化算法为梯度下降法，使用训练数据，迭代地调整模型的参数，使得损失函数逐渐减小。训练过程中，需要监控损失函数的变化，以及模型在验证集上的表现，防止过拟合。

模型评估是指使用测试数据，评估模型的预测精度，以及泛化能力的过程。模型评估可以帮助人们了解模型的优缺点，并进行优化。模型评估通常包括选择评估指标、使用测试数据进行预测、计算评估指标和分析评估结果四个步骤。选择评估指标是根据问题的特点，选择合适的评估指标。在房价预测问题中，常用的评估指标包括均方误差、平均绝对误差和 R 平方。使用测试数据进行预测是使用训练好的模型，对测试数据进行预测，得到预测结果。计算评估指标是将预测结果与测试数据的真实值进行比较，计算评估指标。最后是分析评估结果，了解模型的优缺点，并进行优化。

常用的评估指标为均方误差，均方误差是指预测值与真实值之差的平方的平均值，MSE（均方误差）越小，模型的预测精度越高。平均绝对误差，平均绝对误差是指预测值与真实值之差的绝对值的平均值，MAE（平均绝对误差）越小，模型的预测精度越高。R 平方是指模型解释目标变量方差的比例，R 平方越大，模型对数据的解释能力越强。R 平方的取值范围为 0～1，越接近 1，模型的拟合效果越好。

在使用线性回归模型预测房价时，可以使用最小二乘法或梯度下降法来训练模型。训练完成后，可以使用测试数据计算 MSE、MAE 和 R 平方等评估指标，评估模型的预测精度。在使用决策树模型预测房价时，需要对决策树进行剪枝，防止过拟合。可以使用验证集来选择最佳的剪枝参数。训练完成后，可以使用测试数据计算 MSE、MAE 和 R 平方等评估指标，评估模型的预测精度。在使用 KNN 模型预测房价时，可以使用交叉验证选择最佳的 K 值。训练完成后，可以使用测试数据计算 MSE、MAE 和 R 平方等评估指标，评估模型的预测精度。

在模型训练过程中，需要注意过拟合和欠拟合的问题。过拟合指模型在训练数据上表现很好，但在测试数据上表现较差。过拟合的原因是模型过于复杂，学习了训练数据中的噪声和细节，导致泛化能力较差。欠拟合指模型在训练数据和测试数据上都表现较差。欠拟合的原因是模型过于简单，无法捕捉到数据中的模式。

为了避免过拟合和欠拟合，可以采取以下措施：选择合适的模型复杂度，避免模型过于简单或过于复杂；增加训练数据可以提高模型的泛化能力，减少过拟合的风险。正则化方法可以限制模型的复杂度，防止过拟合。交叉验证可以更准确地评估模型的性能，并选择最佳的模型参数。

模型训练完成后，可以根据评估结果，对模型进行优化。模型优化的方法包括：重新设计特征，提高特征的表达能力；选择更合适的模型，调整模型的参数，提高模型的预测精度；使用集成学习方法，将多个模型的预测结果进行组合，提高预测精度。

模型训练与评估是机器学习流程中的核心环节。我们需要选择合适的模型，定义损失函数，选择优化算法，使用训练数据训练模型，并使用测试数据评估模型的预测精度。通过模型训练与评估，可以从数据中学习房价的规律，并建立一个能够准确地预测房屋价格的模型。

5.4.4 实际应用与局限性分析

经过数据收集、特征工程、模型训练与评估，已经构建了一个房价预测模型。现在，需要了解这个模型在实际应用中的价值，以及它所存在的局限性。理解模型的实际应用和局限性，能够帮助人们更好地利用模型，并避免过度依赖模型。

可以把房价预测模型想象成一个“预测未来”的水晶球。虽然水晶球可以预测未来，但它的预测结果并非绝对准确，需要理性看待。

房价预测模型在实际应用中具有广泛的价值，可以为各种用户提供有用的信息。购房者可以使用房价预测模型，了解不同房屋的合理价格，辅助购房决策。例如，购房者可以输入房屋的特征（面积、卧室数量、地理位置等），模型可以预测该房屋的价格，帮助购房者判断房屋是否值得购买。售房者可以使用房价预测模型，评估自己房屋的价值，制定合理的售房价格。例如，售房者可以输入自己房屋的特征，模型可以预测该房屋的市场价格，帮助售房者确定合理的售房价格。房地产经纪公司可以使用房价预测模型，为客户提供更专业的服务，提高交易效率。例如，房地产经纪公司可以使用模型，快速评估房屋的价值，为客户提供更准确的报价。房地产开发商可以使用房价预测模型，预测未来房价的走势，辅助投资决策。例如，房地产开发商可以使用模型，预测不同地区未来房价的涨幅，选择更具投资价值的地区进行开发。政府部门可以使用房价预测模型，了解房地产市场的运行情况，制定合理的房地产政策。例如，政府部门可以使用模型，监测房价的波动情况，及时采取调控措施，稳定房地产市场。

许多在线房地产平台都集成了房价预测功能，为用户提供房屋估值服务。用户只需要输入房屋的地址和一些基本信息，平台就可以根据模型预测房屋的价格。银行在发放房屋贷款时，需要评估房屋的价值。房价预测模型可以作为银行贷款评估的辅助工具，提高评估效率和准确性。投资者可以使用房价预测模型，分析不同地区的房地产市场，选择具有投资价值的房产。

虽然房价预测模型具有广泛的应用价值，但它也存在一些局限性。我们需要理性看待模型，避免过度依赖模型。

房价预测模型的预测精度高度依赖于数据的质量和数量。如果数据存在缺失、错误或偏差，模型的预测结果可能会出现偏差。房价受多种因素影响，模型可能无法捕捉到所有影响房价的因素。例如，房屋的装修情况、朝向、楼层等因素，可能对房价产生影响，但模型可能无法准确地评估这些因素的影响。房地产市场是动态变化的，影响房价的因素也在不断变化。模型可能无法及时适应市场的变化，导致预测结果出现偏差。例如，宏观经济政策、人口流动、城市规划等因素，都可能对房价产生影响，模型需要不断更新才能适应这些变化。不同的机器学习模型具有不同的优缺点。例如，线性回归模型假设房价与特征之间存在线性关系，可能无法捕捉到非线性关系；决策树模型容易过拟合，泛化能力较差，模型无法预测突发事件对房价的影响。例如，自然灾害、政治事件等突发事件，可能对房价产生重大影响，模型无法提前预测这些事件的发生。

在使用房价预测模型时，需要结合领域知识，对模型的预测结果进行分析和判断。例如，需要考虑房屋的实际情况、市场行情等因素，对模型的预测结果进行修正。定期更新模型，房地产市场是动态变化的，需要定期更新模型，以适应市场的变化。使用多种模型，可以使用多种模型进行预测，并将不同模型的预测结果进行综合分析，提高预测精度。关注模型的可解释性，尽量选择可解释性强的模型，如线性回归模型和决策树模型。可解释性强的模型可以帮助人们理解影响房价的因素，并对模型的预测结果进行合理的解释。

房价预测模型在实际应用中具有广泛的价值，可以为购房者、售房者、房地产经纪公司、房地产开发商和政府部门提供有用的信息。然而，房价预测模型也存在一些局限性，如数据依赖性、特征选择的局限性、市场变化的影响、模型本身的局限性等。我们需要理性看待模型，只有结合领域知识，定期更新模型、使用多种模型、关注模型的可解释性，才能更好地应用房价预测模型。

拓展学习　机器学习的未来发展

机器学习在经历了大数据驱动的深度学习浪潮后，正逐渐步入一个更加注重效率、可解释性和鲁棒性的新阶段。其中，小数据学习和神经符号结合是两个备受关注的研究方向，它们代表了机器学习未来发展的重要趋势。

1. 小数据学习

传统的深度学习模型往往需要海量的数据进行训练，才能达到令人满意的性能。这种对大数据的依赖性，限制了深度学习在许多实际应用场景中的应用。在医疗、金融、科学研究等领域，往往难以获取足够数量的标注数据。此外，大数据也带来了存储、计算和隐私等方面的挑战。因此，如何利用少量数据进行有效学习，成为机器学习领域一个重要的研究方向，这就是所谓的小数据学习。

小数据学习并非简单地减少数据量，而是指在数据量有限的情况下，如何设计更有效的算法，从少量数据中提取更多的信息，并实现更好的泛化能力。小数据学习的核心在于利用先验知识、领域知识和迁移学习等技术弥补数据量的不足。

（1）迁移学习：知识的传递与复用

迁移学习是一种将知识从一个任务迁移到另一个任务的技术。在小数据学习中，迁移学习可以利用在大规模数据集上预训练的模型，将其知识迁移到小数据集上，从而提高模型的性能。例如，可以使用在 ImageNet 数据集上预训练的图像识别模型，将其知识迁移到医疗图像识别任务中。迁移学习的关键在于找到源任务和目标任务之间的相似性，并设计合适的迁移策略。常用的迁移学习方法包括微调、特征提取和领域自适应。

（2）元学习：学会学习

元学习，也称为“学会学习”，是一种让模型学习如何学习的技术。在小数据学习中，元学习可以训练模型快速适应新的任务。元学习的目标是学习一个通用的学习策略，使其能够快速适应不同的任务，而不需要从头开始训练。常用的元学习方法包括基于模型的元学习、基于优化的元学习和基于度量的元学习。

（3）主动学习：智能数据选择

主动学习是一种让模型主动选择需要标注的数据的技术。在小数据学习中，主动学习可以减少数据标注的成本，提高数据利用率。主动学习的核心在于设计合适的查询策略，选择对模型性能提升最大的数据进行标注。常用的查询策略包括不确定性采样、查询委员会和期望模型变更。

（4）生成模型：数据增强的利器

生成模型是一种可以生成新数据的模型。在小数据学习中，生成模型可以用于数据增强，增加训练数据的数量，从而提高模型的性能。常用的生成模型包括变分自编码器（VAE）和生成对抗网络（GAN）。

2. 神经符号结合

深度学习在感知任务上取得了显著的成功，但在推理、规划和知识表示等方面仍然存在不足。传统的符号人工智能在推理和知识表示方面具有优势，但在处理感知任务时存在困难。因此，将神经方法和符号方法结合起来，成为机器学习领域一个重要的研究方向，这就是所谓的神经符号结合。

神经符号结合旨在融合神经网络的学习能力和符号推理的逻辑能力，从而构建更智能、更可靠的系统。神经符号结合的核心在于将符号知识嵌入到神经网络中，或者利用神经网络来学习符号规则。

（1）知识图谱嵌入：知识的表示与推理

知识图谱是一种用于表示实体和关系的有向图。知识图谱嵌入是将知识图谱中的实体和关系映射到低维向量空间的技术。知识图谱嵌入可以用于知识推理、关系预测和实体识别等任务。常用的知识图谱嵌入方法包括 TransE、DistMult 和 ComplEx。

（2）神经逻辑编程：逻辑规则的学习与执行

神经逻辑编程是将逻辑规则嵌入到神经网络中，并利用神经网络来学习和执行逻辑规则的技术。神经逻辑编程可以用于知识推理、程序合成和问答系统等任务。常用的神经逻辑编程方法包括 Neural Logic Machines 和 Differentiable Inductive Logic Programming。

（3）符号推理的神经实现：推理能力的增强

符号推理的神经实现是指利用神经网络来实现符号推理的过程。这种方法可以将符号推理的规则嵌入神经网络中，并利用神经网络的并行计算能力来加速推理过程。常用的符号推理的神经实现方法包括 Neural Theorem Provers 和 Differentiable Reasoning Networks。

（4）视觉推理：图像理解与推理

视觉推理是指从图像中提取信息，并进行推理的过程。视觉推理需要结合图像识别、目标检测和场景理解等技术。常用的视觉推理方法包括关系网络和图神经网络。

小数据学习和神经符号结合并非孤立的研究方向，它们之间存在着密切的联系和协同发展的潜力。神经符号结合可以为小数据学习提供先验知识和领域知识，从而提高模型的学习效率。小数据学习可以为神经符号结合提供数据支持，从而提高模型的泛化能力。例如，可以使用神经符号结合来构建一个知识增强的小数据学习模型，该模型可以利用知识图谱中的知识来指导模型的学习过程，从而提高模型的预测精度。

小数据学习和神经符号结合是机器学习未来发展的重要趋势。它们代表了机器学习从大数据驱动到知识驱动、从感知到推理的转变。随着研究的深入，相信小数据学习和神经符号结合将会在各个领域发挥越来越重要的作用，推动人工智能技术的发展。这两个方向的结合，将有望解决当前机器学习面临的可解释性、鲁棒性和泛化能力等挑战，为构建更加智能、可靠和高效的机器学习系统奠定基础。未来的机器学习系统，将不再仅仅依赖于海量的数据，而是能够利用少量的样本和丰富的知识，进行高效的学习和推理，从而更好地服务于人类社会。

图灵奖　机器学习的开拓者——杰弗里·辛顿

杰弗里·辛顿（Geoffrey Hinton），深度学习领域的先驱和关键人物，被誉为”深度学习之父”。因其在深度学习领域开创性贡献给人工智能带来的重大突破在 2018 年荣获图灵奖。

杰弗里·辛顿 1947 年 12 月 6 日出生于英国温布尔登，1978 年，获得爱丁堡大学人工智能学博士学位。加拿大皇家学会院士、英国皇家学会院士、美国国家科学院外籍院士、西班牙皇家科学院名誉外籍院士。2023 年入选 AI 领域最有影响力 100 人，2024 年获得诺贝尔物理学奖。

辛顿在 1986 年发表的两篇具有里程碑意义的论文中推广了被称为“反向传播”的算法。反向传播算法通过计算损失函数对每个权重的梯度，并利用梯度下降法来更新权重，从而使得深层神经网络能够从数据中学习到复杂的模式。反向传播算法的提出，是深度学习发展史上的一个里程碑，它为训练深层神经网络提供了有效的工具。它几乎支撑着如今所有的神经网络，从计算机视觉系统到大型语言模型。

杰弗里·辛顿主要贡献包括：

①反向传播算法的推广：他 1986 年发表的论文对反向传播算法进行了系统阐述，使其成为训练神经网络的标准方法，奠定了神经网络训练的基础。

②玻尔兹曼机：20 世纪 80 年代，他与 Terry Sejnowski 共同提出了玻尔兹曼机，这是一种能

学习概率分布的随机神经网络。

③深度学习复兴：他在 21 世纪第一个 10 年中期的工作帮助克服了深度神经网络训练困难的问题，推动了深度学习革命。他在 2006 年提出了一种训练深度神经网络的有效方法，使用受限玻尔兹曼机进行逐层预训练，这被认为是现代深度学习复兴的开端之一。

④AlexNet：他与学生 Alex Krizhevsky 开发的 AlexNet 在 2012 年的 ImageNet 图像识别竞赛中取得突破性胜利，展示了深度卷积神经网络的强大能力。

⑤胶囊网络：2017 年，他提出了胶囊网络的概念，试图解决 CNN 在处理物体方向、比例和空间关系方面的局限。

辛顿的贡献不仅在于理论和算法的创新，更在于他对深度学习的坚定信念和不懈追求。在深度学习处于低谷时期，他始终坚持自己的研究方向，并培养了一大批优秀的深度学习人才。辛顿的远见卓识和坚持不懈的精神，最终引领了深度学习革命，推动了人工智能的快速发展。辛顿的成就不仅仅是学术上的成功，更是对人类社会进步的贡献，深度学习技术正在为人类社会带来更多的福祉。辛顿的故事告诉我们，坚持自己的信念，勇于探索未知，终将取得辉煌的成就。他的贡献将永远铭刻在人工智能的历史上，激励着一代又一代的科研人员为人类的进步而奋斗。

习　题

一、单选题

1. 在房价预测问题中，以下（　　）评估指标最适合比较不同价格区间房产的预测精度。

A. 均方根误差（RMSE）

B. 决定系数（R^2）

C. 平均绝对误差（MAE）

D. 平均绝对百分比误差（MAPE）

2. 在房价预测的特征工程过程中，以下（　　）最可能导致数据泄露（data leakage）问题。

A. 使用房屋建筑年代作为特征

B. 使用房屋所在行政区的历史平均房价作为特征

C. 使用房屋所在区域未来 6 个月的房价增长率作为特征

D. 对连续数值特征进行标准化处理

3. 在应用 KNN 算法进行房价预测时，以下（　　）最为重要。

A. 对特征进行标准化处理

B. 移除所有类别型特征

C. 增加隐藏层神经元数量

D. 使用 L1 正则化防止过拟合

4. 在房价预测模型训练中，以下（　　）方法最合适。

A. 完全随机划分训练集和测试集

B. 按照房屋价格从低到高排序后划分

C. 按照时间顺序划分，较早的数据用于训练，较新的数据用于测试

D. 只选择价格在平均值附近的样本进行训练和测试

5. 以下（　　）在房价预测模型中最可能引起伦理和公平性问题。

A. 房屋的建筑面积

B. 社区的历史种族构成

C. 房屋到最近地铁站的距离

D. 房屋的建筑年代

二、思考题

1. 一个在北京房价数据上训练的机器学习模型能否直接应用于预测上海的房价？如果要进行模型迁移，需要考虑哪些因素和可能的技术方案？

2. 房价预测模型在部署后通常会面临“模型老化”问题。分析导致房价预测模型性能随时间下降的主要因素，并提出一套模型监控与更新策略，确保模型在动态市场环境中保持准确性。

3. 在房价预测应用中，模型的解释性和预测准确性往往存在权衡。分析为什么高解释性模型（如线性回归）的预测性能可能低于复杂”黑盒”模型（如梯度提升树或深度学习），并探讨在需要兼顾公平性和解释性的场景（如抵押贷款评估）中的最佳建模策略。

4. 现代房价预测系统可以利用多种数据源，包括结构化数据（房产特征、交易记录）、半结构化数据（房源描述文本）和非结构化数据（房屋图片、地理空间数据）。设计一个多源数据融合架构，详细说明如何有效整合这些异构数据以提升预测性能，并分析各类数据源的相对价值和挑战。

5. 房价预测系统可能对住房市场和社会公平产生深远影响。分析这类系统可能带来的伦理问题，包括但不限于数据偏见、价格歧视、市场操纵和隐私风险。提出一个伦理框架，指导房价预测系统的开发和部署，并讨论技术和非技术解决方案。

三、综合应用题

某房地产评估公司计划开发一个房价预测系统，用于支持城市规划部门评估不同基础设施项目对周边房产价值的潜在影响。该公司已经获取了以下数据：

过去5年的住宅交易记录（20 000条），包含房产基本特征和成交价格；城市GIS数据，包含道路网络、公共设施位置、土地利用规划等；区域经济指标，如就业率、人口增长、收入水平等时间序列数据；历史基础设施项目（地铁站、公园、学校等）的位置和完成日期。

任务：

设计一个完整的房价预测系统，能够模拟不同基础设施项目对周边房价的影响。具体要求：

1. 提出适合这一应用场景的系统架构，包括数据处理流水线、特征工程策略、模型选择与评估方法。

2. 详细说明如何构建特征以捕捉基础设施项目对房价的影响，包括时间维度（项目前后价格变化）和空间维度（不同距离的价格影响衰减）。

3. 设计一个方法，用于评估新基础设施项目的潜在影响。该方法应考虑项目类型、规模、周边人口特征和现有设施等因素。

4. 分析此类预测系统可能面临的主要技术挑战和局限性，并至少提出两种可能的解决或缓解方案。

5. 讨论系统的应用价值和社会影响，包括可能的正面效应和需要注意的伦理问题。

第 6 章
神经网络与深度学习

当人工智能在图像识别、自然语言处理、智能决策等领域取得惊人进展时，人们不禁会问：背后的智能机制到底是什么？它们如何从海量数据中“学习”并做出判断？本章将逐步揭示这一关键问题的答案——神经网络与深度学习技术。本章将从神经网络的基本原理入手，讲解其计算结构与训练机制，继而引出深度学习的发展脉络与关键模型。

6.1　神经网络的基础架构

深度学习是一种以神经网络为基础的函数建模与优化过程。本节将从生物神经元的启发模型出发，介绍神经网络的基本计算框架、前向与反向传播机制，并解释其强大的函数表达能力。

6.1.1　从生物神经元到数学模型

神经网络的设计灵感源自人脑中神经元的工作机制。每个生物神经元通过突触与其他神经元相连，接收电信号，并在累积至特定阈值后触发激活反应。这一信息处理过程可以简化为输入信号的整合与非线性变换的计算。

1. 什么是神经元？——从生物神经结构谈起

神经元（neuron）是生物神经系统中最基本的信息处理单元。在每个人的大脑中，大约有 860 亿个神经元，它们通过错综复杂的连接组成了庞大的神经网络，支撑着人类的感知、记忆、推理和行动。尽管生物神经系统极为复杂，但单个神经元的基本结构相对清晰，主要包括以下四个部分（见图 6-1）：

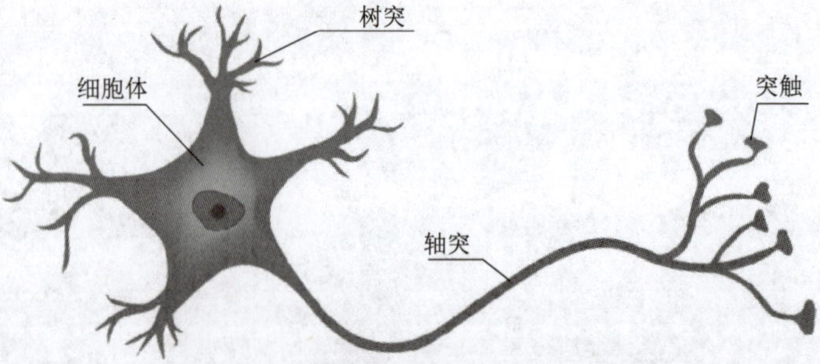

图 6-1　生物神经元的基本结构示意图

①树突（dendrite）：从其他神经元接收信号的“输入端”，通常呈分枝状。

②细胞体（soma）：也称胞体，汇总来自树突的信号，负责初步加工。

③轴突（axon）：将神经冲动向外传导，是神经元的“输出通道”。

④突触（synapse）：轴突末端与其他神经元树突之间的连接点，完成信号传递。

生物神经元通过电化学信号（如动作电位）传递信息。当神经元接收到多个输入信号时，它会整合这些信号，一旦整体的“激活”强度超过特定阈值，便会触发信号的输出。

2. McCulloch-Pitts模型：人工神经元的雏形

1943 年，神经学家 Warren McCulloch 和逻辑学家 Walter Pitts 合作提出了一种形式化的“人工神经元”模型，即 McCulloch-Pitts 模型（M-P 模型，见图 6-2），它可对输入信号进行线性加权组合，再用符号函数来输出组合结果，以模拟大脑复杂活动模式。M-P 模型是最早的神经网络雏形。

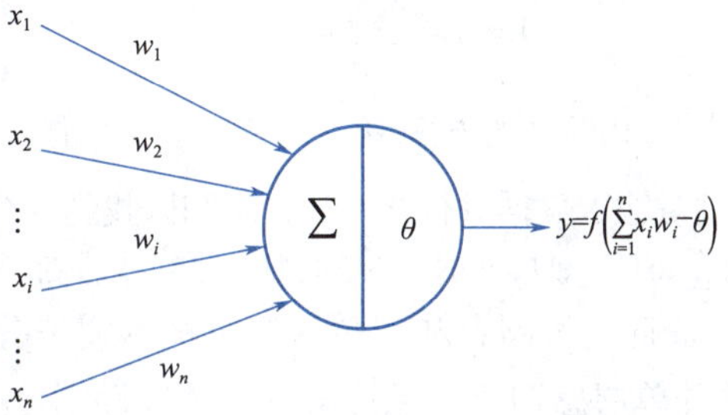

视频
神经元
与神经网络

图 6-2　M-P 模型结构图

M-P 模型假设：

①每个神经元接收若干输入x_1，x_2，…，x_n，每个输入有对应的权重w_1，w_2，…，w_n。

②神经元将加权输入求和，结果送入符号函数 $f()$ 进行非线性变换。

③最终的输出为

$$y=f\left(\sum_{i=1}^{n}w_ix_i-\theta\right)$$

当$z=\sum_{i=1}^{n}w_ix_i$大于θ时，输出值为 1；反之，z 小于 θ 时，输出值为 0。

M-P 模型无法自行学习和调整参数，需要依靠人工根据经验和知识手动调整这些权重 w 和阈值 θ。举例来说，我们可能认为雨天带伞的重要性高于晴天，因此赋予雨天更高的权重值，确保每逢雨天都会携带雨伞。这表明，用于描述样本的特征必须由专家设计，算法的性能依赖于人工设计和抽取这些特征的精确度，以确保模型能够执行特定任务。因此，M-P 模型的应用范围受到了显著限制。

3. 感知机模型

1958 年，美国心理学家和计算机科学家 Frank Rosenblatt 基于 M-P 模型设计了一种新的感知机（perceptron）模型，这是世界上第一个具有学习能力的人工神经网络。与 M-P 模型不同，感知机模型在“输入”位置增加了神经元节点，称为“输入单元”，是一个仅包含输入层、计算与输出层的两层神经元（见图 6-3）。

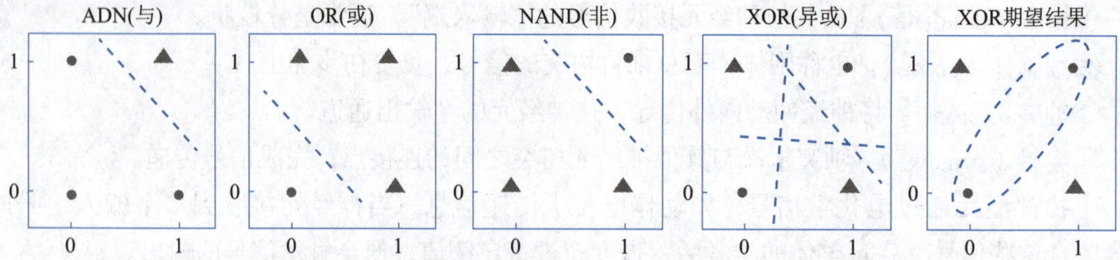

(a) 逻辑与、或、非运算　　(b) 逻辑异或运算

图 6-3　感知机模型用于解决逻辑运算问题

①输入层：输入单元只负责传输数据，并不做计算。

②计算与输出层：即输出单元，根据输入层的输入来进行计算。

由于感知机只有一个计算层，所以属于单层神经网络。感知机的数学模型为：

$$y=\operatorname{sgn}\left(\sum_{i=1}^{n}(w_i x_i+b)\right)$$

其中，b 是偏置项，替代 M-P 模型的 θ 阈值，允许超平面平移。

感知机模型的本质是通过对输入数据进行线性加权求和以找到一个分类超平面（$\boldsymbol{W}^{\mathrm{T}}\boldsymbol{x}+b=0$），实现对输入数据的分类。如图 6-3（a）所示，感知机模型的线性加权部分能够实现逻辑与、或、与非的运算，即能够找到一条直线将圆点和三角形两类样本完美分开。但是，对于异或运算，如图 6-3（b）所示，我们发现单层感知机是无法解决这种线性不可分的情况，因此科学家们提出引入非线性激活函数来增强感知机非线性的表达能力，构造出了神经网络基本单元（神经元）的最初雏形，即感知机 + 非线线性激活函数。

纵横学习

实际上，在先前描述的单层感知机分类模型中，我们已经使用了一个最基本的非线性变换激活函数——符号函数（sign function）。符号函数具有不连续、不可导等特点，在实际中很少被使用。当前，神经网络经常采用的激活函数有 Sigmod 激活函数、tanh 函数、ReLU 函数及其变体。请读者自己研究这些激活函数的发展历程，并比较各自的特点。

6.1.2　前向传播与反向传播

• 文档

前向传播与反向传播

在神经网络中，“学习”的过程本质上就是一个不断调整参数、使预测更接近真实值的优化过程。这个过程由两个阶段构成：前向传播（forward propagation）和反向传播（back propagation, BP），它们就像神经网络的一次“呼吸”过程——先是根据已有知识做出判断（前向），再根据判断的结果修正自己（反向）。本节将详细介绍这两个阶段的原理与流程，帮助读者理解神经网络是如何完成“思考”与“学习”的。

1. 前向传播：从输入到输出的推理之路

前向传播是神经网络用来“做决定”的过程。输入数据从输入层进入，经过每一层神经元的加权求和、加上偏置后，再通过激活函数进行非线性变换，最终在输出层产生预测结果。

我们可以通过生活中的例子来理解前向传播的概念：设想你在一家餐厅点餐。你（输入）向服务员表达了你喜欢辣味（特征）且预算有限（另一个特征）。服务员（神经网络）会依据菜单和过往经验（权重和偏置），逐步筛选出可能的菜品（隐藏层处理），最终为你推荐一道菜品

（输出）。这个过程即为前向传播。

图 6-4 为一个简单的两层神经网络，其前向传播计算过程如下：

①输入层到隐藏层：

计算隐藏层的输入：$\boldsymbol{z}^{(1)}=\boldsymbol{W}^{(1)}\boldsymbol{x}+b^{(1)}$

应用激活函数：$\boldsymbol{h}^{(1)}=\Phi\left(\boldsymbol{z}^{(1)}\right)$

②隐藏层到输出层：

计算输出层的输入：$z^{(2)}=\boldsymbol{W}^{(2)}\boldsymbol{h}^{(1)}+\boldsymbol{b}^{(2)}$

应用激活函数：$\hat{y}=\Phi\left(\boldsymbol{z}^{(2)}\right)$

③计算损失：

$$L=\text{loss}(\hat{y},\ y)$$

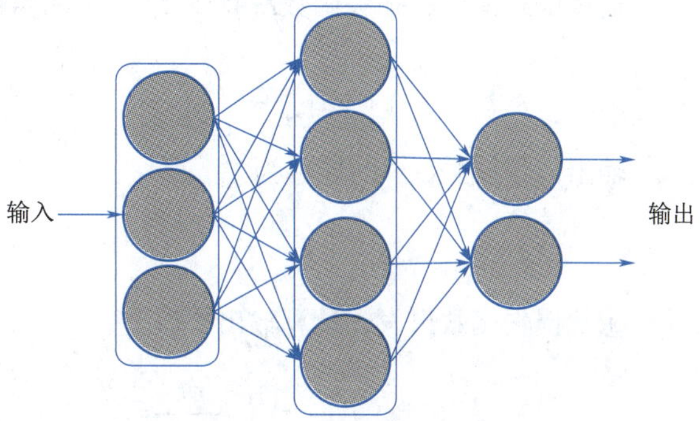

图 6-4　全连接神经网络

式中，$\boldsymbol{W}^{(1)}$和$\boldsymbol{W}^{(2)}$分别为输入层到隐藏层、隐藏层到输出层的权重矩阵；$b^{(1)}$和$b^{(2)}$是对应的偏置项；Φ () 为激活函数，$\boldsymbol{x}$为输入向量，$\hat{y}$为预测输出，y为样本标签，loss () 为损失函数。

上述前向传播的计算图如图 6-5 所示。

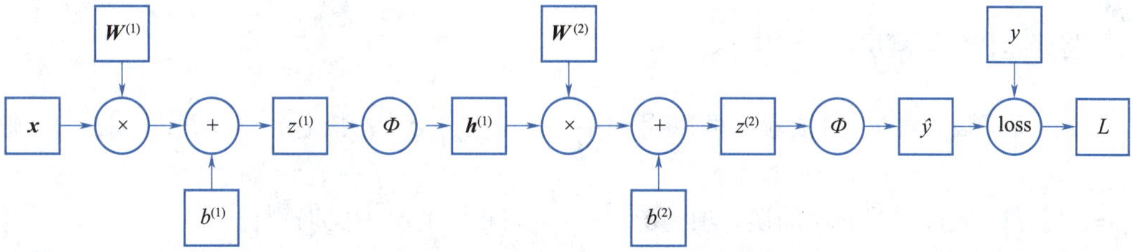

图 6-5　前向传播的计算图

2. 反向传播：从结果倒推原因的优化之路

前向传播只是“猜”的过程，而反向传播才是“学”的过程。

反向传播是神经网络训练中的关键步骤，用于计算损失函数相对于每个参数（权重、偏置）对损失函数的影响，以便通过梯度下降等优化算法更新参数，最小化损失函数。也就是说，要知道哪些“决策因素”导致了“错误决策”，然后调整它们。

我们可以通过生活中的例子来理解反向传播的概念：是否因为服务员没有准确理解你的预算？或者菜单上的推荐是否过于偏重辣味？这些反思过程类似于反向传播。你会向服务员反馈，以便下次他们能更贴合你的预期——这就好比神经网络在调整其权重。

反向传播计算核心思想：基于链式法则进行逐层求导。从输出层开始，逐层向前计算每个参数对损失函数的影响。让我们回顾一下链式法则，假设$h=g(y)$和$y=f(x)$，利用链式法则可以计算h关于x的导数：

$$\frac{\partial h}{\partial x}=\frac{\partial h}{\partial y}\frac{\partial y}{\partial x}$$

为了便于理解，我们使用均方误差作为损失函数：

$$L=\frac{1}{2}(\hat{y}-y^2)=\frac{1}{2}\|\hat{y}-y\|^2=\frac{1}{2}\sum_{i=1}^{k}(\hat{y}_i-y_i)$$

通过链式法则，损失函数$L()$对网络输出y的导数为

$$\frac{\partial L}{\partial \hat{y}}=\hat{y}-y$$

输出y对其输入$\boldsymbol{z}^{(2)}$的导数为

$$\frac{\partial \hat{y}}{\partial z^{(2)}}=\Phi\left(\boldsymbol{z}^{(2)}\right)$$

①从损失函数出发，计算输出层误差。

$$\boldsymbol{z}^{(2)}=\frac{\partial L}{\partial z^{(2)}}=\frac{\partial L}{\partial \hat{y}}\odot\frac{\partial \hat{y}}{\partial z^{(2)}}=(\hat{y}-y)\odot\sigma'\left(\boldsymbol{z}^{(2)}\right)$$

其中，$\odot$表示逐元素乘积。

②计算输出层参数梯度。

由于$\boldsymbol{z}^{(2)}=\boldsymbol{W}^{(2)}\boldsymbol{h}^{(1)}+\boldsymbol{b}^{(2)}$，损失函数$L()$关于$\boldsymbol{W}^{(2)}$和$\boldsymbol{b}^{(2)}$的梯度分别为$\frac{\partial L}{\partial \boldsymbol{W}^{(2)}}=\boldsymbol{\delta}^{(2)}\left(\boldsymbol{\delta}^{(2)}\right)^{\mathrm{T}}$和$\frac{\partial L}{\partial b^{(2)}}=\boldsymbol{\delta}^{(2)}$。

③将误差传回隐藏层。

首先，利用$\boldsymbol{z}^{(2)}$对$\boldsymbol{h}^{(1)}$的依赖，可以得到$\frac{\partial L}{\partial \boldsymbol{h}^{(1)}}=\left(\boldsymbol{W}^{(2)}\right)^{\mathrm{T}}\boldsymbol{\delta}^{(2)}$；接着，由于$\boldsymbol{h}^{(1)}=\Phi\left(\boldsymbol{z}^{(1)}\right)$，则有$\frac{\partial \boldsymbol{h}^{(1)}}{\partial z^{(1)}}=\Phi'\left(\boldsymbol{z}^{(1)}\right)$，因此，隐藏层的误差项为$\boldsymbol{\delta}^{(2)}=\frac{\partial L}{\partial z^{(1)}}=\left(\boldsymbol{W}^{(2)}\right)^{\mathrm{T}}\boldsymbol{\delta}^{(2)}\odot\phi'\left(\boldsymbol{z}^{(1)}\right)$。

④计算输入层至隐藏层的参数梯度。

由$\boldsymbol{\delta}^{(1)}$可得到第一层的参数梯度为$\frac{\partial L}{\partial \boldsymbol{W}^{(1)}}=\boldsymbol{\delta}^{(1)}x^{\mathrm{T}}$，$\frac{\partial L}{\partial b^{(1)}}=\boldsymbol{\delta}^{(1)}$。

在执行反向传播算法的过程中，每一层的神经元仿佛在传递“责任”，每个神经元都对输出误差负有一定责任。反向传播算法精确地计算出这些责任，并据此调整权重，以便在接下来的预测中减少错误。

3. 前向与反向：预测与学习的双轮驱动

前向传播像是一次基于经验的判断，反向传播则是一次基于结果的复盘和改进。两者交替进行，构成了神经网络的学习循环。表 6-1 是两者的差异。

表 6-1 前后传播与反向传播的差异

对比维度	前向传播	反向传播
目的	生成预测结果	优化参数以减小误差
方向	从输入层到输出层	从输出层到输入层
计算内容	每层的加权求和与激活	每层的梯度计算与误差反传
类比	点菜的推荐过程	吃完后对推荐的反思与调整

纵横学习

梯度下降扮演着反向传播中的“执行者”角色，它决定了神经网络依据误差如何调整其参数。反向传播负责计算每个参数对损失函数的偏导数，而梯度下降则利用这些导数来指示“朝哪个方向、移动多远”能够减少损失。可以说，没有梯度下降，反向传播就像是了解问题所在却无法采取行动。为了更深入地掌握神经网络的训练机制，建议读者深入研究梯度下降的基本原理、几种常见的变体（如批量梯度下降、随机梯度下降、Adam 等）以及它们的收敛特性。这不仅对于理解模型的优化速度、稳定性和最终效果至关重要，而且掌握梯度下降，意味着不仅仅是“会使用神经网络”，更是“真正理解它是如何学习的”。

6.1.3　神经网络的表达能力

神经网络不仅仅是一个信息传递结构，更是一个强大的函数逼近器。其理论基础源于逼近定理（universal approximation theorem）。

1. 全局逼近定理：神经网络为何能“模拟万物”

我们知道，圆由半径和圆心确定。在使用正多边形来近似圆时，边数较少的正三角形和正方形与圆的差异较为显著；随着边数的增加，正多边形越来越接近圆形。当边数趋于无穷时，多边形可无限逼近圆。因此，在人工神经网络尚未广泛应用之前，数学家们已经对一个问题深感兴趣：是否存在某类通用函数，能够以任意精度逼近其他函数？1989 年，数学家 George Cybenko 在 Stone-Weierstrass 定理（即任何连续函数都可以被一组多项式逼近）基础上，首次正式证明以下定理：

定理：（全局逼近定理）设函数$y=\varphi(x)$在区间$[a, b)$上连续，则$\forall\varepsilon>0$，存在充分大的$n\in\mathbb{N}^*$，$N\in\mathbb{N}^*$，及实数a_i，b_i，$i=1, 2, \cdots, N$, 使得函数

$$g_n(x)=\sum_{i=1}^{N}\left(b_i S_n(x,a_i)\right)$$

满足

$$\int_a^b \left|g_n(x)-\varphi(x)\right| \mathrm{d}x<\varepsilon$$

全局逼近定理是前馈神经网络的理论基础之一，它阐述了一个重要观点：只要提供充足的数据和足够的隐藏层神经元，采用非线性激活函数（如 sigmoid 函数）时，前馈神经网络可以逼近任意连续函数。

2. 直观理解：乐高积木式函数拼装

我们可以如下类比理解全局逼近定理：

①把想要建造的函数$f(x)$比作一座复杂的“房子”。

②神经网络的隐藏层神经元，就是一块块可以拼装的“积木”（每个神经元负责构造一个小范围内的形状）。

③通过不断叠加、组合这些积木，就能拼出越来越逼近原函数的形状。

④当积木足够多、连接方式足够灵活时，几乎任何房子（函数）都能“拼”出来。

下面通过 ReLU 函数展示神经网络逼近任意函数的思路。ReLU 函数是现代深度神

视频
Relu和Softmax激活函数

经网络中使用最频繁的激活函数，函数形式为

$$f(x)=\begin{cases}0, & x\leqslant 0\\ x, & x>0\end{cases}$$

尽管 ReLU 函数本身非常简单，但多个 ReLU 单元叠加组合之后，具有很强的表达能力。这些单元可以通过不同的权重和偏置来“折出”不同斜率和截距的线段，从而拼接出近似任意形状的分段线性函数，如图 6-6 所示。图 6-6（a）是 ReLU 函数，当输入小于等于 0 时，ReLU 函数输出为 0，否则输出与输入相等；图 6-6（b）展示了如何利用若干 ReLU 单元组合逼近一个波浪形的目标函数曲线，其中：

①深色曲线代表真实函数$f(x)$，具有波动起伏的非线性形状。

②浅色折线是由多个 ReLU 单元叠加而成的近似函数$\hat{f}(x)$。

③每个 ReLU 单元在不同位置“折出”一个转折点，多个折线段首尾相连，逐步逼近目标波形。

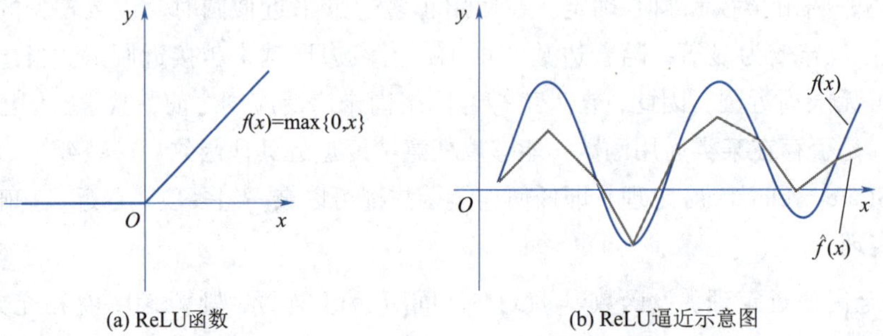

图 6-6　ReLu 函数逼近复杂折线示意图

图 6-6 展示了一个基本事实：即使激活函数的形状简单，只要它们的组合方式足够灵活，神经网络仍然能够展现出强大的拟合能力。实际上，现今主流的神经网络架构，包括卷积神经网络（CNN）和 Transformer 等，广泛采用了 ReLU 函数或其变体作为核心组件。

案例 6-1 DeepSeek 模型的核心架构建立在 Transformer 基础之上，通过预训练与指令微调的结合，将数万亿级别的文本数据内嵌至模型权重，赋予其问答生成、文案创作、知识推理、代码编写等多方面能力。这些能力并非简单地通过记忆获得，而是通过学习语言内部的统计规律和结构模式，让网络能够自动地构建词语间、句子间乃至事实间的函数映射关系。这正是神经网络对复杂函数逼近能力的极致展现。

6.2　深度学习的核心突破

深度学习并非凭空而生，其崛起源于一系列关键性突破的积累与融合。从理论思辨到工程实践，研究者围绕“如何更好地训练深层神经网络”这一核心问题，攻克了多个技术瓶颈，才使得深度学习从概念走向实用，进而变革图像识别、语音识别、自然语言处理等多个人工智能领域。本节将围绕层次化特征学习、梯度问题和硬件与算法协同等三个关键视角，对深度学习的核心突破进行系统梳理，揭示出“深度”背后的真正价值。

6.2.1　深度为何有效

视频

神经网络为什么可以拟合万物

深度学习之“深”，究竟“深”在哪里？这个“深”不仅仅是网络层数的增加，更是模型表达能力的跃迁。在神经网络结构中，深度即表示网络的层次数量，而更深的结构意味着模型可以以更复杂、更抽象的方式理解和重构输入数据的内在模式。本节从浅层网络局限、深层的必要性、层次化特征学习理论三个方面探讨深度学习为何需要“深”的问题。

1. 浅层模型：扁平世界的天花板

浅层神经网络结构扁平、层数有限，通常包含输入层、输出层与最多一层隐藏层。这样的结构虽然训练快捷、实现简便，但其本质更像是“看图识字”而非“读懂语义”——它们只能识别输入数据中最直观、最基础的特征，如图像中的颜色差异或线条走向。

然而，在处理复杂任务时，如图像识别、语音理解、自然语言翻译等，浅层网络的这种能力显得力不从心。首先，它对高阶特征的感知力严重不足，如图像中的轮廓、结构，甚至语义无法在浅层网络中自然涌现。其次，由于表达能力有限，浅层模型往往在面对新场景时泛化能力不佳，极易陷入过拟合的困境。就像拿放大镜看城市地图，浅层网络能看清细节，却无法看懂全貌。

2. 深度结构：通向复杂世界的阶梯

深度神经网络以其层层递进的结构，构建起复杂函数映射的能力阶梯。Bengio 与 LeCun 曾明确指出：“大多数函数如果用一个深层结构刚刚好解决问题，那么就不可能用一个更浅的同样紧凑的结构来解决。”

一般来说，神经网络层数越多，其拟合复杂函数的能力就越强，因为这增加了网络的表示能力。正如通过增加三角形的边数来近似圆形的例子所示，边数越多，逼近圆形的精度就越高。深度网络通过增加层级，使得网络可以将底层的原始特征进行多次非线性组合，从而捕捉到更加抽象与复杂的模式。这种逐层组合的机制，不仅提升了模型的表达能力，更使得神经网络拥有了自动“发现规律”的能力——不再依赖手工特征工程，而是让网络自己去“看懂世界”。

3. 层次化特征学习：从边缘到语义的认知进阶

如果说浅层模型像是拿着放大镜查看局部细节，那么深度网络就像从地面拾级而上，在每一层平台上获取新的视角，逐步形成对全局的理解。这一过程称为“层次化特征学习”。以典型的图像识别任务为例，每一层网络负责提取特定层次的特征，低层网络提取简单的局部特征（如边缘、纹理），中间层组合这些特征形成更复杂的模式（如形状、轮廓），高层网络则进一步抽象出高级概念（如物体类别、语义信息）。每一层网络负责提取特定层次的特征，低层网络提取简单的局部特征（如边缘、纹理），中间层组合这些特征形成更复杂的模式（如形状、轮廓），高层网络则进一步抽象出高级概念（如物体类别、语义信息）。图 6-7 是一个五层神经网络在 ImageNet 数据集上进行训练的特征可视化结果，其各层网络学习特征描述如下：

① Layer1（边缘提取）：底层网络通过卷积核滑动，实现对图像边缘的提取。此时，网络关注的是最基本的几何特征，如垂直线条、斜边和边缘的亮度跳变。

② Layer2（形状组合）：第二层将多个边缘组合，感知图像中出现的基本形状，如圆弧、角

块、格子等。这些是物体结构的局部线索。

③ Layer3（轮廓理解）：进一步地组合与抽象，使得第三层开始理解图像中出现的完整轮廓结构，如动物的轮廓、人脸的构型等。

④ Layer4（细节建模）：轮廓基础上，网络捕捉到了颜色、纹理、局部材质等细节特征，使得模型能够区分猫和老虎的毛发，或识别飞机的材质反光。

⑤ Layer5（语义识别）：在顶层，网络整合所有前层信息，完成最终的语义判别。例如，它可以基于形状、轮廓、颜色等信息，最终判定“这是猫，而不是狗”。

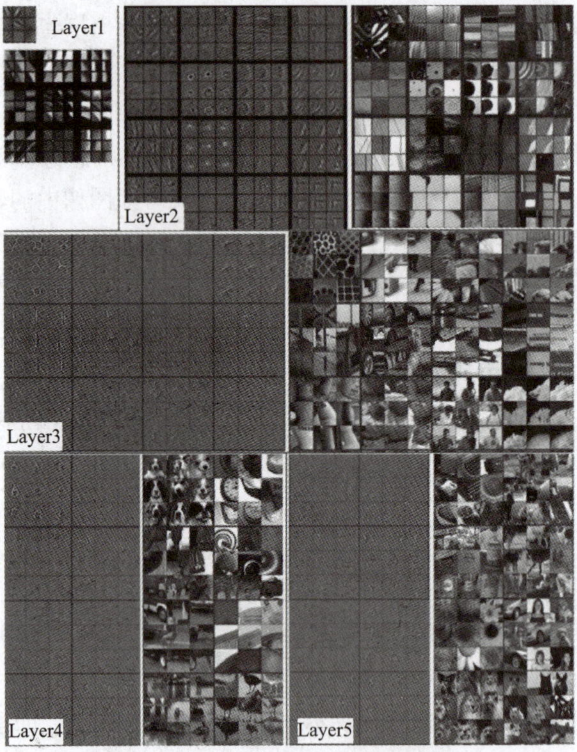

图 6-7　ImageNet 特征可视化图

这就是深度网络之“深”的核心所在——它构建了一条从感知到认知的路径，使模型能够自动将像素转化为理解，从低维到高维、从局部到整体，完成复杂认知的递进过程。

案例 6-2 在一个电商图像检索系统中，我们可以通过深度学习实现自动特征提取。首先，选用在 ImageNet 上预训练好的 ResNet-50 网络，去掉其最后的全连接分类层，只保留卷积部分；然后，将商品图片作为输入，前向计算至第 4 个残差块（即中高层特征），得到一个 7×7×1 024 的特征图，再通过全局平均池化将其压缩为 1 024 维的特征向量；最后，将所有商品的特征向量存入向量数据库，当用户上传查询图时，同样提取其特征并在数据库中执行最近邻搜索，即可快速返回与之视觉相似的商品。这一流程正是利用深度网络层次化特征学习能力，从低层的纹理、边缘到高层的语义概念，自动提取能够区分物体类别和细节的高维特征，为后续检索或分类任务提供了强大的表达基础。

6.2.2 梯度问题解决方案

在深度学习中，增加神经网络的层数（即构建“深度”模型）是提升模型性能的常见策略。然而，在实际训练中，深度网络曾长期面临梯度消失或梯度爆炸的问题。尤其是在反向传播中，随着层数增加，梯度在链式相乘中可能逐渐趋近于 0，使得前面层的权重难以更新。我们应该如何解决这些问题呢？本节将从梯度问题原因分析入手，介绍整流线性单元（rectified linear unit, ReLU）、长短期记忆结构（long short-term memory, LSTM）和残差连接（residual connection）三种解决梯度问题的方法。

1. 梯度问题原因分析

梯度消失或梯度爆炸在本质原理上其实是一样的：它们本质上都源于反向传播过程中梯度在多层之间传递时的指数级缩放，导致模型难以有效学习。梯度消失的主要原因如下：

①激活函数的饱和特性：常见的激活函数（如 sigmoid 函数或 tanh 函数）在输入值较大或较小时，其导数接近于零。当梯度在反向传播时逐层相乘，如果每层的导数都接近 0，最终传递到前层的梯度会迅速减小，导致网络前部几乎无法更新。

②深层网络的层间累积效应：在深层神经网络中，梯度反向传播需要经过多层传递。若每一层的梯度都小于 1，那么多次相乘后，整体梯度会以指数速度趋近于 0，造成模型训练时参数几乎不更新，尤其在靠近输入的层上表现明显。

梯度爆炸的主要原因：

①权重初始化不当：若网络初始权重值设置过大，反向传播时梯度也会相应放大。随着层数增加，梯度可能呈指数级增长，导致参数更新剧烈，模型训练过程出现数值不稳定甚至发散。

②网络设计不合理：某些模型结构（如未优化的循环神经网络或过深的全连接网络）如果缺乏有效的梯度调控机制，会使梯度在反向传播中被持续放大。尤其在循环或堆叠较多层的结构中，这种累积放大效应更易导致梯度爆炸。

2. 解决方案

（1）使用 ReLu 函数

在深度学习领域，激活函数的选择直接影响神经网络的训练效果和性能。ReLU 函数因其简单性、高效性以及对梯度消失问题的缓解能力，成为现代深度神经网络中最常用的激活函数之一。ReLU 函数表达形式为

$$f(x)=\max\{0,\ x\}$$

也就是说，对于输入 x，如果 $x>0$，则输出 x 本身；如果 $x\leqslant 0$，则输出 0。相较于 sigmoid 函数和 tanh 函数，ReLU 函数不会将输出压缩至有限区间，从而缓解了梯度消失问题。此外，由于 ReLU 函数在大多数输入上都保持线性，计算开销更低，训练速度提升也更明显。

ReLU 函数的导数形式为

$$f'(x)=\begin{cases}1, & x>0\\ 0, & x\leqslant 0\end{cases}$$

从导数可以看出，当输入 $x>0$ 时，梯度为 1，信息可以无衰减地向前层传播；当 $x\leqslant 0$

时，梯度为0，该神经元停止更新，反向传播在此“中断”。虽然这在一定程度上可能导致“神经元死亡”现象（即部分神经元在训练过程中永远不再激活），但相比梯度持续衰减的sigmoid等函数，ReLU函数依然大幅提升了训练的稳定性和效率。同时，其梯度始终为0或1，使得梯度不会在多层传播中趋近于0，因而被广泛应用于各类深度网络结构中。

（2）LSTM结构

在时间序列建模中，传统的循环神经网络（recurrent neural network, RNN）无法长期保留前面状态信息。LSTM通过“门控机制”对信息流动进行有选择性控制，有效解决了序列建模中的长期依赖问题，防止了时间维度上的梯度消失。

（3）残差连接

针对CNN层数过深而导致的模型精度下降、梯度不稳定等问题，2017年，何凯明等人提出了残差网络（deep residual network, ResNet），如图6-8所示。ResNet的设计思想是：允许网络跳过一些层的非线性变换，通过“恒等映射”引入输入直接与输出相加，也就是说，通过跳跃连接将输入数据添加到输出中，让网络学习残差部分。ResNet的优势在于它可以训练非常深的网络，而不会导致性能下降，同时使得模型能够更好地捕捉输入数据中的复杂模式和特征，提高了模型的准确性。

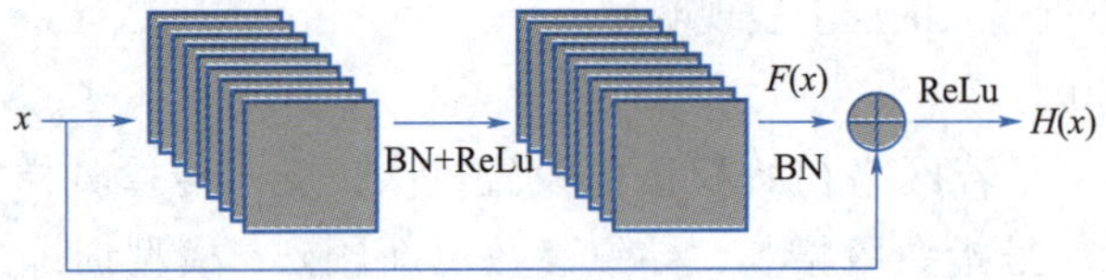

图6-8　ResNet残差结构图

数学形式上，残差运算可以表示为

$$y=F(x)+x$$

其中，x为恒等映射；$F(x)$为跳跃连接；y为残差输出。

传统神经网络在加深层数后往往面临性能“饱和”甚至“退化”的瓶颈，而残差结构通过显式建模学习“输入与输出之间的残差”而非直接拟合输出本身，使得网络在训练初期更容易聚焦于有效的信息调整。这种结构像是在深度网络中插入了一条“应急通道”，既保证了信息流的完整传递，又保留了学习复杂映射的能力。

纵横学习

ResNet的提出，为深度神经网络的发展打开了一扇新窗，使得网络不仅在更深的层数下保持稳定训练，还显著提升了学习效率与收敛速度。正因如此，它在图像识别、目标检测、语义分割等计算机视觉任务中屡创佳绩，成为深度学习模型架构设计的重要里程碑，也为后续更深更复杂网络如DenseNet、EfficientNet等奠定了基础。建议读者自己研究ResNet的原理和应用。

案例6-3 使用ResNet提升医学图像分类的准确率。在医学影像分析领域，尤其是肺部X光图像的疾病分类任务中，传统的CNN模型在面对大量高分辨率图像时，常常面临着特征提取不足、训练不稳定、精度不高等问题。尤其在区分细微的肺部异常（如结节、纤维化等）时，浅层模型难以捕捉到足够深层的结构差异。为了解决这一挑战，研究人员引入了ResNet-50模型，将其作为分类主干网络，并与医学影像预处理技术结合进行训练。得益于残差结构的引入，模型成功训练了超过 50 层的网络而未出现梯度消失问题，并有效捕捉到了图像中多层次的病变特征。最终，相较于传统 CNN 基线模型，ResNet-50 模型在肺炎分类任务中的准确率提升了 8% 以上，并在多个临床影像公开数据集（如 NIH ChestX-ray14）上获得领先表现。这一结果不仅显著提高了模型的实用价值，也加速了 AI 技术在医疗辅助诊断中的落地应用。

6.2.3　硬件与算法的共生

深度学习之所以在过去十年实现跨越式发展，一个核心推动力在于硬件性能的飞跃，尤其是 GPU 的崛起。更为关键的是，GPU 硬件的演进并非孤立进行，而是与深度学习算法实现了高度协同的“共生”关系。本节从硬件设计哲学、算法创新，以及二者如何互为支撑三方面展开阐述。

视 频

什么是GPU

1. GPU并行计算：硬件设计哲学

GPU 最初是为加速计算机图形渲染而生的，其核心任务是并行处理数百万个像素的着色、光照和纹理映射。这种需求催生了 GPU 独特的硬件架构：以数量换质量。

（1）海量计算单元

与 CPU 通过复杂逻辑单元逐条执行指令不同，GPU 采用“小而多”的并行计算单元，每个核心单元执行简单的算术运算，却通过成千上万个单元的协同工作，实现极高的整体吞吐量。以 NVIDIA A100 为例（见图 6-9）：

①拥有 6 912 个 CUDA 核心，支持大规模并行计算，理论算力达 19.5 TFLOPS（FP32）。

②搭载 40 GB HBM2 显存，内存带宽高达 1.6 TB/s。

③集成第三代 Tensor Core，专为矩阵乘加优化，支持 FP16/FP32 混合精度与稀疏性计算。

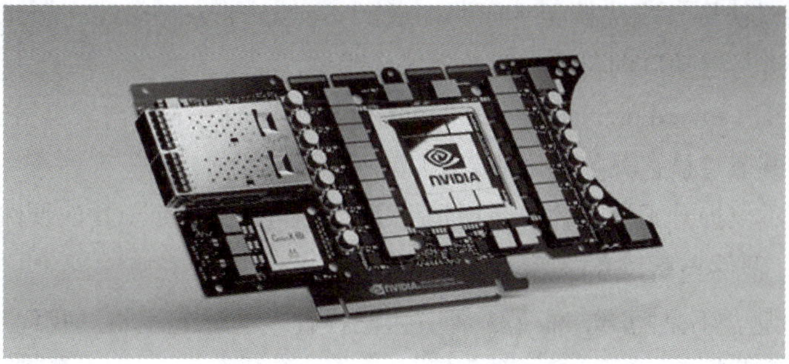

图 6-9　NVIDIA A100 硬件图

（2）多级并行协同

GPU 的并行架构并非简单“堆砌计算单元”，而是通过多级并行结构实现高效协同，主要的协同方式如下：

①线程块（thread block）与网格（grid）：任务被拆分为多个线程块，每个块内的线程共享局部内存并同步执行，不同线程块可独立调度，最大化硬件资源利用率。

②高带宽内存（HBM）与缓存优化：深度学习模型需要频繁访问大量权重参数（如 ResNet-50 的 2 500 万参数），GPU 通过分层内存设计（寄存器、共享内存、全局内存）和高带宽显存（如 HBM2e 的 1.6 TB/s 带宽）减少数据传输延迟。

③混合精度计算与稀疏性支持：原生支持 FP16/FP32 混合精度训练，并通过结构化稀疏性（如 2∶4 稀疏模式）直接跳过零值计算，进一步提升训练速度与能效比。

GPU 这些硬件特性，使得大规模矩阵乘加（general matrix multiply, GEMM）运算效率相比 CPU 提升了数十倍，直接推动了深度学习、科学计算等领域的突破。

2. 矩阵运算：算法层面的革新

从前向传播到反向梯度计算，神经网络的所有核心操作——全连接、卷积、注意力机制、归一化等——本质上都可形式化为矩阵运算。深度学习就是在高维矩阵之间进行映射与变换。因此，谁能更高效地执行矩阵操作，谁就拥有了模型加速的“发动机”。

（1）算法优化

①块矩阵乘法（tiling）：将大矩阵拆分为小块，并在共享内存中临时缓存，有效减少全局内存访问，提高吞吐量。

② FFT 加速卷积：利用傅里叶变换将卷积变换为频域乘法，极大降低复杂度（$O(N\log N)$），适用于大卷积核场景。

③ Winograd 卷积算法：对小型卷积核进行矩阵变换预处理，减少乘法操作数，提升嵌入式和移动设备运行效率。

（2）模型“瘦身”：稀疏化运算革新

①非结构化剪枝：通过 L1 正则等手段删除无效权重，减少参数数量。

②稀疏矩阵格式：使用 CSR 等存储结构，只存储非零元素，节省显存，减少计算负担。

③动态稀疏训练（dynamic sparsity）：在训练过程中实时剪枝和恢复连接，实现精度和效率双赢。

（3）自动化与精度控制

①计算图与链式法则：现代框架（如 PyTorch、TensorFlow、PaddlePaddle、MindSpore）通过自动构建计算图进行自动反向传播，简化开发流程。

②混合精度训练（mixed precision training, MPT）：引入 FP16 参与大部分运算，通过缩放因子避免数值下溢，既节省显存又加速训练。

这些算法革新不仅提升了计算效率，更是为了最大程度“解锁”GPU 硬件的潜能。

3. 协同进化：硬件与算法的“深度适配”

硬件与算法的契合不是巧合，而是一种“协同设计”的进化逻辑。我们从三个维度来理解它们如何实现“同频共振”：

（1）并行架构与分块运算的融合

GPU 的“小核多线程”结构与矩阵运算中的“分块并行”天然契合。例如，在多头注意力机制中，大量向量的乘加操作被切分为小矩阵块，各线程块可以独立执行，显著提高吞吐量。

（2）内存层次与数据流动的精细匹配

从寄存器到共享内存再到全局显存，每一级内存对应不同层级的访问频次。GPU 可以将热点数据（如特征图、权重块）保存在共享内存中，大幅减少数据搬运延迟，实现数据的“精准投喂”。

（3）硬件特性驱动算法再设计

Tensor Core 支持的 FP16 计算和 2∶4 稀疏性标准，促使深度学习模型设计更加关注计算稀疏化和低精度容忍性，从而使得硬件资源利用最大化。例如，BERT 模型在剪枝后仍能保持 90% 以上准确率，但计算量下降 40%。

纵横学习

TPU（tensor processing unit）是谷歌为加速深度学习计算专门设计的专用芯片，具备高效执行矩阵运算和神经网络推理的能力，广泛应用于模型训练与部署。建议读者自己研究 TPU 的原理和应用。

案例 6-4 GPU 与 Transformer 模型的"完美适配"，以 Transformer 模型为例，其核心操作（如多头注意力、前馈网络）均基于矩阵运算。GPU 的并行架构、分层内存设计和混合精度计算等特性，与 Transformer 模型的矩阵运算需求"完美适配"。在训练过程中，GPU 通过并行计算加速矩阵乘法，通过分层内存设计减少数据传输延迟，通过混合精度计算提升计算吞吐量；在推理过程中，GPU 通过稀疏化技术减少计算量，通过低精度计算加速推理速度。这种硬件与算法的协同优化，使 Transformer 模型在 GPU 上的训练与推理效率大幅提升，推动了预训练语言模型在工业界的广泛应用。

6.3　典型模型与设计哲学

神经网络模型的演进并非一蹴而就，而是通过不断迭代优化，从现实问题中汲取经验而来的。本节将重点介绍三类具有代表性的深度学习模型：CNN、RNN，以及近年来推动模型架构统一的设计哲学。这些模型不仅体现神经网络的工程智慧，也彰显了模型设计中"归纳偏置"的重要性。

6.3.1　CNN：局部感知与权值共享

视频

图像识别与卷积神经网络

神经网络的架构设计，并非空中楼阁，而是深受生物神经系统启发。CNN 便是其中的典范，其核心思想源自对视觉皮层的科学研究。

1. 什么是感受野？——从视觉皮层谈起

在 20 世纪 50 年代，神经生理学家 Hubel 和 Wiesel 通过在猫的初级视觉皮层（V1）中记录神经元的电活动，发现了一类非常特别的神经元：它们并不对图像整体做出反应，而是对视野中某些特定区域的边缘、方向、运动等局部特征高度敏感。这些神经元称为"感受野神经元"，其反应特点如下（见图 6-10）：

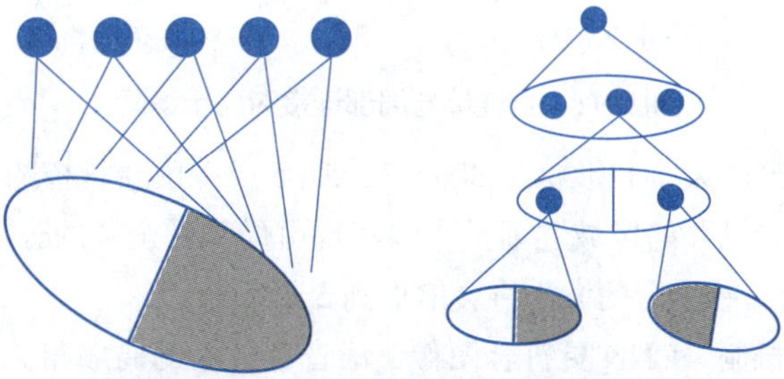

图 6-10　Hubel&Wiesel 实验模型

①局部响应：仅在其感受野（receptive field）范围内对特定刺激（如特方向的边缘）产生强

烈反应。

②方向选择性：对不同方向、频率的条纹表现出选择性反应。

③分层汇合：上一级神经元将多个感受野的响应汇聚，形成更大范围、更复杂的视觉特征。

这一发现揭示了视觉信息分层处理的基本规律：信息首先由低级神经元处理局部细节，随后由更高级的神经元整合成完整的图像。1980 年，基于这一感受野理论，Fukushima 提出了神经认知机和权重共享的卷积神经层，这被认为是 CNN 的前身。到了 1989 年，LeCun 将反向传播算法与权重共享的卷积神经层相结合，设计出了 CNN，并首次将其应用于美国邮局的手写字符识别系统中。

2. 局部感知（local receptive field）

在传统的前馈神经网络如多层感知器（multilayer perceptron, MLP）中，采用的是全连接结构，即每个神经元与前一层的所有神经元都有连接。这种方式虽然适用于低维输入，但在处理图像等高维数据时，会导致参数量急剧上升，训练难度加大，同时丢失了输入数据的空间结构信息。

CNN 引入局部感知机制来解决这一问题。CNN 中的每个神经元不再关注整个输入，而是仅对输入中的一个局部区域敏感，也就是说，当前层的某个神经元只与前一层的一小块相邻区域（即感受野）相连。这种方式不仅显著减少了参数数量，还保留了图像的空间结构特征，有利于发现如边缘、角点、纹理等局部模式。

图 6-11 展示了全连接与局部连接的区别之处。图 6-11（a）是典型的全连接结构，所有神经元两两相连，每一条连接对应一个独立的权重参数；图 6-11（b）则是局部感知结构示意图，每个神经元只连接前一层中一个固定的感受野区域，连接数量大幅减少。

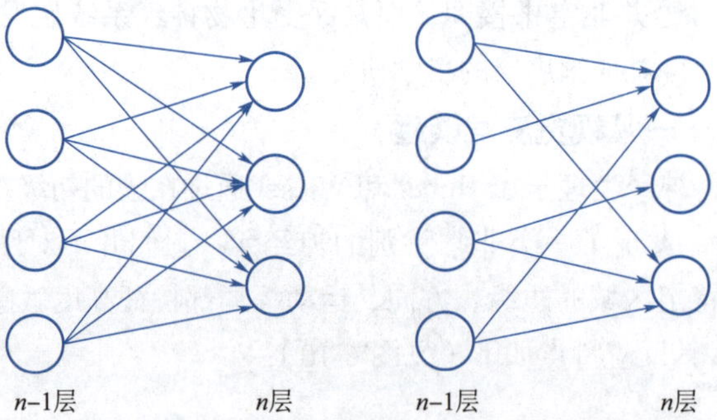

(a) 全连接结构　　(b) 局部感知结构

图 6-11　全连接与局部连接对比示意图

进一步来说，感受野的大小和形状（如 3×3、5×5 等）由卷积核的尺寸决定，而随着层数的增加，神经元能够“看见”的区域逐渐扩大，实现由局部到全局的分层感知。图 6-12 展示了通过两层 3×3 卷积之后，感受野的大小将会增加到 5×5。

通过引入局部连接机制，CNN 更符合图像、语音等数据的局部相关性假设，即“相邻像素之间更可能存在关联”，从而有效提升了模型的泛化能力与训练效率。

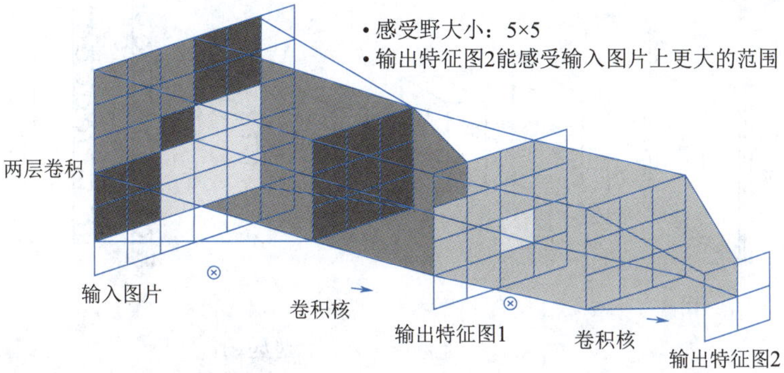

图 6-12　CNN 感受野示意图

3. 权值共享（weight sharing）

权值共享思想最早可追溯 1998 年 LeCun 等人提出的 LeNet-5 模型，是 CNN 标志性设计之一。在卷积层中，一个卷积核（或称滤波器）相当于一个小型的感受窗口，它在输入图像上滑动（通常以固定步长），对每一局部区域进行同样的线性加权和非线性变换，从而提取局部特征。关键在于：整个输入图像中使用的是同一个卷积核，即相同的权值被重复应用于不同位置的感受野，这就叫作“权值共享”。设输入图像为$\boldsymbol{X}\in\mathbb{R}^{H\times W}$，卷积核大小为$K\times K$，权重矩阵为$\boldsymbol{W}\in\mathbb{R}^{K\times K}$，则卷积操作可以表示为

$$Y_{i,j}=\sum_{m=1}^{K}\sum_{n=1}^{K}\boldsymbol{W}_{m,n}\boldsymbol{X}_{i+m-1,\,j+n-1}+b$$

其中，偏置 b 也是共享的。该运算在图像上的所有位置都使用同一个 $\boldsymbol{W}$，即实现了权值共享。

直观地理解，权值共享意味着将卷积核视为一个“特征探测器”，如边缘检测器或纹理识别器。在整个图像上使用同一个探测器进行扫描，就像用同一把尺子去度量每个角落，确保了一致性和高效性。

特别地，权值共享带来的另一个重要设计就是多核架构。由于单个卷积核只能捕捉一种类型的特征，为了丰富模型的表达能力，CNN 通常在每个卷积层中设置多个卷积核，每个卷积核提取不同类型的图像特征（如边缘、颜色、纹理等）。

纵横学习

请读者思考权值共享的优缺点是什么。

4. CNN典型层级

现代 CNN 通常将以下模块反复堆叠（见图 6-13）：

①卷积层（Conv）：提取局部特征，包括边缘、角点、纹理等。

②非线性激活（ReLU）：引入非线性，防止多层卷积退化为线性变换。

③池化层（Pooling）：空间降采样，减少参数，增强特征稳定性（如平移不变性）。

④批量归一化（BatchNorm）：加速收敛、稳定训练。

⑤全连接层（FC）：组合全局特征，完成最终分类或回归任务。

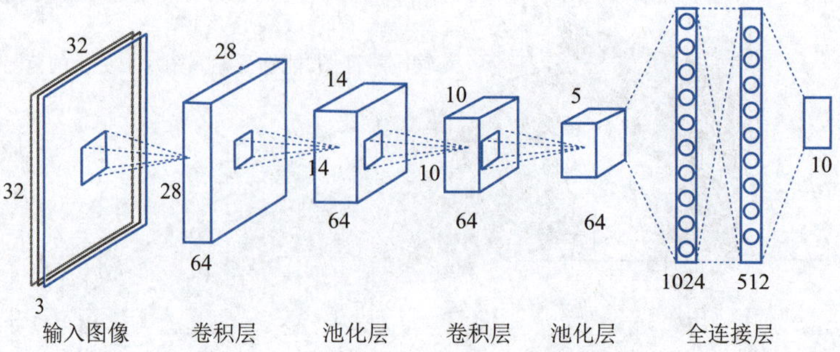

图 6-13　典型的 CNN 网络架构

纵横学习

卷积用于提取图像等数据的局部特征，实现参数共享，降低计算复杂度；池化则用于降低特征维度，增强特征的不变性和鲁棒性，二者共同助力 CNN 高效处理和识别图像等任务。请读者自己研究卷积操作和池化操作的原理和 Python 实现。

案例 6-5 2012 年，AlexNet 使用深度 CNN 结构在 ImageNet 图像识别挑战赛中大幅超越传统方法，其关键设计包括：多层卷积提取特征、引入 Dropout 降低过拟合、使用 GPU 加速训练等。这场胜利让深度学习成为计算机视觉领域的主流范式，也推动了 CNN 在人脸识别、安防监控、自动驾驶等领域的广泛应用。

6.3.2　RNN：时序建模的困境与创新

传统的神经网络和 CNN 面临一个主要问题：它们仅适用于预设的尺寸，即只能处理固定大小的输入并产生固定大小的输出。因此，在处理时间序列数据（如语音、文本、股票价格和传感器信号）时，传统的前馈网络或卷积结构显然无法满足需求。为了捕捉时间演进中的信息依赖性，研究者提出了 RNN。

1. RNN：给神经网络加上“记忆”

RNN 的基本思想是在传统神经网络的基础上，引入“时间步”的状态传递机制，允许信息在网络的时间步骤之间传递，即：当前时刻的输出不仅依赖当前输入，还依赖前一时刻的隐藏状态 h（记忆），如图 6-14 所示。

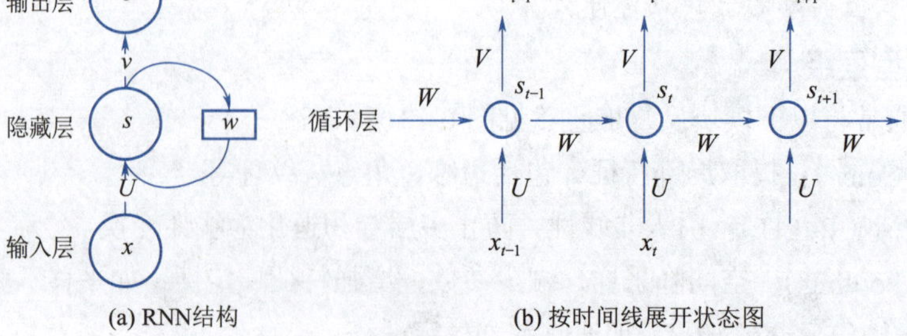

图 6-14　典型的 RNN 网络架构

假设有一个输入序列 … ，RNN 通过以下公式来更新其隐藏状态和输出：

$$h_t = f\left(Wh_{t-1} + Ux_t + b_h\right)$$

$$o_t = g\left(Vh_t + b_y\right)$$

式中，x_t是第t时刻的输入；h_t是当前隐藏状态，表示对历史的“记忆”；W是隐藏层的递归权重；U是输入层到隐藏层的权重；$f(\cdot)$通常为非线性函数（如tanh 或ReLU）；o_t为网络的输出；$g(\cdot)$是输出层的激活函数；V是隐藏层到输出层的权重。

这种结构使得网络可以根据上下文动态调整对输入的理解，在语言模型、时间序列预测等任务中被广泛应用。

从展开视角看，RNN 的结构在时间轴上可以“展开”为一个链式结构，其中每一个时间步都是一个神经网络副本（权重共享），依赖于前一时刻的状态。例如，在图 6-15 中，“What time is it?”每个词进入 RNN 后都会对下一个词产生影响。

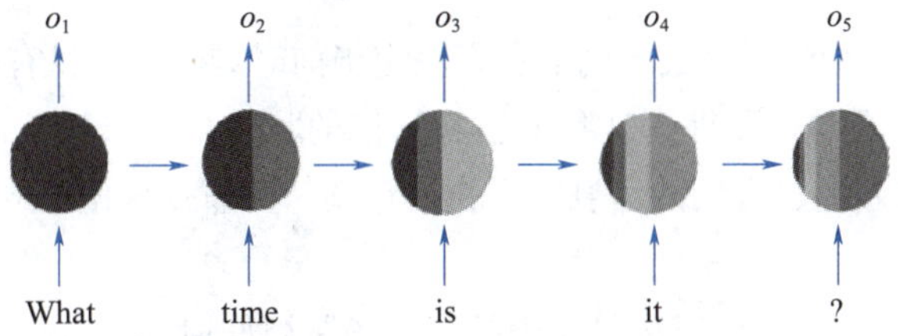

图 6-15　RNN 的记忆能力示意图

2. 困境：梯度消失与爆炸

尽管其结构设计精巧，但是由于 RNN 对反向传播过程中对时间步的链式依赖（back propagation through time, BPTT），导致它在训练中遇到了严重的梯度消失和梯度爆炸问题，即：

①梯度消失：在长序列训练时，梯度反向传播会因反复乘以小于 1 的导数（如 sigmoid 函数或 tanh 函数的导数）而迅速趋近于 0，导致前面时刻的参数几乎无法更新。

②梯度爆炸：若反复乘以大于 1 的梯度值，反向传播结果将指数级膨胀，造成训练不稳定甚至模型崩溃。

这使得标准 RNN 在处理具有长期依赖关系（long-term dependency）的任务时表现不佳。

让我们通过一个例子来深化理解：我们可以把 RNN 想象成一个人在读一本非常长的小说，并试图根据前面的内容来理解当前的情节。这个人有个特殊的习惯，即每看一页，他都会尝试回忆前面每一页的内容，并不断强化这个记忆（这就像 RNN 的“反向传播”过程）。

①梯度消失。如果前面的故事发生得太久远了，比如第一章的内容，而他每次回忆的时候都只记住一点点，再回忆一点点，久而久之就几乎忘得一干二净了。这就像 RNN 在处理很长的序列时，早期的信息被反复“打折扣”，最后几乎不起作用。

②梯度爆炸。如果这个人每次回忆前面的内容时情绪都越来越激动，最后可能因为太激动而崩溃，根本没法继续阅读。这就好比 RNN 在反向传播时，每一步的“回忆”都被放大，最后变得无法控制，训练过程就会变得混乱甚至失败。

3. 创新：LSTM门控机制

为了解决上述问题，Hochreiter 和 Schmidhuber 于 1997 年提出了 LSTM 模型：在每个时间步的“记忆单元”外，引入一组称为“门控结构”的机制来控制信息流，对信息的流入、保留与流出进行精细控制，从而既能保留关键历史信息，也能及时丢弃无关噪声，如图 6-16 所示。

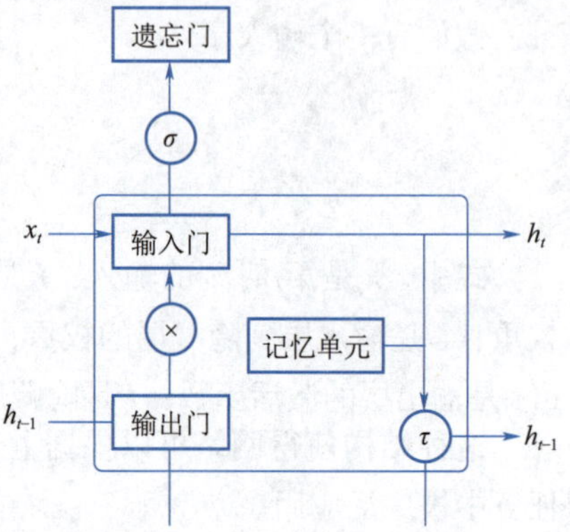

图 6-16　LSTM 模块结构图

（1）遗忘门

遗忘门（forget gate）如同记忆的“垃圾回收”机制，它根据当前输入与先前的记忆状态，动态判断哪些旧信息已经不再有用，并将这部分内容清除出记忆单元。通过遗忘门的调节，网络可以抑制过时或干扰的信息，避免它们在后续传播中积累噪声。

（2）输入门

输入门（input gate）相当于开关阀门，负责决定当前时刻的新信息有多少比例被写入记忆单元中。它既衡量当前输入的重要性，又参考已有记忆的状态，以选择性地补充新知识。这一机制让 LSTM 能灵活地将新的、有用的信息纳入长期存储，而非一味覆盖或无限膨胀。

（3）输出门

输出门（output gate）控制着记忆单元中的“精华”被如何读出并作为隐藏状态传递给下一时刻或输出层。它根据当前输入和记忆内容，筛选出最关键的部分，既能保证网络对外反馈的准确性，也能避免一次性泄漏所有内部信息。

通过这三重“门”的协同作用，从而实现 RNN 对长期依赖关系建模：

①遗忘门决定保留多少上一时刻的记忆，它通过 sigmoid 函数生成一个 0～1 之间的系数，与旧的记忆相乘，从而“忘掉”不重要的信息。

②输入门控制当前新信息的写入，分为两步：一是判断该写入多少（sigmoid 函数），二是确定写入的内容（tanh 函数），两者相乘后添加到记忆单元中。

③输出门决定从当前记忆中输出多少内容，它将当前记忆通过 tanh 激活后与门控信号相乘，得到当前时间步的输出。

整个过程中的关键变量是“细胞状态”，它携带主线记忆，贯穿整个序列，并通过这些门的调控，实现对时间序列信息的有效存储和更新，从而克服传统 RNN 的梯度消失问题。

让我们以之前“读小说”的例子来说明，LSTM 仿佛为阅读小说的人提供了一本更加高效的笔记本，帮助他记住关键信息，同时避免了情绪的过度波动。

案例 6-5 2014 年，谷歌大脑团队在 *Sequence to Sequence Learning with Neural Networks* 中提出基于 LSTM 的序列到序列（Seq2Seq）模型，成功实现了端到端的机器翻译任务。该模型通过编码器 - 解码器结构，利用 LSTM 强大的记忆能力对句子进行建模，有效缓解了传统 RNN 在长序列中面临的梯度消失问题。实验中，该方法在英法翻译任务上显著提升 BLEU 分数，引发了自然语言处理领域对 LSTM 及其变体的广泛关注，也为后续注意力机制和 Transformer 的提出奠定了基础。如今，LSTM 仍在语音识别、文本生成、金融预测等时序任务中扮演着重要角色。

6.3.3 模型设计的统一范式

神经网络的快速发展催生了各种架构创新：CNN 擅长提取空间局部特征，RNN 善于捕捉时间序列依赖，而 Transformer 则引领了注意力机制的全面崛起。表面上看，它们的设计迥异，但在更深层次上却体现出一种统一的设计哲学，即在特定任务中注入合理的“归纳偏置”（inductive bias），以提升学习效率与泛化能力。

1. 什么是归纳偏置

在机器学习中，“归纳偏置”指的是模型对假设空间的一种先验假设或偏好。由于数据总是有限的，我们无法仅凭数据决定所有模式。为了在有限数据下学习出有意义的函数，模型必须内置某些先验结构或偏好，即“偏置”。简言之：归纳偏置是模型对“什么是合理模式”的默认假设。例如：

①线性模型假设数据在特征空间中是线性可分的。

②决策树偏好使用简单的条件划分。

③ CNN 假设图像具有局部性与平移不变性。

2. 不同架构的偏置体现

不同的神经网络结构在设计时均体现出某种归纳偏置。几种常见模型的归纳偏置见表 6-2。

表 6-2　几种常见模型的归纳偏置

模　型	归纳偏置	表现形式
CNN	空间局部性、平移等变性	使用局部感受野和权值共享提取图像局部特征
RNN	时间顺序、短时依赖	使用状态递归传递建模时间序列
Transformer	任意位置之间的关系可能同等重要	使用注意力机制消除位置偏置，实现全局建模

这些归纳偏置是模型之所以能在特定任务上高效收敛、成功泛化的基础。例如，图像处理不一定非得用 CNN，但如果完全使用全连接层，将极大增加参数量与训练难度——因为这等于完全忽视图像的空间结构。

3. 统一思路：结构设计≈引入合理偏置

将网络设计问题抽象来看，可以归结为两个目标：

①缩小假设空间：使模型更易学习有效结构（防止过拟合）。

②注入先验知识：利用任务特性或人类直觉，提高学习效率与泛化能力。

因此，好的模型设计往往不是凭空创造某种结构，而是系统性地嵌入任务相关的偏置。例如：

①对于图像识别，空间局部性是一种有效先验→设计 CNN。

②对于语言翻译，词序关系与上下文关联是关键→设计 RNN 或 Transformer。

4. 趋势：从“强偏置”到“弱偏置”

随着算力增强和数据规模提升，研究者逐渐尝试减少手动设定的偏置，让模型通过数据自动学习结构。例如：

① CNN 中固定大小的卷积核→改进为可变形卷积（deformable Conv）。

② RNN 中固定递归顺序→ Transformer 放弃顺序限制，使用全连接注意力。

Transformer 模型的大热，正体现了“弱归纳偏置＋大数据训练”的趋势。但这并不意味着偏置不重要，而是设计更灵活、更通用的偏置机制成为新的方向，如自注意力机制的偏置是“任意元素间都可能有关”。

6.4 应用实例：智能驾驶中的深度学习与神经网络应用

智能化是汽车的三大变革技术之一，智能驾驶是通过环境感知、自主决策和协同控制技术实现人机协同驾驶的智能交通工具，其核心在于将人工智能的深度神经网络技术、物联网技术与车辆工程深度融合，使汽车具备自主环境感知、路径规划与动态决策能力。深度学习具有拟合能力优、表征能力强和适用范围广的特点，是进一步提升汽车智能性的重要途径。本节以“吉利银河”汽车的智能驾驶核心应用为例，介绍深度学习在自动驾驶领域的应用。

6.4.1 深度学习技术在吉利银河智能驾驶中的核心应用

吉利银河智能驾驶有许多领先技术优势，如所使用的 OS 系统，就是亿咖通科技融合百度 Apollo 导航为吉利汽车深度定制的智能座舱系统。这套系统依托星越所使用的 GEEA2.0 电子电气架构所提供的超过 1 300 个车身信号和 170 多个车控功能，基于高通骁龙第三代汽车数字座舱平台研发，采用的是 8155 芯片，CPU 算力为 105K DMIPS，是硬核实力非常强悍的系统。

关于吉利银河智能驾驶更全面的技术请读者自行查阅，此应用实例仅介绍深度学习技术在吉利银河智能驾驶中的核心应用。具体主要体现在车距保持（自适应巡航）、车道保持辅助（LKA）、智慧避让大车（TAA 系统）等方面。

1. 车距保持（自适应巡航）

自适应巡航控制系统是在按设定车速进行巡航控制的系统上，增加了与前方车辆保持合理间距控制功能的新系统。例如，倒车影像就是装有自适应巡航控制系统的智能汽车，通过雷达和计算机来鉴别靠近车辆的是什么目标，根据道路情况控制车辆行驶状态，完全或部分地取代了驾驶员的操作。吉利银河智能驾驶中的自适应巡航控制系统包含以下内容：

①深度强化学习（DRL）：通过 Q-Learning 算法动态调整跟车时距，响应前车加减速行为，深度学习与路径优化融合，进一步提升了路径规划的效率和准确性。Q-Learning 是一种基于值的强化学习方法，适用于解决有限马尔可夫决策过程（MDP）。其核心在于通过不断试错和学习，使智能体能够在复杂环境中做出最优决策。

②多模态传感器融合：融合毫米波雷达（目标速度）与摄像头（前车姿态识别），提升跟车稳定性。

③在线学习机制：搭载了 NVIDIA DRIVE Orin-X 芯片，实现了“三重冗余”算力高达 508 TOPS（特斯拉 HW4.0 仅为 72 TOPS）。nVIDIA Drive Orin-X 芯片采用了 Ampere 架构的 GPU，并且配备了深度学习加速器（DLA），专门用于深度学习推理，能够更有效地执行卷积等计算密集型深度学习操作。这种高算力芯片使得银河能够在复杂环境下进行高效的计算和处理，特别是在夜间暴雨场景下，对于横穿行人的识别距离可达 150 m（行业平均水平为 80 m），在车速 150 km/h 时能够精准识别高度为 5 cm 的障碍物。

2. 车道保持辅助（LKA）

①CNN 车道线检测：采用 ResNet-50 提取车道线语义特征，识别虚实线及磨损标线。ResNet-50 是残差网络（residual network）的一种，属于深度学习的一种架构。ResNet-50 的核心思想是引入“残差学习”，即网络的每个层学习的是输入与输出之间的残差，而不是直接学习输出。这种设计使得网络能够通过简单地堆叠更多的层来增加深度，而不会降低训练性能，反而能够提高性能。

② Transformer 时序决策：预测未来 3s 车道中心线偏移量，控制转向盘转角。

③对抗性训练：模拟极端光照（逆光 / 隧道入口）场景，提升鲁棒性。

3. 智慧避让大车（TAA 系统）

①目标检测网络：采用 YOLOv8-seg 实时识别货车 / 客车，输出 3D 边界框及安全距离。YOLOv8-seg 是 YOLOv8 系列中的一个模型，它集成了目标检测与实例分割功能，通过多方面的优化实现高效、精准的分割性能。

②动态博弈模型：基于 GNN 构建车辆交互图，计算最优避让路径。

③风险概率预测：LSTM 预测大车变道意图，提前 0.5s 触发横向避让。

从以上三种主要应用可见，深度学习技术在智能驾驶中的应用，以及所需的软硬件技术原理，最终实现智能辅助的效果。吉利银河智能驾驶深度强化学习感知识别与智能辅助系统的实物图如图 6-17 所示。

图 6-17　吉利银河智能驾驶深度强化学习感知识别与智能辅助系统实物图

吉利银河智能驾驶通过深度学习算法检测与高精地图匹配，实现危险避让操控；车道保持模块通过图像分割识别道路和轨迹预判实现车辆道路保持功能；在车距保持模块，通过目标聚类与跟踪和深度神经卷积特征提取，来进行决策分析，控制油门和制动实现车距保持功能。具体功能所应用深度学习技术如图 6-18 所示，分析如下：

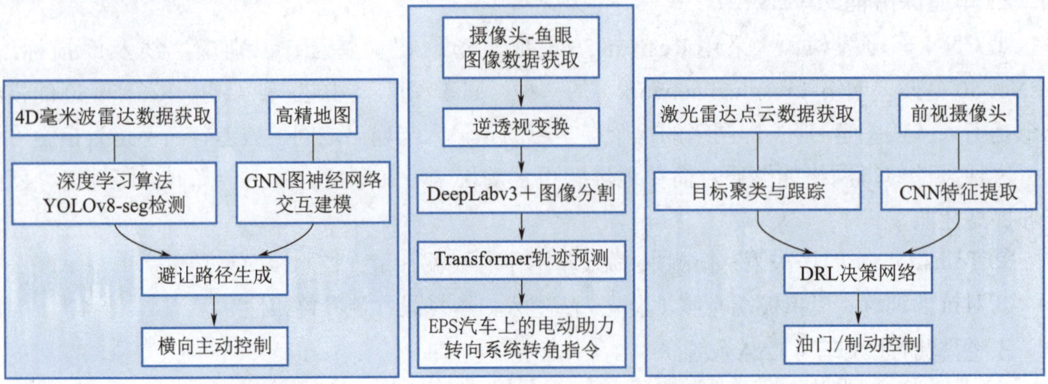

（a）TAA避让模块　（b）车道保持模块　（c）车距保持模块

图 6-18　吉利银河智能驾驶深度强化学习技术逻辑

①感知层：主要完成前车状态感知，通过毫米波雷达与视觉融合，采用任务 CNN（检测 + 跟踪）技术，实现目标 ID 切换率 <0.1%。

②决策层：完成跟车策略决策功能，应用 DDPG 强化学习，将奖励函数包含舒适度权重，使得加速度波动 <0.3 m/s^2。在车道线语义分割功能上，应用 DeepLabv3+ 车道线类型分类算法，使得检测准确率 98.7%。

③执行层：实现大车避让规划操作，应用 Social-GAN 生成对抗网络模拟交互功能，实现避让成功率 99.5%；采用端到端控制，应用神经网络 PID 控制器实现在线参数整定，使得横向误差 ± 0.1 m。

6.4.2　端到端自动泊车深度学习实现过程

端到端自动泊车主要包括自动泊车、记忆泊车和遥控泊车三部分，如图 6-19 所示。在自动泊车实现过程中，包括 BEV 空间构建、路径规划网络、控制优化等技术，通过 SEA 架构、L2+ 级别的自动泊车功能，实现跨楼层机械车位自动泊入，支持车宽 +10 cm 极限操作。

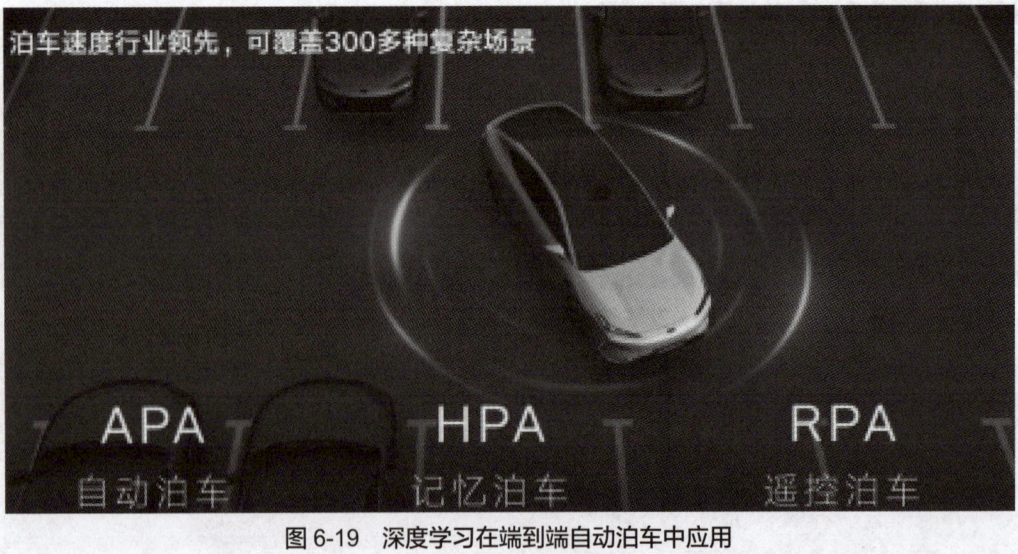

图 6-19　深度学习在端到端自动泊车中应用

1.技术依据

① SEA 架构支持：全域融合感知框架，实现多传感器时空对齐。

② L2+ 级泊车规范：支持垂直 / 平行 / 斜列等 12 种车位类型。

③实时 SLAM：基于 ORB-SLAM3 的动态环境建图，精度达 ±2 cm。

2.关键实现步骤

端到端自动泊车中深度学习技术关键步骤如图 6-20 所示。具体技术如下：

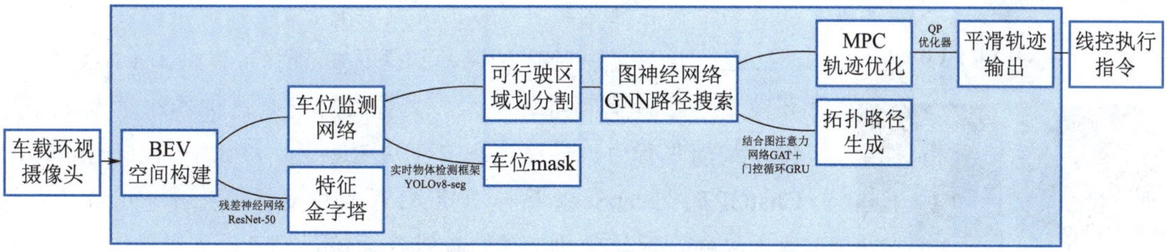

图 6-20　端到端自动泊车中深度学习技术关键步骤

① BEV 空间构建：通过两方面技术实现，一是四路鱼眼图像经 IPM 变换，拼接为俯视图，分辨率为 0.1 m/pixel；二是动态补偿车身俯仰 / 侧倾导致的投影误差，精度提升了 40%。

②车位检测与分类：同样通过两方面技术实现，一是 YOLOv8-seg 输出车位角点坐标及类型（垂直 / 平行 / 斜列）；二是置信度阈值做到了 0.85，避免误检。

③路径规划与控制：通过图注意力网络（GAT）建模车位与障碍物拓扑关系，生成 10 条候选路径；同时实现模型预测控制（MPC）滚动优化跟踪误差。

④执行器控制：转向系统采用 RBF 神经网络 PID，实现在线调整比例系数。同时车辆泊入全程速度限制为 2.5 m/s，确保安全距离。

⑤性能指标：最小泊车空间为车长 +35 cm，泊入成功率为 98.4%（含动态障碍物），实现端到端延迟≤ 350 ms，定位精度在 ±2 cm（高精地图匹配）。

该技术方支持复杂场景（夜间 / 雨天 / 斜列车位）下的全自动泊车，系统通过影子模式持续收集数据优化模型，截至 2025 年 1 月累计行驶里程突破 120 万 km。

拓展学习　AI 芯片：让深度学习“飞起来”的引擎

我们常说“深度学习改变世界”，但若没有强大算力的支撑，再复杂的模型也只是“纸上谈兵”。AI 芯片正是将神经网络从算法模型变成现实生产力的“发动机”。无论是智能手机，还是超级服务器，它们背后几乎都在运行某种形式的 AI 芯片，来支持语音识别、图像处理、自动驾驶等智能功能。

请查阅资料，并回答以下问题：

（1）AI 芯片与传统 CPU、GPU 有何不同？请分别从计算架构、能效比和适用任务三个角度进行对比分析。

（2）边缘 AI 中的神经网络推理是如何进行的？以手机中的人脸识别、摄像头中的目标检测为例，说明在功耗有限、资源受限的设备中，神经网络模型是如何运行的，以及是否需要模型压缩、量化、剪枝等优化手段。

图灵奖　强化学习奠基人——理查德·萨顿和安德鲁·巴尔托

2025 年 3 月 5 日，全球计算机科学界的最高荣誉——图灵奖正式揭晓：2024 年的奖项授予了强化学习领域的两位奠基人：理查德·萨顿（Richard Sutton）与安德鲁·巴尔托（Andrew Barto），以表彰他们在强化学习领域的开创性贡献。

强化学习是一种通过奖励和惩罚机制引导智能体（Agent）在环境中学习最优策略的技术。其核心思想是让机器通过试错和反馈不断优化行为，最终实现自主决策。这一技术不仅在 AlphaGo、ChatGPT、DeepSeek 等标志性 AI 项目中发挥了关键作用，还在机器人控制、网络优化、芯片设计等领域展现了巨大潜力。

萨顿被誉为“强化学习之父”，而巴尔托则是他的博士导师。两人自 20 世纪 80 年代起开始合作，发表了一系列论文，引入了强化学习的核心理念，并开发了关键的强化学习算法，共同构建了强化学习的理论框架和数学基础。萨顿的主要贡献包括时序差分学习和策略梯度方法，这些方法在现代强化学习中具有重要意义。他与巴尔托合作撰写了《强化学习导论》（*Reinforcement Learning：An Introduction*），这本书至今仍被视为该领域的奠基之作，已被引用了超过 75 000 次。

萨顿目前是 DeepMind 的研究科学家和阿尔伯塔大学计算机学教授，并担任 Keen Technologies 的首席研究员以及阿尔伯塔机器智能研究所（Amii）的特聘研究员。他曾在 DeepMind 担任杰出研究科学家。巴尔托生于 1948 年，是美国计算机科学家，毕业于密歇根大学，并在阿尔伯塔大学担任教授。他们在强化学习领域做出了奠基性的杰出贡献。

习　　题

一、单选题

1. 神经网络中负责模拟神经元非线性行为的部分是（　　）。

A. 输入层　　B. 激活函数　　C. 权重矩阵　　D. 损失函数

2. 下列（　　）不是 McCulloch-Pitts 模型中的组成部分。

A. 权重　　B. 偏置　　C. 感受野大小　　D. 激活函数

3. 深度学习中的“反向传播”作用是（　　）。

A. 提取特征　　B. 生成数据　　C. 更新参数　　D. 存储数据

4. 下列（　　）技术最能有效缓解深层神经网络中梯度消失的问题。

A. 数据增强　　　　B. 批归一化
C. 残差连接　　　　D. 丢弃法

5. 下列关于 GPU 和深度学习的描述中，正确的是（　　）。
A. GPU 只能用于图形图像处理，无法用于神经网络训练
B. GPU 的串行架构使其更适合处理文本数据
C. GPU 通过并行计算显著加速矩阵运算，是深度学习训练的关键硬件
D. GPU 的作用主要是存储神经网络的训练数据

二、思考题

1. 前向传播与反向传播分别完成什么任务？它们在训练中如何协同工作？
2. 为什么深度神经网络中需要使用非线性激活函数？
3. ResNet 是如何设计来解决深层网络训练困难的？其核心思想是什么？
4. 你如何理解“深度学习是通过大量数据‘喂养’出来的”？请举例说明
5. 请简要说明混合精度计算如何提升训练效率，并举例说明其与 GPU 协同优化的好处。
6. 人工智能模型会“忘记”知识吗？你怎么看待模型的“持续学习”问题？
7. 为什么说深度学习的发展不仅依赖算法创新，也依赖硬件的演进？

三、综合应用题

简要介绍 RNN 到 LSTM 再到 Transformer 的发展，具体要求如下：

1. 对比标准 RNN、LSTM 与 Transformer 的结构和归纳偏置；
2. 说明门控机制和注意力机制各自解决了哪些长程依赖问题；
3. 演示一个文本序列翻译或情感分析的小案例，以小组为单位完成 5 min 汇报（可使用 PPT、可运行演示或手绘图示）。

第二篇　WPS AI单元实训

使用WPS表格高级功能完成学生消费情况调查

表格

原始数据表

请利用 WPS 表格高级功能完成数据处理和分析，原表结构见表 6-3。表中所需要的原始数据通过扫描二维码可获得（本数据也可以在 AI 帮助下由学生自动生成，但要求保持表 6-3 的数据结构）。

表 6-3　大学生消费情况调查数据表结构

学号	姓名	性别	餐饮支出	学习用品	交通费	娱乐消费	其他支出	消费总额	消费日期

具体要求如下：

1. 数据分列与格式化：使用“删除重复项”功能清理重复数据；使用“分列”功能将“消费日期”拆分为年、月、日三列；对“消费总额”列设置条件格式：超过3 000元标红，低于1 000元标绿。

2. 公式与函数应用：用SUMIF函数计算男女生的平均消费差异；用RANK函数对学生消费总额进行排名；使用DATEDIF函数计算每笔消费距离当前日期的天数。

3. 数据透视分析：创建数据透视表，按性别和消费类型统计月均支出；添加计算字段“恩格尔系数”（餐饮支出/消费总额）；使用切片器实现动态查看不同消费类型数据。

4. 高级图表制作：制作复合图表：柱状图（各分类支出）叠加折线图（总支出趋势）；使用“迷你图”在数据表中显示各消费类型的月度趋势；创建动态图表（通过下拉菜单选择查看不同性别数据）。

5. 自动化与输出：使用“有效性”制作交互式查询界面（输入学号显示该生消费详情）；请使用VLOOKUP函数制作个人消费查询系统（可以简单完成）。

6. 提交要求：（1）生成一份不少于800字的操作分析报告（内容包含：关键点的操作步骤；发现问题与建议；文档格式包含目录、图注等），以PDF格式保存，文件命名为“学号-姓名-解决方案分析报告”。（2）完成的数据表，文件命名为“学号-姓名-大学生消费情况调查表”。

两份完成的文件样例请扫描二维码获取，作为参考。

考察点提示：

个人消费查询系统实现可以使用INDEX/MATCH创建查询公式制作个人消费查询系统；创建月份汇总表查看消费趋势；利用“智能分析”分析大学生消费情况；学生可以按照自己对数据表的理解自行发挥，写出操作步骤，也可以根据自己的实际情况调整数据量和难度梯度。成品参照请查阅二维码。

表格

数据统计表

文档

解决方案分析报告

第三篇 人工智能应用技术

学习引导

GPT-3 的震撼——当机器学会“理解”人类

2020 年，OpenAI 发布的 GPT-3 语言模型震惊世界。这个拥有 1 750 亿参数的庞然大物，不仅能流畅对话、撰写论文，更能根据简单指令编写代码、创作诗歌，甚至通过图灵测试。最令人惊讶的是，它展现出类似人类的“常识推理”能力——能理解隐喻、把握语境，并做出合乎逻辑的回应。GPT-3 的成功标志着自然语言处理（NLP）技术的分水岭：机器不再只是机械地匹配关键词，而是开始理解上下文、把握语义逻辑，甚至展现出微妙的“常识”。这标志着自然语言处理技术实现了从“统计匹配”到“语义理解”的质的飞跃。

那么，从 GPT-3 到多模态模型，AI 如何融合语言与视觉，走向更全面的“智能”？如果语言是思维的载体，图像就是世界的映射，机器又是如何跨越视觉与语义的鸿沟？本模块将带您探索 AI 理解世界的两大核心能力：计算机视觉：机器如何像人类一样，从像素中构建有意义的视觉表征？自然语言处理：AI 如何突破语言与视觉的界限，实现真正的“理解”？当机器同时具备“看”和“理解”的能力时，我们将迎来人机交互的全新时代。

第 7 章 从图像识别到视觉理解——以安检系统为锚点

我们每天都在体验：手机能瞬间认出自己的脸，机场、火车站的安检也能识别每一个人，而且安检仪能在茫茫人海中锁定可疑物品。这背后正是 AI 从“看得见”进化到“看得懂”——它不再只是记录像素，而是像人类一样，理解图像中的故事。从美颜滤镜到机场安检，计算机视觉（computer vision, CV）已经悄然改变我们的生活。本章我们以安检系统为例，揭开 AI“视觉魔法”的三重秘密：图像如何变成数字密码→机器如何学会“认东西”→系统怎样做出智能判断。你会发现，“高科技”其实就藏在我们习以为常的日常里。

7.1 计算机视觉的数字化

机器是怎么把五彩斑斓的世界变成它“能看懂”的数字语言的？就像把一幅油画拆解成乐高积木——这一节我们将揭开光信号变身数字密码的魔法过程，从手机拍照到安检扫描，看看 AI 如何用“数字滤镜”重新定义我们的视觉世界。

7.1.1 图像如何变成数字

计算机视觉依赖于图像处理技术进行预处理，如去噪、增强、分割等，这些处理步骤实际上是图像处理的范畴。在许多计算机视觉任务中，如人脸识别、目标检测等，都需要先对图像进行预处理。那么我们首先要讨论的是：计算机是如何把图像变成数字，然后提供 CV 系统处理与应用。

我们知道，计算机只认识 0 和 1 这样的二进制信息，我们的手机也一样，这是由构成计算机的材料决定的，也是冯·诺依曼的贡献。这样，世界万物存放到计算机里、手机里，或者其他电子设备里，就只能转换成这种 0 和 1 的形式。那么，一张照片到底是怎样存放到你的手机里？或者你的计算机里？

1. 信息的分类

世界万花筒，信息形态包罗万象，但对于所有的数字设备而言，任何信息都是数据，而这个数据只有两种类型：数值数据和非数值数据（为了区分方便，也统称为字符数据）。

（1）数值型数据

数值型数据是指能进行算术运算的数据，需要处理符号、小数点以及运算规则。例如，图 7-1 表示了一个数值型浮点数在计算机里的表示形式。

数据分布说明	阶符	阶码	数符	尾数
数据二进制表示	0	0010111	0	1101110

图 7-1　一个数值型浮点数在计算机里的表示形式

那么，什么又是浮点数，它们是如何编排？数值表示和计算是很重要的知识点，是计算机原理的一部分，如果你之前没有了解过相关知识并且有兴趣了解，可通过“大学计算机”教材或课程进一步学习。这里的篇幅是无法解答此类问题，而且，从应用的角度，这一知识的必要性可以弱化。

此处，我们借这个例子再次强调：在本书前言里已经提到，我们的课程性质变为“通识”之后，内容大大增多，有限学时内我们选取“面向应用、取重避轻”。本节我们以图像的数字化为例展开数字计算机的数字化原理解析，所以对浮点数不进行过多介绍。前后有很多处都有同类的处理方法。

（2）字符型数据——图形与图像

字符信息不仅包括图形图像，还包括文字、声音、色彩、视频、音频等，平常说的图片就属于字符型数据。但是，图片是技术制图中的基础术语，指用点、线、符号、文字和数字等描绘事物几何特征、形态、位置及大小的一种形式。随着数字采集技术和信号处理理论的发展，越来越多的图片以数字形式存储。这里有一个重要概念就是：图片是泛指的由图形、图像等构成的平面媒体，图片并不等于图像。也就是说，图片有图像和图形两种形式，它们分别称为位图和矢量图，这两种形式在生成、存储和处理方式有根本的不同。

2. 图形与图像

（1）图形

图形是矢量图，是由直线、圆等图元组成的画面，通常是通过数学公式和几何属性来描述的，记录的是形状、大小和位置等几何信息。矢量图不依赖于像素，因此放大时不会失真，适合表现精确的图形，如徽标、工程图等。矢量图的色彩层次较少，但文件体积小且放大后依然清晰，因为矢量图计算机存储的是生成图形的指令，因此无须对图形中的每一点进行数字化处理。图 7-2 是矢量图示例，常见的矢量图格式包括 AI、CDR、SWF 等。

图 7-2　矢量图示例

（2）位图——图像的表示形式

位图（bitmap）也称点阵图或栅格图像，是图像的一种构成方式，它是由像素的单个点组成的图像，所以称为点阵图更为形象。每个像素有自己的颜色信息，位图通过像素阵列的排列来实现其显示效果，因此色彩非常丰富，适合表现自然光影变化，如照片等。但是位图图像在缩放时可能会失真，因为放大位图会导致每个像素变为更大的同色方块。位图在计算机中是以文件的方式存在的，如常见的位图文件格式包括 JPG、GIF、BMP 等。

我们知道，现实中的图像实际上是一种模拟信号，无论是照片还是光影，其色彩变化都是连续的，如果将这种模拟图像用电信号表示，所显示的波形应该也是连续变化的波形信号，这就要求有足够多的“点”来构成“阵”，所以才称为点阵图。计算机中的图像是对现实中模拟图像的数字化处理结果，由于点阵图记录的是每个像素的颜色信息，放大时就会出现锯齿状失真，并且文件体积较大。图 7-3 是点阵图的示例，以中间的人物为例，如果点不足够多，人物的眼睛眉毛可能就难以表达了。我们常用的 BMP、JPG、GIF 等格式都是这种点阵图（位图）。

图 7-3　点阵图示例

3. 像素与分辨率

图像和图形二者风格迥异的编码方法直接影响这两类图片占用的存储空间大小、处理时间以及修改难易程度。我们仅以图像为例，说明其数字化编码方法。

图像的数字化方法有两种：一是直接由扫描仪、数字照相机、摄像机等输入设备捕捉的真实场景画面产生的映像，将其数字化后以位图形式存储；另一种是对模拟图像经过特殊设备的处理，如量化、采样等，转化成计算机可以识别的二进制数表示的数字图像。无论哪一种，图像最终呈现的一定是一个数字编码。其中有两个重要概念：像素和分辨率。

（1）像素

像素（pixel）是图像的基本单位，代表图像中的每一个点或小方块。当我们将图片放大时，会看到许多小方格，这些小方格就是像素。每个像素都包含独特的颜色信息，无数这样的像素组合在一起，构成了我们看到的色彩斑斓的图像。像素的数量越多，图像的细节就越丰富，视觉效果也就越清晰。有时候位图和像素会被混淆，这是既有区别又有联系的两个概念：位图首先是图，是由像素阵列组成的图像，而像素是构成图像的基本单位。可以参考“十字绣”来理解位图与像素的概念：用于十字绣的绣布上布满了规整的小方格子，这个绣布就类似于位图（点阵的形式），而其中每一个小方格子相当于像素点，小方格子中可以绣入不同颜色的线，这相当于像素点可以具有不同的颜色和强度等编码。计算机只要给出这个编码，就可以有这个十字绣上的彩色图片。

（2）分辨率

分辨率（resolution）是指单位长度内像素点的数量，即图像或显示器在水平方向和垂直方向上的像素数量，通常以宽度乘以高度的格式表示，如 1 920 × 1 080 像素。分辨率的高低决定了单位面积内像素的密度，进而影响图像的细腻程度和清晰度。高分辨率意味着更多的像素点，能够展现更细腻的图像细节，正如十字绣中绣布上的小方格子越密，绣出来的“作品”越精致。可见，用于表示位图的像素点越多，就说明高分辨率，位图图像也会更为逼真。例如，一个分辨率为 7 000 × 5 000 像素的图像，其像素总数为 35 000 000，通常称为 35 兆像素。

像素和分辨率共同决定了图像的清晰度和细节再现能力。高像素图像能够捕捉更多的细节，而高分辨率则确保这些细节在显示或打印时能够精准呈现，避免模糊。

案例 7-1 照片分辨率。有两张尺寸相同但分辨率却不相同的照片，一张低分辨率为 640 × 480 像素，另一张高分辨率为 3 840 × 2 160 像素，在放大时高分辨率照片肉眼可见仍然会很清晰，展现出更丰富的细节，而低分辨率的一张则会模糊。

人们日常生活中涉及的图像多为位图（点阵）图像。位图由数字阵列信息组成，阵列中的各个数字构成图像的各个点，也就是像素。

请思考： 图像的分辨率与显示器的分辨率相关吗？与打印机呢？

（3）单色图像编码

我们以简单的单色图像为例来说明图像编码的原理。

这是图像编码的最简单情况，即像素点包含的颜色只有黑色和白色两种。直观上，可以用 0 来表示黑色，用 1 来表示对应的白色，如图 7-4 所示：我们以一个圆圈的图像为例，即把图像按行与列分割成 $m \times n$ 个网格，然后将每个网格的图像表示为该网格的颜色平均值的一个像素。也就是说，用一个 $m \times n$ 的像素矩阵来表达一幅图像，这里的 m 与 n 就是设备相关的分辨率。这就是图像信息的编码表示，显然这个表示能表达的图像质量与设备的分辨率相关，分辨率越高，图像就会越精细，失真也就越小。

图 7-4　单色图像颜色编码示意图

案例 7-2 分辨率与视觉效果。最早的显示器分辨率可以追溯到 1981 年 IBM 推出的 CGA（彩色图形适配器）标准，其分辨率只有 320 × 200 像素。这一标准最初支持 4 种颜色，主要用于早期个人计算机的图形显示；而现在 15.6～17.3 英寸（1 英寸 = 2.54 cm）的笔记本计算机，分辨率为 1 920 × 1 080 像素，这个分辨率能够兼顾清晰度和性能，几乎所有软件都对此进行了优化，适合主流办公、家用和游戏娱乐。

文档

数据压缩的前世今生

4. 图像压缩

越逼真的图像存储量也越大，这不仅是存储的问题，更是传输问题，所以图像通常会被压缩。多种图像文件都可以压缩，压缩的基本原理就是通过去除图像中的冗余数据来实现。例如图 7-4 的黑白图片，大多数的空间都是 0，从存储的角度，为 0 的位置都可算作冗余，只要记住所有的 1 在哪里，0 就可以被压缩存储，需要恢复时按位置恢复。其实图像数据中存在多种形式的冗余，包括空间冗余、编码冗余、时间冗余和心理视觉冗余等。通过去除这些冗余，可以显著减少图像文件的大小，同时尽量保持图像的质量。

案例 7-3 微信传送照片的信息丢失。我们已经深有感受的是：通过手机微信传照片时，如果不点“原图”，传输的照片放大时就会失真，为什么？就是为了提高传输速度，默认的方式是对照片进行了大幅压缩，而且是有损压缩。除非特别选择“原图”传送，这时就会发现传输的速度慢了很多。

5. 图像文件类型

图 7-5 表示打开了一个名为“图片”的文件夹，里边存放了 JPG、JPEG、PNG 等不同类型的图像文件，其中文件“优盘图片”的“大小”是 43 KB，而“北理工的银杏树”文件的“大小”是 1 868 KB，这表示两张图片存储的数据容量大小的差别。

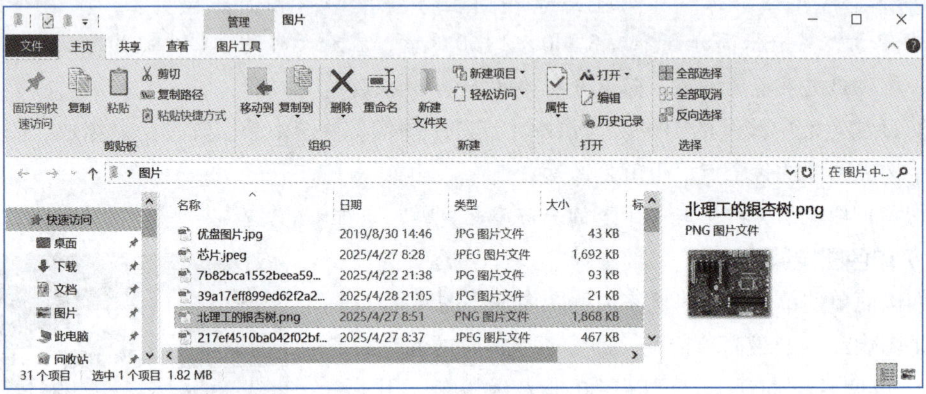

图 7-5　图像文件的大小

图像有许多存储类型，是用来标识图像的不同格式。表 7-1 列出了几种常用图像文件的类型及说明，不同类型主要区别在于压缩方式、支持的颜色深度、透明度以及适用场景等方面。例如 JPEG 和 JPG，其特点是：文件小且加载快；支持有损压缩和广泛的兼容性，所以广泛用于网络和社交媒体。图 7-5 的“图片”文件夹里有“类型”一列，就是表明了对应文件的性质。表 7-1 中还列出了我们经常用的 PDF、GIF、BMP 等，读者可以对比理解它们的含义。

表 7-1　几种图像文件的类型及说明

类　型	功 能 说 明
JPEG/JPG	这种格式广泛用于网络和社交媒体，其文件小且加载快，支持有损压缩，具有广泛的兼容性，适用于需要快速加载和广泛兼容性的场景
PNG	无损压缩，支持透明背景，适用于需要保持高质量图像和透明效果的场景，如网页设计和图标制作
GIF	无损压缩，文件小，适合网络传输和动画效果，常用于需要动态图像的场景
BMP	无损压缩，由微软开发，适用于 Windows 操作系统下的图像处理
TIFF	无损压缩，主要用于扫描仪和桌面出版，支持高图像质量
WebP	高效压缩，支持无损和有损压缩，适用于需要优化网络加载速度的场景
HEIF	高压缩效率，支持多图像存储，适用于需要高效存储和传输的场景
PDF	跨平台一致性，适用于需要保证图像一致性和安全性的场景

7.1.2　手机拍照背后的秘密

上一节提到了像素与位图，我们已经了解了：像素点不同的颜色和强度，在计算机内只要对其进行编码即可。手机拍摄出的照片色彩斑斓，甚至比现实世界还要漂亮，这是如何做到的呢？就像魔法师将现实世界封印在水晶球里，计算机视觉也必须呈现尽可能逼真的现实世界，所以也要完成一场不仅色彩，还有光影的数字化仪式——把跳动的光线和色彩变成机器能解密的数字密码。

文档

关于颜色编码

上节介绍的图像编码只是图像数字化的基本概念，而要实现真实世界完全的视觉表达，还需要接受这一形式的完整过程：采样、量化和编码，称为“图像转换三重奏”。

1. RGB色彩空间

计算机视觉世界不仅要确保形状正确，还必须关注色彩、光影等信息。

颜色是大脑所产生的一种对光的视觉效应。我们肉眼所见到的光线是由波长范围很窄的电磁波产生的，不同波长的电磁波表现为不同的颜色。人们发现，自然界中各色光都可以由红（Red）、绿（Green）、蓝（Blue）三种基本颜色来表达，以不同比例将这三种原色混合，可以产生出其他各种颜色，称为 RGB 三原色模型，是计算机、手机等设备所采用的色彩空间。RGB 模型原理图如图 7-6 所示。

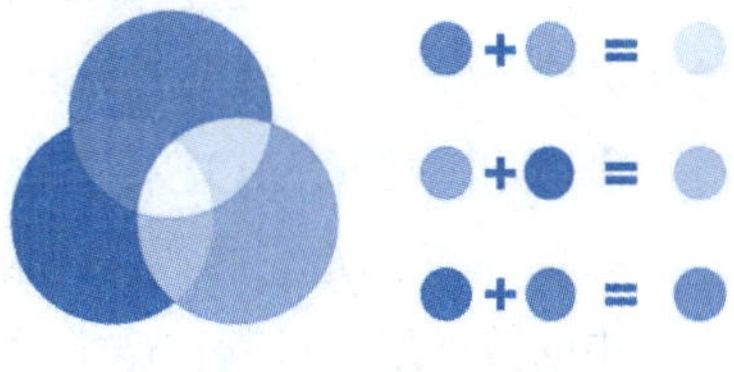

图 7-6　RGB 模型原理图

2. 颜色深度

颜色深度（又称色深、色位深度）就是三原色混搭的方法以及色彩的度量指标，这是计算机图形学中表示单个像素颜色信息所占用的二进制位数，单位为 bit（位）。其数值决定了像素可用的颜色数量。

RGB 的混搭方法是：图像中每个像素的颜色信息被量化后用若干数据位表示，这些位数称为图像的颜色深度，也称图像深度或简称深度。例如，单色图像可以用 1 位（2^0）位图表示，即颜色深度为 1；16 色的图像可以用 4 位（2^4）位图表示，颜色深度为 4；256 色的图像可用 8 位（2^8）位图表示，颜色深度为 8，这就是常用的颜色深度。若更进一步，24 位可以表示 2^{24}（约 1 670 万）种颜色，这就是常说的真彩色，常用于商业广告、媒体宣传等。

由以上可见，色深的计算公式为：色深 = 2^n，其中 n 表示每个像素的位数。计算机视觉中采用的正是深度为 256 的 RGB 颜色系统。也就是每种颜色采用红、绿、蓝三种分量，每个颜色分量的取值都是 2^8，即从 0 到 255，一共有 256 种可能，那么，三种颜色就有 256 × 256 × 256 = 16 777 216 种可能，这就是 16M 色的由来。进一步解释：每个像素点上的颜色可以有 16 777 216 种可能，所以你的照片会色彩斑斓。

图 7-7 表达的就是一个具有复杂色彩的图片，如果从位图的角度看，它的每一个像素都有固定的色彩编码。比如，某个像素的色彩编码是（255，0，0），就表示红色，三个数字分别表示红、绿、蓝三个颜色分量的取值。如果这个编码是（192，18，89），那一定不是红、绿、蓝的纯色，而是 16 777 216 种不同的颜色中的一种。可见，计算机视觉这个万花筒实际上是被三组 0～255 的数字控制的，这也就是色彩数字化的基本原理。

位图文件所占字节数的计算公式为：［（图像分辨率 × 颜色深度）/8 bit］B。例如，一幅分辨率为 3 840 × 2 160 像素，

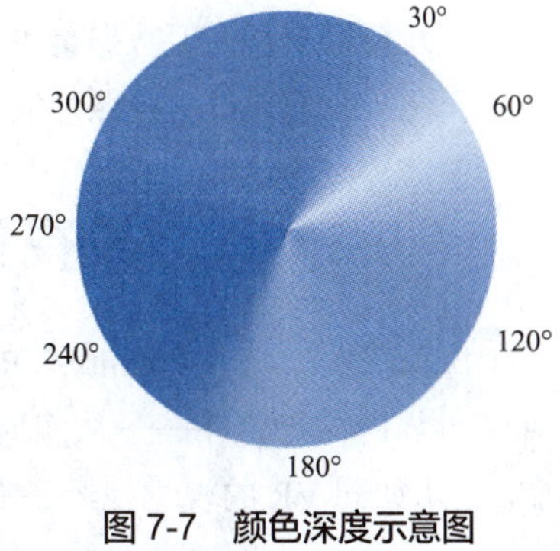

图 7-7　颜色深度示意图

采用 256 色的位图，其存储数据量为

$$[(3\,840\text{ 像素 }\times 2\,160\text{ 像素 }\times 8\text{ 位})/8\text{ bit}]\text{ B}=8\,294\,400\text{ B}$$

这个位图所占的存储空间约为 8 MB，占存储较大，这就是为什么图像处理过程需要对其进行压缩。

除了 RGB 模型之外，计算机中的颜色表示法还有 CMYK、HSV、HSL、HSI、Lab、YUV 等。因为 RGB 适用于电子屏幕显示，依托的是光的三原色混合，所以在计算机里多被采用。

纵横学习

若以 PAL 制式播放分辨率为 640 像素×480 像素的图像，每个像素用 256 色表示，在不压缩的情况下，60 min 视频所需的数据存储量是多少？

3. 手机里的CMOS传感器

RGB 依托的是光的三原色混合，那么光从哪里来？对于手机而言，这就是“图像转换三重奏”中的数据采样过程。这个过程由手机中的神器 CMOS 传感器来完成，他的使命就是采样图像数据。

CMOS 传感器是一种利用 CMOS 技术制造的图像传感器，广泛应用于数字相机、智能手机、监控摄像头等设备中。其主要功能是通过光电效应将进入传感器的光信号转换为电信号，从而生成数字图像。从技术视角讲，在硬件层面像素是图像传感器上的微小光敏元件，负责捕捉光线并转换为数字信号。所以，手机拍照背后的秘密就是 CMOS 传感器，它负责“看见”光。

CMOS 传感器具有低功耗、集成度高、读取速度快、抗噪能力强等诸多优势。此外，它在智能手机中的应用还包括高清录像、实时滤镜处理、人脸识别等功能。完成了数据采样，又提升了移动摄影体验。

4. 量化

量化是将每个采样点的像素值从连续变化的范围转换为有限个离散的数值的过程。其目的是减少数据的存储量和处理复杂度，同时尽可能保持图像的视觉质量。

量化级：量化级是用二进制位数（bit）描述信号幅度的离散化等级。其技术原理是：量化过程将连续模拟信号（如声音波形或图像灰度值）的瞬时幅度值，映射到最接近的离散电平值（量化级）上。例如，8 bit 量化将信号分为 256 个等级，每个等级对应一个固定数值。

量化误差：实际信号值与量化值之间的差异称为量化噪声，位数越高误差越小，量化位数决定了量化级的数量，进而影响图像的灰度级数或色彩深度。量化位数越高，图像的灰度层次或色彩表现越丰富，但数据量也随之增加。

至此，我们通过手机照片实例，说明了计算机视觉的数字化过程，包括采样、量化和编码。

7.2 计算机视觉：虚拟现实的“眼睛”与“大脑”

虚拟现实（virtual reality, VR）的沉浸感究竟从何而来？计算机视觉正是让 VR 系统“看懂”现实世界的关键推手——从实时构建三维环境的空间计算，到精准追踪用户手势的交互识别，CV 技术如同 VR 的视觉神经，将物理世界的动态信息转化为虚拟场景的交互指令。本节将首先介绍 CV 与 VR 的技术共生关系，再通过工业维修培训的典型案例，揭示这种融合如何从实验室走向实际应用，计算机视觉技术怎样成为 VR 的“眼睛”和“大脑”。

文 档

机器视觉和计算机视觉有不同吗

7.2.1　计算机视觉与虚拟现实的关系

当 CV 遇上 VR，技术碰撞产生了奇妙的反应：CV 不再满足于静态图像的识别分析，而是进化出实时捕捉空间、理解动作、预测交互的能力，以应对 VR 对低延迟高精度的苛刻要求。与此同时，VR 也因 CV 的赋能，从预先渲染的封闭场景蜕变为能动态响应真实环境的智能系统。这种双向驱动的技术演进，正在重新定义人机交互的边界。

1. 计算机视觉新概念

自从 20 世纪中期开始，计算机视觉不断发展，研究经历了从二维图像到三维到视频再到真实空间的探知，操作方法从构建三维向特征识别转变，算法从浅层神经网络到深度学习，数据的重要性逐渐被认知。伴随着计算机从理论到应用的速度加快，高质量的各种视觉数据不断沉淀，使得 CV 无论在社会经济、农业还是工业领域，或者是在视频直播、游戏、电商等领域都有不凡的表现。

如今，随着数字图像处理技术以及人工智能的发展，CV 逐步建立起自己的理论基础，并逐渐应用于更多的实际场景中。如今的计算机视觉已从以往的各种探索实践升级为动态环境理解系统，能像人类一样实时感知、推理并响应三维世界，呈现出全新的计算机视觉新概念。这里我们仅介绍与虚拟现实紧密相关的部分新进展。

（1）视觉变换器

视觉变换器（vision transformer, ViT）是一种基于 Transformer 架构的神经网络模型，专门用于处理计算机视觉任务。与传统计算机视觉模型如 CNN 相比，ViT 通过引入 Transformer 的注意力机制来解决长距离依赖建模的问题，从而在处理图像任务时表现出色。

ViT 是在 2021 年发表的，其核心思想是：将图像视为一个由局部块组成的序列，通过标准的 Transformer 编码器处理这些块，最后用分类头（MLP）输出类别概率。ViT 将图像分割成多个固定大小的小块（如 16 × 16 像素的小块），这些小块被视为序列中的“单词”，每个小块通过线性层产生固定维度的向量，并通过位置编码后输入 Transformer 编码器进行分类。主要优势在于其全局建模能力，能够捕捉图像中的长距离依赖关系。这在图像分类、目标检测和生成建模等任务中展现出卓越的性能。

（2）神经辐射场

神经辐射场（neural radiance fields, NeRF）是一种利用深度学习技术从部分二维图像集中重建复杂三维场景的计算机视觉技术。它通过训练神经网络来学习特定场景的几何形状、对象和角度，从而能够从新的视角渲染出逼真的 3D 视图。

NeRF 的工作原理：通过深度学习的方法从 2D 图片中学习，并生成连续的 3D 场景模型。其工作原理是自监督的，通过在有限的输入视图上训练数据，可以用较少的数据集生成高质量的渲染。相比传统方法中使用离散化的网格或体素表示场景，NeRF 的连续函数表示具有优势：NeRF 通过在连续的 3D 空间中操作，可以生成具有任意分辨率和细节的模型，并且能够自然地处理场景中的透明度和混合色。图 7-8 是 NeRF 将 2D 变 3D 的工作原理示意图。

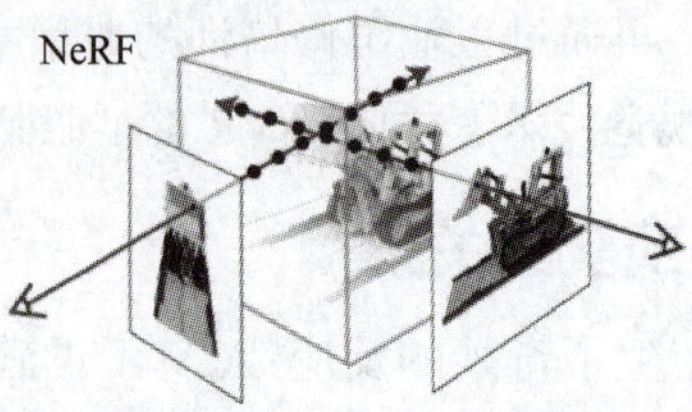

图 7-8 NeRF 将 2D 变 3D 工作原理示意图

案例 7-4 2D 视频转换为 3D 模型。2022 年一则新闻报道题为“HumanNeRF：从 2D 视频提取动态人像，并转换为 3D 模型”。这是华盛顿大学计算机科学院的 GRAIL 图形和成像实验室发布的一项基于 NeRF 合成的新技术：HumanNeRF，该技术的最大特点就是利用 AI 算法将 2D 视频合成高保真 3D 全身模型。科研人员表示，HumanNeRF 可从网络视频等 2D 数据提取动态人像，并进行自由视点渲染。图 7-9 是 2D 视频转换为 3D 模型的过程示意图。

图 7-9 2D 视频转换为 3D 模型的过程示意图

GRAIL 实验室多年来不断在研发“将 2D 图像、视频中内容和风格，注入生命”的技术，效果就像是哈利·波特中描绘的动态照片那样神奇。此前也曾有过“照片唤醒”AR 方案，这也是 GRAIL 的研究项目之一，该方案的特点是可将 2D 图片中的人物变成 3D 动画，并允许 3D 动画以 AR 的形式从图片中脱离。

NeRF 的基本思想是：用神经网络作为一个 3D 场景的隐式表达，代替传统的点云、网格、体素、TSDF 等方式，同时通过这样的网络可以直接渲染任意角度任意位置的投影图像。这一成果在计算机视觉和图形学领域取得了显著进展，合成的 3D 模型可结合动捕系统（虚拟现实领域的一种重要数据采集方式）来合成动态的虚拟人像。

传统的 3D 重建技术，如立体重建和深度学习的 3D 卷积神经网络，主要依赖于离散的 3D 体素或点云表示，存在模型精细度限制和处理透明和半透明物体困难的问题。近几年 NeRF 又有了最新进展。例如，有研究提出了 ProvNeRF，进一步优化了 NeRF 的性能和应用范围。此外，NeRF 在自动驾驶、虚拟现实等领域也有广泛的应用前景。

除了上述两种新技术之外，计算机视觉在人工智能技术的加持下，近几年的发展突飞猛进。例如，事件相机（event camera）是一种基于动态视觉传感器的低延迟感知设备，它能够实时响应场景中的亮度变化，而不是传统的逐帧捕获，这使得它在高速运动场景中具有更高的效率和准确性。

这些新概念和技术不仅推动了计算机视觉的发展，还为各种应用提供了更高效、更准确的解决方案。

2. 虚拟现实

虚拟现实通过数字技术构建三维世界，旨在为用户创造“身临其境”的体验。其发展历程并非单纯依赖硬件升级，而是与计算机视觉的需求迭代密切相关。早期的 VR 系统是单向的数字展示工具，而如今，CV 让 VR 进化成了能够“感知环境”和“理解用户”的智能平台，推动虚拟世界与现实世界的深度融合。

（1）20 世纪 90 年代：静态的“数字牢笼”

早期的 VR 设备就像一台没有窗户的电视机——用户戴着笨重的头盔，看到的只是预先存储在计算机里的 3D 模型。这些模型就像舞台布景一样固定不变，无论你转头还是挥手，虚拟世界都像一潭死水。当时的系统就像一台“单向投影仪”，既不知道你身处何方，也无法回应你的动作。为什么会这样？因为缺少一双“数字眼睛”。当时的技术就像盲人摸象，只能依靠手柄输入指令，完全无法感知真实世界的变化。

（2）21 世纪 10 年代：动态的“虚实桥梁”

随着用户对交互性和真实感的需求提升，VR 技术开始向“智能化”迈进。用户不再满足于被动观察，而是希望用手势操控虚拟物体、用眼神触发交互，甚至将真实环境与虚拟内容无缝融合。例如，用户期望通过手势操控虚拟物体，或透过头戴显示器（头显）看到真实桌面上的虚拟棋盘。这些功能的实现离不开 CV 技术的支持：通过摄像头捕捉现实画面，利用算法解析空间结构，再驱动虚拟场景动态响应。这种从“封闭放映”到“智能交互”的转变，标志着 CV 成为 VR 技术不可或缺的基石。

案例 7-5 Oculus Rift 到 Quest Pro —— CV 赋能的进化之路。Meta 是美国一家互联网科技公司，主要经营社交网络、虚拟现实、元宇宙等产品。让我们通过 Meta 公司的 VR 设备发展史，直观感受 CV 如何重塑 VR 体验。Oculus Rift 是 Meta 公司的一款为电子游戏设计的头戴式显示器，这是一款虚拟现实设备。2016 年的 Oculus Rift 像是戴着“数字眼罩”——它只能展示提前设计好的虚拟场景，用户仿佛被困在固定的立体画框里。当你想伸手触碰眼前的虚拟茶杯时，系统完全“看不见”你的动作，交互如同对着空气比画，体验生硬得像是“隔空打牛”。而 2022 年该公司发布了 Quest Pro，这是一款高端 VR 头显设备，旨在提供沉浸式的虚拟现实体验。Quest Pro 像为 VR 装上了“智慧之眼”。它配备的四颗高分辨率摄像头，如同机器的视觉神经，能实时扫描真实环境。通过“彩色透视”功能，你眼前会浮现一个虚实交融的世界：真实桌面上的水杯与虚拟象棋共存，当你移动桌子时，棋子会自动跟随，就像被无形磁铁吸附着。这背后是 CV 技术的三大绝活——边缘检测（精准识别物体轮廓）、深度估算（判断物体远近）和空间映射（建立三维模型）。再具体一点：摄像头每秒捕捉数万细节点，通过 SLAM 技术（一种实时定位和地图构建算法）将房间转化为精确的数字网格，再借助语义分割（像区分照片中的猫和沙发那样）智能辨别“桌面”与“墙面”。正是这些技术的突破，让 VR 从单向播放的“全息电影”变成了能与现实互动的“魔法窗口”，真正架起连接虚实世界的智能桥梁。

3. 虚实交互的“神经末梢”

如果我们戴上 VR 头戴式显示器走进商场，眼前的场景并非完全虚构——头显上的摄像头正在实时扫描真实环境，将物理空间转化为虚拟世界的数字孪生。环顾四周，虚拟商场的立柱位置、电梯间距甚至地砖花纹都与现实完全一致；而一道悬浮的蓝色光带浮现在地面，指引你穿过虚实交融的走廊。这并非魔法，而是 CV 与 VR 技术共同编织的精密闭环，正如图 7-10 所展示的，从现实空间的数据采集，到虚拟世界的动态映射，最终通过毫秒级反馈实现自然交互。

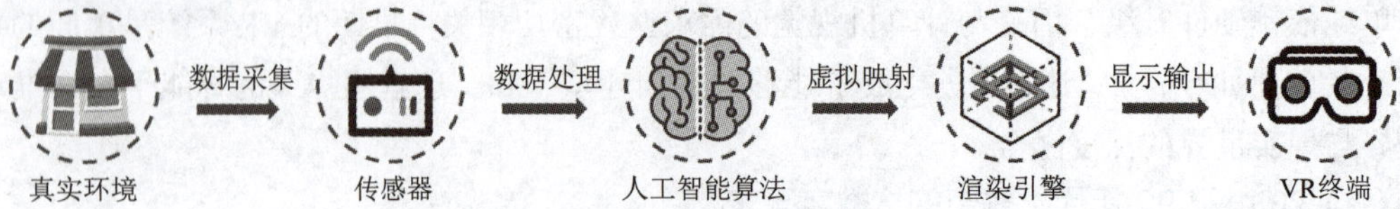

图 7-10 虚实交互的技术链条

（1）传感器：给机器装上“数字复眼”

当 VR 头显的摄像头每秒拍摄 30 张照片时，它不是在拍普通照片，而是在用“机器语言”翻译整个空间。墙面的细微裂纹、消防栓的金属反光、地砖的拼接纹路——这些看似普通的细节，在 CV 眼中都变成了定位路标。就像蜜蜂用复眼观察世界，VR 设备通过多个传感器同时比对不同角度的画面特征（如咖啡店招牌的棱角、绿植叶片的形状），实时计算出你在空间中的精确位置。即便你戴着设备走动，系统也能像 GPS 导航般持续修正坐标。

（2）算法：让 AI 拥有全方面视角

传统图像分析如同用放大镜看拼图，只能一块块研究；而视觉 Transformer（ViT）这项技术，则像把整个拼图铺在桌上全局观察。它能同时理解“咖啡吧台离安全出口 20 m”“临时展架挡住了通道”这些复杂关系，甚至能像经验丰富的导购员一样，预判哪些区域可能人流密集。当商场突然用隔离带封闭某条通道时，ViT 会立即发现画面变化，在虚拟地图中标注禁行区，并生成绕行箭头——整个过程比人类眨眼还快。这种能力源于“自注意力机制”，简单说就是让 AI 学会像人类一样，一眼抓住画面重点并联想前后关联。

（3）虚拟映射：虚实交融的“光影魔术”

虚拟导航箭头可不是随便贴在画面上，它遵循真实世界的物理规律：当你走近时箭头会变小，转身时箭头方向随之转动，就连地砖反光都会影响它的明暗变化。这背后依赖 SLAM 技术（实时定位与地图构建算法）建立的精密坐标系统，让虚拟元素如同用隐形墨水画在真实空间里。与此同时，物理渲染引擎扮演着光影魔术师的角色。它不仅依据空间坐标放置虚拟对象，更通过光线追踪技术赋予其真实的视觉属性：商场顶灯的色温变化会实时影响导航光带的明暗渐变，甚至连行人经过投射的动态阴影，都会精确呈现在虚拟信息框上。整个系统必须在 20 ms（人类眨眼时间的 1/5）内完成从捕捉画面到更新显示的整套流程。

这种实时交互彻底改变了人机关系——传统导航像查纸质地图，而 CV-VR 的组合让系统变成“智能向导”：当你站在商场十字路口犹豫时，它会通过你的视线锁定目标店铺，自动放大招牌；发现你多次看向珠宝柜台，便弹出优惠信息并标注最短路线。这就像给你的手机装上了“环境感知”和“意图理解”的超能力，让数字世界真正融入现实空间的每个角落。

纵横学习

为什么虚拟现实系统必须将延迟控制在 20 ms 以内？如果延迟超过这个阈值，用户在移动中观察虚拟指引时会产生怎样的感知异常？

7.2.2 当 CV 成为 VR 的“视觉中枢”：工业维修的虚实融合实践

VR 维修是近年来 VR 技术应用的一个重要研究方向，被广泛应用于维修检查、维修的工种培训等方面。传统维修培训，既要有现实设备，还要配备专业老师、生产场地等等，培训的环境要求非常高。而 VR 维修培训可以搭建仿真空间，提取维修设备的资料、状态数据等，突破在空间和时间上的限制，实现设备拆装、调整、故障维修等操作。尤其是增强现实（Augmented Reality，简称 AR）技术的发展，正在重塑工业设备维护的作业模式。通过虚实融合、实时交互与智能辅助，AR、VR 与 CV 的融合赋能，为传统工业维护带来了效率提升、成本优化与安全升级。

目前，VR 维修的培训在现代化煤矿、核电站等安全性要求较高的场所均有应用，可实现维修预演作业。在广泛用于培训的基础上，VR 维修还能运用于工业机器人的协同作战。怎么作战呢？就是 VR 技术可以使操作员站在机器人的视角，在虚拟环境中使用机器人进行实时操作，可运用在高危处理等方面。

如果在布满仪表盘的高压变电站里，一位年轻工程师正专注地检修变压器。与传统场景不同，他眼前会浮现着跳动的数据流，手指划过空气就能“拆解”设备外壳，甚至能看见电流在导线中流淌的轨迹——这正是计算机视觉（CV）与虚拟现实（VR）深度融合的工业维修新图景。

正如表 7-2 所示，传统纯 VR 培训系统与 CV-VR 融合系统的本质差异，在于是否具备“视觉中枢”的动态感知能力。前者如同播放教学录像，学员只能被动重复预设流程；后者则像与智能教练实时对练，系统通过 CV 持续解析操作细节，动态调整训练内容。这种代际差异，正是工业维修从“数字演练”迈向“智能增强”的关键转折。当 AI 为这对组合注入智慧，CV 便成为技术进化的“视觉中枢”——它不仅是机器的眼睛，更是连接虚实空间的神经网络。在接下来的实践中，我们将看到这种能力如何重构工业维修的每个环节。

表 7-2　VR 培训系统的代际演进

对比维度	纯 VR 培训系统	CV-VR 融合系统
核心组件	像播放器，只有固定剧本	像智能教练，配备实时感知的“电子眼”
交互方式	只能按固定按钮操作（像玩老式游戏机）	可以用手势 / 眼神 / 实物互动（像玩体感游戏）
灵活性	无法适应真实环境变化	能根据现场情况调整
学习效果	像背台词演戏，记步骤但不会变通	像真人教练手把手教，活学活用
典型案例	驾校模拟器只能按固定路线练车	医生 VR 手术训练能识别器官真实位置

1. 视觉感知：捕捉维修动作的每个细节

维修作业如同外科手术，每个动作都决定着设备的“生命体征”。传统培训中，老师傅常说的“手上要有准头”，本质是要求对角度、力度、位置的精准把控。计算机视觉的介入，让这些抽象经验转化为可量化的视觉数据。

当学员戴上搭载深度摄像头的 VR 设备，就开启了“数字透视眼”。在检修高压开关柜时，普通肉眼难以观察的螺纹咬合状态，通过三维视觉重建技术，能实时生成螺纹啮合的微观模型。学员旋转虚拟扳手的瞬间，系统通过手部关键点追踪算法（如 OpenPose），以 0.1 mm 精度捕捉 22 个手指关节的运动轨迹。就像给双手安装了“像素级监控器”，哪怕 1° 的角度偏差，也会触发虚拟界面的橙色预警波纹。

这种视觉感知能力在精密操作中尤为关键。比如，更换断路器触头时，传统培训容易因用力过猛损伤精密部件。现在，CV 系统通过比对历史维修视频数据库，自动识别最佳施力曲线。当学员的虚拟工具接触目标零件时，视觉算法会分析工具与零件接触面的变形特征，像“数字测力计”般实时显示压力值：“当前接触压力 85 N，建议调整至 70～75 N 范围。”更巧妙的是，系统会将学员动作与专家操作视频进行逐帧对比，在 VR 视野边缘生成半透明的“黄金标准”动作投影，如同在视网膜上叠加了操作指南。

2. 视觉诊断：透视设备的“健康密码”

维修工程师的终极考验，是像 X 光医生般看透设备内部状态。计算机视觉赋予的“结构光视觉”能力，正在打破物理外壳的阻隔。当学员在 VR 环境中“透视”发电机组，设备不再是冰冷的金属外壳，而是由不同颜色编码的“器官”组成的生命体。

热成像视觉是最典型的应用场景。传统红外测温仪只能显示单点温度，而 CV 驱动的热力视觉系统，能将设备表面温度场转化为动态光谱图。在检修电力变压器时，学员视线所及之处，铜绕组会随着温度变化呈现呼吸般的色彩脉动：健康状态显示为静谧的深蓝色，局部过热区域则像伤口般泛着红光。当学员模拟更换冷却油时，能直观看到紫色油流如何带走红色热区，仿佛在给设备进行“退烧治疗”。

更精妙的是多模态视觉融合技术。在诊断电机轴承故障时，系统会同步接入振动传感器数据，通过视觉编码将振动频谱转化为旋转的 3D 波形图。学员转动虚拟轴承时，健康状态的波形如同优雅的芭蕾舞者，而有裂纹的轴承会呈现抽搐的锯齿状图形。这种将听觉、触觉信号转化为视觉表征的方法，就像给设备故障谱写了独特的“视觉指纹”。

3. 视觉引导：构建智能培训闭环

真正的技术传承，需要将视觉感知转化为肌肉记忆。CV-VR 系统创造的“增强现实回廊”，让每个错误操作都变成可视化的学习机会。当学员在虚拟环境中操作失误时，系统不会简单弹出警示框，而是启动“时空冻结”模式——所有设备部件保持瞬间状态，错误操作点被高亮标记，就像在时空中按下暂停键的“错题本”。

在接地线安装训练中，常见的顺序错误会触发“电流反噬”特效：错误接地点会迸发金色电弧，沿着虚拟导线逆向蔓延，最终在学员手部位置爆裂成红色警示球。这种将电气原理转化为视觉特效的设计，让抽象理论变得触手可及。更有趣的是“操作溯源”功能，学员可以像操纵视频进度条般，将自己的操作录像与标准流程并排对比，关键差异点会自动生成荧光标注。

视觉引导的终极形态是“预见性指导”。当学员拿起工具靠近设备时，CV 系统已通过姿态预测算法预判后续动作。在拆卸涡轮机叶片时，如果工具角度偏离安全范围，目标零件会提前呈现半透明警示状态，空中浮现的橙色箭头像智慧路标般指引正确路径。这种“视觉预判”能力源自对百万次维修视频的深度学习，让系统具备老师傅般的“第六感”。

从捕捉动作到诊断状态，最终形成指导闭环，计算机视觉始终是这场变革的主角。它像永不疲倦的“数字监工”，用像素解析每个操作细节；又如全知全能的“设备医生”，用图像解码机器语言。当这些视觉能力通过 VR 转化为沉浸式体验，工业维修培训便突破了物理世界的局限——年轻工程师在虚拟空间中获得的“视觉记忆”，最终将转化为现实世界的精准操作。这或许就是技术进化的奇妙之处：人类用机器延伸了眼睛，而机器又用人类的视觉智慧反哺工业文明。

案例 7-6 智能路面检测系统—— CV 与 VR 驱动的虚实融合。以陕西维骏创科信息技术有限公司的专利技术为例，可清晰展现 CV 如何成为虚实融合的“视觉大脑”。该专利提出的系统部署分布式高精度摄像头网络，CV 算法（如深度卷积神经网络）在边缘节点实时分析路面图像，精准识别裂缝、坑洼等损伤。算法逐帧追踪裂缝边缘像素变化，结合历史数据预测扩展趋势，并通过语义分割区分损伤类型（如“龟裂”与“结构性断裂”）。处理后的数据生成动态热图：蓝色渐变标注裂缝（颜色越深裂缝越宽），红色渐变标识坑洼（颜色越深坑洼越深），形成直观的“路面健康色谱”。养护人员佩戴 AR 眼镜后，可“透视”路面内部：视线聚焦处弹出 3D 损伤模型，显示深度、应力分布等参数；手指滑动调取时间轴，观察某路段裂缝从浅蓝（1 cm）到深蓝（5 cm）的月度演变。系统还通过 SLAM 算法在真实路面上叠加虚拟警示标志，规划绕行路径，如同“道路 CT 导航”。AI 进一步赋能 CV-VR 联动，时空注意力模型结合天气、车流量等因素，预判未来 30 天损伤趋势。工程师在 VR 环境中模拟维修方案时，CV 算法实时计算施工影响，虚拟场景中呈现“压力传导波纹”，避免真实维修的连锁损伤。这种“视觉预演”能力，正是 CV 作为“智慧之眼”与 VR“数字沙盘”深度融合的体现，推动道路养护迈入“像素级精准时代”。

7.3　应用实例：人脸识别闸机一体安检门门禁 Y20

我们现在无论是坐飞机、高铁、地铁，还是各种门卫安检，以及金融往来，大都要通过人脸识别，这是一种基于人类面部生物特征进行身份识别的方法，具有唯一性和稳定性，已经广泛应用于金融、医疗、游戏、交通运输、刑侦查案、安保系统等领域。人脸识别技术的研究始于 20 世纪 60 年代，并在 80 年代后随着计算机技术和光学成像技术的发展得到了显著提高。真正进入初级应用阶段则是在 90 年代后期。经过科研人员多年的研究和实验，我国的人脸识别技术逐渐发展并取得了显著进步，最终达到了世界前列。本节以 2024 年发布的人脸识别闸机一体安检门门禁 Y20 为例，来解析人脸识别中的计算机视觉技术及智能应用。

7.3.1　门禁 Y20 系统简介

将人脸识别技术应用于智慧校园安防系统中，能够实现快速识别人员身份，并根据人员身份的不同设置相应的安全等级，记录实时视频监控图像，统计人员进出信息，并通过统一管理平台对所有门禁集中管控，对外来人员进行临时授权和实时追踪监控等功能。

2024 年 9 月 12 日，捷顺科技成功举办以“全新进化，定义非凡”为主题的 2024 智慧人行线上新品发布会，正式推出两款全新一代的智慧人行领域旗舰级产品——人脸识别门禁 Y20、速通摆闸 3910A。其中门禁 Y20 的应用场景如图 7-11 所示。

图 7-11　门禁 Y20 的应用场景示意图

门禁 Y20 是一款高端园区通行管控旗舰产品，采用全新 UI 设计，屏占比达到 80% 以上，支持多种开门方式和国密卡高安全认证。该产品适用于门禁通行、会议、电子门牌、考勤和信息发布等多个办公场景使用。

门禁 Y20 的技术特点如下：

①高安全性：门禁 Y20 支持国密卡高安全认证，确保系统的安全性。

②多功能性：支持多种开门方式，包括人脸识别、屏下刷卡、视频二维码等，适应多种场

景需求。

③用户体验：采用超大凭证容量配置，识别交互更明显，多人考勤无须排队，全维度鉴权。

主要应用于高端园区、办公楼、学校等需要高安全性和便捷管理的场所。其多功能性和高安全性使其成为这些场景下的理想选择。

7.3.2 门禁 Y20 人脸检测技术

人脸识别包括了人脸检测、配准、属性识别、人脸提特征、比对、验证、识别、检索、聚类、活体等多个关键技术，以下以人脸检测为例介绍其技术路线。

1. 人脸检测技术路线

人脸识别是在检测到人脸的基础上，进一步判断这张脸是谁（身份识别）或是否匹配某个人，所以检测是关键的第一步，其核心原理包括以下几个关键步骤（见图 7-12）：

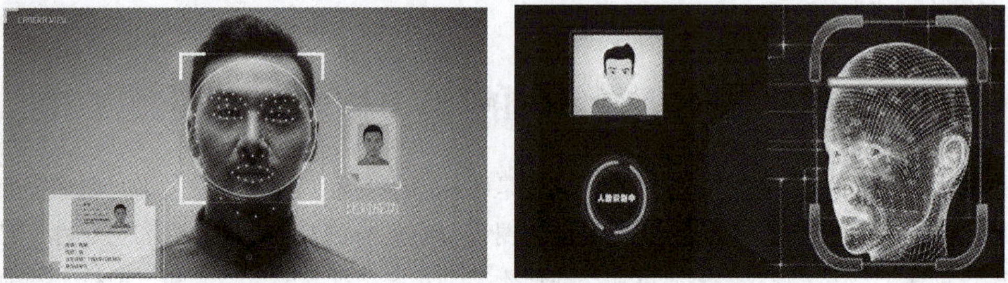

图 7-12　人脸检测技术原理图

①人脸检测：从视频和图像中精准检测出人脸；

②人脸预处理：对采集到的图像进行处理，提取出有效的面部特征；

③特征提取：提取面部特征向量，为后续的比对识别提供支持；

④比对识别：通过比对预处理后的面部特征与数据库中的信息进行身份验证；

⑤活体鉴别：确保所采集的人脸图像确实来自真实人体，而非攻击手段。

2. CNN深度学习模型在人脸检测中的应用

在人脸检测中，CNN 通过多层卷积、池化、激活函数和全连接层等结构，自动提取图像中的特征，从而实现高效和精准的人脸检测。其技术路线如下：

①多模态融合：通过使用不同模态的传感器（如 RGB 和红外图像）对目标进行实时采集，并对采集到的图像进行去噪、灰度化、裁剪和对齐处理。然后使用 CNN 提取特征，并将不同模态的数据在网络的输入层进行融合，进行特征提取和分类。

②级联方法：CNN 级联是一种多阶段的目标检测方法，通过多个 CNN 模型逐步筛选和定位目标。初步筛选、边框校准、进一步筛选和最终检测等步骤共同作用，提高检测的准确性和速度。检测流程如图 7-13 所示。

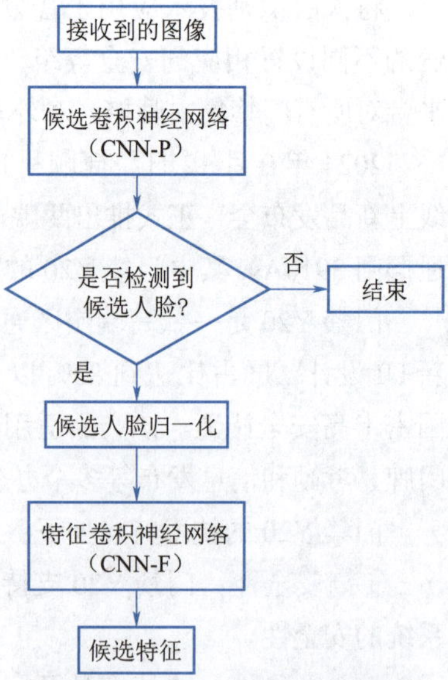

图 7-13　CNN 级联检测流程

③优化策略：优化策略包括权重初始化、激活函数选择、批量归一化、数据增强和 Dropout 等方法，以提高模型的性能和泛化能力。

图 7-14 表示从图像分类到检测的技术原理示意图。

人脸检测技术的具体应用如下：

①人脸验证（face verification）：用于确认两张人脸图像是否属于同一人，常用于身份认证场景，如人证核验等。

②人脸辨识（face identification）：通过给定的人脸图像在注册库中查找对应身份信息，常用于静态图像检索或动态监控布控等场景。

③人脸聚类（face clustering）：将一批人脸图像根据相同人的特征进行归类，不同人则划分到不同类别，常见于智能相册生成、一人一档管理等应用。

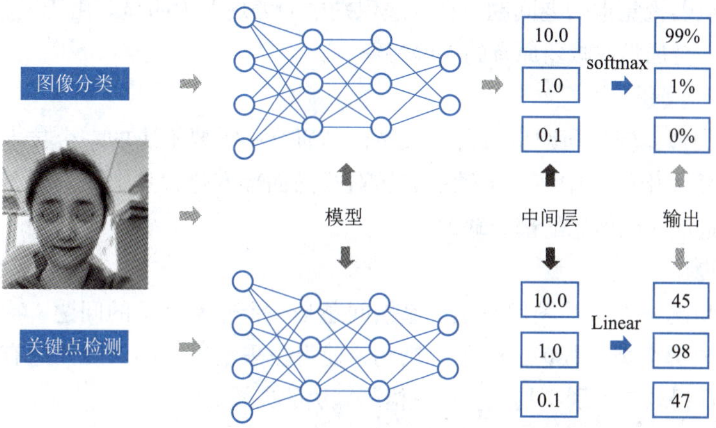

图 7-14　图像分类与人脸关键点检测示意图

3. 人脸检测技术新进展和未来趋势

研究指出，依赖皮肤微弱变色来识别假视频的传统方法可能失效，因为最新一代高质量深度伪造视频保留了源素材的生理信号，包括心跳等生理节律。这要求检测工具需要升级，关注血流在不同面部区域的分布规律，以提高检测的准确性。此外，深度伪造技术的发展使得虚假信息扩散的门槛降低，企业的 KYC、金融远程身份验证及司法取证体系都将面临风险。

（1）人脸检测技术新进展

①动态纹检测技术：美图宜肤通过 AI 实时捕捉表情纹变化，预测衰老趋势，展示了其在动态纹检测领域的前沿技术突破。该技术能够精准捕捉皮肤纹理在动态表情下的细微变化，计算出皱纹的分数、面积、长度、宽度、深度等关键指标，并实时跟踪皱纹在不同表情状态下的特征变化，为精准诊断和个性化治疗方案提供支持。

②侧边超声波技术：华为 Mate80 系列或采用屏下 3D 结构光 + 侧边超声波指纹的双解锁方案。侧边超声波技术凭借其高精度和强抗干扰性，在屏下指纹领域广泛应用，能够实现在不牺牲机身厚度的情况下提升功能，且适用于湿手解锁和 3D 活体检测，提升安全性。

（2）人脸检测技术未来趋势

①全屏生物识别：产业链人士预测，屏下 3D 人脸识别或于 2027 年实现完全隐藏式设计，而广域超声波指纹（支持屏幕任意区域解锁）则需要突破国产化替代瓶颈。这些技术的发展将

推动全屏生物识别的终极形态。

②法规与安全：随着人脸识别技术的广泛应用，相关法规的出台和实施对技术的应用方式和应用场景进行了规范。例如，《中华人民共和国个人信息保护法》和《人脸识别技术应用安全管理办法》的出台，强调了“非强制原则”和“必要性最小化”，确保技术应用的安全性和合规性。

4. 人脸识别的技术难点

随着技术的进步，人员组织的不断复杂化，人脸识别技术应用广泛，包括铁路安防系统的火车票实名制、教育领域的各种考试、智能城市建设等。人脸识别发展到现在有近 40 年的时间，但它一直存在几个技术难点：

（1）光照问题

光照问题是机器视觉重的老问题，在人脸识别中的表现尤为明显。由于人脸的 3D 结构，光照投射出的阴影，会加强或减弱原有的人脸特征。

（2）表情姿态问题

与光照问题类似，姿态问题也是目前人脸识别研究中需要解决的一个技术难点。姿态问题涉及头部在三维垂直坐标系中绕三个轴的旋转造成的面部变化，其中垂直于图像平面的两个方向的深度旋转会造成面部信息的部分缺失。

（3）遮挡问题

对于非配合情况下的人脸图像采集，遮挡问题是一个非常严重的问题。特别是在监控环境下，往往监控对象都会戴着眼镜、帽子等饰物，使得被采集出来的人脸图像有可能不完整，从而影响后面的特征提取与识别，甚至会导致检测算法的失效。

（4）年龄变化

随着年龄的变化，面部外观也在变化，特别是对于青少年，这种变化更加明显。一个人从少年变成青年，变成老年，他的容貌可能会发生比较大的变化，从而导致识别率的下降。对于不同的年龄段，人脸识别算法的识别率也不同。

（5）人脸相似性

不同个体之间的区别不大，所有的人脸的结构都相似，甚至人脸器官的结构外形都很相似。这样的特点对于利用人脸进行定位是有利的，但是对于利用人脸区分个体是不利的。

（6）图像质量

人脸图像的来源可能多种多样，由于采集设备的不同，得到的人脸图像质量也不一样，特别是对于那些低分辨率、噪声大、质量差的人脸图像（如手机摄像头拍摄的人脸图片、远程监控拍摄的图片等），如何进行有效的人脸识别是个需要关注的问题。同样，对于高分辨图像对人脸识别算法的影响也需要进一步的研究。

（7）样本缺乏

基于统计学习的人脸识别算法是目前人脸识别领域中的主流算法，但是统计学习方法需要大量的训练。由于人脸图像在高维空间中的分布是一个不规则的流形分布，能得到的样本只是对人脸图像空间中的一个极小部分的采样，如何解决小样本下的统计学习问题有待进一步的研究。

（8）海量数据

传统人脸识别方法如 PCA、LDA 等在小规模数据中可以很容易进行训练学习。但是对于海量数据，这些方法其训练过程难以进行，甚至有可能崩溃。

（9）大规模人脸识别

随着人脸数据库规模的增长，人脸算法的性能将呈现下降。

2015 年以来，已有腾讯、阿里、民生银行等多个行业巨头纷纷加码人脸识别产业。国内外巨头纷纷加码人脸识别技术，将直接助推产业的爆发性增长。随着大数据、共享时代的来临，数据安全问题也越发被重视起来，以人脸识别为代表的新一代技术革命已经展开，人脸识别的未来将在继续攻克难题，越来越精准。

拓展学习　声音是怎么合成的

请使用任意一款音频处理软件完成声音合成，创作一个自己的配乐诗朗诵。制作步骤及要求如下：

（1）录制一段自己朗诵的诗词，时长至少 1 min，保存成一个语音音频文件。

（2）找到一段与诗词相配合的背景音乐，使用音频软件剪辑其中一段，与上一步录制的语音长度相同，调整音量不超过语音文件的音量，保存成一段音乐音频文件。

（3）将语音文件和音乐文件合成，完成混音，合并为一个音频文件，形成最终的配乐诗朗诵作品。

（4）要求将三个音频文件分别保存成 MP4 格式，打包成一个压缩文件，作为作业提交。

图灵奖　卷积神经网络之父——杨立昆

杨立昆（Yann LeCun）是法国人工智能科学家，是纽约大学教授兼 Facebook 首席 AI 科学家，因为他在深度学习和卷积神经网络领域的杰出贡献，被认为是深度学习的发明者之一，也被誉为“卷积神经网络之父”。其研究和应用对人工智能的发展产生了深远影响，获得 2018 年的图灵奖。

杨立昆，1960 年出生于法国巴黎郊区，父亲是工程师，从小对科技感兴趣。1983 年毕业于巴黎电子工程学院，1987 年在巴黎第六大学（现索邦大学）获得计算机科学博士学位，博士期间研究神经网络的反向传播算法。

杨立昆的职业生涯横跨学术界和工业界，他担任 Facebook 首席人工智能科学家和纽约大学教授。1989 年，他在贝尔实验室时期就提出了卷积神经网络的概念，并开发了 LeNet 系统，实现了手写数字的高精度识别。这一成就不仅奠定了深度学习的基础，还推动了图像识别技术的发展。他的研究成果广泛应用于图像处理、语音识别等领域，对人工智能的发展产生了重大影响。此外，他还提出了反向传播算法，这一算法在神经网络训练中具有革命性的意义，极大地推动了深度学习的发展。

杨立昆以手写字体识别、图像压缩和人工智能硬件等主题发表过 190 多篇论文，研发了很多关于深度学习的项目，并且拥有 14 项相关的美国专利。2021 年他出版了自传式图书《科学之路：人、机器与未来》，这也是一本介绍人工智能相关领域的科普著作。作为当今火热的深度学习的构建者，杨立昆对人工智能的低谷与辉煌有着切身实际感受以及冷静务实的思考。

2021 年，澎湃新闻以《图灵奖得主杨立昆：我如何走上人工智能之路》为题刊登过一篇长文，注明“本文经授权节选自《科学之路：人、机器与未来》（中信出版社）第二章，内容有删减，标题为编辑所加”，其中标题为“信息的自由流动就是进步的动力”。

习　题

一、单选题

1. 很多计算机中的字体是 TrueType 类型，它是一种（　　）。

A. 点阵字符　B. 矢量字符　C. 图像字符　D. 栅格字符

2. 视频文件的内容包括视频数据和（　　）数据。

A. 音频　B. 视频　C. 动画　D. 图形

3. 帧是视频图像或动画的（　　）组成单位。

A. 唯一　B. 最小　C. 基本　D. 最大

4. 位图与矢量图比较，可以看出（　　）。

A. 对于复杂图形，位图比矢量图画对象更快

B. 对于复杂图形，位图比矢量图画对象更慢

C. 位图与矢量图占用空间相同

D. 位图比矢量图占用空间更少

5. 下列既可以存储静态图像又可以存储动态图像的文件格式是（　　）。

A. JPG　B. MID　C. GIF　D. BMP

二、思考题

1. 模拟信号和数字信号本质区别是什么？

2. 我们经常在小视频上看到换脸，比如猫家庭或者一岁小孩讲故事，这是怎么做到的呢？

3. 帧速率对视频的播放效果有哪些影响？当我们在播放视频时采用倍速播放，实际上，我们是改变了什么？

4. 位图与点阵有区别吗？位图与像素有什么关联？

5. 既然颜色深度越大越色彩越丰富，而且只是由二进制位数决定的，那为什么不用更多的位数表达？可以用 10 位吗？为什么？

6. 早期的 3D 建模用的是什么方法？NeRF 是现在主流的三维模型生成方法吗？

7. 如何让 VR 教学模型通过实时 CV 识别物理环境（如教室桌面）？如何实现虚实边界的动态碰撞与交互？

8. 当 CV 通过眼球追踪 / 微表情识别用户情绪，并在 VR 中实时生成对应虚拟角色反馈时，如何避免“恐怖谷效应”？算法应优先保真度还是舒适度？（可借助 AI 的帮助）

9. CV 驱动的 VR 社交平台能自动美化用户虚拟形象，但长期使用可能导致现实身体认同障碍。如何设计“虚拟形象健康度”预警系统？

10. CNN 是深度学习在计算机视觉中的一种重要应用，主要用于解决哪些问题？试举一例说明（DeepSeek 可以帮助你）

三、综合应用题

1. 请在 DeepSeek 的帮助下说明如何完成一个孤独症患儿的社交训练。

场景：CV 识别患儿表情 / 肢体语言，VR 生成虚拟角色逐步调整互动难度，比如从卡通形象到真人模拟。

关键指标：如何量化“社交压力阈值”并动态调整。

2. 请了解工业巡检元宇宙系统如何实现。

需求：工人戴 VR 眼镜巡检工厂，CV 自动识别设备异常，并在虚拟模型中高亮标注历史故障点。

瓶颈：少样本条件下，如何训练足以覆盖长尾缺陷的 CV 模型？

什么是长尾缺陷？DeepSeek 可以帮你解答。

第 8 章
从文本处理到语言理解——自然语言的认知解码

在信息化时代，人与机器的交流越来越依赖于自然语言——我们通过说话、打字的方式与机器沟通，而机器能够“理解”并做出相应的反馈，这正是人工智能理论与技术支持的结果。自然语言处理是使计算机具有“理解并回应人类语言”能力的关键技术，也是人工智能应用的典型。从智能客服到在线翻译，从舆情监控到智能写作，自然语言处理已经深入到各行各业。本章将带领读者初步认识自然语言处理技术，了解人工智能如何促进自然语言的范式革命。同时，掌握自然语言处理流程与基本模型，从文本预处理入手，逐步深入文本分类和情感分析等典型任务，并结合实际案例，解析“讯飞翻译机”等智能产品的工作原理，从而体会具有智能的语言技术如何改变我们的生活。

8.1　自然语言处理概述

自然语言是人类日常交流、思想表达和文化传承所使用的语言，它是人类智能的重要体现，即语言智能。对于机器而言，计算机天生只能处理结构化、符号化的语言，例如程序代码或机器指令，但却欠缺语义理解能力，如对口语、不规范的用语识别和认知等。自然语言处理正是弥合这一差距的关键桥梁。

随着人工智能技术，特别是机器学习与深度学习的发展，自然语言处理取得了显著进步。从词法分析、句法解析到语义理解与语言生成，AI 模型正逐步赋予计算机处理和理解自然语言的能力。可以说，人工智能技术正推动自然语言处理从“看得懂”迈向“听得懂、想得通、答得出”的新时代。

8.1.1　什么是自然语言处理

哈佛大学名誉教授、语言学家史蒂芬·平克指出：“语言是洞察人类天性之窗。”语言不只是人类社会交流的工具，它还是我们理解世界、构建知识和实现抽象思维的关键机制。对人工智能来说，理解语言就是通向“类人智能”的关键一步。

视频

快速了解自然语言处理

1. 语言与认知

语言能力的出现是人类大脑进化的重大突破，它推动了大脑左右半球的功能分化，形成了独特的语言处理机制，如图 8-1 所示。

①左脑：主要负责语言的句法、词汇、逻辑和时序处理，如布罗卡区控制语言表达，

韦尼克区负责语言理解；

②右脑：主要处理语言的情感、语调、隐喻、比喻和图像等非线性信息，是“语感”的来源。

这种神经结构的分化，使语言在人类认知的五个层级（感觉、知觉、记忆、语言、思维）中占据特殊地位。一般而言，语言是思维的载体，也是知识的建构者，它使人类远超任何其他动物，成为“会思考的生物”。语言的主要功能体现在以下三个方面：

①记忆的标签系统：语言作为“命名工具”，使人类的经验得以保存、共享、积累，变成文明与文化。

②思维的编码工具：语言是抽象概念与逻辑推理的起点，使数学、科学、哲学、艺术等高级认知活动成为可能。

③社会认知的基础：语言扩展了人类的决策能力和想象力，使人类可以通过语言进行假设、虚构、预见和批判。

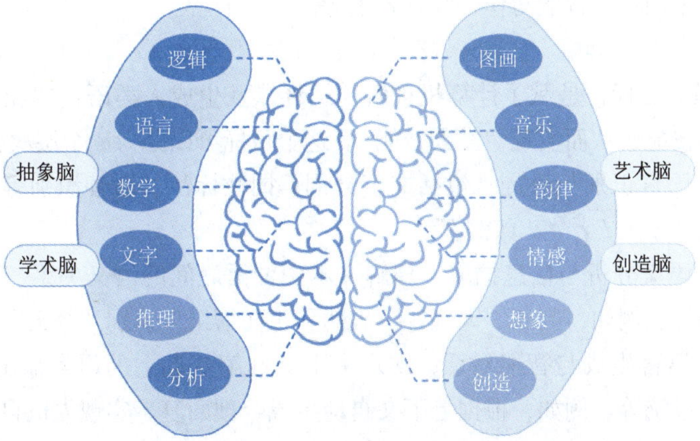

图 8-1　语言处理在大脑两半球中的分布图

2. 语言与人工智能：为什么理解语言如此困难？

语言的理解远不止于“识字”或“听懂”，它是一项深度融合了感知、认知与推理的复杂智能活动。对人类而言，语言的掌握得益于长期的认知发展和社会经验，而对于人工智能系统来说，理解自然语言则意味着对世界的一种“模拟理解”。语言处理涉及多个认知环节：

①感知输入：识别声音或文字（听到一句话或看到一段文字）。

②语言识别：完成词汇识别和句法分析（如判断主谓宾结构）。

③语义建构：结合上下文推理出含义（如“他很冷”是指气温低还是态度冷淡？）。

④理解与响应：做出行为反应，或在内在系统中达成语义映射。

这套过程对计算机来说并不简单。举两个例子可以直观说明人类语言的复杂性：

①歧义推理：“我请他吃饭，他请我买单。”这句话表面看起来清晰，但“买单”究竟是谁出钱，需要语义推理与常识支撑。

②语音重读与语义转变：“我没说她偷了我的钱。”这句话中任意词语被重读，所表达的意思都截然不同，体现了语用层面的微妙变化。

因此，自然语言处理不仅仅是“识别单词”，而是对人类语言中形式与意义的映射关系进行建模与推理。人工智能技术正致力于赋予机器处理这些语言现象的能力，通过运用统计学习、符号推理、深度神经网络等技术手段，逐步赋能机器走向真正的语言理解。

3. 自然语言处理概述

（1）什么是自然语言处理

自然语言处理（natural language processing, NLP）是人工智能领域的重要分支，致力于让计算机能够“读懂”“听懂”，甚至“写出”和“说出”人类语言。NLP综合了语言学、计算机科学、机器学习、数学、认知心理学等多个学科领域的知识，是一门高度交叉的综合性学科。NLP的研究对象涵盖语言的多个层面，包括基本的字、词、短语，到句子、段落，甚至完整篇章。其核心任务包括两大方向：

①自然语言理解（natural language understanding, NLU）：让机器理解人类语言的含义，例如语义分析、情感识别、命名实体识别等。

②自然语言生成（natural language generation, NLG）：让机器能够生成自然、通顺且语义合理的语言，例如文本摘要、智能写作、问答系统等。

（2）自然语言处理的目标

自然语言处理的目标，是赋予计算机理解、解释以及生成人类语言的能力，使其具备人类语言的理解与表达技能，从而实现“类人智能”。这个目标可以分为三个层次：

①基本层次：语言识别与分词，包括文字分词、词性标注、语音识别等。例如，将“今天天气真好”划分为“今天 / 天气 / 真 / 好”。

②中级层次：语义分析与信息抽取，理解文本中词语之间的语义关系，识别情绪倾向、实体信息、关系结构等。例如，判断“天气好”表达了正面情绪，识别“今天”为时间信息。

③高级层次：语言生成与智能对话，实现上下文理解基础上的语言输出，包括自动问答、聊天机器人、对话系统等。例如，根据上下文自动生成合理回复，实现人机自然对话。

自然语言处理不仅服务于语言技术本身，更是实现智能搜索、语音助手、机器翻译等AI产品的关键支撑。表8-1总结了NLP的典型任务类型。

表8-1　NLP的典型任务类型

任务类别	任务示例	典型应用
分词与标注	中文分词、词性标注、命名实体识别	搜索引擎索引、知识图谱构建
句法与语义分析	依存句法分析、语义角色标注	问答系统、文本摘要
文本生成与翻译	机器翻译、摘要生成、对话生成	科大讯飞翻译机
文本分类与情感分析	垃圾邮件过滤、评论情感倾向	舆情监控、电商评论分析
检索与问答	文本检索、开放域问答、知识图谱问答	智能客服、搜索引擎助手
分词与标注	中文分词、词性标注、命名实体识别	搜索引擎索引、知识图谱构建

（3）自然语言处理的技术框架

自然语言处理的实现通常依赖一个多阶段的技术流程，每一阶段对应着不同的处理目标和方法，即从原始语言输入到语义输出或自然语言生成，整个流程涉及文本预处理、特征提取、模型构建与输出生成等多个关键环节。图8-2是一个典型的NLP的技术框架。

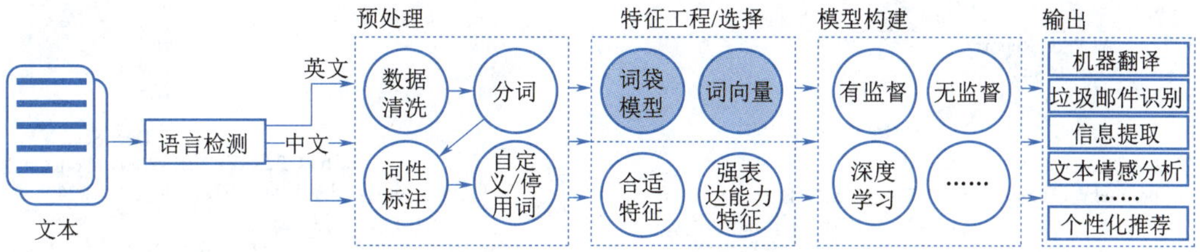

图 8-2　典型的 NLP 的技术框架

①文本预处理。对原始语言进行清洗与格式化，如去除标点、词语标准化、分词等。

②特征提取与表示。将文本转为计算机可处理的向量表示，如词频 - 逆文件频率（term frequency-inverse document frequency, TF-IDF）、词向量（Word2Vec）等。

③模型训练与推理。使用机器学习或深度学习模型完成特定任务，如情感判断、命名实体识别。

④后处理与生成。输出分析结果，或生成自然语言文本、翻译结果等。

案例 8-1 智能客服基于 NLP 的对话系统，深度融合自然语言处理技术，为企业服务体系注入强大动能。它凭借语义识别、意图分析和知识图谱等核心技术，能够全天候（7×24 小时）响应客户咨询，打破了时间与人力限制。以京东言犀智能客服为例，该系统是业界首个大规模商用的情感机器人，由京东从 2012 年开始研制。它依托 NLP 技术，通过对用户咨询的文本信息进行分词、词性标注与句法分析，精准理解客户需求，实现了从文字、语音到多模态，从对话智能到情感智能的多元交互模式。京东言犀智能客服已涵盖了售前、售中、售后、物流等全链路服务，无论是商品售后退换流程咨询，还是物流进度查询，都能快速解析用户意图，并从庞大的知识库中调取对应答案，实现毫秒级响应。截至 2025 年 5 月，京东言犀智能客服已累计服务数十万商家、超 5.8 亿终端消费者，沉淀了覆盖超过 1 000 万种自营商品的电商知识图谱，保障可用、可控、可信的智能对话体验。

8.1.2　自然语言处理的发展历程

自然语言处理的发展与人工智能技术的演进密不可分。NLP 最初的研究任务是机器翻译，起源可追溯至 20 世纪 50 年代。当时，美国希望能够利用计算机将大量俄语材料自动翻译成英语。研究者受军事密码破译的启发，设想不同语言之间只是语义的不同“编码”，因此尝试用“译码”方式将语言“破解”。

NLP 经历了多个技术阶段的更迭，逐步从早期的规则驱动走向数据驱动与模型驱动，并最终进入基于大模型的智能阶段，如图 8-3 所示。

1. 统计学方法：从频率到概率的推理

统计学方法是 NLP 早期阶段的重要技术路径，其核心思想是利用大规模语料中词语、短语或结构出现的频率与概率关系构建数学模型，进而推断出语言的含义与上下文关系。

①典型模型：n-gram 模型、朴素贝叶斯、隐马尔可夫模型（HMM）等。

②应用场景：文本分类、拼写纠错、情感分析、关键词提取、基本语言模型等。

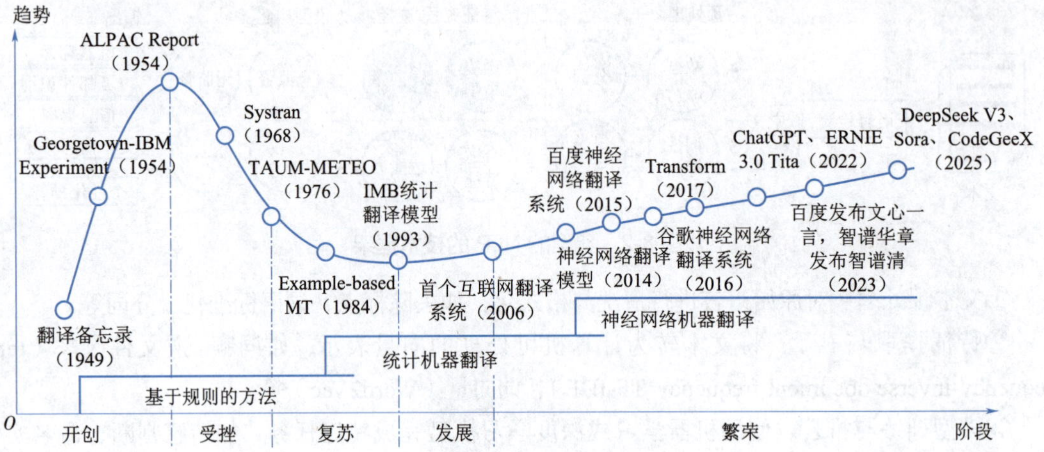

图 8-3 自然语言处理技术的演进历程

案例 8-2 在词性标注任务中，统计学家通过分析大量已标注语料，计算每个单词在不同语境下最可能的词性。在 Brown 语料库等大规模文本中，“bank”一词在金融相关语境中作“银行”（名词）使用的概率高达 82%，而在描述河流相关语境中作“河岸”（名词）使用的概率约为 18%，基于此概率模型，计算机就能更精准地为“bank”标注词性。

案例 8-3 在语言模型构建方面，基于 n-gram 模型，统计句子中相邻 n 个词同时出现的频率，例如在二元语法（bigram）中，统计“我爱”“爱中国”等词对的出现次数，通过计算“我”后面接“爱”的概率，来预测句子中后续可能出现的词汇，进而生成符合语言习惯的句子。

2. 规则引擎方法：语言学知识的系统编码

规则方法强调通过语言学专家设计的语法、词法和语义规则，人工编写语法规则、词汇表、词形变换规则等，来解析和生成语言。这种技术主要应用于早期的语法分析与语义理解任务。

①典型模型：上下文无关文法（context-free grammar, CFG）、有限自动机、基于规则的语义角色标注模型等。

②代表系统：SHRDLU 系统、ELIZA 聊天程序、基于规则的翻译系统。

③应用场景：句法分析、命名实体识别、语法纠错、自动问答等。

案例 8-4 在早期的机器翻译系统中，专家会针对源语言和目标语言制定一系列语法转换规则。对于英语句子“The dog chases the cat”，通过预先设定的规则，先将句子拆解为主语“The dog”、谓语“chases”、宾语“the cat”，再依据中英文语法差异，将其转换为符合中文语法的语序，即“狗追猫”。在这个过程中，名词、动词的词性判断，以及单复数形式的转换等，都严格遵循人工编写的规则。

案例 8-5 在处理文本信息抽取任务时，针对新闻报道中提取人物信息的需求，可制定规则：如果文本中出现“姓名：”字样，其后跟随的连续汉字组合（排除非人名用字，如“的”“了”等），则判定为人物姓名。

3. 机器学习方法：数据驱动的语言建模

随着机器学习理论日臻成熟，NLP 进入经验主义时代。进入 20 世纪 90 年代后，NLP 模型不再依赖手工规则，而是开始利用统计学习理论，通过“训练”从大量已标注数据中自动学习语言规律。

①典型技术：支持向量机（SVM）、决策树与随机森林、K- 近邻（KNN）等。

②应用场景：词性标注、情感分类、命名实体识别、文本聚类等。

案例 8-6 利用支持向量机（SVM）或朴素贝叶斯对新闻文本进行主题分类。研究人员利用大量已标注类别的新闻文章作为训练数据，通过提取文章中的词频、关键词、词性等特征，训练朴素贝叶斯模型。模型会根据不同类别文章中词语出现的概率，学习到每个类别文章的语言特征模式。当输入一篇新的新闻文章时，模型便能依据这些学习到的模式预测该文章属于政治、经济、体育等哪一类别。

4. 深度学习方法：自动特征学习的崛起

自 2006 年 Hinton 等人引领深度学习的复兴以来，深度学习逐渐成为人工智能领域的主导技术，同时在 NLP 研究中也占据了核心地位。深度神经网络有能力自动从原始文本中提取高级语义特征，从而摆脱了对人工特征设计的依赖。通过端到端的训练方法，NLP 实现了从输入文本到任务输出的全面优化。

①典型技术：词向量（word embedding）、循环神经网络（RNN）、注意力机制与 Transformer 架构等。

②应用场景：机器翻译、对话生成、摘要提取、问答系统、语音识别等。

案例 8-7 在机器翻译领域，基于 Transformer 架构的神经机器翻译模型（如谷歌的 GNMT），摒弃了传统机器翻译中复杂的人工特征工程。模型直接将源语言文本作为输入，通过多层 Transformer 的编码器对源语言文本进行编码，捕捉文本的语义信息，然后由解码器将编码后的语义表示转换为目标语言文本。在训练过程中，模型以大规模的双语平行语料为基础，通过计算预测结果与真实目标文本之间的损失函数，利用反向传播算法不断调整网络参数，实现端到端的训练。

5. 大模型方法：通用语言智能的迈进

2018 年，BERT（bidirectional encoder representation of transformer，基于双向变换器的编码表示）在人工智能技术领域问世，NLP 进入“大模型”时代。与传统的小规模模型相比，大模型不仅具备更强的语言表示能力，还展现出惊人的跨任务泛化性能。BERT 的成功标志着预训练 - 微调（pre-training and fine-tuning）范式的确立：模型先在大规模无监督文本上进行语言建模预训练，再通过微调适配具体的下游任务。这种范式迅速成为自然语言处理领域的主流，NLP 模型能力由“特定任务模型”向“通用语言模型”跃迁。基于 GPT 的大模型，只需在通用的大规模文本上完成预训练后，在零样本或少样本条件下，就能完成文章撰写、代码编写、逻辑推理等多种任务，标志着自然语言生成进入“类人化”阶段。例如，当用户要求“写一首关于春天的七言绝句”时，GPT-3 无须针对诗歌创作任务专门训练，直接基于预训练学习到的语言规律和知识储备，生成“东风送暖入千家，柳绿桃红映晚霞。紫燕衔泥寻旧梦，春光染就满枝花”这样符合要求的诗歌。

①典型技术：GPT 系列、BERT、T5（text-to-text transfer transformer）等。

②应用场景：机器翻译、文本分类、文本生成、问答系统、对话系统等。

近年来，多模态模型（例如 CLIP、DALL·E）也不断涌现，将语言与图像等信息融合处理，拓宽了自然语言处理的边界。尤其是，预训练大模型与人类反馈学习（例如 RLHF）结合，推动了 ChatGPT、Claude、DeepSeeker 等对话系统的出现。这类系统不仅理解语言，还能在多轮对话中保持上下文一致性，表现出初步的“语言智能”。

纵横学习

讯飞星火认知大模型（SparkDesk）是由科大讯飞研发的多语言、多任务通用语言模型，代表了国内企业在类 GPT 技术路线上的最新探索。该模型自 2023 年起快速迭代，并明确提出“通用人工智能认知大模型”发展路径，针对中文语言特点进行了词法、句法和语义层面的优化，使其在中文写作、阅读理解、翻译等任务中表现优异，具备较强的中文理解与生成能力。感兴趣的读者可进一步研究以下内容：①星火认知大模型的架构与训练流程；②它与 GPT 系列在预训练目标和微调方式上的异同；③模型在教育、医疗、政务等中文场景的实际应用案例；④讯飞在多模态智能（文本 - 语音 - 图像融合）方面的技术拓展。

8.1.3 自然语言处理的技术框架

自然语言处理是一个逐层深入的过程，通常可分为四大技术阶段：语言预处理、语言特征提取、语言理解、语言生成。这四个阶段形成了一条从原始文本输入到智能输出的处理链条。

1. 文本预处理：为理解语言做清洗准备

文本预处理是 NLP 的第一步，旨在将原始文本转化为可计算的标准格式。主要包括分词、词形还原、去除停用词、拼写纠错等任务，具体内容见 8.2 节。例如，在处理中文新闻“张院长今天在北京出席会议”时，需对其进行分词，得到“张院长 / 今天 / 在 / 北京 / 出席 / 会议”，再去除停用词与标点，使其结构清晰，便于后续分析。再如，英文社交媒体短语“OMG! I luv this sooo much! ☺ ☺”在预处理阶段会被规范化为“oh my god! I love this so much”，并去除非标准拼写和表情符号，提升模型处理能力。

2. 语言特征提取：从文本中提取结构化表达

特征提取将文本转化为向量、张量等结构化形式，是语言与模型之间的桥梁。提取质量直接影响模型性能。例如，在新闻文本分类任务中，利用 TF-IDF 提取“股市”“涨停”“通胀”等关键词及其权重，构成文本向量，用于训练分类器判断新闻主题。再如，在语义搜索系统中，使用 Word2Vec 将“苹果”映射为一个高维向量，模型可判断“苹果”与“香蕉”语义接近，而与“电脑”语义较远，从而提高搜索结果相关性。。

3. 语言理解：让机器“读懂”语言

语言理解是 NLP 的核心，涉及语义识别、结构分析和信息抽取等任务，使系统具备理解语言深层含义的能力。例如，在命名实体识别（NER）任务中，系统能从“马云创办了阿里巴巴”中识别出“马云”为人物名，“阿里巴巴”为组织名，这是信息抽取的关键步骤。再如，在依存句法分析中，系统处理“他把书放在桌子上”时，能判断“放”为谓语，“书”为宾语，“桌子上”为方位状语，帮助理解句子结构与语义关系。

4. 语言生成：将信息转换为自然语言输出

语言生成任务使系统具备表达能力，根据输入语义自动生成自然语言文本，强调“说得通、说得好”。例如，在神经机器翻译中，Transformer 模型将英文句子“China is a beautiful country”翻译为自然流畅的中文句子“中国是一个美丽的国家”。再如，在文本摘要任务中，系统从一篇长达 2 000 字的新闻稿中提炼出一句关键总结：“国务院出台新政推进绿色能源发展”，极大提升信息获取效率。

纵横学习

ERNIE 是由百度研究院提出的一系列预训练语言模型，代表了中国在大模型研究领域的重要成果。与 BERT 不同，ERNIE 引入了知识增强机制，在预训练阶段融合了结构化知识图谱与语言信息，能够更好地理解语言中的实体、关系及其上下文语义，特别适用于中文问答、情感分析、信息抽取等任务。感兴趣的读者可进一步研究 ERNIE 模型的以下内容：①知识增强的实现方式及其对中文语义理解的提升效果；② ERNIE 在中文 NLP 任务中的实测表现与应用案例；③文心一言在多轮对话生成中的应用策略。

8.2 文本预处理

在自然语言处理领域，原始文本往往存在结构混乱、冗余度高、格式不一致等问题，难以直接被计算机理解与处理。因此，在进行特征提取和模型建模之前，必须先对原始文本进行系统性地清洗和规范化，即文本预处理。文本预处理是指：通过清除无关信息、统一文本表述、规范语言格式，以及将自然语言转换为更加紧凑且富有语义表达力的形式，从而提高数据的质量和分析的效率，为下游任务提供可靠的数据基础。本节将详细介绍文本清洗、分词、文本规范化、停用词过滤、词干化与词形还原，以及文本向量化等文本预处理过程。

8.2.1 文本清洗：去除噪声数据

文本清洗是文本预处理的第一步，核心任务是识别并去除文本中可能干扰分析的不必要信息和非标准符号，使文本更干净、统一且便于处理。原始文本中往往包含大量结构性噪声（如 HTML 标签、URLs、电子邮件地址等）、格式异常字符（如控制符、乱码、表情符号等），以及不一致的文本形式（如大小写混用、全角半角混杂等），这些都需在此阶段处理。例如，从网页抓取的评论文本可能包含 <div></div> 等 HTML 标签、链接跳转的 URL、表情图标代码等无实际语义的信息；再如，一条包含“这是个好产品！！！ ~^o^~http：//xyz.com”的评论文本，需要去除多余标点、表情符号和 URL，保留其核心内容。

常用文本清洗技术与方法包括：

①正则表达式（regular expressions）：可高效匹配并清除特定格式的信息（如 URL、邮箱、HTML 标签等）。

② HTML 解析工具：BeautifulSoup 或 lxml 可用于从网页数据中提取纯文本内容。

③字符标准化：使用 Unicodedata 等模块进行字符集统一、全角半角转换。

④ Emoji 与特殊符号清除：通过 Unicode 正则或表情字符集过滤。

需要指出的是，文本清洗的具体策略应依据任务特点灵活调整。例如，情感分析可能需要保留感叹号和表情符号，而信息抽取或实体识别则更注重语义完整性和格式规范性。因此，文本清洗既是一项通用任务，也需具备场景感知与可配置能力。

案例 8-8 舆情分析中的文本清洗：从“杂乱语言”中提取价值信息。在社交媒体舆情分析中，用户评论内容往往包含大量非结构化信息，例如表情符号、乱码、重复标点、URL 链接、@ 用户标签等。例如，以下是一条原始微博评论：

原文：“哈哈哈 //@ 小明：这太搞笑了！！！ http://t.cn/A6x …… ［笑哭］# 热搜 #”

如果直接将这类内容输入情感分析模型，将引入大量“噪声”，降低模型的判断准确性。为此，系统需对原始文本进行清洗，去除无意义成分，仅保留核心表达内容：

清洗后：“这太搞笑了”

纵横学习

为了更深入理解文本清洗的原理与实践，建议读者进一步学习正则表达式的基本语法与应用技巧，它是实现文本模式匹配与清洗的核心工具。

8.2.2 分词

分词（tokenization）是文本预处理中最基础而又关键的操作，指将连续的文本序列拆解为更小的语言单元，称为“标记”（tokens）。这些标记通常是词语、子词、字符或特定符号，是计算机理解自然语言的基本处理单位。

在英文等以空格分隔词语的语言中，分词相对直观，常可借助空格、标点符号等完成。然而在中文、日文等没有明确词界的语言中，分词就变得尤为复杂，需要借助词典、规则或模型来确定词语边界。例如，“上海东方明珠广播电视塔”这个字符串，需要被正确地切分成“上海”“东方明珠”“广播电视塔”等词语，如图 8-4 所示，而不是任意的字符组合，而“长春长生生物科技”则可能存在多种切分可能，需要语义判断来确定最优切分方式。

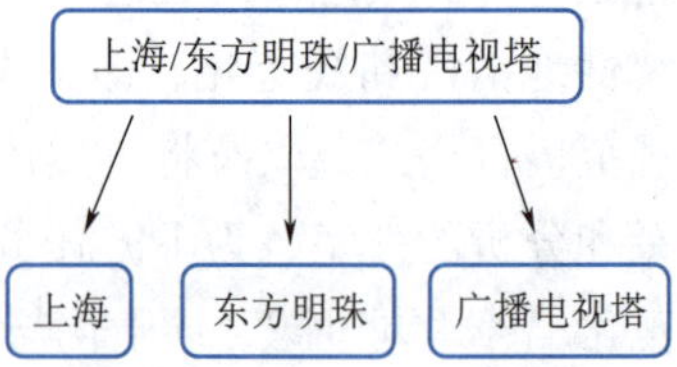

图 8-4 中文分词示例

分词技术的发展历程，从最初的规则驱动词典匹配方法（例如正向最大匹配、逆向最大匹配），逐步演进至统计模型（如隐马尔可夫模型、条件随机场），再到近年来基于深度学习的神经网络模型（例如 Bi-LSTM、Transformer 等）。以 BERT 等预训练语言模型为基础的分词方法，能够在上下文中理解词语含义，实现更为精确的词语边界判定。

需要特别指出的是，分词粒度的选择会直接影响后续建模的效果。在某些特定任务中，采用字符级分词可以有效避免未登录词问题，例如对“抖音热搜”进行逐字处理（“抖 / 音 / 热 / 搜”）。而在那些需要保持语义完整性的任务中，则更适合采用词语或子词级分词。

纵横学习

分词作为中文文本处理的基础环节，其准确性对后续任务影响深远。建议读者进一步了解基于词典匹配的分词方法（如正向最大匹配、逆向最大匹配、双向匹配等）及其优缺点，同时深入学习基于统计的分词技术，如隐马尔可夫模型（HMM）和条件随机场（CRF），了解它们如何通过概率模型处理词边界不确定性。

8.2.3　文本规范化

文本规范化（text normalization）旨在统一词语形式、消除表达差异，使相同或相似的语言单元以一致的方式呈现，从而降低词汇复杂度，提升语义一致性，增强模型对语料的泛化能力。例如，在用户生成内容丰富的网络论坛中，“太棒啦！真牛呀！”与“真棒！”表面词形差异较大，但实际表达的是相同情绪，若能通过规范化处理统一表达，可提升情感分析的准确性。

常见规范化操作包括：

①大小写转换：例如将“Apple”、“APPLE”与“apple”统一为小写“apple”。

②词形还原与词干化（详见 8.25 节）；

③数字规范化：例如将“1.5 百万”、“1，500，000”和“一百五十万”统一表示。

④同义词替换：例如将“购买”、“订购”和“下单”统一为“购买”。

⑤简繁转换：在中文处理中，将繁体“機器學習”转换为简体“机器学习”。

规范化操作是否进行、采取何种程度，也需根据具体 NLP 任务灵活调整。在如信息检索、文本聚类等任务中，规范化有助于统一语义空间。但在情感分析、机器翻译等任务中，过度规范化可能损失细节语义，反而影响效果。

8.2.4　停用词过滤

停用词（stop words）是指那些在文本中频繁出现、但对文本语义区分贡献较小的词汇。它们通常在语言中承担语法连接、句法支撑等功能，如中文中的“的”“了”“是”“在”，英文中的“the”“is”“and”“in”等。例如，在“这个产品的价格是合理的”中，“这个”“的”“是”属于停用词，而“产品”“价格”“合理”则包含关键信息。保留停用词会导致词向量维度膨胀、计算成本上升，且可能掩盖真正重要的语义模式。与图 8-5（a）相比，图 8-5（b）的词云有更多具有实际意义的实词。因此，在如文本分类、信息检索、主题建模等任务中，移除停用词有助于提升模型的表达与判别能力。

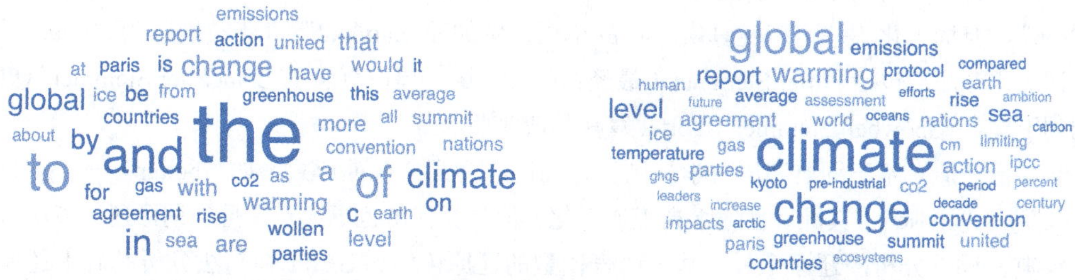

（a）未移除停用词　　（b）移除停用词

图 8-5　停用词词云比较

常用的处理方式包括：

①停用词词典过滤：中文常用停用词表包括百度、哈工大、Sogou 等开源词表；英文停用词库包括 NLTK、spaCy 和 Scikit-learn 提供的内置列表。

②基于词频的自动筛选：设定高频与低频词阈值过滤。

③基于 TF-IDF 的筛选：利用逆文档频率（inverse document frequency, IDF）去除语料中普遍

但无意义的词项。

然而，并非所有任务都适合移除停用词。例如，在情感分析中，否定词“不”“没”可能决定句子的情绪极性；在语言建模和机器翻译中，停用词对语法结构至关重要。因此，停用词过滤应结合任务目标进行选择性应用。

案例 8-9 搜索引擎中的停用词过滤：让“关键信息”更突出。在构建搜索引擎时，一个核心任务是根据用户的查询请求，在海量文档中快速匹配并返回最相关的内容。例如，用户输入搜索关键词：“什么是人工智能的发展历程”。

如果搜索系统逐字逐词地处理用户输入，可能会将“什么”“是”“的”等高频词也作为搜索关键词，从而干扰了真正有价值的信息匹配。这些高频词语并不携带太多语义信息，且在所有文档中出现频率极高，属于典型的停用词。

为了提升搜索质量，系统会在索引构建与查询阶段过滤这些停用词，只保留具有实际语义价值的关键词。经过处理后，该查询将被简化为：

“人工智能　发展　历程”

这样搜索引擎便能更集中地匹配与“人工智能发展历程”相关的核心内容。

纵横学习

为了更深入理解停用词过滤的作用与局限，建议读者查阅不同语言的停用词表，比较它们在语言结构和语法功能上的差异，理解为何某些词在中文中应保留而在英文中被忽略。

8.2.5 词干化与词形还原

词干化（stemming）和词形还原（lemmatization）是用于规范化语言词形变化的两种技术，主要应用于英语、法语、德语等形态变化丰富的屈折性语言中。它们的目标都是将一个词的多种形态（例如时态、语态、单复数、词性变化）统一为一种基本形式，以减少词汇维度，提高处理效率。

①词干化：通过简单的规则删除词缀（例如 -ing、-ed），将“running”“ran”“runs”统一为“run”。但词干化不一定产生真实存在的单词，例如“relational”可能被削减为“relat”。常见的词干化算法，包括 Porter Stemmer（最经典的英文词干提取算法）、Lancaster Stemmer（更激进的词干化）、Snowball Stemmer（Porter 算法的改进版）等。

②词形还原：基于词典和语言学规则，将词还原为词典标准形式，如“better”→“good”、“geese”→“goose”，其准确性通常高于词干化，但计算代价也更大。常见的词形还原算法包括基于词典 + 词性分析的还原工具、基于语言模型的还原（例如 BERT 在句法分析基础上还原词形）等。

在中文文本处理中，由于汉语属于分析型语言（非屈折语言），其词形变化极为有限，因此传统意义上的词干化与词形还原并不常见。然而，中文中存在大量语义等价但形式不同的表达，尤其在不同语域、不同地区、不同历史时期的文本中尤为显著，因此也需要相应的词形规范化手段以统一处理。

在缺乏词形变化的前提下，中文文本通常采取以下方式来实现类似词形还原的语义统一：

①近义词归并：通过人工词表（如哈工大同义词词林）、WordNet 中文版、Baidu Synonyms API 等，将“学习”“研修”“进修”“攻读”等近义词统一为“学习”。

②异形词统一：统一繁简变体、地域差异（如“颜色”与“颜色”、“干燥”与“乾燥”）。

③音近字替换检测：用于社交媒体或拼音输入错误引起的词形变体（如“真滴”→“真的”、“睡觉觉”→“睡觉”），部分工具通过语义距离、拼音相似度和上下文模型结合判断。

④行业术语标准化：尤其在医疗、法律、教育等行业中，不同表达形式可能对应相同实体（如“高血压”和“原发性高血压”）。

这些归并通常借助“词典＋规则”的组合方法完成，也可以通过语料统计与上下文建模（如 BERT 语义相似度判断）进一步增强。

特别需要说明的是，词干化与词形还原在技术目标上虽具有相似性，都是为了将不同词形归并为统一形式，但在不同语言环境和具体任务中，其实现方式与适用性存在明显差异。在现代自然语言处理系统中，建议根据所处理语言的结构特点与具体应用任务的需求，灵活选用规则方法、统计方法或深度学习方法。表 8-2 概括了在不同应用场景中词干与词形还原的选择依据。

表 8-2　不同应用场景中的词干化与词形还原的选择依据

应用场景	建议方法	理　由
英文搜索引擎优化	词干化（Porter 或 Snowball）	快速统一词形，提升召回率
法律或医疗文档分析	词形还原＋词典标准化	保证术语的准确还原
中文新闻文本挖掘	近义词归并＋繁简统一	提升主题一致性与聚类准确性
社交媒体文本处理	规则归一＋语言模型辅助还原	对抗拼写错误、网络语言和口语化表达
多语言翻译系统	Encoder-Decoder 或 BERT 还原	适应形态复杂语言结构变化

8.2.6　文本向量化

完成文本的清洗、分词与规范化之后，自然语言处理的一个关键步骤，即将文本转换为计算机可处理的数值形式。我们把这一过程被称为文本向量化（text vectorization），或文本特征表示（feature representation）。

由于计算机无法直接理解自然语言中的字符串内容，必须将语言单元（如词、短语、句子）编码为向量或矩阵形式，才能用于后续的建模与分析。文本向量化方法的发展历程，反映了 nlp 从浅层统计走向深层语义理解的演化路径。常见的方法主要包括以下几类：

①词袋模型（bag of word, BoW）：这是最早期的表示方法之一，其核心思想是将文本看作“词汇集合”，忽略词序与语法结构，仅统计词项在文本中的出现频次。例如将“机器学习很重要”表示为词汇表中“机器”“学习”“重要”的频率向量。虽然简单直观，但缺乏语义表达能力。

② TF-IDF 模型：在词袋模型的基础上引入“逆文档频率”机制，即在整个语料中频繁出现的词（如“的”“是”等）权重降低，而区分度高的词（如“癌症”“算法”等）权重提高，从而增强模型对关键信息的识别能力。该方法在文本分类、信息检索等任务中应用广泛。

③词嵌入（word embedding）：为克服稀疏与语义缺失问题，深度学习方法引入了词嵌入技术，如 Word2Vec、GloVe、FastText 等。这些方法通过学习词语在上下文中的共现关系，将每个词映射为低维、稠密的向量，能够捕捉词与词之间的语义相似性。例如“医生”与“护士”在

文档

文本预处理常用工具介绍

向量空间中距离接近。

④上下文相关嵌入：随着预训练语言模型的兴起，BERT、ERNIE 等模型支持根据上下文动态生成词向量，实现了对词义歧义与语境变化的精确建模。

表 8-3 是不同文本向量化方法的比较与适用场景描述。可以看到，从 BoW 到 BERT，文本表示方法经历了从“统计频率”到“语义建模”，再到“上下文建模”的逐步演化，向量的表达能力也越来越强。

表 8-3　不同文本向量化方法的比较与适用场景描述

方　法	优　点	缺　点	适用场景
词袋模型（BoW）	实现简单、训练快	丢失词序与语义、维度高	简单文本分类、朴素贝叶斯等线性模型
TF-IDF	增强稀有词权重	仍无法捕捉上下文与词义	新闻关键词提取、信息检索
Word2Vec/GloVe	可捕捉语义相似性	同一词义固定、缺乏上下文感知	文本聚类、情感分析
FastText	适应未登录词、形态变化	表达能力略逊于上下文嵌入	形态丰富语言处理、低资源语言建模
BERT 等上下文嵌入	语义理解能力强	计算开销大、需 GPU 支持	情感分析、问答系统、命名实体识别等复杂 NLP 任务

进一步地，对于句子或文档级别的表示，可通过平均词向量、TF-IDF 加权求和或使用序列模型（例如 LSTM、Transformer 结构）生成句向量与篇章向量，从而完整表达复杂语义信息。例如，在情感分析任务中，通过 BERT 生成的上下文相关句向量，能有效识别“这个产品真不错”和“这个产品真是不怎么样”之间因“不错”与“不是”组合带来的情绪差异，从而提升模型的判别能力。

案例 8-9 上下文感知下的“苹果”语义区分。

在传统的词嵌入模型（如 Word2Vec 或 GloVe）中，每个词汇在整个语料库中只有一个固定的向量表示，无法根据上下文调整其语义。这种静态表示在处理多义词时会出现理解偏差。例如，词语“苹果”在不同句子中含义迥异：

①句子 1：“我吃了一个苹果。”（表示水果）

②句子 2：“我买了一部苹果手机。”（表示品牌）

在这些句子中，尽管“苹果”拼写相同，但语义完全不同。静态词向量模型可能会将这两个“苹果”混为一谈，导致语义识别错误。

而在使用上下文相关的词嵌入模型（例如 BERT）时，模型能够综合上下文语义信息，对“苹果”在不同语境中的词义进行动态建模。在句子 1 中，“苹果”会被嵌入为与“香蕉”“水果”等语义接近的向量；而在句子 2 中，“苹果”会更接近“手机”“品牌”“iPhone”等语义区域。

纵横学习

文本向量化是连接文本与机器学习模型的桥梁，建议读者在掌握基本原理后，深入比较不同向量化方法的优缺点，例如 BoW 与 TF-IDF 的稀疏性问题、Word2Vec 与 GloVe 的语义表示能力，以及 BERT 等上下文感知模型在处理歧义词时的优势。

8.3　文本分类与情感分析

在数字化时代，海量文本数据如潮水般涌来，无论是新闻资讯、社交媒体评论，还是电商用户评价，都蕴含着巨大的价值。如何从这些无序的文本中提取有效信息？文本分类与情感分析正是解决这一问题的关键技术，它们如同智能“分拣员”和“情绪探测器”，帮助我们快速理解文本背后的意义与态度。

文本分类主要关注“这段文本在说什么”，而情感分析关注“这段文本是褒义的还是贬义的”。二者既可独立应用，也可相互协作，例如在电商评论分析中，系统可先将评论按商品类别分类，再对各类别评论进行情感分析，以帮助商家洞察消费者反馈。

8.3.1　文本分类：按主题或类别划分文本

文本分类是自然语言处理中的基础任务之一，其目标是将文本按照预定义的类别或标签进行自动归类。例如，一篇新闻报道可以被归入“政治”、“经济”、“科技”或“体育”等主题类别，一封电子邮件可以被识别为“垃圾邮件”或“正常邮件”。这种自动化的文本识别技术在舆情分析、内容过滤、智能推荐等场景中有着广泛应用。文本分类技术流程详解包括：

①文本预处理（见 8.2 节）。文本分类的第一步是对原始文本数据进行清洗与规范化处理，这包括去除 HTML 标签、标点符号、停用词等噪声数据，统一大小写，以及进行分词和文本向量化。在中文处理中，分词是关键步骤，可采用结巴分词（Jieba）、THULAC 等工具，或直接借助预训练模型进行分词编码。具体内容见 8.2 节。

②文本向量化。将文本转换为机器可处理的向量形式是分类模型训练的基础。文本向量化见 8.2 节。

③模型选择与训练。通常包括传统机器学习方法和深度学习方法两种。传统机器学习方法包括朴素贝叶斯、SVM、决策树等方法，在小规模数据场景下表现良好，具有可解释性强、训练效率高的优点。深度学习方法包括 TextCNN、BiLSTM、Transformer 结构（例如 BERT、RoBERTa），能自动提取复杂语义特征，显著提升分类效果，尤其适用于多类别或非结构化长文本场景。

④模型评估与优化。通常使用准确率（accuracy）、精确率（precision）、召回率（recall）、F1 值等指标评估分类效果。同时，通过交叉验证、正则化、模型集成等技术提升模型鲁棒性。

案例 8-10 新闻分类与推荐。今日头条、腾讯新闻等平台借助文本分类技术，将新闻自动划分并推送给感兴趣的用户。例如，一位频繁浏览“体育”新闻的用户，将更可能看到与 NBA、奥运相关的内容。

案例 8-11 内容审核系统。平台可利用文本分类技术自动识别暴力等违规内容，减轻人工审核负担。

案例 8-12 行业文档整理。企业内部大量文档通过分类技术自动归档、检索。例如，法律行业可将合同、判决书、法规自动归类，提高工作效率。

纵横学习

实际场景中分类标签粒度可能非常细，例如电商商品分类涉及成千上万个类目。此时可采用分层分类策略或采用多标签分类方法进行建模。感兴趣者可以研究多标签分类、层级分类及增量学习等高级主题，理解在真实场景中应对复杂分类任务的策略。

8.3.2 情感分析：判断文本的情感倾向

文档 情感分析实例

情感分析（sentiment analysis）又称意见挖掘（opinion mining），旨在识别文本中蕴含的主观情绪或评价态度。常见的情感极性包括正面（如“满意”“好评”）、负面（如“差劲”“失望”）和中性（如“无明显态度”）。通过情感分析，企业可洞察用户反馈，政府可了解舆论走向，媒体可监控社会情绪。目前，主流的情感分析方法包括以下几类：

（1）基于情感词典的方法

构建包含正负情感词及其极性的词典，并统计文本中情感词的分布。例如，“这款手机设计精美，功能强大”中，“精美”“强大”是典型正向词。经典词典包括 SentiWordNet、NTUSD（繁体中文情感词库）、BosonNLP 情感词表等。

①优点：实现简单，适合资源受限场景。

②缺点：无法处理否定结构、语境歧义、情绪反转等复杂语言现象。

（2）基于机器学习的方法

通过对大量已标注情感极性的文本进行学习，训练情感分类模型。典型模型有朴素贝叶斯、逻辑回归、SVM、随机森林等。输入特征可包括 TF-IDF 向量、情感词权重、否定词计数、程度副词强度等。

①优点：对文本语言表达更敏感。

②缺点：依赖标注数据，泛化能力较弱。

（3）基于深度学习的方法

通过应用 RNN、LSTM、TextCNN、BERT 等先进的神经网络模型，可以直接对文本语义进行建模，并自动提取与情感相关的特征。例如，BERT 模型能够识别出“这部电影很好笑”与“这部电影不好笑”之间的语义差异。这些技术目前正处于快速发展阶段，迄今为止，已经涌现出了诸如 RoBERTa、ERNIE、ELECTRA 等众多改进型模型。

案例 8-13 电商评论分析：淘宝、京东等平台通过情感分析评估商品满意度，动态调整产品推荐和广告策略。

案例 8-14 客户服务与客服机器人：情绪识别系统可判断用户情绪变化，引导客服人员或机器人调整回应策略，提高满意度。

案例 8-15 舆情监测与危机预警：企业或者单位分析社交媒体上对重大事件或政策的情绪倾向，及时应对负面舆情。

纵横学习

读者可关注多模态情感分析（如图文情绪识别）、情感倾向解释性方法、跨文化语义差异等前沿课题，提升模型对复杂语境下情绪的理解与适应能力。

8.4 应用实例：科大讯飞人工智能翻译机

以科大讯飞人工智能翻译机为案例，深入探讨自然语言处理技术在实际产品中的应用与实现过程。通过具体实例，读者能够直观地体验 NLP 技术的强大威力和实际应用价值。

8.4.1　科大讯飞翻译机 3.0

在人工智能技术飞速发展的推动下，人机语音交互正逐渐成为现实世界中最具潜力的落地场景之一。语音作为人类最自然、最高效的交流方式，正日益展现其在人工智能应用中的核心地位。从语音识别到语音合成，机器正在逐步获得类似人类的“听觉”和“发声”能力。当前，智能语音已广泛应用于车载系统、智能家居、移动终端等场景，语音助手、对话机器人、智能客服等产品也不断融入人们的日常生活，极大地提升了人机交互的效率与体验。

语音识别技术的本质是将语音信号转换为对应的文本信息，使计算机能够“听懂”人类的语言。这项技术的发展经历了漫长而波澜壮阔的历程：早在 1952 年，贝尔实验室便研制出了世界上第一个能够识别 10 个英文数字的语音识别系统，尽管其功能有限，却拉开了语音识别研究的序幕。此后，随着统计学、模式识别与深度学习技术的不断突破，语音识别的准确率和实用性持续提升，各类语音识别系统竞相涌现，使得“人与机器自由对话”的梦想不再遥不可及。

语音合成技术也在不断演进，其目标是让机器“开口说话”时不再显得生硬、机械，而是能够发出自然流畅、富有情感的声音，真正实现“拟人化”的交流体验。当前主流的语音合成技术已可根据输入文本实时生成可听的语音内容，在多语言、多场景中提供稳定可靠的语音输出服务。

一个典型的智能语音集成应用案例是 2019 年博鳌亚洲论坛采用的科大讯飞翻译机 3.0。图 8-6 展示的是科大讯飞翻译机样机的示意图。

图 8-6　科大讯飞翻译机 3.0

该设备集成了语音识别、机器翻译和语音合成三项核心技术：

①用户的语音输入经由语音识别模块实时转写为文本。

②系统调用机器翻译模型对文本内容进行语义转换。

③翻译结果通过语音合成模块转化为可听语音，实现跨语言的即时双向交流。

这一集成式语音系统的成功应用，不仅展示了中国语音技术的先进水平，也标志着智能语音技术正在从实验室走向真实世界的广阔舞台。

8.4.2　翻译机的智能实现

1. 翻译机的工作机制

在实际应用中，以科大讯飞翻译机为代表的智能语音设备，通常遵循一整套高度集成的处理流程，实现对语音的识别、翻译与字幕生成。其工作机制如下：

①音频输入与预处理。系统首先接收来自直播音频流或本地录音文件的语音信号，作为整个处理流程的输入数据。随后，通过语音激活检测（voice activity detection, VAD）技术，对连续的语音流进行实时分段，准确判定每段语音的起止边界，剔除无效的静音部分，从而提升识别模块的处理效率与准确性。

②语音识别与文本审核。经预处理的音频被送入语音识别模型进行转写，系统将其自动转换为相应的文本表示。为确保文本的可用性与合法性，识别结果还需经过人工或自动化内容审核流程，对识别错误进行校正，并过滤敏感或不合规信息，保障信息输出的质量与安全性。

③文本处理与机器翻译。转写后的文本将进入语言处理模块，系统通过语义断句技术对长句进行结构化拆分，明确语言单元的边界，以便更好地输入到翻译模型。随后，基于神经机器翻译模型（如Transformer架构），系统自动将源语言文本转换为目标语言文本，完成跨语言的语义转换任务。

④字幕生成与同步输出。系统根据语音时间戳与语言结构，对原始语言与目标语言文本进行对齐处理，生成语义一致、时间同步的双语字幕。该输出结果可广泛应用于多语种会议直播、跨境视频字幕生成等场景。

图8-7展示的是翻译机的智能处理流程。

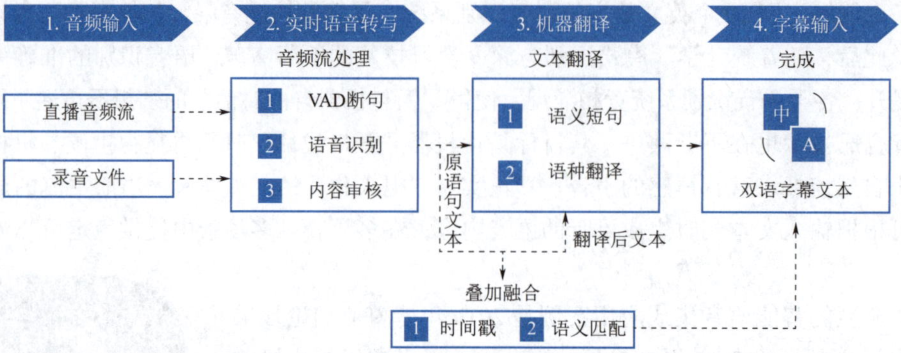

图8-7　翻译机的智能处理流程

2. 语音识别

与机器进行自然流畅地语音交流，实现机器“听懂”人类语言，一直是人工智能领域的梦想。语音识别技术正是通过对语音信号的识别和理解，将语音转换成相应文本或指令的关键技术。语音识别技术是2000—2010年信息技术领域十大重要突破之一，推动了智能交互的飞速发展。

语音识别的处理流程通常包含以下几个主要步骤：

①语音预处理。对采集到的原始语音信号进行预处理，主要包括噪声抑制、语音增强和端点检测等操作。语音预处理目的是消除环境干扰，提高语音的清晰度与稳定性，为后续识别提供更优质的输入信号。

②特征提取。在预处理完成后，系统从语音信号中提取声学特征，用以表征语音的本质属性。其中，梅尔频率倒谱系数（mel frequency cepstral coefficients, MFCC）是最常用的特征表示之一，能够有效捕捉人耳对不同频率敏感度的非线性特性，为声学建模提供高质量输入。

③声学建模。声学模型的任务是将提取到的特征映射为语音的基本构成单元，如音素或音节。早期系统多采用隐马尔可夫模型（hidden markov model, HMM），近年来则更多采用深度神经网络（例如DNN、CNN、RNN）等方法，显著提升了识别准确率和模型鲁棒性。

④语言建模。语言模型用于建模词与词之间的上下文概率关系，为语音识别提供语义层面的约束。传统方法多使用n-gram模型计算词序列的联合概率，近年来也引入了基于Transformer的预训练语言模型（例如BERT、GPT），用于增强语义理解与预测能力。

⑤解码与输出。在解码阶段，系统结合声学模型与语言模型的输出结果，生成最可能的文本序列。该过程中还可引入后处理模块，对识别结果进行纠错与语言优化，提升文本的自然度

与可读性。

图 8-8 展示了语音识别的整体流程。

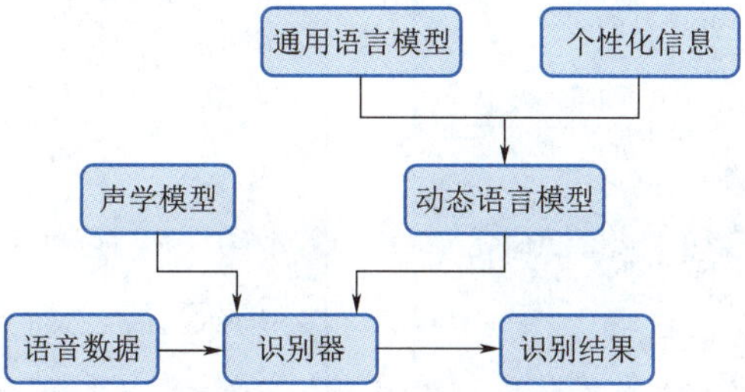

图 8-8　语音识别流程图

3. 机器翻译

机器翻译，又称为自动翻译，是利用计算机将一种自然语言（源语言）转换为另一种自然语言（目标语言）的过程，如图 8-9 所示。它是计算语言学的一个分支，是人工智能的终极目标之一，具有重要的科学研究价值。世界现存语言超过 7 000 中，通过机器翻译解决人类沟通障碍是人类的终极梦想之一。

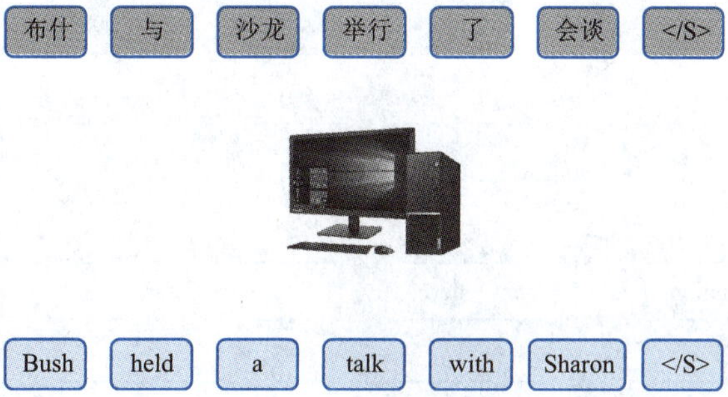

图 8-9　机器翻译示意图

视 频

机器翻译的前世今生

机器翻译的发展历程与计算机技术、语言学理论、信息论及人工智能技术的演进密不可分。早期的翻译系统主要依赖词典匹配及规则驱动的方法，基于语言学专家构建的语法与翻译规则实现词语替换与语序调整。随着大规模双语语料库的积累和统计建模技术的成熟，20 世纪 90 年代至 2010 年前后，统计机器翻译成为主流，实现了从规则系统到数据驱动方法的重大转变。

进入深度学习时代，神经机器翻译技术迅速崛起，尤其以基于编码器 - 解码器结构的序列建模方法（如 Seq2Seq）为代表，通过端到端训练方式，从整体上学习源语言到目标语言之间的映射关系。进一步的发展中，引入注意力机制（attention）和 Transformer 结构，极大提升了翻译质量，推动了多语言、大规模机器翻译系统的产业化落地。

（1）基于规则的机器翻译

基于规则的方法依赖语言学家预先构建的双语词典和语言规则体系。首先对源语言文本进行词法、句法和语义层面的分析，生成中间表示结构，再依据人工定义的语言转换规则，将其逐步转换为目标语言表达。图 8-10 是一个典型的基于规则的机器翻译示例。

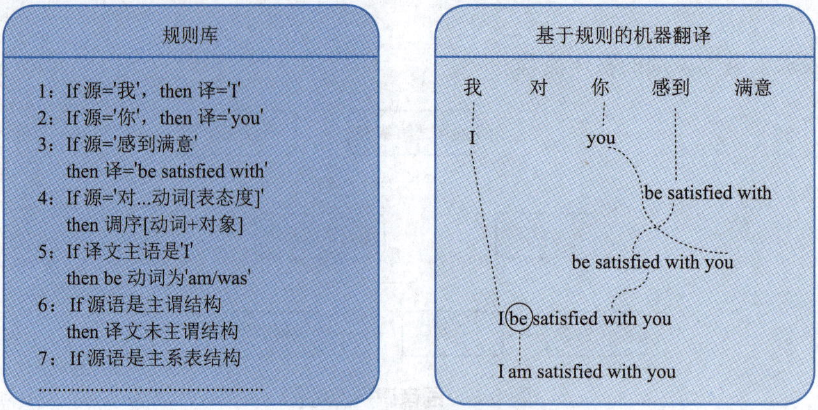

图 8-10　基于规则的机器翻译示例

（2）统计机器翻译

统计机器翻译不依赖人工规则，而是以大规模双语平行语料为基础，构建翻译模型与语言模型。系统通过对源语言短语与目标语言短语之间的映射概率进行统计，选择在给定上下文中概率最大的翻译结果输出。图 8-11 所示为统计机器翻译示例。

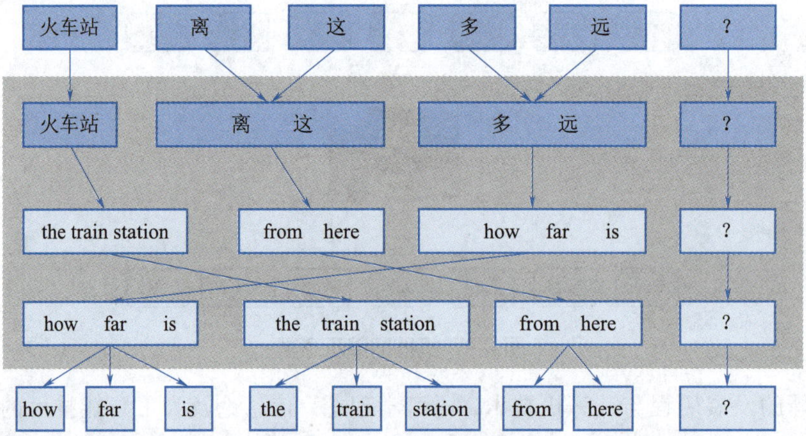

图 8-11　统计机器翻译示例

（3）神经机器翻译

利用深度神经网络，例如 RNN、LSTM、Transformer 架构等。先将源语言句子编码成向量，学习源语言和目标语言语义映射关系，再解码生成目标语言句子，如图 8-12 所示。Transformer 架构的自注意力机制可让模型在处理每个词时关注全句相关词，更好把握语义。与前两种方法相比，神经翻译系统具有更好的语义建模能力，输出文本更流畅自然，已成为当前主流的翻译技术。

（4）字幕生成与语音合成输出

完成翻译后，系统会将源语言和目标语言进行时间戳对齐，并输出同步的双语字幕，广泛应用于会议直播、视频翻译等场景。同时，还可通过语音合成（text-to-speech, TTS）技术，将目标语言文本转为自然语音播放，使设备具备双语对话功能，真正实现“即说即译”的实时交流体验。

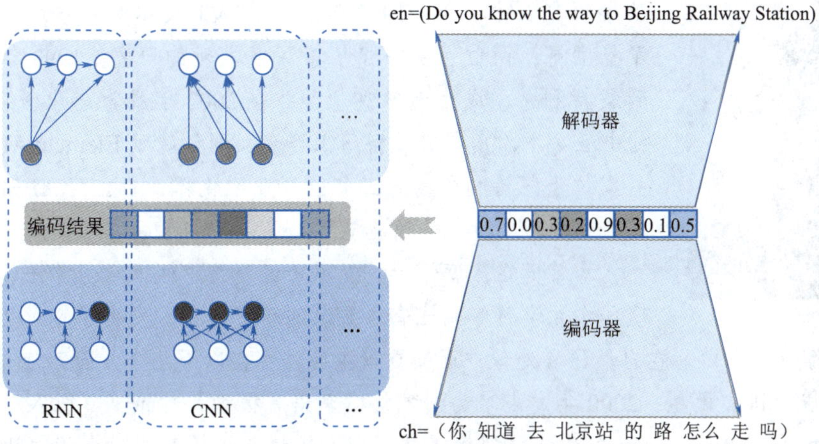

图 8-12　神经机器翻译示意图

纵横学习

TTS 是指将文本自动转换为自然语音的过程，是实现人机语音交互的核心技术之一。在智能翻译设备、语音助手、无障碍通信、数字主播等领域都具有广泛应用。建议读者了解如科大讯飞、百度、阿里达摩院等已在神经网络语音合成方面取得的成就和相关商业产品。

拓展学习　智能体在自然语言处理中的应用

智能体（Agent）是一种能够自主感知环境、做出决策并执行任务的计算系统。在自然语言处理领域，智能体技术正日益成为实现复杂交互、智能对话和自动化处理的重要工具。相比传统的单轮问答系统，智能体能够进行多轮对话、上下文理解甚至自我学习，从而显著提升机器对语言的理解和响应能力。

请查阅资料，并思考以下问题：

（1）智能体在自然语言处理中的核心架构包括哪些模块？它们分别承担哪些功能？如何利用强化学习优化智能体的决策能力？

（2）智能体在多轮对话系统和任务型对话系统中如何应用？举例说明智能体如何管理对话上下文并完成具体任务。

（3）智能体在训练和部署过程中面临哪些挑战？

图灵奖　深度学习领域的三大巨头之一——约书亚·本希奥

约书亚·本希奥（Yoshua Bengio）是加拿大蒙特利尔大学教授，著名人工智能领域科学家，美国国家人工智能科学院（NAAI）终身院士。因其在人工神经网络和深度学习领域的研究成果而闻名，他与杰弗里·辛顿（第 5 章介绍）和杨立昆（第 7 章介绍）一起，被视为深度学习领域的三大巨头，2018 年获得图灵奖。

1964 年，约书亚·本希奥出生于法国巴黎。于 1986 年获得麦吉尔大学计算机工程学士学位，之后继续获得该校计算机科学硕士学位，于 1991 年获得博士学位。毕业后在麻省理工学院

从事研究工作一年，1992年加入AT&T贝尔实验室，在那里他遇见了杨立昆，两位巨头一起从事深度学习的研究。1993年，本希奥回到蒙特利尔，成为大学教师，并在2002年成为全职教授。2016年，约书亚·本希奥与其他科研工作者共同创建了Element AI公司，这是一家位于蒙特利尔的人工智能产业孵化器，旨在将AI领域的研究成果转化为现实世界的商业应用。

本希奥在深度学习、复现神经网络、概率学习算法、自然语言处理和多元学习等领域有着显著的研究成果，发表了超过200篇学术论文，并撰写了两本书籍。在自然语言处理方面的贡献主要体现在以下几个方面：

①神经概率语言模型：2000年发表名为《神经概率语言模型》的论文，引入了高维单词嵌入作为词义的表示方法。这种方法使得网络能够识别新短语与训练集中包含的短语之间的相似性，从而推动了机器翻译和自然语言理解系统的重大转变。

②深度学习的发展：本希奥在深度学习和神经网络领域有着开创性的贡献。他的工作不仅推动了自然语言处理的发展，还对开放科学和教育产生了重大影响。

③机器翻译和自然语言理解系统：通过将神经词嵌入和“注意力”机制结合起来，进一步提高了机器翻译系统的性能，使得这些系统在处理复杂语言任务时更加准确和高效。

本希奥的许多项研究成果，对深度学习和自然语言理解意义重大。目前他是蒙特利尔大学教授，是学习算法研究中心（MILA）的科研主任，并领导了多个重要的研究项目，他对AI的发展方向和速度表示担忧，强调了AI的安全性和合规性问题的重要性。本希奥2020年当选为英国皇家学会院士。

习　题

一、单选题

1. 在NLP技术框架的四大阶段（文本预处理、语言特征提取、语言理解、语言生成）中，下列（　　）不属于“语言理解”阶段的典型任务。

A. 依存句法分析　　B. 命名实体识别
C. 文本摘要生成　　D. 语义角色标注

2. 分词在中文处理中的作用是（　　）。

A. 将文本转为向量　　B. 将句子拆分成单词或词组
C. 去除无意义的词　　D. 将文本翻译成英文

3. 情感分析中，基于词典的方法主要依赖（　　）。

A. 预训练语言模型　　B. 标注训练数据
C. 词汇情感极性表　　D. 句法依存分析

4. BERT在文本向量化中的优势是（　　）。

A. 只关注单个词的向量　　B. 能捕捉上下文语义
C. 计算速度比传统方法快　　D. 不需要大量训练数据

5. 在实时语音翻译系统（如科大讯飞翻译机）的流程中，（ ）环节主要借助语言模型的概率计算（ ）。

A. 语音激活检测

B. 音频去噪与增强

C. 声学特征到音素的映射

D. 解码阶段将声学模型输出映射为最优词序

二、思考题

1. 为什么在文本预处理阶段，停用词过滤对于文本分类和情感分析都非常重要？请结合实际应用场景说明。

2. 详细解释词形还原与词干提取的区别及其对文本分析的影响。

3. 结合机器学习与深度学习两种方法，比较文本分类中模型训练和预测的异同点及优缺点。

4. 在情感分析中，如何处理否定词和程度副词对情感极性的影响？请举例说明。

5. 讨论当前文本分类和情感分析面临的主要挑战及可能的解决策略。

6. 语言理解与语言生成有什么本质区别？请结合 NLP 中的实际任务进行阐述。

7. 以智能客服机器人为例，说明如何结合文本分类、情感分析和语言生成技术实现自然、有效的人机对话。

三、综合应用题

针对社交媒体评论（如微博评论）进行情感分析，设计并实现一个完整的系统，以小组为单位完成 5 min 汇报（可使用 PPT、可运行演示或手绘图示）。要求：

1. 说明数据收集的方法和来源，以及如何对收集到的数据进行预处理。

2. 比较基于情感词典和基于深度学习的情感分析方法，选择一种方法进行详细实现。

3. 通过实际数据测试系统，评估其在不同情感类别上的表现，并分析存在的问题和改进方向。

第三篇 WPS AI 单元实训

使用WPS演示功能打造“我的大学生活”智能动态PPT

具体要求如下：

1. 基本要求：至少10页幻灯片，包含封面、目录、内容页、结束页。

2. 高级排版与设计：母版定制，添加统一的校徽Logo、个人姓名和日期页脚；为不同章节（如学习、社团、生活）设计不同的版式（标题页、内容页、过渡页）。

3. SmartArt图形：用“层次结构图”制作专业课程体系图；用“流程图形”展示一周时间管理计划。

4. 动画与交互：为图片添加“缩放进入”+“路径动画”，模拟校园地图导览；使用“触发器动画”实现单击问题后显示答案（如专业相关问答）；超链接导航，如制作目录页，单击章节标题跳转到对应页面，在最后一页添加“返回目录”按钮等。

5. 多媒体整合：嵌入多媒体，比如插入一段课堂实录视频（可截取30 s），设置“单击时播放”；添加背景音乐并设置跨幻灯片循环播放；数据可视化：用“图表动态生成”展示梦想完成度；为图表添加“擦除”动画，按系列逐项显示等。

6. 提交要求：①生成一份PDF格式的不少于800字的操作分析报告（内容包含：大纲准备和关键点的操作步骤等），文件命名为“学号-姓名-WPS智能动态PPT应用解决方案”；②完成的PPT“自动播放”格式（.ppsx）文件，文件命名为“学号-姓名-我的大学生活”。

考察点提示：

掌握高级排版与设计、动画与交互、多媒体整合等。通过实际演示文档制作掌握WPS演示文稿的核心功能，锻炼技术应用能力（动画、交互、排版），鼓励结合自身经历去创作，同时培养统筹规划能力。成品参照请查阅二维码。

文 档

PPT解决方案报告

演示文档

演示PPT

第四篇

实验、实践与实训

学习引导

当 1% 的精度和 100 倍的算力：ChatGPT 上下文长度扩展的工程突围

2023 年，当 OpenAI 宣布将 ChatGPT 的上下文窗口从 4K 扩展到 128K tokens 时，普通用户惊叹于其“超长记忆”能力，而工程师们看到的却是一场残酷的算力战争——每提升 1% 的上下文理解精度，需付出百倍计算资源。这背后是 AI 大模型从实验室走向产业必须跨越的工程鸿沟。

1. 实验的困境

早期的 GPT-3 只是在学术论文中证明了长上下文的理论可行性，但当工程师们尝试在单台服务器上复现时，即便使用顶级的 A100 显卡，当加载 8000tokens 的模型（属中等规模）时也会瞬间触发 OOM（内存溢出）崩溃。这迫使研究者必须像“拼乐高”一样拆解算法，通过梯度检查点技术（一种牺牲时间换显存的方法）勉强跑通实验——理论到实验的第一道墙就此显现。

2. 实践的代价

为将技术落地，微软 Azure 团队不得不在实际训练中动用上万张 GPU。仅一次 128K 上下文模型的训练，就消耗了价值 2 300 万美元的算力，其中 30% 资源竟浪费在调试分布式系统的通信瓶颈上。工程师们发现，论文中的“完美线性加速”在现实中根本不存在，实践是算法与硬件缺陷的肉搏战。

3. 实训的觉醒

当高校学生尝试在实训平台复现小规模训练时，新的问题接踵而至：数据预处理脚本的一个参数错误会导致训练结果完全偏离；混合精度计算中数值溢出会使模型输出乱码。这些“脏活累活”让学习者深刻意识到—— AI 工程的真实战场，90% 是解决未写在论文里的工程琐碎。

这一案例揭示了一个残酷而重要的真相：大模型的产业革命，本质上是工程能力的革命。当学术追求 1% 的精度提升时，工业界必须解决 100 倍的算力代价，而这正是“实验 - 实践 - 实训”三级跳存在的终极意义——培养能同时驾驭算法灵魂与工程血肉的新一代计算机人才。

本模块正是针对全书内容的实验、实践和实训而设计的。第 9 章选取了两个实验：云计算与虚拟服务、图像表示与图像处理，用于对计算机科学部分知识点的验证，并且以虚拟实验方式给出，读者从实验过程中也可以体会计算机科学的魅力。第 10 章是以吉利汽车的实际项目展开实践，第十一章以“汽车外观垂类模型训练”展开综合实训。实践和实训两章都是关于人工智能内容的，以适应当前 AI 的教学需求。

第 9 章 数字化实验

2008 年，北京奥运会开幕式和闭幕式上的大型广场式文艺表演，都是事先在北京理工大学的虚拟仿真实验室进行反复仿真实验：从设计思路的最初呈现到反复调整参数直到结果完美，才由这个仿真系统给出每位演员定制化的表演路线，从设计到排练节省了巨大的经费和时间开销。可谓“实验出错不用赔，虚拟仿真不后悔”。例如开幕式第一个节目，这是由 2008 位演员“击缶而歌”，展现出精准的数字流动让人们叹为观止；还有中场的汉字舞动，以及各种队形变换中演员的无碰撞切换、严丝合缝的造型、精准无误的表演，这些都是拜虚拟仿真技术所赐。

本章的目的是以实验的方法验证并深耕知识，针对看不见摸不着的抽象理论和概念，我们选取两个计算机科学方面的内容，采用虚拟仿真技术支持，让实验数字化：信息可见、结构直观、交互方便。读者可以在任何地方通过任何终端来完成实验，只要扫描这个二维码就可以进入虚拟实验系统。通过实验，不仅会加深对相关知识点的理解和应用，更能直接体会计算机科学的魅力。

9.1 云计算与虚拟服务实验

文档

什么是云计算

云计算与虚拟服务实验是计算机科学中关于网络部分的知识点，对应本书第一部分的 2.3 节计算机网络系统的内容。在学科交叉融合的背景下，无论哪个学科，网络的支持都至关重要。如何将云计算概念和服务应用于各学科各专业？本实验就是围绕云计算的概念和应用展开，建议实验过程与实验报告配合，并结合本书第 2 章以及一些综合应用、拓展学习等板块的内容融会贯通。

9.1.1 云计算与虚拟服务实验简介

本节包括了：实验目的、实验内容、实验环境与方法，读者进入实验系统之前需认真阅读，以指导实验过程的有的放矢，顺利进行，如期收获。

1. 实验目的

云计算是一种基于互联网的计算方式，通过这种方式，共享的软硬件资源和信息可以按需求提供给计算机和其他设备，云是网络的一种比喻说法。虚拟服务则是一种以虚拟化、网络、云计算等技术的融合为核心的一种计算服务。本实验主要涉及并行计算的基本思想、分布式网络计算的原理以及虚拟服务的相关知识及其应用。通过验证性实验了解一个简单并行计算的设计与实现；通过演示性实验理解分布式计算的基本思想；最后通过虚拟服务的实验和应用，体会典型的虚拟服务应用，加深对云计算的理解。通过本次实验，读者将会有如下收获：

①进一步了解云计算的基本原理。

②理解并行计算的基本原理。

③理解分布式计算的基本原理。

④了解虚拟服务的思想及方法。

⑤学会使用典型的虚拟服务。

2. 实验内容

①实现一个典型算法的虚拟并行计算。

②完成一个虚拟分布式网络的配置以实现算法的优化。

③通过演示性实验了解虚拟计算机的原理和应用。

④以 SkyDrive/OneDrive 网络硬盘为例，完成一次计算机和手机的同步应用。

3. 实验环境与方法

（1）实验环境

①本实验是基于网络公共服务进行的，实验之前已经确保实验软件包正确安装在公共服务器端，其硬件环境只需要最基本的常规配置，满足支持 Windows 7 及以上版本的操作系统，就能支持实验软件运行。

②实验需要读者的手机端配合虚拟云服务环境，所以需要注册 SkyDrive/OneDrive 虚拟硬盘服务，并下载安装这个手机客户端软件。也希望通过这个环境配置，读者亲身体验计算机的硬件、软件以及网络的平台级支撑作用。

（2）实验方法

①采用交互式验证性实验，完成一个典型的并行计算的设计及效果分析。

②采用虚拟实验方式，配置分布式网络计算环境，实现复杂算法分布式计算的最优化，理解分布式计算的基本思想和动态负载均衡原理。

③通过演示性实验，了解虚拟服务的基本原理及应用。

④结合实际的 SkyDirve/OneDrive 虚拟硬盘服务应用，体会虚拟服务的作用。

⑤通过完成实验报告，对实验内容进行总结和思考，并通过思考题的方式，将实验涉及的相关内容拓展和系统化，以引导读者自主学习和思考。

4. 实验准备

登录实验系统后，在打开的实验目录界面中选择“计算机基础与人工智能应用”课程实验下的实验 1：云计算与虚拟服务，将呈现图 9-1（a）所示的实验首页。阅读实验目标并正确配置实验环境，完成后单击“开始”按钮，即可弹出本实验目录页，如图 9-1（b）所示。按图上的

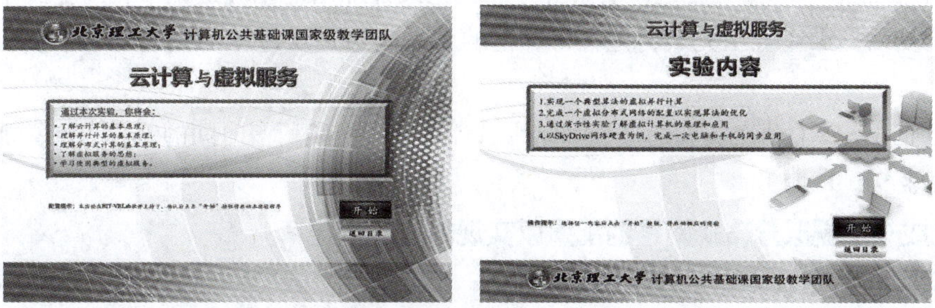

（a）实验首页　　（b）实验目录页

图 9-1　云计算与虚拟服务实验

操作提示，选择任一内容后单击“开始”按钮即可启动相应的实验程序。

9.1.2 云计算与虚拟服务实验过程

由图 9-1（b）可知，本实验共有 4 个内容，以下就是具体完成这个实验的过程。

1. 实现一个典型算法的虚拟并行计算实验

实验步骤：

步骤 1 在实验目录页选择“1. 实现一个典型算法的虚拟并行计算”内容后单击“开始”按钮，即可启动并行计算虚拟实验演示程序，其主功能窗口如图 9-2 所示。该实验展示了一次累加操作的不同实现过程，其中上半部分表示传统的串行算法及其基本运算结构，下半部分表示并行算法及其基本运算结构。注意观察两种算法下加法器的数量和表示方式。

文 档

什么是虚拟服务

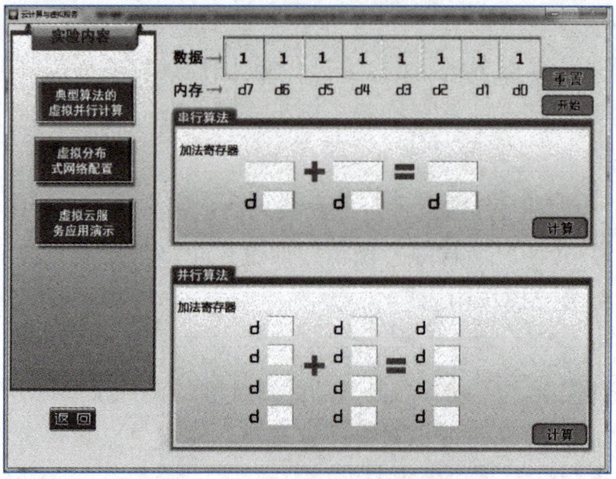

图 9-2 并行计算实验主功能界面

步骤 2 单击“开始”按钮，计算机自动生成 8 个随机操作数序列，存放于 d_j 中（j=0，1，…，7）的地址单元中，并记入实验报告表 9-1。

步骤 3 根据当前循环以及地址单元的关系，在串行算法设置中，通过填写加法寄存器表达式，分别为加法寄存器 A、B 和结果 C 赋值。单击“计算”按钮，计算机根据寄存器表达式模拟计算当前循环的结果，并存放于对应的寄存器中。重复以上操作直至完成，把各寄存器表达式及每一步生成的结果填写在实验报告表 9-1 中。

步骤 4 在并行算法设置中，通过填写加法寄存器表达式，分别为加法寄存器组 A*i*、B*i* 和结果 C*i* 赋值。单击“计算”按钮，根据寄存器表达式计算当前循环的结果，并存放于对应的寄存器中。重复以上操作直至完成，把各寄存器的数据表达式及每一步生成的结果填写在实验报告表 9-1 中。

步骤 5 对比以上两次实验的过程和结果，计算两次实验所需时间的差异，计算加速比并将结果填写在表 9-1 中。

2. 完成一个虚拟分布式网络的配置以实现算法的优化

实验步骤：

步骤 1 选择实验内容 2，查看一个分布式计算环境，由一个客户端和一个分布式计算网络组成，客户端生成一组计算任务，由分布式网络完成计算并返回，如图 9-3 所示。单击“开始”按钮给定一组任务，其中的数字代表其计算量，通过分布式网络进行计算，将任务记录于实验报告表 9-2。

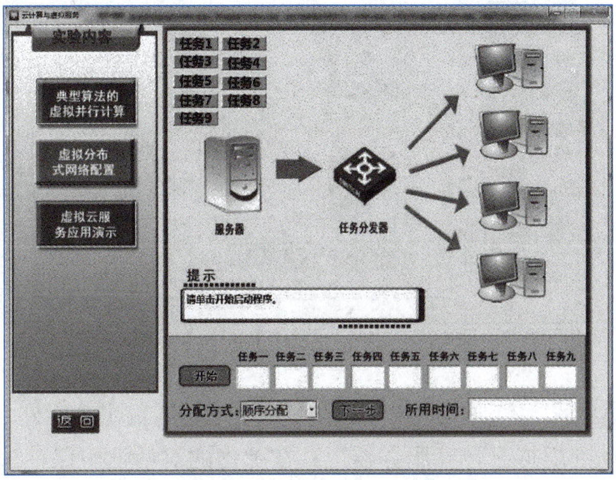

图 9-3　分布式计算首页

步骤 2　在分配方式中选择“顺序分配”，然后单击“计算”按钮，任务分配服务器将任务按照给定顺序进行一次性任务分配，计算所用时间后返回结果，在实验报告表 9-2 中记录任务分配情况及所用的时间。

步骤 3　在分配方式中选择“空闲分配”，然后单击“计算”按钮，任务分配服务器根据计算资源的空闲情况进行动态分配，计算相应的时间后返回结果，在实验报告表 9-2 中记录任务分配情况及所用的时间。

步骤 4　在分配方式中选择“动态手动”，在这个过程中，仅能看到任务列表中最近的一个任务，其他为未知状态。在每一个单步计算前，需选择任务执行的计算机，手动进行任务分配，然后单击“计算”按钮执行一次任务分配。继续进行以上单步任务分配过程，直到全部任务计算完成，在实验报告表 9-2 中记录任务分配情况及所用的时间。

步骤 5　在分配方式中选择“静态手动”，给定步骤 1 中的任务列表，进行模拟分配和计算。在每一个单步计算前，需选择任务执行的计算机，手动进行任务分配，然后单击“计算”按钮执行一次任务分配。继续进行以上单步任务分配过程，直到全部任务计算完成，在实验报告表 9-2 中记录任务分配情况及所用的时间。

3. 通过演示性实验了解虚拟计算机的原理和应用

实验步骤：

步骤 1　首先进行单机运行的配置，如图 9-4 所示，从服务列表中选择自己常用的三种以上软件，作为虚拟本机的配置，并将配置情况记录在实验报告表 9-3 中。

[说明] 虚拟计算机由输入设备、输出设备和主机三部分组成，主机上运行有操作系统及应用程序。

步骤 2　单击“虚拟化”按钮，出现网络环境，依次将所选择的本地软件拖动到网络上对应的服务中，对本地计算机进行“瘦身”，并将所选择的配置记录在实验报告表 9-3 中。

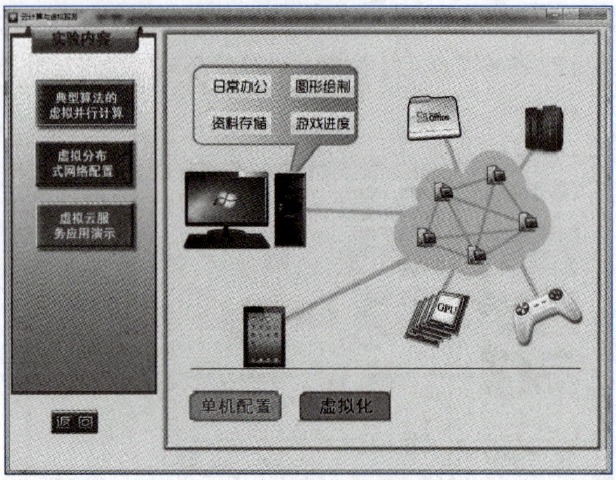

图 9-4　虚拟计算机实验

步骤 3　经过步骤 2 后，本地虚拟计算机除了基本的输入输出功能外，仅包含软件的操作系统界面，将该界面拖动到虚拟云计算服务器上，在弹出的对话框中保存为网络用户名，并设置密码。

步骤 4　单击手机设备，输入用户名、密码，模拟连接到虚拟操作系统，呈现出与本地计算机上相同的界面，完成虚拟计算机的登录和使用。

4. 以SkyDrive/OneDrive网络硬盘为例完成一次计算机和手机的同步

实验步骤：

步骤 1　登录微软公司网站，按照要求注册并申请一个网络硬盘。

步骤 2　在网络硬盘主页上下载 SkyDrive/OneDrive 客户端，按要求安装后会在系统中生成 skydrive/OneDrive 目录。

步骤 3　通过手机管理软件或手机上网方式，在手机上安装 SkyDrive/OneDrive 客户端，在系统中生成 skydrive/OneDrive 目录。

步骤 4　拍照后保存在 skydrive/OneDrive 目录下。

步骤 5　在保持手机和计算机联网以及 SkyDrive/OneDrive 同时登录的情况下，SkyDirve/OneDrive 系统会在手机上自动同步上传保存的照片到网络，然后计算机端会下载网络端的新增照片，根据图片大小和网络状况不同可能需要较长的一段时间，同步完成后就可以在计算机上查看照片了。

步骤 6　如果还想让好友也看到，可以在网站上右击该照片，在弹出的快捷菜单中选择相应的选项进行邮件发送、信息发布或者链接发布，如图 9-5 所示。

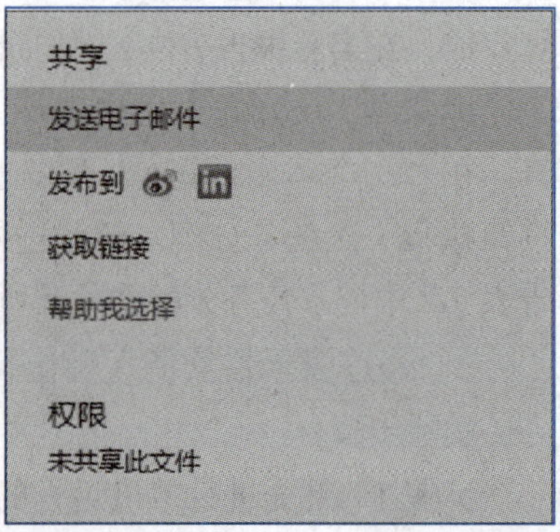

图 9-5　SkyDrive 共享设置界面

思考题：

1. 什么是并行计算？

2. 除了加法以外，哪些计算适合用并行计算实现？请举出几个具体的例子。

3. 并行计算的加速比的大小和哪些因素有关？
4. 如何避免并行计算中对同一个资源访问的冲突？
5. 什么是分布式计算？
6. 分布式计算的加速比和哪些因素有关？
7. 分布式计算是如何实现负载均衡的？
8. 分布式计算的计算机算法和最优算法结果是否一致？为什么？
9. 分布式计算中任务分配的时间对系统效率有什么影响？
10. 什么是虚拟服务？
11. 请列举已知的典型虚拟服务。
12. 什么是云计算？
13. 云计算有哪些典型应用？
14. 分布式计算和并行计算对计算机硬件的要求有哪些不同？
15. 从个人应用角度来说，使用网络硬盘、虚拟计算机的过程中存在的问题是什么？

9.1.3　实验报告说明

文档

云计算与虚拟服务实验报告

本实验一共有三张实验报告表，分别对应实验内容 1、2、3。这三个实验报告都提供了电子版，在实验系统平台上，与课程实验目录对应存放，读者可自行下载。或通过扫描二维码下载。

三张实验报告表分别见实验报告表 9-1～实验报告表 9-3。通过实验报告表的设计，读者可以明确关于云计算与虚拟服务相关的知识点。

实验名称：云计算与虚拟服务

学号:________　　姓名:__________　　班级:________　　实验时间:_____年___月___日

实验报告表 9-1　并行算法和串行算法实验数据表

要求	内　容		
10 个随机数			
串行算法寄存器表达式 （第 i 次计算的通项公式或全部公式列表）			
串行算法最终结果			
并行算法寄存器表达式 ［各次计算中第 i 行寄存器的通项公式， 例如 $Ai=D(i*2)$］			
并行算法中间结果 1			
并行算法中间结果 2			
并行算法最终结果			
加速比			

实验报告表 9-2　分布式实验数据表

要　求	任务计算量及分配情况										耗　时
任务分配（时长）											
顺序计算（机器号）											
空闲分配（机器号）											
静态手动（机器号）											
动态手动（机器号）											

实验报告表 9-3　虚拟计算实验数据表

常用配置	对应虚拟服务

说明：可根据需要增加行数

9.1.4　实验相关知识补充

1. 虚拟计算

虚拟计算是一种以虚拟化、网络、云技术等技术的融合为核心的一种计算方式，已成为企业 IT 部署不可或缺的组成部分。一般来说，虚拟化技术主要包括服务器虚拟化、存储虚拟化、应用虚拟化及桌面虚拟化，各应用领域又有不同的代表厂商和虚拟化产品。

回顾虚拟化的发展，可以大致分为四个阶段：第一阶段是以桌面应用为主，可在一台机器上同时运行多个操作系统；第二阶段是单台服务器虚拟化；第三阶段是构建虚拟资源池及虚拟数据中心；第四阶段就是多种虚拟技术相互融合，协同构成云计算的支撑平台，帮助企业最终实现能够突破目前分布式计算体系架构下的虚拟计算，以最大化地利用现有 IT 投资，建立更简单、高效的 IT 体系架构。

2. SkyDrive

本实验的第四项内容是：以 SkyDrive/OneDrive 网络硬盘为例完成一次计算机和手机的同步，如果不太了解 SkyDrive/OneDrive，请阅读以下说明或自己查阅资料。

SkyDrive 是一款由微软公司 2007 年发布的云存储和文件同步服务软件，2014 年更名为

OneDrive，旨在帮助用户轻松管理和共享文件。无论使用何种设备或平台，都可以支持多种文件类型，包括文档、照片、视频等，并提供跨平台操作，兼容 Windows、macOS、iOS 和 Android 等系统。为了兼顾新旧应用，我们表述为 SkyDrive/OneDrive，用户视方便决定使用哪一个版本。

SkyDrive/OneDrive，的主要功能如下：

①文件管理和同步：SkyDrive/OneDrive 允许用户在不同设备间同步文件，确保用户可以随时随地访问最新的文件版本。

②云存储：提供大容量存储空间，用户可以将文件、照片和视频上传到云端，并通过 Web 界面、桌面应用程序和移动应用程序访问这些文件。

③文件共享：支持通过电子邮件等多种方式分享文件，用户还可以修改不同用户的访问权限。

④实时协作：支持多人同时编辑文档、表格和演示文稿，适合团队协作工作。

⑤照片管理：提供强大的照片支持，包括自动标记查找照片、幻灯片播放等功能。

总之，用户的资料和信息不会受限于任何一台计算机或设备。并且，如果用户使用 Windows 8 以上版本且登录 Microsoft 账户，则可以查看自己的所有照片和文件，编辑和共享文档。另外，用户的背景、显示和设置等内容会随用户一起漫游。

3. 云存储

云存储是一种网上在线存储的模式，即把数据存放在通常由第三方托管的多台虚拟服务器，而非专属的服务器上，资源可能被分布在众多的服务器主机上，云计算系统的核心技术是并行计算。

云存储这项服务是透过 Web 服务应用程序接口（API），或是透过 Web 化的用户界面来访问。云存储是一个以数据存储和管理为核心的云计算系统。

云存储已经成为未来存储发展的一种趋势。随着云存储技术的发展，各类搜索、应用技术和云存储相结合，获得了广泛的应用。

9.2　图像表示与图像处理实验

本实验是计算机科学中关于计算机基础部分的知识点，对应本书第一部分第 1 章和第 2 章的内容。多媒体信息处理内容在我们日常生活中的应用已比比皆是，游戏已成为人们的娱乐伙伴，所以没有详细涉及。但是诸如图形、图像、声音、信息编码及转换等，这类知识的概念和原理还是比较抽象的，比如图像是怎么在计算机里存储的？动画又是怎么动起来的？引擎信息流是不可见的，所以理解上难以掌握其精髓，也就影响应用中的举一反三。图像表示与图像处理内容是信息化时代不可缺少的重要基础知识，应用之广泛。为此，选择“图像表示与图像处理实验”作为我们自学的引导。建议实验过程与实验报告配合，并结合 AI 辅助学习。

9.2.1　图像表示与图像处理实验简介

本节包括了实验目的、实验内容、实验环境与方法，读者进入实验系统之前需认真阅读，以指导实验过程的顺利进行。

1. 实验目的

由于计算机内部使用二进制，因此只有将文本、图像、声音等各种人们生活中常见的媒体进行数字化，表示成二进制形式的编码，才能通过计算机进行处理。本实验涉及图像的像素编码表示等相关知识点，内容包括改变图像像素编码进行黑白图像的设计、对灰度图像和彩色图像的像素色彩填充等。目的是通过本实验，使读者了解图像的像素编码方法，理解计算机图像处理的基本原理，便于学习后续课程中涉及的图像处理、压缩等相关内容，同时掌握计算机图像处理软件基本使用方法，提升自主学习的能力。通过本次实验，读者将在以下知识点上再深度体验：

①了解查看计算机图像文件属性的方法。

②了解计算机图像的表示方法。

③了解黑白图像的像素编码方法。

④学会用像素编码设计黑白图像。

⑤理解灰度图像、彩色图像的像素编码表示。

⑥掌握通过改变图像像素编码进行图像处理的方法。

⑦掌握使用 Photoshop 进行图像处理的基本方法。

2. 实验内容

①查看图像文件，观察图像文件的属性数据。

②查看图像放大效果，了解图像的像素原理。

③对黑白图像像素进行编码，了解黑白图像的编码方法和图像生成原理。

④对灰度图像的像素进行编码，了解灰度图像的编码与存储方法。

⑤对彩色图像的像素进行编码，了解彩色图像的编码与图像处理的基本方法。

⑥用 Photoshop 制作海报，了解图像处理的过程。

3. 实验环境与方法

(1) 实验环境

本实验是基于网络公共服务进行的，实验之前已经确保实验软件包正确安装在公共服务器端，其硬件环境只需要最基本的常规配置，满足支持 Windows 7 及以上版本的操作系统就能支持实验软件运行。

(2) 实验方法

本实验采用虚拟技术展示计算机图像的像素编码原理，并设计了演示实验和交互实验。读者通过实验可以理解计算机图像的像素编码方法，以及计算机图像处理等重要概念，最后通过实验报告对实验内容进行归纳总结，以便更好地自主学习。

4. 实验准备

登录实验系统后，在打开的实验目录界面中选择“计算机基础与人工智能应用”课程实验下的实验 2：图像表示与图像处理实验，将呈现图 9-6（a）所示的实验首页。阅读实验目标并正确配置实验环境，完成后单击“开始”按钮，即可弹出本实验目录页，如图 9-6（b）所示。按图上的操作提示，选择任一内容后单击“开始”按钮即可启动相应的实验程序。

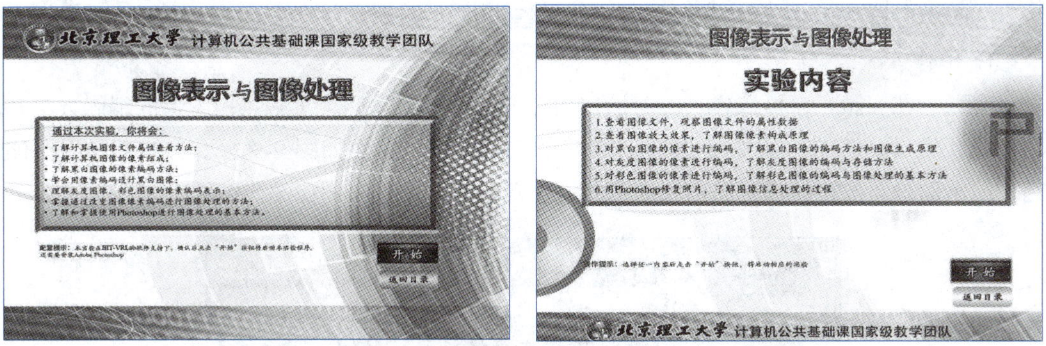

（a）实验首页　　（b）实验目录页

图 9-6　图像表示与图像处理实验

9.2.2　图像表示与图像处理实验过程

1. 查看图像文件，观察图像文件的属性

实验步骤：

步骤 1　在实验目录页选择“1. 查看图像文件，观察图像文件的属性数据”后，单击“开始”按钮，即可启动本实验内容的程序。首先，在界面上可看到一幅图片，单击“下载”按钮，将展示的图片存储到本地计算机上。

步骤 2　选中该文件图标，右击，在弹出的快捷菜单中选择“属性”选项，可以看到该图片的属性（将相关数据填写到实验报告中），如图 9-7 所示。

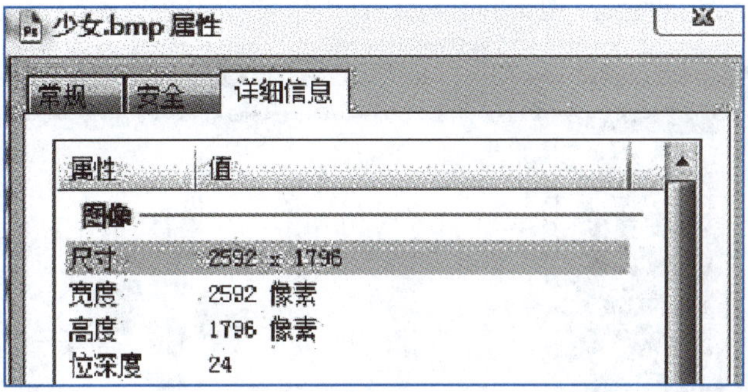

图 9-7　查看文件属性的示例

2. 查看图像放大效果，了解图像像素构成原理

实验步骤：

步骤： 在实验目录页选择“2. 查看图像放大效果，了解图像像素构成原理”后，单击“开始”按钮，即可启动程序，进入本实验内容，连续单击图像右侧的“放大镜”按钮，查看该图片放大后的效果，观察该图像不断放大后所产生的图像色块，了解图像像素的构成原理。图像放大效果如图 9-8 所示。

图 9-8　图像放大后的效果示例

3. 对黑白图像的像素进行编码，了解黑白图像的编码方法和图像生成原理

实验步骤：

步骤 1 在实验目录页选择“3. 对黑白图像的像素进行编码，了解黑白图像的编码方法和图像生成原理”后，单击“开始”按钮，即可启动本程序，界面如图 9-9 所示。单击界面左侧的“播放演示动画”按钮，观看黑白图像编码演示视频，了解黑白图像编码的原理。

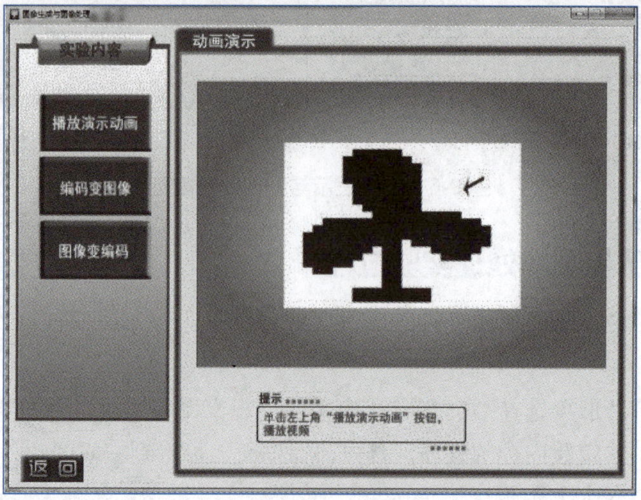

图 9-9 黑白图像像素编码演示动画

步骤 2 单击界面左侧的“编码变图像”按钮，界面如图 9-10 所示。查看界面右侧的图像，观察图像左侧对应的二进制编码，用 1 和 0 将图中“?”的部分填写完整。

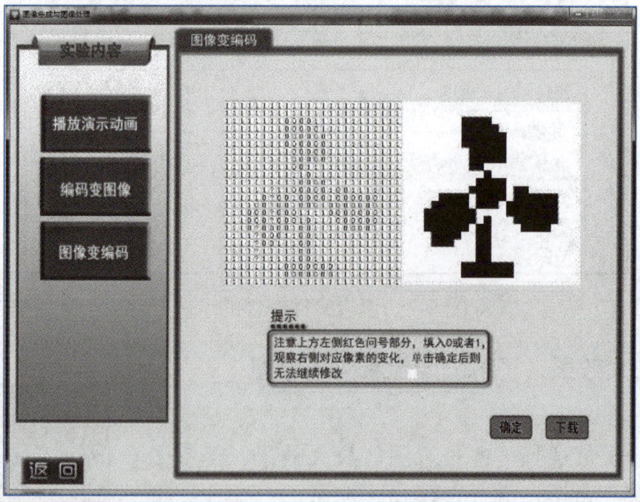

图 9-10 黑白图像“编码变图像”实验演示界面

步骤 3 单击页面左侧的“图像变编码”按钮，界面如图 9-11 所示。不断单击图片上的小格，可循环将选定的小格设定为“黑色”或者“白色”，注意查看右侧的图像编码产生的变化。操作完成后，单击“确定”按钮，可生成黑白图像。单击“下载”按钮，可将该图像下载到本地计算机。

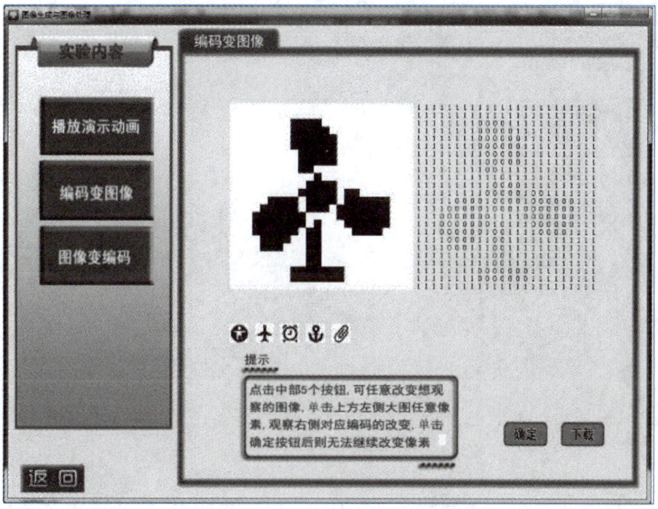

图 9-11　黑白图像“图像变编码”实验演示界面

4. 对灰度图像的像素进行编码，了解灰度图像的编码与存储方法

实验步骤：

步骤 1　在实验目录页选择“4. 对灰度图像的像素进行编码，了解灰度图像的编码与存储方法”后，单击“开始”按钮，即可启动本程序，界面如图 9-12 所示。单击界面左侧的“播放演示动画”按钮，观看灰度图像编码演示视频，了解灰度图像编码的原理。

图 9-12　灰度图像编码实验演示动画

步骤 2　单击界面左侧的“灰度图像编码”按钮，界面如图 9-13 所示。注意查看右侧的灰度图像，单击图像上任一小格，图像下侧显示该小格的灰度级别。滑动编码右侧的指示器可修改灰度图像的像素编码，从而调整灰度图像的灰度级别。对照右侧的模板图像，修改空白区域的灰度颜色级别，将左侧图像补充设计完整。设计完成后，单击“确定”按钮，可生成灰度图像。单击“下载”按钮，可将该图像下载到本地计算机。

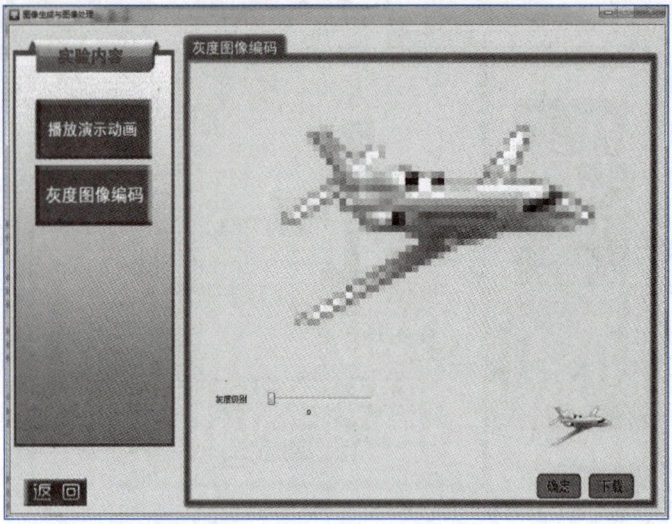

图 9-13　灰度图像编码实验演示界面

5. 对彩色图像的像素进行编码，了解彩色图像编码与图像处理的基本方法

实验步骤：

步骤 1　在实验目录页选择“5. 对彩色图像的像素进行编码，了解彩色图像的编码与图像处理的基本方法”后，单击“开始”按钮，即可启动本程序，界面如图 9-14 所示。单击界面左侧的“播放演示动画”按钮，观看彩色图像编码演示视频，了解彩色图像编码的原理。

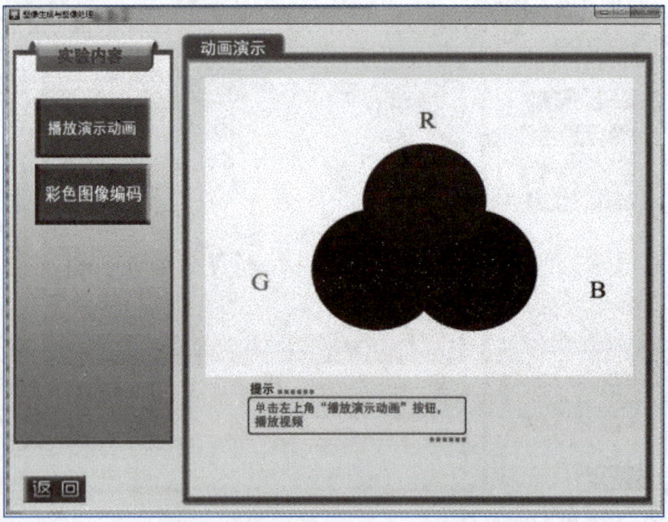

图 9-14　彩色图像编码实验演示动画

步骤 2　单击界面左侧“彩色图像编码”按钮，界面如图 9-15 所示。注意查看左侧的彩色图像，单击图像上任一小格，图像下侧则显示该小格的彩色二进制编码。该编码由 RGB 三部分编码组成（RGB 色彩模式见本章相关知识），RGB 三种颜色可组合起来表示各种颜色。滑动编码右侧的指示器，可修改彩色图像的像素编码，从而调整彩色图像的像素颜色。请对照右侧彩色图像修改空白区域的颜色编码，将左侧图像补充设计完整。设计完成后，单击“确定”按钮，

可生成彩色图像。单击“下载”按钮，可将该图像下载到本地计算机。

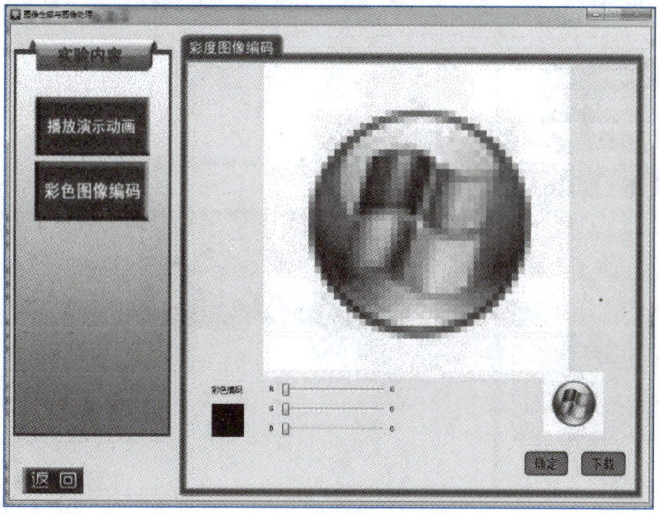

图 9-15　彩色图像编码实验示意图

6. 用Photoshop制作海报，了解图像信息处理的过程

实验步骤：

步骤 1　在实验目录页选择“6. 用 Photoshop 制作海报，了解图像信息处理的过程”后，单击“开始”按钮，即可启动本实验内容的程序，界面如图 9-16 所示。单击图片，可将选中的图片存储到本地计算机。

单击“查看操作步骤”按钮，将展示实验操作的介绍，依次单击“下一步”按钮，可详细查看每一个详细操作步骤。

图 9-16　使用 Photoshop 制作海报的程序界面

步骤 2　运行 Photoshop 软件，按照步骤 1 展示的操作过程完成本实验。最终效果如图 9-17 所示。

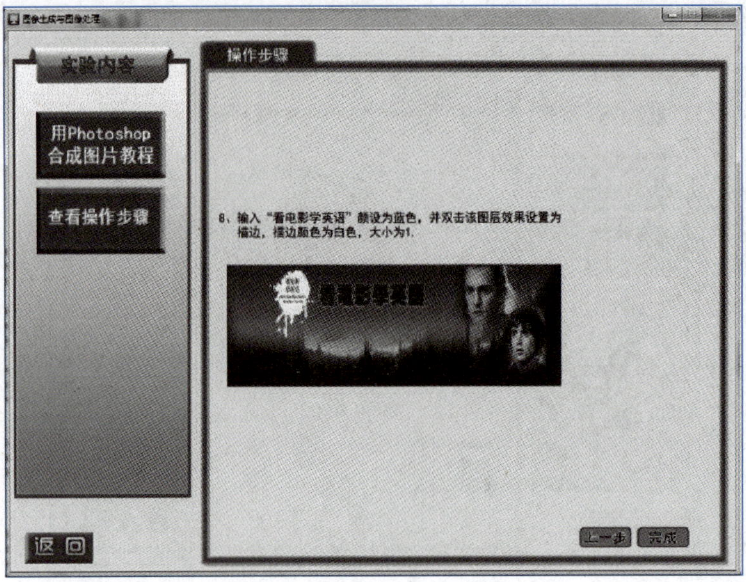

图 9-17　制作海报效果演示

思考题:

1. 黑白图像采用 0 或 1 进行编码，因此只有两种颜色，这种图像主要用于计算机图像自动识别等领域，你能否指出生活中哪些领域需要计算机图像自动识别技术？

2. 假设用 8 位二进制数来表示不同的灰度级别，那么可以有多少灰度级别？

3. 用 8 位二进制数来表示不同的灰度级别，存储一个分辨率为 1 024×768 的灰度图像，至少需要多少字节？

4. 什么是三基色？除了 RGB 色彩模式还有其他色彩模式吗？它们有什么不同？

5. 用 24 位 RGB 彩色编码可以产生多少种不同的颜色？

6. 本实验介绍了图像文件的编码原理，观察本实验中下载图像的相关数据，文件的实际尺寸实际上大于“宽度 × 高度 × 位深度”，多出来的这部分内容是什么？

7. 在实际应用中，由于位图文件需要较大的存储空间，大多数采用 JPG、GIF 等文件格式。这些文件格式与位图文件格式相比，有什么不同？

8. 请查看你的手机摄像头参数，它最大支持多少像素？照相机的像素值与图像的像素值之间有什么关系？

9. 用手机拍摄一组照片，分别查看照片的属性，思考它应该占用多少字节，实际占用了多少字节？为什么？

10. 假设你有一张照片准备发到朋友圈，但希望给其中部分内容打上马赛克，你应该如何处理？

11. 图像压缩的基本原理是什么？它属于有损压缩还是无损压缩？

12. 如何进行图像格式的转换？哪些软件提供这个功能？

13. 什么是图像的色彩饱和度？什么是图像的亮度？什么是图像的对比度？什么是图像的锐化？

14. 什么是图像的噪点？什么是图像的白平衡？

15. 如果要鉴别一幅计算机图像是来自真实拍摄，还是来自后期处理，应如何鉴别？需要考虑哪些方面？

16. 结合本实验的内容，请你描述一下手机上的美颜软件的原理。

17. 在某些庆祝活动中，你可以看到有无人机群在夜空中闪烁发光，组合成各种艺术造型，其中每一个无人机起到的作用是什么？

18. 图像识别技术已经得到了广泛的应用，请你在手机上安装一个识花软件，它能告诉你照片中的花是哪种植物门类，叫什么名字，它的原理是什么。请你试着用黑白模式和彩色模式分别对同一个花朵拍照，这个软件能识别吗？

文档

图像生成与图像处理实验报告

9.2.3 实验报告说明

本实验一共有三张实验报告表。这三张实验报告都提供了电子版，在实验系统平台上与课程实验目录对应存放，读者可自行下载，或通过扫描二维码下载。

三张实验报告表分别见实验报告表 9-4～实验报告表 9-6。通过实验报告表的设计，读者也可以明确关于图像生成与图像处理相关的知识点。

实验报告名称：图像生成与图像处理

学号:________　　姓名:__________　　班级:________　　实验时间:_____年___月___日

实验报告表 9-4　图像的登记相关数据

文件名		文件大小		尺寸	
宽度		高度		位深度	

实验报告表 9-5　根据左侧的图像填写相应的图像编码

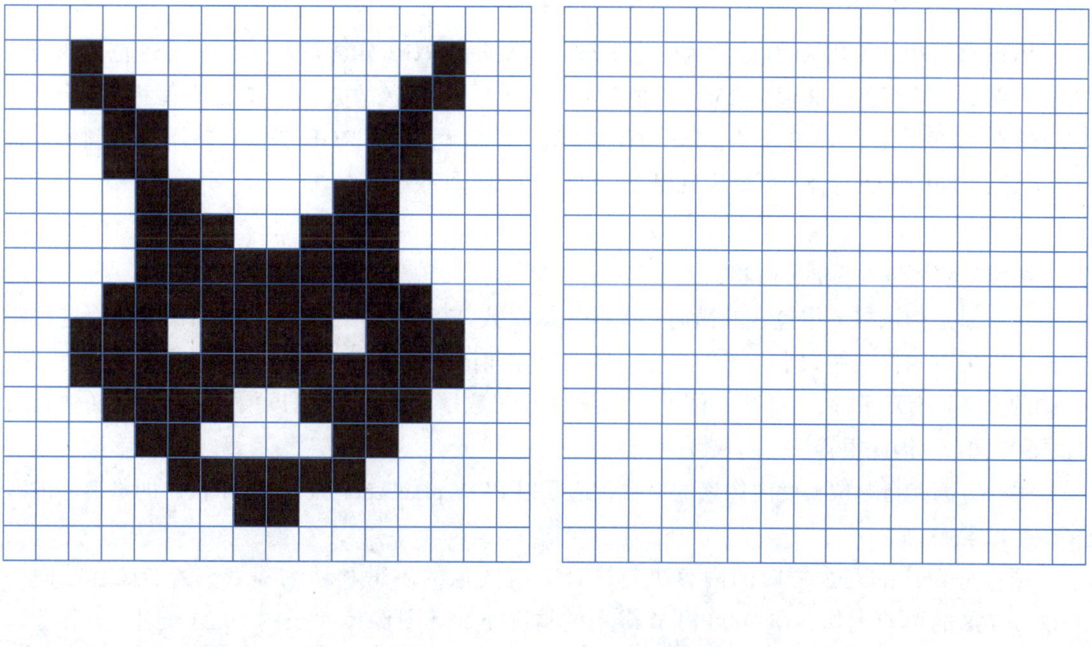

实验报告表 9-6　游程压缩方法编码填写

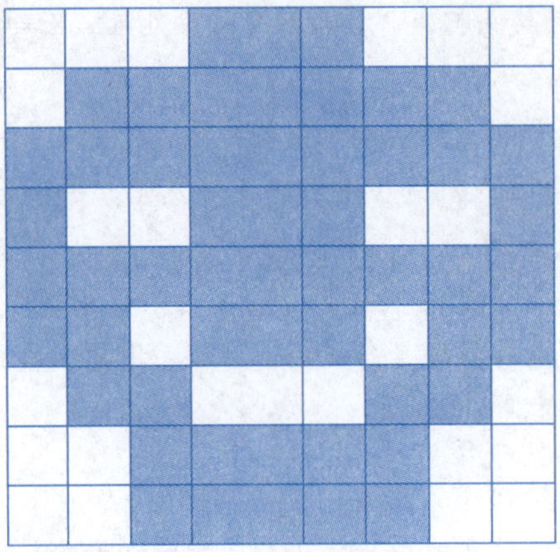

3　2　3

1　6　1

说明：计算机中实际存储的图像可能有几百万像素，为了减少图像存储的空间，有一种压缩方法可以减少存储的字节数。这种方法利用了图像中有大块连续的白色像素和黑色像素的特点，只需要记录下白色或黑色像素的连续区块的长度进行压缩。例如图中的第一行依次由 3 个白像素、2 个黑像素、3 个白像素组成，可以表示为 3、2、3。同理，第二行可以表示为 1、6、1，请依次填写接下来的编码。

9.2.4　实验相关知识补充

1. RGB颜色模式

RGB 颜色模式是工业界的一种颜色标准，通过对红（red）、绿（green）、蓝（blue）三个颜色通道的变化以及它们相互之间的叠加，可以得到各种各样的颜色，RGB 即是代表红、绿、蓝三个通道的颜色，这个标准几乎包括了人类视力所能感知的所有颜色，是计算机在图像处理中运用最广的颜色模式之一。

RGB 颜色模式使用 RGB 模型为图像中每一个像素的 RGB 分量分配一个 0～255 范围内的强度值。例如：纯红色的 R 值为 255，G 值为 0，B 值为 0；灰色的 R、G、B 三个值相等（除了 0 和 255）；白色的 R、G、B 都为 255；黑色的 R、G、B 都为 0。RGB 图像只使用三种颜色，将它们按照不同的比例混合，可以表现出 2^{24} = 16 777 216 种颜色。

2. 图像分辨率

图像分辨率包含两部分内容：

一方面是指该幅图像包含的横向和纵向的像素数。在不同的书籍中，除图像分辨率这种叫法外，也可以叫作图像大小、图像尺寸、像素尺寸和记录分辨率。在这里，“大小”和“尺寸”一词的含义具有双重性，它们既可以指像素的多少（数量大小），又可以指画面的尺寸（边长或面积的大小），因此很容易引起误解。

另一方面是指单位长度内像素的个数，通常以 PPI（pixels per inch）为单位，即每英寸内有多少个像素点。

图像分辨率的两个方面的内容决定了计算机图像的质量和精细程度，例如像素数同为 1 024 × 768 的两幅图像，在 100 PPI 分辨率的情况下，其图像尺寸长约 10.24 英寸（1 英寸＝

2.54 厘米）、高约 7.68 英寸。如果在 300 PPI 的情况下，其图像尺寸长约 3.41 英寸、高约 2.56 英寸。可以看出，后者图像尺寸小，但是图像的质量和精细程度较高。

3. 位深度

“位”（bit）是计算机存储器里的最小单元，位深度是指为了记录每个像素的颜色所使用的位的个数，深度为 1，表示只使用 1 个位来表现颜色，那么只能表现为黑白两种颜色。同理，如果深度为 8，表示使用了 8 个位来表示颜色，总共可以表示 256（2^8）种颜色。

4. 图像处理

图像处理一般指采用计算机对图像进行采样、编码、变形、压缩等相关操作的统称，又称影像处理。数字图像是指用数字摄像机、扫描仪等数字设备经过采样和数字化得到的一组数据，通过相应的编码和算法，从而呈现出人们需要的影像。图像处理技术的主要内容包括图像编码转换、变形、压缩等一系列操作。

5. 计算机图像与计算机图形的区别

计算机图像是由像素构成的一组点阵数据。当点阵间距十分微小时，人眼难以分辨点阵之间的间隙，图像会变得十分逼真；但当点阵间距较大时，人们会明显感觉到图像变得模糊了，存在图像放大失真的现象。存储计算机图像需要将每一个像素的数值保存下来，占据的空间较大，不利于数据的传输和处理。

而计算机图形是通过点、线、面等几何元素来构造图形，计算机图形一般不保存所有像素的数据，而是将关键的像素数据保存起来，通过它们之间的几何关系，根据需要随时将其他像素重新绘制出来。

例如，如果想在白色的背景中绘制一条黑色的线段，如果采用计算机图像的方法进行存储，那么必须将画面上所有的像素值全部保存下来。而采用计算机图形的方法存储，则可以只保存 4 项数据，即图形的尺寸、线段的两个端点像素位置坐标、线段的颜色、背景的颜色。这样，当需要显示这幅图像的时候，只要将这两个端点位置坐标之间的所有符合直线关系的像素绘制成黑色（线段的颜色），所有不符合直线关系的像素绘制成白色（图像的尺寸、背景的颜色），即可呈现出想要的图像。这种利用几何关系方法来处理图像的理论与方法，称为计算机图形学。

拓展学习 计算思维在人文社会科学中的应用

在新工科背景下，社会科学家将计算机科学家解决问题的基本思路和方法用来研究人文社会科学领域的问题。不仅将计算思维作为工具，而且在方法论方面与人文社科领域深度融合，揭示更深刻的现象，解决更复杂的问题。

例如：社会心理学家米尔格拉姆关于“六度分隔”在 1967 年就有了实验结果，但是直到 1998—2000 年时才得到了理论解释，并在 2005 年前后得到了进一步大规模验证，这个过程借助了计算思维的推动，并且采用了先实验后总结的方法。你了解“六度分隔”理论吗？你想了解计算思维如何推动这个人文社科类问题的求解吗？

图灵奖　关系数据库管理系统创始人——迈克尔·斯通布雷克

迈克尔·斯通布雷克（Michael Stonebraker），美国国家工程院院士，国际计算机协会会士（ACM Fellow），麻省理工学院兼职教授。他是著名的计算机科学家，因在关系数据库管理系统（RDBMS）和数据仓库（DWH）的创建、开发和改进方面的基础工作而闻名于世，因此获得2014年的图灵奖。

迈克尔·斯通布雷克于1943年出生于美国马萨诸塞州纽伯里波特。他的学术生涯始于1965年，获得普林斯顿大学电气工程学士学位，之后的1967年获得密歇根大学安娜堡分校电气工程硕士学位，1971年获得该校的计算机科学与工程博士学位。毕业后他在加州大学伯克利分校做计算机科学方面的教学与研究工作，1982年晋升为加州大学伯克利分校教授。这期间他致力于数据库领域的研究，20世纪70年代初期，他发明了Ingres（PostgreSQL前身），首次证明关系模型可高效实现，并开源代码供学界验证（可复现的实验），这是最早的关系数据库之一。随后他又推出Postgres，这是在Ingres的基础上进行了改进，增加了面向对象的编程功能。

最值得一提的是：迈克尔·斯通布雷克的贡献不仅限于数据库技术，他还创建了多个高性能数据库系统，包括2005年的C-Store、2007年的H-Store以及2011年的SciDB2。他的工作极大地推动了数据库技术的发展，特别是在高性能计算和大数据处理方面，他总结的数据库系统设计原则（如“one size does not fit all”）直接指导工业界优化实践。

1994年，迈克尔·斯通布雷克当选了国际计算机协会会士（ACM Fellow），1996—2000年担任Illustra Corporation首席技术官；1998年当选为美国国家工程院院士；2009年创立并担任Voldb公司首席技术官；2013年创立并担任Tamr公司首席技术官；2014年获得图灵奖。迈克尔·斯通布雷克的职业生涯展示了他在数据库领域的深厚造诣和对技术创新的持续热情。他的工作不仅推动了数据库技术的飞跃，还为现代数据处理和存储系统的发展奠定了基础。

第 10 章 汽车营销宣传片项目实践

随着人工智能生成技术（AIGC）在数字媒体领域的广泛应用，营销宣传片的创作模式正迎来一场深刻变革。传统的宣传片制作流程耗时较长，成本较高，难以满足市场对快速迭代和个性化创作的迫切需求。AIGC 技术以其快速生成内容、高效辅助创作的特点，逐渐成为汽车营销宣传片制作的新引擎。

本章将以沃尔沃汽车品牌宣传片为实际案例，全面讲述如何借助 AIGC 技术高效地完成汽车营销宣传片从创意策划到成片输出的完整制作流程。本章内容包括项目的总体规划与组织实施、环境搭建与工具配置、AIGC 技术在创意策划、剧本撰写、动态内容生成、视频剪辑与声音设计等各环节的具体应用，以及人工智能协同创作的实践方法与技巧。学生通过本章的学习，将掌握基于 AIGC 技术的数字内容创作方法，提升在数字营销与内容创作领域的综合应用能力。

10.1　汽车营销宣传片项目概述

随着信息技术和新媒体的发展，汽车行业营销方式逐步由传统的线下营销转向线上数字营销，尤其是高品质宣传片已成为汽车企业品牌推广的核心媒介。然而，传统的宣传片创作模式成本高、周期长，无法快速响应市场的变化与受众需求。

近年来，人工智能生成技术（AIGC）逐渐被引入视频制作领域，极大提升了内容生产效率和创意丰富性，降低了创作成本，增强了品牌传播的精准性。通过人工智能辅助创作的汽车营销宣传片，企业可以迅速捕捉用户需求，灵活适应市场变化，提升品牌竞争力。

本项目结合人工智能技术进行实践教学，旨在帮助学生掌握先进的 AI 内容创作方法和技能，为未来在数字媒体与营销行业中的就业做好准备。

10.1.1　项目目标与任务

项目目标是利用 AIGC 高效地创作并制作出符合沃尔沃品牌定位、高质量的汽车营销宣传片，达到商业推广标准，如图 10-1 所示。

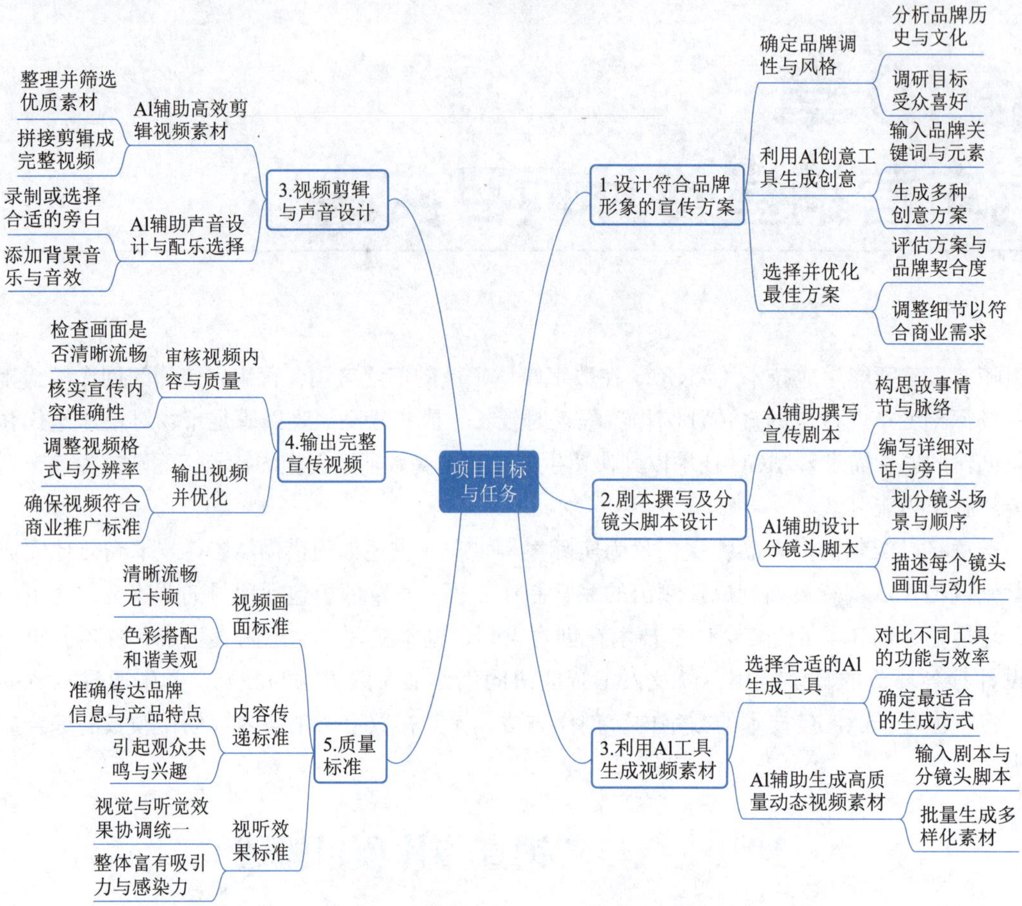

图 10-1 项目目标与任务关联示意图

10.1.2 项目实施流程

为保障项目的顺利推进，实施过程中明确阶段划分与重点任务安排，具体见表 10-1。

表 10-1 项目实施流程表

阶　段	工作重点	交付成果
创意策划	运用 AI 工具开展创意生成与筛选	创意策划书
剧本与分镜设计	AI 辅助剧本与分镜头脚本设计	完整剧本与分镜脚本
动态内容生成	使用 AI 平台生成与优化动态影像素材	动态影像视频素材
视频剪辑与声音设计	AI 工具辅助视频剪辑与声音设计	剪辑完成的视频与音频文件
合成与输出	完成最终视觉合成并输出视频成品	符合发布标准的视频

项目实施流程强调任务分工明确，各阶段之间衔接有序，每个环节设置责任人和时间节点，确保项目整体推进高效有序。

本节明确了项目背景、目标任务和实施流程，强调了人工智能技术在汽车营销宣传片创作中的重要性与应用价值，为后续具体技术与方法的学习奠定了基础。

10.2　项目环境配置

在启动汽车营销宣传片的创作项目之前，首先需明确必要的软硬件环境。本节详细介绍项目顺利实施所需的计算机硬件性能要求、网络环境配置需求，以及具体的软件平台及工具的选择与安装。

10.2.1　硬件环境需求

汽车营销宣传片制作过程中，人工智能辅助工具与视频处理软件均对硬件环境提出了较高的性能要求。为保障项目高效顺畅地进行，需要满足表 10-2 所示硬件配置要求。

表 10-2　项目硬件配置需求表

硬件类型	推荐配置要求	备注说明
处理器	Intel Core i7 或 AMD Ryzen 7 及以上级别处理器	主频≥ 3.0 GHz，8 核 16 线程或更高配置
GPU	NVIDIA RTX 4060 或更高型号显卡，显存≥ 8 GB	需支持 CUDA，以提高 AI 生成与视频渲染性能
内存	DDR4 类型，容量≥ 32 GB	保障多任务运行及视频处理流畅性
存储设备	系统盘：固态硬盘 SSD 容量≥ 512 GB	操作系统及软件安装，确保读取速度快
	数据盘：机械硬盘 HDD 容量≥ 1 TB 或 SSD 容量≥ 1 TB	视频素材、项目文件存储空间
网络环境	网络带宽≥ 100 Mbit/s，高速稳定的网络连接	访问在线 AI 生成平台与云服务，保障数据传输安全

提　示

硬件性能将显著影响项目的制作效率与最终成果的质量，应在条件允许范围内尽可能选择高性能硬件配置。

10.2.2　软件环境需求

软件环境包括两方面内容：一是操作系统选择与配置，二是人工智能辅助创意设计软件平台与工具。

1. 操作系统选择与配置

推荐使用 Windows 操作系统作为基础环境，具体要求如下：

系统版本：Windows 10 或 Windows 11，推荐 64 位专业版，以确保软件兼容性和系统稳定性。

系统安装及配置建议：

（1）系统安装完成后及时更新至最新版本；

（2）安装并更新硬件驱动，特别是显卡驱动；

（3）定期维护系统环境，确保系统性能稳定。

2. 人工智能辅助创意设计软件

本项目实践涉及多个环节，如创意生成、动态影像制作、视频剪辑和声音设计，具体所需的软件平台与工具见表 10-3。

表 10-3　人工智能辅助创意设计软件平台与工具

类　型	名　称	主要功能与应用场景	使用方式与获取建议
创意策划辅助平台	DeepSeek、KIMI、豆包	AI 辅助创意策划、剧本创作和分镜头脚本生成	官网注册账号，在线访问使用
动态影像生成平台	即梦 AI	AI 辅助动态视频素材快速生成	官网注册账号，在线访问使用
视频编辑与合成软件	剪映（计算机版）	AI 辅助智能视频剪辑、素材管理与成片输出	从剪映官网下载安装，建议安装至固态硬盘（SSD）
声音设计平台	Optimizer（音效）	AI 辅助音效素材生成与声音编辑处理	Optimizer 官网注册账号，在线访问使用
	Soundraw（音乐）	AI 辅助背景音乐自动生成、选择与编辑	Soundraw 官网注册账号，在线访问使用

提　示

①请提前注册好相关在线平台的账号，以免影响项目进度。

②视频编辑软件剪映建议定期检查版本更新，确保功能与兼容性稳定。

③音效及音乐平台（Optimizer、Soundraw）提供在线音频素材生成，注意素材版权与使用规则，确保合法合规使用。

通过上述配置要求的介绍，明确本项目所需要的软件环境，提前完成所有软件安装与账号注册，确保在后续项目实施过程中能够顺畅、高效地开展具体实践任务。

10.3　基于人工智能辅助的宣传片全流程设计与制作

本节具体内容包括创意生成与筛选、剧本及分镜头脚本设计、动态内容生成、视频剪辑处理、声音设计及视频合成与输出。读者通过本节学习，将全面掌握汽车营销宣传片项目的具体实施方法和人工智能工具的应用技巧，培养独立开展实际项目的能力。

10.3.1　创意策划阶段

创意策划是宣传片制作的核心起点，需结合品牌定位、受众需求与技术可行性进行系统性分析。在沃尔沃汽车宣传片项目中，创意策划阶段融合了传统方法与人工智能技术，形成“数据驱动 + 人机协同”的创新模式。

1. 创意策划——传统创意分析方法（见图10-2）

① SWOT 分析：分析品牌现状与市场机会。

②用户画像构建：明确定义目标用户特征。

③竞品案例分析：寻找竞争对手的创意与策略差异。

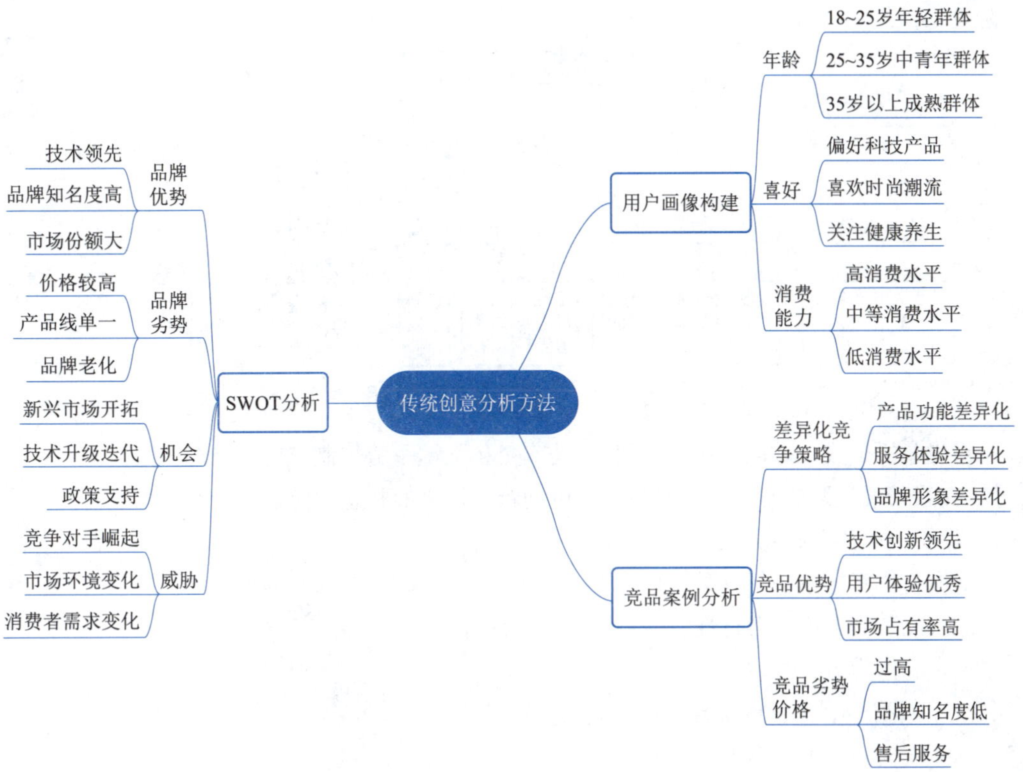

图 10-2　传统创意分析方法图

2. 创意策划——AI辅助创意分析方法（见图10–3）

①数据挖掘：通过自然语言处理（NLP），从网络舆情中提炼用户关注热点与情绪倾向。

② AI 创意生成：使用 AI 工具（如 DeepSeek、Kimi、即梦 AI）快速生成初步创意脚本和视觉概念图。

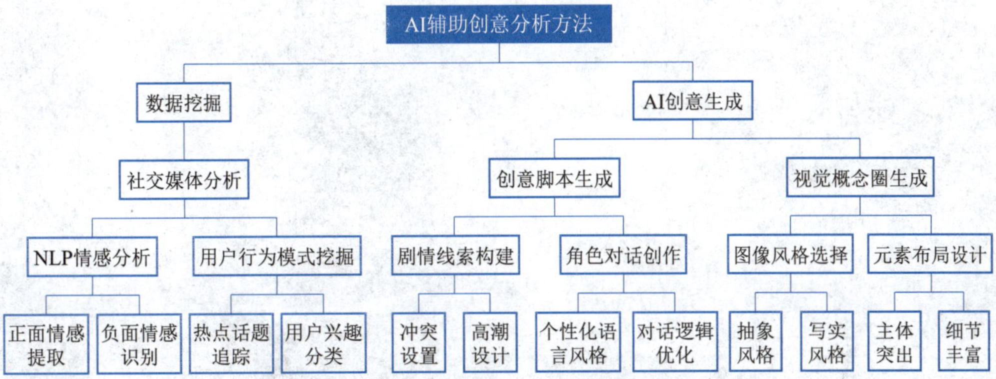

图 10-3　AI 辅助创意分析方法图

3. 头脑风暴实施方法（见图 10–4）

阶段一：AI 预激发。

①明确品牌关键词（如“沃尔沃汽车”“科技感”“环保”“豪华体验”）。

②利用 AI 工具（如 Kimi、即梦 AI）生成多种创意初步方案。

阶段二：人机协同脑暴。

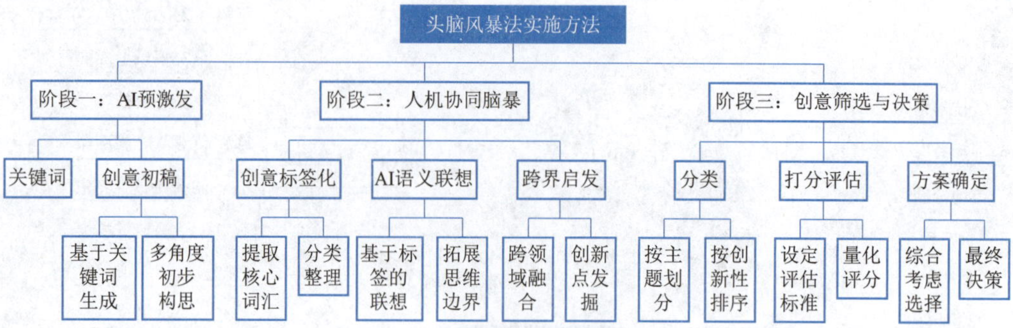

图 10-4　头脑风暴实施方法图

①将创意拆分成关键词标签（例如："人车交互"、"手势控制车内氛围灯"）。

② AI 进行语义联想与跨领域联想，提供创新启发（如联想到建筑设计或艺术风格）。

阶段三：创意筛选与决策。

①对所有创意方案进行分类（技术类、故事类、艺术类）。

②综合品牌契合度、可行性、传播潜力进行评分。

③确定高潜力方案。

视 频

案例10-1

案例 10-1 头脑风暴操作示例。

（详细操作步骤扫二维码）

工具组合：Kimi（文本创意）、即梦 AI（图像创意）

步骤 1　在 Kimi 输入提示词："沃尔沃光影艺术、科技豪华、移动会客厅"，生成 3 版宣传片故事线，包含"悬浮座椅与星空顶棚的仪式感场景"。

步骤 2　在即梦 AI 中输入提示词："沃尔沃 S90 光影艺术、科技豪华、移动会客厅"，生成 3 版宣传片故事线，包含"悬浮座椅与星空顶棚的仪式感场景"，如图 10-5 所示。

图 10-5　即梦 AI 头脑风暴训练图

10.3.2　剧本与分镜设计阶段

剧本与分镜设计是宣传片从创意走向实际制作的重要环节。传统剧本与分镜创作方法往往周期较长、成本较高、效率较低，AIGC 技术的应用能够大幅提高这一阶段的创作效率和内容品质。本节以沃尔沃汽车宣传片为例，详细介绍人工智能辅助的剧本与分镜设计方法，并结合实际案例操作进行讲解。

1. AIGC辅助剧本撰写流程

剧本创作借助 AIGC 工具后，形成了“人机协作”的创新模式，主要分为两个步骤：

① AI 剧本生成：输入品牌关键词后，由 AI 快速生成初步剧本。

②人机协作优化：团队与 AI 协作对初步剧本进行细节雕刻、调整优化，最终产出完整剧本，如图 10-6 所示。

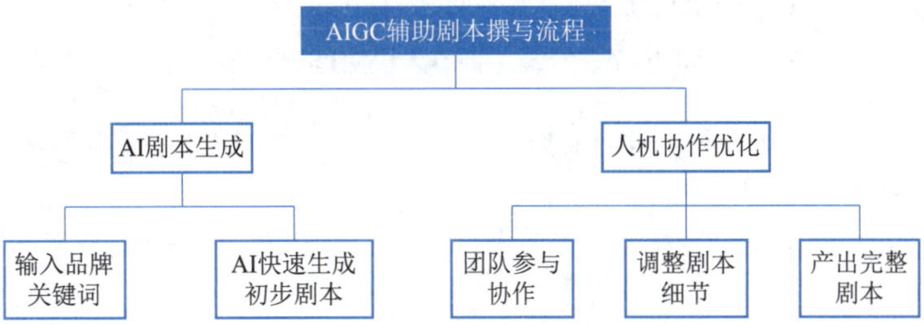

图 10-6 AIGC 辅助剧本撰写流程图

案例 10-2 AI 辅助剧本创作操作示例。

（详细操作步骤扫二维码）

在沃尔沃 S90 宣传片《未来都市的穿梭者》项目中，以“沃尔沃 S90、城市穿梭、科技温度”为关键词进行剧本创作：

视 频

案例10-2

步骤 1 初稿生成。Kimi 平台输入品牌关键词，快速获得 3～5 版初步剧本提案。

步骤 2 人机协作细节优化。筛选 AI 生成剧本后，使用 AI 进行情节与逻辑优化。

提 示

AI 辅助剧本常见问题与应对策略见表 10-4。

表 10-4 AI 辅助剧本常见问题与应对策略

问题类型	问题表现	应对策略
互动元素与叙事节奏	互动过多，干扰叙事主线	在关键情节节点合理设置互动元素
角色动机合理性	角色设定缺乏逻辑性	手动补充角色背景与情感动机
视觉效果与技术实现	视觉效果超出技术能力	与技术团队协作确保视觉效果可实现
情感共鸣与受众偏差	过于技术化，缺乏情感	加入更多情感元素，细节处理

2. 人工智能辅助分镜头脚本设计与绘制

分镜头脚本设计借助 AIGC 工具，同样实现了高效的人机协作创作流程，可概括为三个步骤，如图 10-7 所示。

①内容准备：整理剧本关键词、场景描述信息。

② AI 生成初稿：AI 快速生成分镜头初步设计方案。

③人工判断优化：创作人员对初步方案进行评估并修改完善。

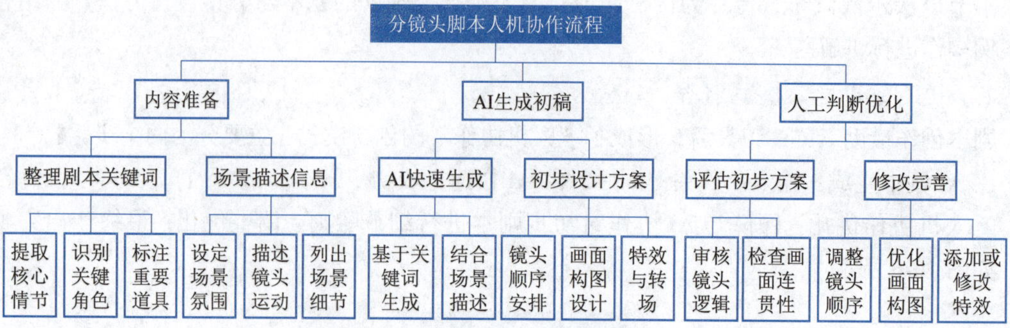

图 10-7　分镜头脚本人机协作流程图

案例 10-3 AI 辅助分镜头脚本设计操作示例。
（详细操作步骤扫二维码）

视频
案例10-3

以《沃尔沃 S90》宣传片分镜头设计为例，介绍利用 OneStory 平台完成分镜设计的具体步骤：

步骤 1　平台访问与项目创建。

步骤 2　内容导入与设置。

步骤 3　AI 自动生成分镜。

步骤 4　细节调整优化。

步骤 5　输出与分享。

完成分镜设计后，导出为 PDF 文件或图片序列以供后续使用，也可直接生成视频形式预览整体效果，如图 10-8 所示。

《沃尔沃S90：未来都市的穿梭者》的分镜头脚本

镜头编号	景别	画面描述	时长	台词/旁白	音乐/音效	备注
1	全景	夜幕下的未来都市全景，高楼大厦灯火通明，无人机在空中穿梭。	5秒	“未来都市，每条道路都通往无限可能。”	电子音乐渐强，城市背景音效	无人机灯光轨迹形成网格
2	中景	沃尔沃S90在高架桥上行驶，车身线条在桥下流动的光影交织。	4秒	无	车辆行驶声，风声	车灯划开夜色，动态光影
3	特写	车内全息仪表盘显示城市热力图，导航提示“前方进入艺术区”。	3秒	无	电子提示音	仪表盘动态光影效果
4	中景	沃尔沃S90驶入艺术区，车外全息投影与车内氛围灯联动，形成360°光影包裹。	6秒	无	轻柔音乐，光影流动声	悬浮座椅随音乐律动
5	特写	观众点击屏幕“触摸流星”，解锁隐藏的未来科技短片。	5秒	无	互动音效，未来科技感音乐	画面切换至短片彩蛋
6	中景	沃尔沃S90停驻在透明光伏充电站，车顶太阳能板自动展开，与周围建筑无线连接。	4秒	无	能量流动音效	粒子流视觉特效
7	全景	城市天际线化为数据流，融入沃尔沃S90车标，屏幕显示二维码与链接。	5秒	“你的未来，由你定义。”	电子音乐渐弱，城市背景音效	

图 10-8　AI 辅助分镜头创作

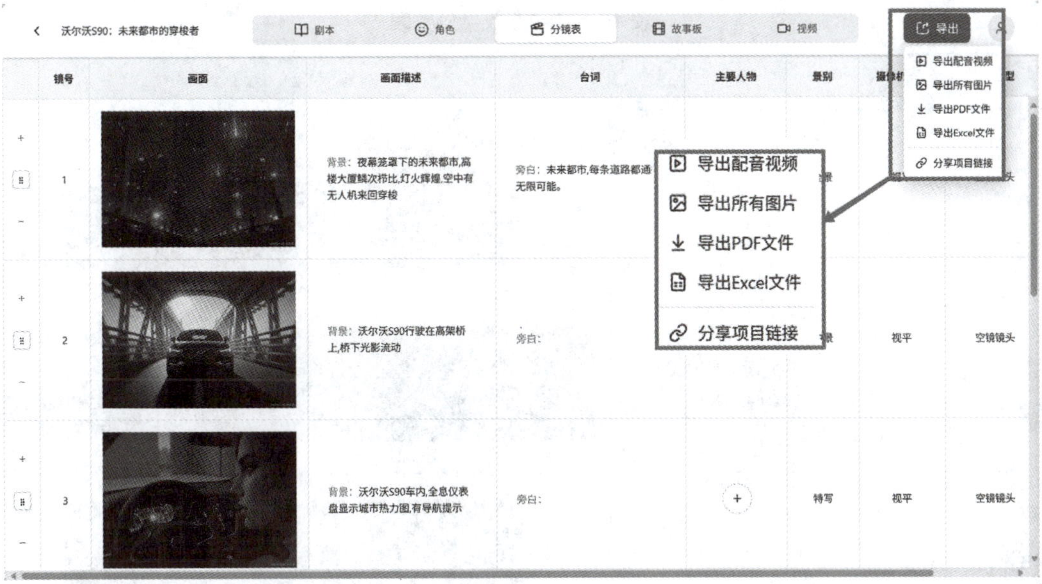

图 10-8　AI 辅助分镜头创作（续）

通过以上步骤，不仅能高效完成分镜头脚本绘制，还可在 AI 辅助下大幅提升画面表现力与创作效率，实现高质量的创作成果。

本节通过具体案例操作，展示了 AIGC 技术在剧本撰写与分镜设计中的完整流程及优势。学生不仅能够理解 AI 在创意生成、视觉表达和效率提升中的应用路径，还能够通过操作掌握“人机协作”模式下的实践方法。但需特别强调，创意与技术的结合始终离不开创作者的主动思考与艺术判断，AI 只是创意实现过程中的智能助力，而非替代主体。

10.3.3　动态内容生成阶段

在完成创意策划与分镜设计后，动态内容生成阶段成为 AIGC 技术赋能宣传片创作的核心实践环节。本节将系统讲解从理论到落地的全链路知识。首先通过动态效果与视觉风格的分类解析，建立内容生成的美学逻辑与技术方法；其次通过即梦 AI 平台的操作流程，掌握如何将文本或图像转化为高质量动态影像；最后，通过画面质量优化与风格统一技术，完成视觉成果的最终调优。学生通过“方法论—工具实操—效果优化”的学习路径，将全面掌握 AIGC 动态创作的基本流程与质量控制能力。

1. 动态内容生成的风格选择与基本方法

在 AIGC 动态内容生成实践中，技术路径与艺术表达的深度结合是塑造高质量视觉内容的核心。本节以“动态效果种类与视觉风格分析”为切入点，系统性解构 AIGC 工具在沃尔沃汽车营销场景中的表现力边界，建立效果类型与视觉风格的映射关系，同时聚焦“动态内容设计基本原则与方法”，提炼时空节奏控制、视觉焦点引导、品牌元素融合三大设计逻辑，将抽象创意转化为可执行的参数化框架。通过“技术解构＋方法论沉淀”的双向路径，帮助创作者在工具赋能下精准匹配动态效果与品牌叙事需求，实现从美学认知到工程化落地的闭环设计能力。

①动态效果分类。动态效果可以分为基本动态效果、过渡效果、复杂动态效果三大类，见表 10-5。

表 10-5　动态效果分类表

类　型	说　明	示例图
基本动态效果	平移、缩放、旋转等，强调元素或引导视线	
过渡效果	淡入淡出、滑动切换、硬切等，用于场景间过渡	
复杂动态效果	粒子特效、3D 渲染、流体模拟，增强视觉冲击力	

②视觉风格分类。视觉风格可以分为写实风格、艺术风格两大类，见表 10-6。

表 10-6　视觉风格分类

风格类型	分　类	特　征	示意图
写实风格	现代风格	简洁线条、清晰构图、现实还原	
	复古风格	怀旧色调、历史质感	
艺术风格	绘画风格	色彩笔触、绘画形式	
	动画风格	动态夸张、角色表现力	

续上表

风格类型	分　类	特　征	示 意 图
艺术风格	抽象风格	几何图形、非具象表达	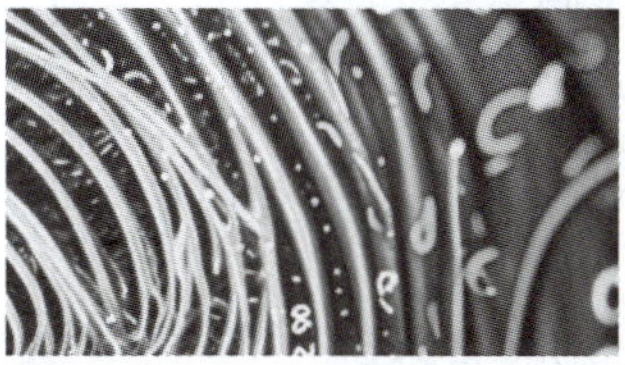

③动态效果与视觉风格的应用——以沃尔沃汽车营销宣传片项目实践为例。在实际应用中，动态效果与视觉风格的选择需要根据宣传目标和品牌调性进行匹配。下面将以沃尔沃汽车营销宣传片为例，展示动态效果与视觉风格的匹配应用。

沃尔沃汽车营销宣传片整体采用写实风格，写实风格通过精准还原现实场景、细节和光影，营造出一种“所见即真实”的视觉体验，通过还原汽车在各种天气及环境中都能够安全行驶，传递品牌的专业性和可靠性，强化观众对产品功能或服务价值的认知，如图 10-9 所示。

图 10-9　细节调整优化图

沃尔沃汽车营销宣传片中的复杂动态效果片段通过粒子效果、流体模拟等效果变化吸引观众的注意力，给予观众以新颖的视觉体验，同时，传递品牌的高端定位和前瞻性，如图 10-10 所示。

图 10-10　复杂动态效果片段展示图

④动态内容设计基本原则。动态内容设计的基本原则见表 10-7。

表 10-7　动态内容设计的基本原则

原　则	说　明	示 意 图
时空节奏控制	与解说节奏同步，掌控节奏节拍	

续上表

原　　则	说　　明	示 意 图
视觉焦点引导	引导观众注意力聚焦品牌亮点	
品牌元素融合	品牌色彩、LOGO、音效等融合至视觉场景	

2. 使用即梦AI平台生成动态影像的方法与技巧

在掌握了动态内容生成的基本方法与风格选择后，即将进入一个更为实践性的环节——使用即梦 AI 平台生成动态影像。这一环节将帮助学生将理论知识转化为实际操作技能，通过即梦 AI 平台的强大功能，实现从文本脚本到高质量动态影像的转化。

①即梦 AI 平台功能介绍与界面操作说明。即梦 AI 平台作为动态内容生成的强大工具，为创作者提供了从文本脚本到动态影像的完整解决方案。下面将从即梦 AI 的功能与界面操作两个方面对即梦 AI 进行详细介绍，见表 10-8。

表 10-8　即梦 AI 平台功能与界面说明

功能模块	用　　途	示 意 图
图片生成	文本转图	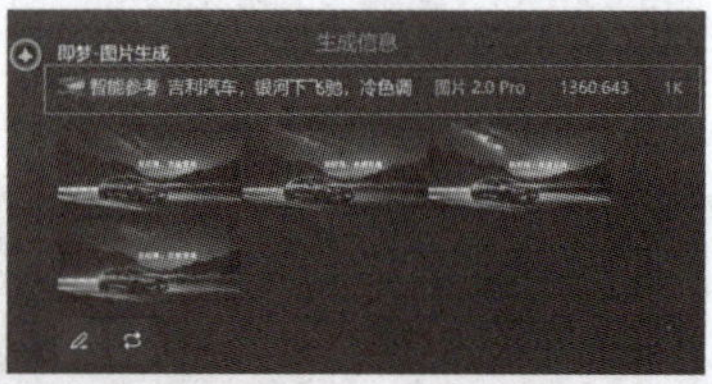
智能画布	图像修改与优化	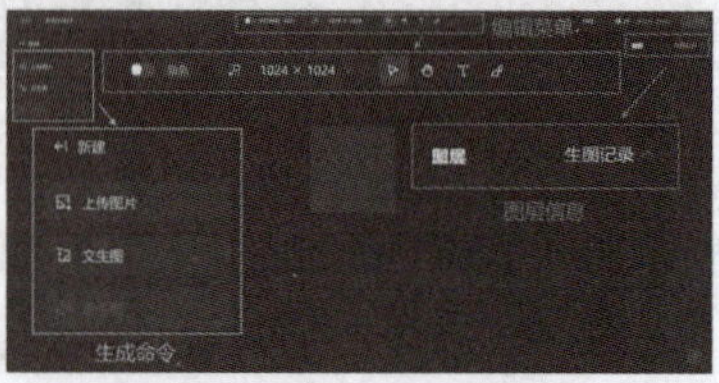
视频生成	图片/文本转动态视频	

续上表

功能模块	用　途	示 意 图
故事创作	故事脚本自动生成	
音乐生成	生成配乐	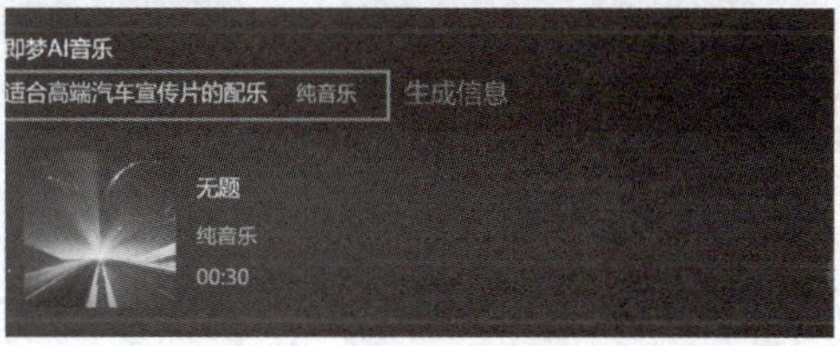

案例 10-4 AI 辅助动态内容设计操作示例。

（详细操作步骤扫二维码）

视 频

案例10-4

步骤 1　访问即梦 AI 网站。

步骤 2　选择“视频生成”按钮，如图 10-11 所示。

步骤 3　选择视频模型。

步骤 4　生成视频。

图 10-11　即梦界面展示图

②动态影像生成常见技巧。

技巧一：在生成动态影像时，选择“图片生视频”，添加设计好的静态图片，再输入运动相关关键词，能够更好地控制画面生成的风格、场景、画面元素、动态效果等。例如，将沃尔沃汽车在公路上驰骋的照片导入即梦 AI，输入关键词“汽车向前行驶”，即可获得沃尔沃汽车行驶的动态影像，如图 10-12 所示。

技巧二：在生成动态影像前，可以根据需要选择更符合需求的视频模型。例如，视频 P2.0 Pro 模型可以精准相应提示词，支持生成多镜头，如图 10-13 所示。

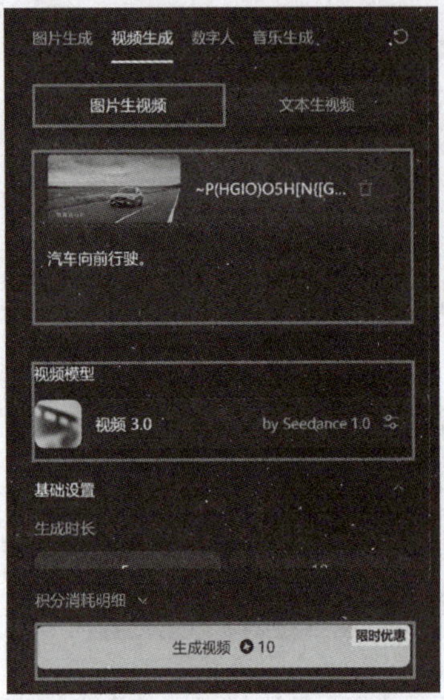

图 10-12　即梦 AI 图片生视频技巧展示图

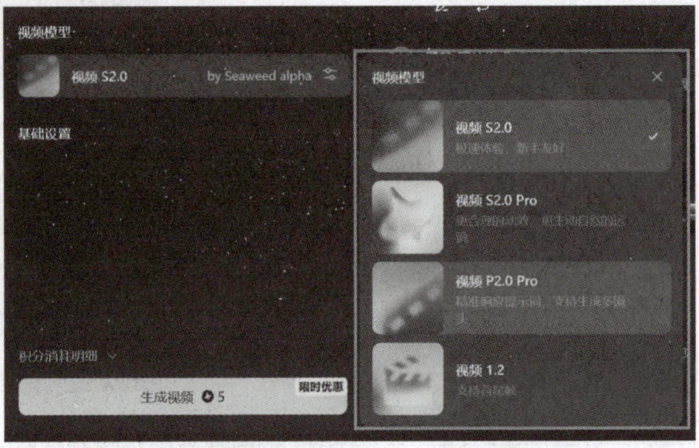

图 10-13　即梦 AI 视频模型展示图

技巧三：在生成动态影像时，使用视频 1.2 模型，可以在图片生视频模式下，插入尾帧，能够实现两个动态影像的流畅过渡，如图 10-14 所示。

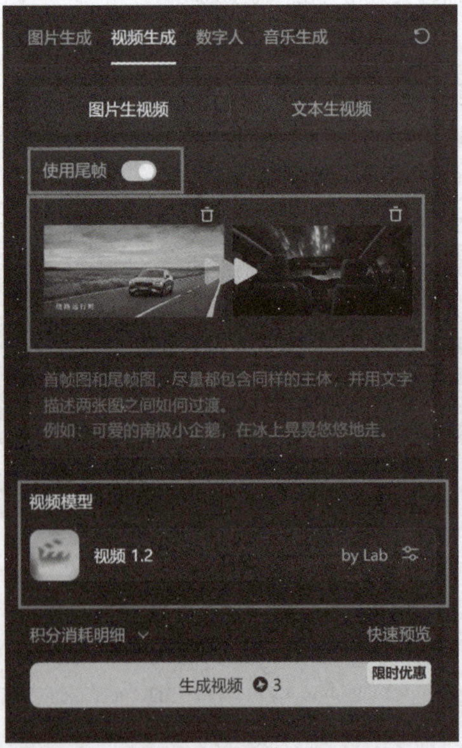

图 10-14　即梦 AI 视频 1.2 模型展示图

3. 动态影像质量优化与调整方法

在掌握了即梦 AI 平台的动态影像生成操作步骤与常见技巧后，接下来将进入一个关键的优化环节——动态影像质量优化与调整方法。这一环节将帮助创作者在生成动态影像后，进一步提升画面质量，确保最终效果符合高质量标准。

①画面质量的评估方法。在优化动态影像之前，首先需要学会评估画面质量。评估画面质量的维度，见表 10-9。

表 10-9　评估画面质量的维度

评估维度	说　明
分辨率与清晰度	图像是否清晰
色彩与对比度	层次是否分明
动态流畅性	帧率是否稳定
风格一致性	是否统一视觉语言

②动态内容的调整与优化技术。生成动态影像后，画面质量的评估与优化是确保最终效果的关键步骤。在即梦 AI 中，可以通过智能画布，对即将用来生成动态影像的图片进行细节的调整，如图 10-15 所示。其中包括：扩图，利用扩图功能让静态图片转换为动态影像要求的尺寸，更好地保证动态影像的质量；细节修复与消除笔能够修复画面中的瑕疵，例如人物多一根手指；超清功能可以提升图片分辨率。通过对静态图片的优化，能够有效保证使用优化后的图片生成的动态影像质量。

图 10-15　即梦智能画布优化展示图

同时，还能通过“图片生成”中的“导入参考图”功能，如图 10-16 所示，确保每一张用作视频首帧图片的风格能够保持一致，这样能够确保在使用“图片生视频”功能时，生成的视频片段风格保持统一，保证了动态影像作品的质量。

本节通过“理论—操作—优化”三层结构，帮助学生系统掌握动态内容生成的全流程。AI 虽然提供了便捷高效的生成工具，但创作者仍需对视觉逻辑、艺术风格与技术实现保持主导判断。唯有将创意与技术融合，方能实现专业化、高水准的动态内容设计与制作。

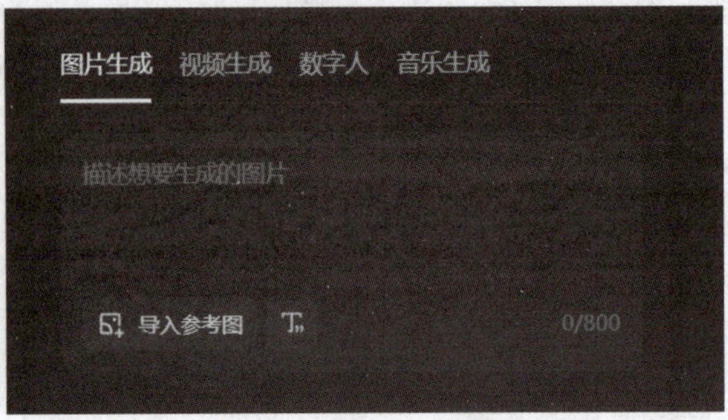

图 10-16　即梦导入参考图功能展示

10.3.4　视频剪辑阶段

视频剪辑是宣传片制作中将零散素材组织成完整叙事的关键环节。在 AI 技术加持下，剪辑过程不仅更加高效、智能，还能协助创作者从结构、节奏与表现力等方面提升内容质量。本节以剪映（计算机版）为操作平台，讲解素材管理、智能剪辑与二次编辑全过程，帮助学生掌握 AI 辅助视频剪辑的操作路径与优化技巧。

1. 视频素材的组织与预处理技术

①启动剪映并进入创作界面后，在基础面板中找到“导入”按钮。单击该按钮，选择相应的文件夹并单击“打开”按钮，即可导入所需的视频素材。

②素材排序与分类，对素材库中的视频、音频或图片进行特定类型的筛选，从而更高效地找到所需的特定类型素材，如图 10-17 所示。

③新建文件夹并进行文件重命名。

图 10-17　视频素材的组织与预处理技术部分操作界面图

2. 人工智能辅助视频剪辑方法及应用技巧

剪映作为一款短视频剪辑工具，以其便捷的剪辑特性而著称。它结合了人工智能算法，进一步提升了剪辑的自动化和便捷性。剪映的 AI 剪辑功能能够协助剪辑师迅速完成短视频的剪辑工作，使得视频素材能够迅速转化为成品。

①打开剪映主页，单击“营销成片”按钮，进入 AI 智能剪辑界面，如图 10-18 所示。

图 10-18　营销成片功能页面图

②导入视频并添加关键文案信息，进行文案筛选与视频生成，如图 10-19 所示。

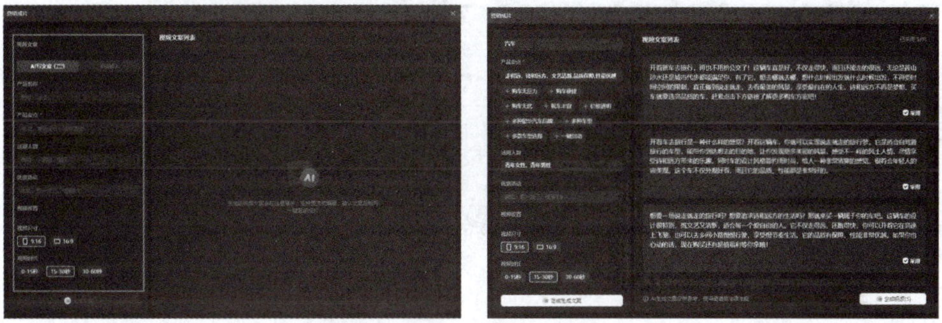

图 10-19　视频文案区域图

③设置参数与生成视频。在“视频设置”中选择尺寸与时长参数，单击“生成视频”按钮，AI 会自动匹配语音、画面、字幕等元素，生成初步成片，如图 10-20 所示。

图 10-20　视频再次编辑按钮图

本节以剪映平台为载体，从素材导入与管理、智能剪辑到人工优化三个层面，系统讲解了 AI 在视频剪辑中的具体应用方式。学生应掌握如何高效组织和调用素材；如何借助 AI 快速完成剪辑成片；如何在 AI 基础上进行个性化优化与创作。在 AI 辅助剪辑的流程中，创作者依然扮演关键决策角色。真正优质的宣传片，来自人机协同的融合。

10.3.5　声音设计阶段

声音设计是宣传片氛围构建的灵魂环节。高质量的声音不仅能增强视觉内容的表现力，还能引导观众情绪，实现沉浸式体验。本节将系统讲解背景音乐与音效设计的核心原则、AI 辅助设计工具的应用方法，并结合具体案例操作讲解如何通过 AI 生成具有空间感、节奏感与情绪契合的音频内容。

1. 背景音乐的选择与设计方法

背景音乐是构建情绪、增强沉浸感的关键元素。在 AI 辅助视频制作中，合适的配乐不仅能烘托画面氛围，还能提升整体节奏与视觉表现力。

①背景音乐选择原则与版权注意事项，见表 10-10。

表 10-10　背景音乐选择原则与版权注意事项

原　则	说　明
音乐风格选择	电子、古典、流行、爵士等应根据品牌调性和内容风格确定
与画面情感匹配	音乐需与视频所表达的情绪一致，如紧张、温馨、激昂等
音乐结构匹配	音乐节奏应配合画面节奏，如转场节奏、剪辑节奏
版权合规使用	所用音乐须具备授权许可，避免侵权，可通过 AI 平台或正版音乐库获取授权

提　示

在轻松、温暖场景中选用柔和旋律，在冲突、张力场景中选用鼓点强烈的节奏型配乐。

②背景音乐与画面情绪的匹配方法。音乐与画面情绪的协调，是实现“视听合一”体验的关键。通过调整节奏、旋律、音量、音色等维度，可以强化叙事情绪，引导观众产生共鸣，见表 10-11。

表 10-11　背景音乐选择

场景类型	配乐建议
科技展示类	未来感电子乐、合成器音色
城市交通类	节奏明快的电子音乐、城市氛围音
情感表达类	弦乐、小提琴、温柔钢琴曲
自然风光类	管弦乐或自然采样音乐（如水流、鸟鸣）

2. 人工智能辅助的声音设计

（1）AI 音效生成工具（OptimizerAI）的应用技巧

OptimizerAI 是一款面向创作者的智能音效生成工具，可通过关键词 + 场景风格快速生成匹配音效。适用于影视片段中的动作、环境、情绪三类音效设计。OptimizerAI 网站的界面分为三个主要模块，见表 10-12。界面区域如图 10-21 所示。

表 10-12　OptimizerAI 网站界面主要模块功能表

区域模块	功能描述
搜索栏	输入关键词生成音效
菜单栏	分类浏览（环境音、UI 音、动作音等）
操作面板	播放试听、修改关键词、风格调整、下载

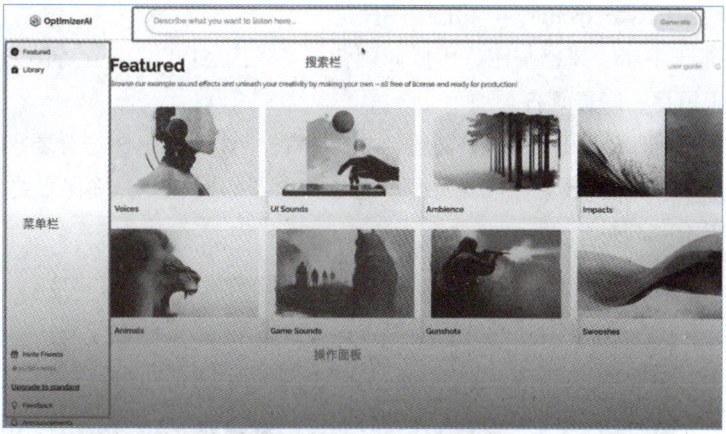

图 10-21　OptimizerAI 界面区域

案例 10-5 沃尔沃汽车行驶音效生成示例操作。

（详细操作步骤扫二维码）

任务场景：汽车夜间湿滑路面行驶（宣传片第 9 秒画面）

在案例“沃尔沃汽车 AIGC 宣传片”第 9 秒时，使用 OptimizerAI 可生成视频中的汽车的行驶声音。根据画面内容以及行动轨迹，生成汽车行驶的运动声音，如图 10-22 所示。在本案例中，使用 OptimizerAI 生成汽车右画面左下角至右上角的行驶音效，由于画面内容色调偏向暗淡，并且在汽车行驶过程中路面湿滑，音效的设计应遵循以下步骤：

步骤 1　分析画面与环境。

步骤 2　设计湿滑路面与摩擦音。

步骤 3　表现汽车行驶轨迹。

步骤 4　创造空间感与立体感。

步骤 5　选择生成时间。根据影片此镜头的持续时间，选择需要生成音效的时长。

步骤 6　选择声音风格。根据音效的使用场景，选择对应的声音风格。案例中的汽车行驶是作为与画面相配合的影视宣传片音效，因此选择了“cinematic”风格。

视 频

案例10-5

通过这些步骤，使用 OptimizerAI 来生成音效时，可以准确地反映汽车行驶的物理特性和情感氛围。设计中的音效不仅要与湿滑路面和汽车运动轨迹相匹配，还要在声音的层次感、空间感和情感氛围中找到平衡，从而为观众带来身临其境的沉浸体验。

图 10-22 “沃尔沃汽车 AIGC 宣传片”第 9 秒镜头

（2）AI 音乐生成工具（Soundraw）的应用技巧

Soundraw 是基于情绪、风格与用途生成原创背景音乐的 AI 工具，支持调节节奏、乐器、段落结构等，适用于短片、广告等各类项目。

Soundraw 的界面简洁易用，用户只需输入相关参数，AI 就能生成符合要求的音乐。生成后的音乐可以进一步调整，如修改时长、速度、音量和乐器的搭配等，确保最终的作品与项目需求高度契合，如图 10-23 所示。

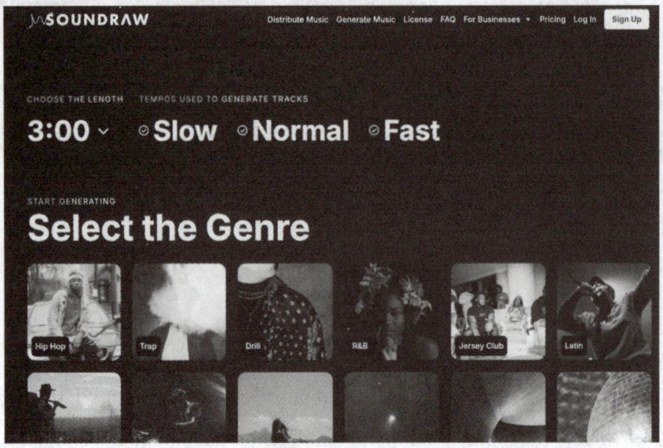

图 10-23　Soundraw 首页界面图

案例 10-6 Soundraw 使用步骤示例操作。

（详细操作步骤扫二维码）

步骤 1　进入 Soundraw 的官方网站，登录后将看到一个音乐创作的界面，如图 10-24 所示。

步骤 2　选择音乐风格。在界面中，第一个选项是“音乐风格”。在此，可以选择需要的音乐风格。

步骤 3　选择音乐情绪。第二个选项是“音乐情绪”。

步骤 4　选择音乐主题。第三个选项是“音乐主题”。在这里，可以根据音乐将要使用的场景来选择合适的主题。

步骤 5　设置音乐时长。第四个选项是设置音乐的时长。

视频

案例10-6

步骤 6　调整音乐速度。第五个选项是调整音乐的速度。

步骤 7　选择乐器。第六个选项是乐器选择。

步骤 8　生成音乐。完成所有选项后，单击生成按钮，Soundraw 会基于设置生成一段音乐。

步骤 9　查看和编辑音乐。生成后，音乐会出现在界面上，并显示波形图。

步骤 10　微调和优化。在生成的音乐中，如果某些乐器的音量或音调不合适，可以通过界面下方的工具进行微调。

步骤 11　保存和导出音乐。完成所有调整后，单击“保存”按钮。Soundraw 允许下载最终的音乐文件，可以用来进行视频配乐、音频制作或其他创作项目。

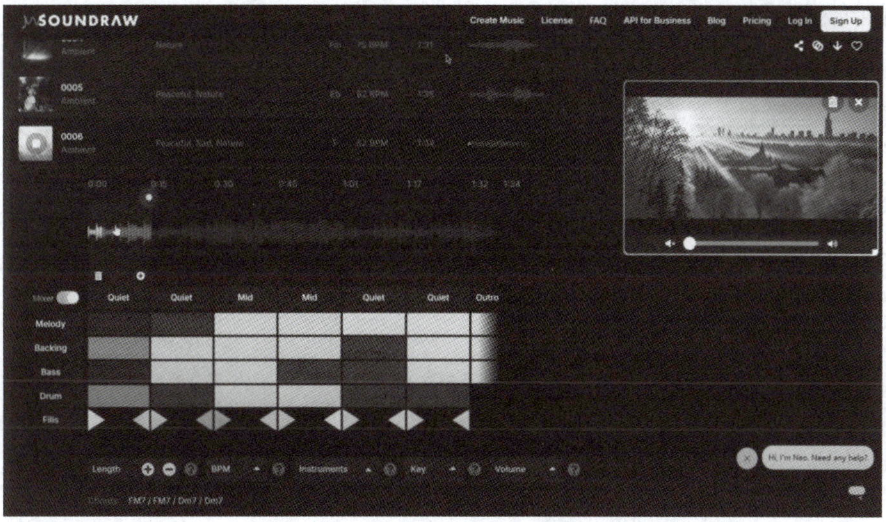

图 10-24　Soundraw 界面操作图

本节围绕宣传片中的声音设计展开，涵盖了背景音乐与音效的设计原则、AI 生成工具的使用流程，以及具体实操案例。声音作为非视觉的叙事媒介，与画面协同，能够有效增强影片的情绪表达与整体质感。AI 技术虽能高效生成素材，但真正的视听统合仍需创作者精准把控节奏、氛围与语义。

10.3.6　合成与输出阶段

在完成动态影像、声音设计与剪辑之后，视频项目将进入最后的包装与成片输出阶段。本节将围绕视觉包装合成、技术规格设置、输出格式选择、平台发布要求等内容展开讲解，并以剪映平台为例提供详细操作演示。学生通过本节学习，将掌握如何将一部未完成的视频提升为具备完整传播能力的高质量成片。

1. 视频视觉包装合成

字幕设计原则：

①内容准确：文字必须对应画面内容，避免信息偏差。

②排版规范：字体统一、字号适中，避免遮挡主体。

③位置稳定：建议居下对齐，保持阅读习惯。

④节奏匹配：字幕应配合语速与画面切换出现。

案例 10-7 智能包装功能使用步骤示例操作。

（详细操作步骤扫二维码）

步骤 1　利用剪映的“AI 智能包装”功能来进一步美化视频。进入“AI 智能包装”功能来进一步美化视频。

步骤 2　进入“时间轴”界面进行剪辑。

视 频

案例10-7

提　示

智能包装虽能提升效率，但仍建议人工调控节奏、风格一致性，确保创意意图不被破坏。

2. 成片输出标准与发布流程

在完成视觉包装后，必须根据不同平台要求与播放环境，设置合适的视频参数。具体见表 10-13。

表 10-13　输出格式设置表

项　目	建议参数	说　明
封装格式	MP4 或 MOV	兼容性高，适用于大多数平台
视频编码	H.264	保证画质的同时实现高效压缩
分辨率	最低 720 P（推荐 1 080 P 或 4 K）	提升画面清晰度与专业感
帧率	25 fps 或 30 fps（逐行扫描）	保证流畅性，避免画面撕裂
音频采样率	48 000 Hz	保证声音的还原度与清晰度
文件大小	≤ 8 GB	符合主流平台上传要求
时长	≤ 30 min	适应视频传播节奏，便于观众接受

3. 发布平台要求与发布规范

成片输出后，需要根据内容属性选择合适发布平台，并遵循各平台规则完成上传、封面设计与内容同步等流程，见表 10-14、表 10-15。

表 10-14　平台发布策略

平　台	特点说明	建议内容类型
抖音	节奏快、娱乐性强、算法推荐明显	创意短视频、视觉冲击型内容
快手	生活化、真实感强	人文情感、日常体验类内容
B 站	兴趣导向、社群互动强	知识分享、品牌故事、深度讲解型内容

表 10-15　发布操作流程（以剪映为例）

步　骤	内　容
设置封面	在“时间轴”中单击“添加封面”按钮
填写标题描述	标题需简洁直接，富有吸引力，描述精确传达内容
添加标签	便于平台识别视频主题，提高内容曝光度
设置同步分享	可一键同步至抖音、头条等其他社交平台
发布时间选择	避开高峰，选择用户活跃时段发布

提　示

审核规范与互动建议：

①内容合规性审查：避免低俗、敏感、侵权等内容，确保传播稳定；

②积极互动：评论区及时回复观众互动，提升视频热度；

③封面/标题优化：建议使用画面重点作为封面，标题中使用关键词+引导句式。

本节全面介绍了宣传片后期的合成与输出流程，从 AI 包装功能的使用，到视频技术参数设定，再到平台上传与内容分发策略，构成宣传片最终落地与传播的闭环。高质量成片不仅依赖前期内容创意与制作，也高度依赖成片输出的专业标准与平台发布的策略优化。学生应熟练掌握从技术到策略的完整流程，具备将作品高效推向传播终端的综合能力。

10.4　人工智能协同项目开发方法

随着 AIGC 技术的不断发展，创作方式已逐步从“人工作业”转向“人机协同”，尤其在宣传片等多媒体项目中，人工智能与创作者之间的配合日益密切。本节将围绕 AI 辅助项目开发的协同机制、提示词的设计与优化方法，以及协同应用的真实案例进行系统讲解，帮助学生全面理解并掌握如何在 AI 平台上实现高效、精准的项目创作协同。

10.4.1　人机协同机制与模式分析

1. 人工智能辅助创作的协作模式

在 AIGC 辅助创作中，常见的人机协同模式可归纳为两类：并行协作与接力协作。二者的核心差异在于人类与 AI 之间是否同步处理内容，或是顺序衔接任务。表 10-6 展示了两种典型协作模式的定义、优势及适用情境。

表 10-16　人工智能辅助创作的协作模式表

模式类型	定义与流程	优　势	适用场景
并行协作	DeepSeek 生成基础图片，即梦 AI 同步处理动态效果	缩短整体周期，实时反馈优化	需要快速迭代的营销短剧制作
接力协作	DeepSeek 完成文生图后，即梦 AI 接力生成完整视频内容	确保内容连贯性，降低计算负荷	长流程影视级内容生产

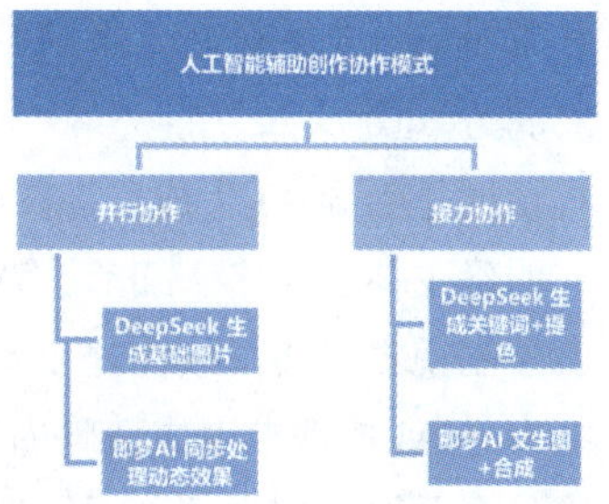

在实际项目中，二者常常结合使用，例如在视频宣传片开发中，可先由 AI 生成草图与图像基础素材，创作者再接力进行视频剪辑、特效添加与语义调整，达成高效率与高质量的统一。

2. 协作模式中的角色分工与工具链设计

以“DeepSeek + 即梦 AI”组合为例，可清晰划分 AI 平台之间的协同结构与功能定位：

DeepSeek：文本生成图工具，核心任务是根据提示词生成风格统一、构图清晰的静态图像。可基于输入文本内容，自动生成符合预期风格的画面，为视觉素材提供创意基础。

即梦 AI：图生视频平台，专注于将静态图像转化为具有动效的镜头序列。具有强大的 3D 卡通风格渲染与动态运动合成能力，适用于宣传片、科普动画、产品展示等多媒体场景。

在协作流程中，DeepSeek 通常负责第一阶段的内容生成，确保输出图像贴合品牌需求或场景设定；即梦 AI 则承担第二阶段的创意转译任务，将静态内容转化为动态表达，优化视觉节奏与叙事逻辑，提升整体传播力。

案例 10-8 AI 全流程沃尔沃汽车的宣传片人机协同示例操作。

以沃尔沃汽车的宣传片制作为例，首先使用 DeepSeek 生成汽车的虚拟场景图片，这些图片可以包括汽车在不同环境下的外观展示。进入即梦 AI 上传这些图片，进行图生视频创作，优化动态效果，使汽车在视频中呈现出流畅的行驶动作和逼真的光影效果，从而提升安全系统测试的可视化效果和宣传片的整体质量，如图 10-25 所示。

图 10-25　即梦 AI 图生视频创作图

10.4.2　提示词设计与优化

提示词是 AI 生成内容的“语言指令”，用户通过输入文本，告诉 AI “要什么”“如何生成”，其设计质量直接影响生成内容的视觉风格与细节呈现。本节围绕提示词的类型、设计方法与优化策略展开系统讲解，帮助学生掌握高效控制 AI 输出效果的关键技能。

1. 提示词定义及功能

提示词是引导 AI 生成目标图像或视频的核心文本输入，其主要功能包括：

①明确主体、风格、细节、背景。

②控制视觉风格一致性。

③引导 AI 按需求生成精确内容。

常见提示词类型举例分析，见表 10-17。

表 10-17　提示词类型示例图

提示词	示例	场景
描述型提示词	橙色车身、流线型车身线条、金属质感车身	用于描述主体的基本特征和外观
风格化提示词	冷色调背景与暖色调汽车的对比、宁静而壮丽的冬季景象	用于指定画面的艺术风格和视觉氛围
细节型提示词	考虑阳光照射角度对阴影和高光的影响、突出显示沃尔沃的品牌徽标和车型特点	用于强调具体的细节和设计元素

2. 提示词设计方法与理论

高质量提示词需围绕“主体 + 细节 + 环境 + 风格”四要素展开，其中文本应兼顾：

①主体确定性（如汽车、车型）。

②细节要素（如金属漆、轮毂结构）。

③环境设定（如雪山、城市街道）。

④风格特征（如写实风、科技感）。

例如："沃尔沃汽车 + 雪山雪景 + 金属质感 + 写实主义风格"，即可构成引导 AI 生成高质量画面的基础要素组合。

3. 提示词的迭代与优化技术

（1）提示词优化的标准与流程

提示词需经历"生成→验证→评估→调整"多个环节，确保内容精准匹配目标：

①准确性：避免模糊表达，确保关键词覆盖要点；

②多样性与精度：增强 AI 理解能力，提升内容丰富度；

③匹配度校正：通过比对 AI 输出效果，反复优化提示内容。

（2）提示词实际优化实例分析

在沃尔沃宣传片创作中，初始提示词为"汽车、行驶、道路"，生成图像缺乏亮点。经优化添加"阳光照耀、车身反光、道路标识清晰"等关键词，提升画面表现力与细节丰富性，使整体视觉更具真实感与吸引力（见表 10-18）。

表 10-18　提示词优化过程图

优 化 前	优 化 后
汽车、行驶、道路	阳光照耀、车身反光、道路标识清晰

案例 10-9 提示词在宣传片项目中的应用示例操作。

以沃尔沃汽车的宣传片制作为例，提示词的应用展现了人工智能协同开发的强大能力。项目团队采用了"沃尔沃汽车、雪山雪景，金属质感、现实主义风格、细节精致"作为核心提示词，引导 DeepSeek 生成基础画面，再利用即梦 AI 的图生视频功能进行动态效果优化。

4. 提示词的实际效果评估与经验总结

（1）效果评估

效率提升：与传统流程相比，AI 协同开发显著缩短了制作周期。DeepSeek 和即梦 AI 的结合使创作团队能够在更短的时间内完成从文生图到图生视频的整个流程，创意迭代次数提升了多倍。

质量提升：AI 生成的内容不仅在视觉效果上更加丰富多样，而且通过人类设计师的优化调整，最终作品在细节和品牌一致性上达到了高质量标准。

（2）经验总结

明确提示词逻辑：精确的提示词是确保 AI 生成内容符合预期的关键。在沃尔沃汽车的案例中，提示词的准确性和细节描述极大地影响了生成效果。

合理分配人机任务：DeepSeek 负责基础图片生成，即梦 AI 处理动态效果，人类设计师把控最终质量，这种分工确保了创作流程的高效和高质量。

持续优化协作流程：通过不断调整提示词和优化 AI 参数，创作团队能够逐步提升生成内容的质量，满足项目需求。

本节系统梳理了 AI 协同创作项目的基本机制与提示词逻辑，帮助学生理解如何将“思维→文字→图像→动态”链条通过人工智能平台高效实现。AI 不是替代，而是增强，是创意设计中最得力的“合作者”。

图灵奖　3D 计算机图形学的奠基者——帕特里克·汉拉汗

帕特里克·汉拉汗（Patrick M. Hanrahan）获得 2019 年图灵奖，以表彰他对 3D 计算机图形学的奠基性贡献。

汉拉汗生于 1955 年，现任斯坦福大学计算机科学与电机工程教授，并领导该校计算机图形实验室。他是计算机图形学领域的顶尖学者，曾三次斩获奥斯卡科学技术奖（2001 年、2003 年、2014 年），并参与创立著名 GPU 公司 Tableau。

汉拉汗的革命性成果集中于渲染算法与图形处理器架构：

（1）RenderMan 渲染器：作为皮克斯首部 3D 动画《玩具总动员》（1995）的核心技术，RenderMan 提出光线追踪积分方程与分层着色语言，首次实现电影级真实感渲染，至今仍是好莱坞工业标准（应用于 98% 的奥斯卡最佳视觉效果奖影片）。

（2）GPU 通用计算框架：提出“流处理器”概念，推动 GPU 从图形专用硬件转向通用并行计算平台，为现代 AI 训练提供算力基础。

（3）科学可视化理论：开发体绘制技术 VolumePro，将医学 CT、气象数据转化为直观三维模型，助力精准诊疗与气候研究。

汉拉汗的成果重塑了影视工业与计算范式，在影视领域，RenderMan 支撑了《阿凡达》《冰雪奇缘》等 3 000 余部电影，全球累计票房超 600 亿美元；在技术辐射上，GPU 通用化催生 CUDA 生态，成为深度学习革命的算力引擎（90% 的 AI 训练依赖 GPU）；在学术传承上，其开设的“计算机图形学”课程被全球 200 余所高校采用，培养出 OpenGL、WebGL 等标准的核心开发者。

第 11 章 汽车外观垂类模型训练综合实训

本章为综合实训，聚焦“汽车外观垂类模型”的构建与优化，围绕吉利汽车品牌设计需求展开。在实训过程中，学生将完整体验从数据采集、模型训练、平台部署到最终应用的 AI 建模全过程，主要通过掌握 LoRA 训练技术与 ComfyUI 流程的实际训练，提升将 AIGC 技术应用于垂直视觉设计领域的实战能力，以及人工智能应用的综合素养。

11.1 汽车外观垂类模型训练项目概述

11.1.1 项目背景与需求分析

随着新能源汽车产业的快速发展，企业在进行品牌传播、产品展示与用户交互时，对外观图像的风格化表达和个性建模提出了更高要求。尤其是在虚拟展示、数字营销、用户定制等多个场景中，“垂直类视觉模型”作为面向特定领域图像生成的关键能力，逐渐成为品牌建设和产品传播中不可或缺的技术支撑。

传统的汽车外观渲染与建模流程，往往依赖于大量人工操作与专业工具支持，制作周期长、效率低，且难以快速响应市场个性化、多样化的图像需求。而 AIGC 技术的发展，特别是 LoRA 模型的轻量化微调机制和 ComfyUI 可视化节点编辑平台的集成应用，为汽车图像个性化定制与快速生产提供了全新的解决方案。

基于此背景，本实训项目结合南宁数字科技学院（筹）与吉利集团的校企合作项目，以“吉利极氪品牌车型”的“构建汽车外观垂类大模型”内容为主线，围绕“模型构建、图像微调、工作流搭建、平台部署”四个关键流程展开。通过对典型外观风格建模需求的响应，指导学生构建可复用、可迁移、可部署的图像生成系统，最终实现将 LoRA 模型输出结果接入企业级展示平台，满足对输出稳定性与风格一致性的高标准要求。

实训需求包括：

①建立高质量垂直类汽车图像数据集，确保覆盖多视角、统一风格的训练素材；

②运用 LoRA 模型技术实现特定风格的图像生成与微调；

③使用 ComfyUI 平台节点式工作流搭建方法，实现模型流程的可视化部署；

④输出图像须在清晰度、风格统一性、细节丰富度等维度达到工业应用标准；

⑤将图像生成系统部署至模拟平台，实现可展示、可测试的终端效果。

11.1.2 实训目标与任务

为确保学生在完成项目后具备系统的 AI 图像建模实操能力，实训制定了以下五项能力目标：

①能熟练完成图像数据的收集、筛选与清洗；

②掌握 LoRA 模型的训练原理及参数优化方法；

③熟悉 ComfyUI 平台工作流构建方式，具备节点逻辑设计与执行能力；

④能进行图像生成效果的调试、测试与评估；

⑤具备将图像模型成果部署至模拟平台进行演示的能力。

从任务链条的结构可知（见表 11-1），T1 与 T2 属于前期数据准备阶段，是模型生成质量的基础保障；T3 与 T4 为中期核心训练阶段，通过 LoRA 与 ComfyUI 的协同使用，实现模型的微调训练与可视化流程构建；T5 则面向实际应用输出，是模型能否成功落地的关键步骤。五个任务环环相扣、层层递进，构成了一套完整的 AIGC 图像训练与平台部署的实训体系。

表 11-1 汽车外观垂类模型训练项目实训任务结构列表

任务编号	任务内容	目标说明
T1	数据采集与清洗	收集吉利车型图像数据，筛选高质量素材，统一图像风格
T2	数据标注与预处理	完成图像分类与标签标注，执行尺寸统一、背景净化等预处理
T3	LoRA 模型训练与参数优化	掌握模型微调操作，构建垂类风格图像输出模型
T4	ComfyUI 节点工作流搭建	通过平台完成节点连接、模型导入、提示词输入与图像生成
T5	模型部署与平台测试	将生成模型结果部署至企业展示系统，完成测试演示

11.2 实训环境配置

为了保障 AI 模型训练任务的顺利开展，构建一个高效、稳定、可扩展的实训环境是必不可少的。本实训以 LoRA 模型训练与 ComfyUI 图形界面操作为核心，结合 Stable Diffusion 平台应用，要求硬件、网络与软件平台三者协同支持，确保学生在不同学习情境下均可实现项目操作的本地化部署与优化升级。

实训环境配置分为两部分：一是硬件配置与网络条件，重点解决运行效率、数据传输与下载依赖的问题；二是软件与平台配置，重点确保 AI 辅助工具的可用性、稳定性与教学拓展性。

11.2.1 硬件配置与部署

1. 计算设备配置需求

AI 图像建模训练对计算资源要求较高，合理的设备选择不仅能提升任务执行效率，也有助于学生理解资源消耗与模型复杂度之间的关系。表 11-2 列出了不同训练层级下的设备配置建议：

表 11-2　计算设备配置搭配推荐表

配置等级	中央处理器 CPU	图形处理器 GPU	内存 RAM	适用说明
低配	Intel i5 系列或 AMD Ryzen 5 系列	NVIDIA RTX 5060	16 GB 单条或 8 GB 双条	简单模型计算，时间成本较高
中配	Intel i7 系列或 AMD Ryzen 7 系列	NVIDIA RTX 5070 或 NVIDIA RTX 5080	16 GB 双条或 24 GB 双条	满足大部分训练模型与图像输出任务
高配	Intel i9 系列或 AMD Ryzen 9 系列	NVIDIA RTX 5090D	32 GB 双条或 32 GB 四条	精细训练、快速渲染与交互优化，适用于课程迭代升级

注：在建议的配置方案中，针对 GPU 图形处理器的选择，仅推荐采用 NVIDIA 品牌的显卡。原因在于 NVIDIA 配备了专门的 AI 加速硬件，这些核心能够显著提升深度学习计算的速度。此外，NVIDIA 还拥有一个广泛的软件生态系统，为人工智能领域的开发者和学习者提供了强大的工具和优化库。

2. 网络环境配置需求

本次实训教学所采用的本地构建人工智能平台包括 Stable Diffusion 与 ComfyUI，如图 11-1 所示，其核心图像生成功能并不依赖于互联网（除非涉及使用在线 API 或云服务插件）。然而，在平台搭建完成之前，诸如环境配置、插件下载等步骤仍需依赖于互联网连接。

首先，需考虑在线网络依赖性问题。其一，环境依赖性，即 Python 环境及 CUDA 驱动的联网安装。其二，基础模型的下载依赖，例如 SD1.5、SDXL、LoRA、VAE 等文件，通常需从 Civitai、Liblibai 或 Hugging Face 等网络平台下载。其三，平台及其插件的更新亦需联网进行，如 Stable Diffusion WebUI 的扩展和 ComfyUI 的定制插件更新。

图 11-1　几种常见的大模型网络平台

网络环境配置建议见表 11-3。

表 11-3　网络环境配置建议

需 求 项	配置建议
环境搭建所需下载	需具备高速互联网下载能力，如 SD、LoRA 插件、模型依赖库等
局域网协同工作	建议部署子网系统，配合 NAS 存储设备，实现团队间模型共享与版本管理
网络安全	局域网权限管理，避免公网访问引发信息泄露；严格限制非教学 IP 接入
平台更新与维护	定期手动或自动更新系统插件、模型库与应用程序，防范网络依赖带来的运行风险

11.2.2　软件与平台配置

借助深度学习技术，计算机能模拟多种艺术创作风格，这使得我们能够无限拓展创意边界，获得全新的创作工具。随着数字媒体与虚拟现实的崛起，人工智能绘图成为艺术设计领域的重要趋势，是作品创作过程中的重要增色工具。本次实训教学所采用的本地构建人工智能平台以 Stable Diffusion 与 ComfyUI 为主，在本地部署人工智能创作平台，为作品创作赋予新的可能性。

1. 人工智能模型训练平台与工具

在部署人工智能大模型软件之前，需要首先配置所需的软件环境。表 11-4 列出了所需的软件及其安装要求。

表 11-4　人工智能模型训练平台与工具环境配置

软件名称	版本 / 要求	安装说明
Python	3.10.6	需要安装指定版本的 Python，以确保与 AI 大模型软件兼容。较旧或较新的版本可能会导致兼容性问题
.NET	最新稳定版	由 Microsoft 支持的免费开放源代码平台，用于生成各种应用程序，帮助模型生成与应用程序构建
Git	最新稳定版	开源分布式版本控制系统，用于下载 AI 资源，如自定义插件和扩展，支持 Stable Diffusion 和 ComfyUI 等工具
CUDA Toolkit	适用于 NVIDIA GPU	若使用 NVIDIA GPU，安装 CUDA Toolkit 以便通过 GPU 加速计算任务，提高训练效率

安装完上述四个软件之后，软件环境就配置完成了，接下来就可以开始进行各个平台工具的安装。以下是所需工具的安装及配置步骤汇总，帮助学生快速了解每个工具的功能和使用方法。

2. AI平台与工具配置

表 11-5 详细列出了本次实训所用平台的安装方式、操作步骤与功能描述，学生需掌握其核心功能以完成完整流程。

表 11-5　AI 平台与工具安装与配置

工具名称	安装方式	操作步骤	功能概述
Stable Diffusion	GitHub 原版或秋叶启动器（推荐初学者）	（1）载并解压秋叶启动器包，双击“启动器 .exe”启动程序 （2）初次启动时进行验证，之后启动 WebUI 控制界面	图像生成：基于文本提示生成图像，支持模型微调与多样化生成
ComfyUI	官方 GitHub 版或秋叶启动器（推荐初学者）	（1）下载秋叶启动器，双击“启动器 .exe”启动 （2）自动进入 ComfyUI 界面，加载预设的“文生图”工作流，单击“Queue”开始生成	节点式图形界面：支持自定义工作流和批量处理，优化了 Stable Diffusion 的图像生成与调优过程
LoRA 训练工具	GitHub 下载（开源版）或秋叶整合包	（1）解压秋叶整合包，双击“启动脚本 .bat”启动 （2）初次启动时加载命令行窗口，持续运行至 Web 控制界面弹出	节点式图形界面：支持自定义工作流和批量处理，优化了 Stable Diffusion 的图像生成与调优过程
WD1.4 标签标注工具	与 LoRA 训练工具同包下载	进入 SD-Trainer 界面，在“WD 标签器”栏单击，设置相关参数，开始标注图像数据	标签化与优化：从图像中提取提示词（Prompt），帮助优化生成图像的精度与可控性，减少训练中的风格偏差
TouchDesigner（TD 平台）	官网 Derivative 平台下载安装	访问官网下载安装包，选择 Windows 或 Mac 版本，注册账户登录后，免费获取 10 个非商业使用授权，完成基础界面设置（参数区、插件区、编辑区等）	交互式多媒体系统开发平台，适用于 AI 与多媒体、舞台演出、视觉交互等应用场景，支持扩展 AI 插件，适合 AI 与创意设计交互实践

通过配置以上五个平台与工具，学生可系统掌握 AI 辅助的图像生成、模型微调、交互媒体开发的完整流程，为后续综合实训和创新应用奠定基础。

11.3　汽车外观垂类模型训练流程设计与实施

本节围绕汽车外观垂直领域的 AI 模型训练（“极氪”汽车的模型训练）展开，核心知识点包括数据集准备与处理、LoRA 模型训练原理及 ComfyUI 节点式流程设计等，并将模型效果评估优化融入训练流程，强调实践操作技能的培养，如图 11-2 所示。

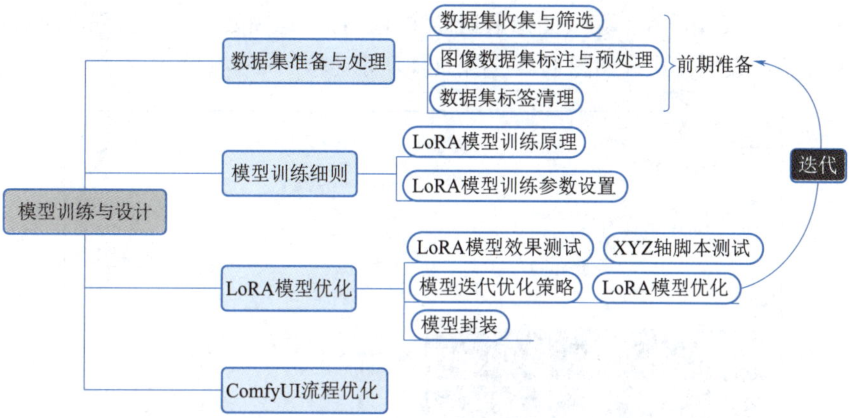

图 11-2　知识框架图：模型训练流程与设计

11.3.1　数据集准备与处理

在 AI 模型训练过程中，数据的质量直接影响最终的图像生成效果与模型微调效率。因此，科学系统地进行数据集准备与处理，是确保模型训练精准性的前提保障。以“极氪”品牌系列汽车为实训案例，围绕图像采集、筛选、标注与预处理四个关键环节，提供操作规范、示范案例与结果评估方法，全面培养学生在汽车垂类模型训练中的图像数据收集与处理能力。

1. 数据收集与筛选方法

高质量图像采集是构建数据集的首要步骤。学生需根据实训任务，主动筛选内容清晰、构图规范、风格统一的图像数据，并对采集内容进行分类管理。

案例 11-1 数据集准备示例操作。

（详细操作步骤扫二维码）

视 频

案例11-1

项目实践任务：采集并筛选不少于 20 张“极氪”品牌汽车图像，要求图像清晰、主体突出，适用于后续模型训练使用。

步骤 1　明确项目目标，选择汽车类型及任务方向；

步骤 2　确定图像来源（如官网、车评网站、商业图库）与采集方式；

步骤 3　制定筛选标准，执行图像筛查；

步骤 4　分类保存图像，初步建立数据文件夹结构。

筛选标准：

①图像清晰度高，无明显噪点、压缩痕迹、水印等；

②车身视角多样（包含正前、侧前、侧后等），构图完整；

③背景简洁、主体突出，避免复杂多物体干扰；

④图像风格统一，尺寸比例适中，便于模型批量处理。

2. 数据标注方法与图像预处理技术

图像标注与预处理是数据集规范化的核心环节，旨在提高模型输入的准确性，降低噪声干扰，并统一格式、尺寸及命名方式，增强模型识别能力。

案例 11-2 数据集准备与预处理示例操作

（详细操作步骤扫二维码）

视 频

案例11-2

项目实践任务：完成图像数据标注并执行图像预处理，输出符合训练要求的图像 + 标签对数据格式，如图 11-3、图 11-4 所示。

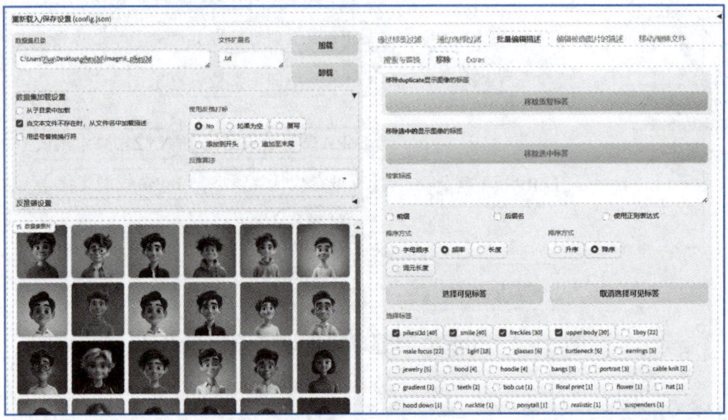

图 11-3　标签清理

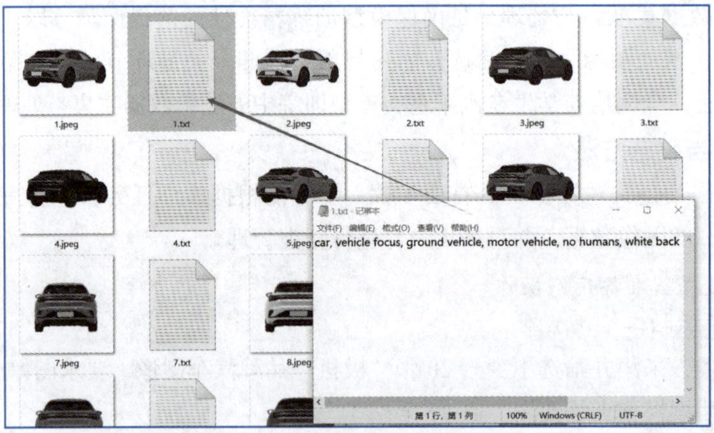

图 11-4　数据集阶段性成果

步骤 1　完成数据集初步收集后，对文件夹内数据集实施打标签、标签清理、图像预处理等优化手段，进一步提高数据集的图像质量。

步骤 2　选择并确定数据处理工具、WD 1.4 标签标注工具。

步骤 3　遵循数据标注原则进行图像数据标注。

步骤 4　检查 image 文件夹是否初步生成与图像相对应的标签。

步骤 5　利用标签编辑器进行标签清理，将冗余的标签归类至所有标签第一位“触发词”中。

步骤 6　清洗完毕后，再次核查图片及自动生成的标签。

步骤 7　对已有的图像数据进行预处理，并遵循以下原则来统一调整图片的数据格式和规格。

步骤 8　检验该阶段的图像数据集是否成功处理完毕，检验文件夹内图像集与标签是否相对应，核查数据集处理阶段性成果。

3. 数据处理评估标准

为确保数据集可直接用于模型微调，应设置评估标准，见表 11-6。

表 11-6　数据处理评估标准

评估维度	要求说明
图像清晰度	无压缩损坏、无水印、构图完整
标签准确性	图文一一对应，字段描述清晰准确，符合规范
格式统一性	图片为统一分辨率（推荐 512 × 512），标签文件为纯文本
可读性与兼容性	数据格式能被 Stable Diffusion 或 LoRA 模型训练工具读取解析

提　示

学生需在小组导师的指导下开展数据集评审与验收工作，确保后续训练稳定高效。

学生通过本节训练，将深入掌握 AI 垂类模型训练中数据准备的关键流程，提升其从内容采集到标准化处理的全流程操作能力，为后续模型训练与部署奠定坚实基础。

11.3.2　模型训练技术

在人工智能图像生成任务中，模型训练是实现风格定制与图像精细控制的关键环节。本节将以 LoRA 技术和 ComfyUI 节点式图像生成流程为例，介绍轻量化微调模型的基本原理、训练步骤与参数设置，以及图形化流程平台的使用方法，帮助学生系统掌握 AI 模型的训练逻辑与工具使用技能。

1. LoRA模型训练原理。

LoRA 是一种轻量化模型微调方法。与复杂的大模型训练不同，LoRA 通过引入少量可训练参数，在保持原始大模型参数基本不变的情况下，实现模型在特定任务上的快速适应需求。

①工具方法介绍。Stable Diffusion WebUI 是人工智能图像生成平台。LoRA 模型训练主要基于 SD-Trainer 秋叶模型训练整合包进行模型训练，“秋叶集合包”（也称“秋叶 LoRA 炼丹炉”）是由 B 站博主秋叶大佬整理发布的 Stable Diffusion LoRA 模型训练工具集，旨在帮助用户快速上手 LoRA 模型的训练。ComfyUI 平台为可视化的节点式操作界面，便于导入模型搭建 AI 工作流，对图像进行更为精细的设计与管理。

② LoRA 模型训练原理。LoRA 模型是一种低秩适应模型，属于轻量化的模型微调方法。具体来说，LoRA 不直接修改原有 Stable Diffusion 大模型的全部参数，而是在原模型基础上增加少

量的额外参数，以适应特定任务需求。

微调与泛化能力：LoRA 训练使模型能够快速学习特定风格或特征，例如特定品牌汽车的外观细节，从而在保持基础模型知识广泛性的同时，生成具备明确风格特征的新图像，即可针对特定风格或特征进行高效训练。

2. LoRA模型训练步骤与训练参数

案例 11-3 LoRA 模型训练技术示例操作。

（详细操作步骤扫二维码）

视频

案例11-3

项目实践任务：理解并掌握 LoRA 模型在 Stable Diffusion 平台上的训练原理与基本操作方法，能够根据提供的数据集进行实际模型训练，并初步检验模型训练效果。

步骤 1　确定实践任务，选择模型环境准备。

步骤 2　数据导入与路径设置。

步骤 3　训练参数设置，如图 11-5 所示。

步骤 4　执行训练过程。

步骤 5　训练结果导出与检查，如图 11-6 所示。

步骤 6　模型训练成果检查，如图 11-7 所示。

步骤 7　在 SD WebUI 或 ComfyUI 平台中导入训练好的 LoRA 模型，使用前期约定的触发词进行图像生成测试，观察模型生成效果，确保模型能够正确体现极氪汽车的特征风格。

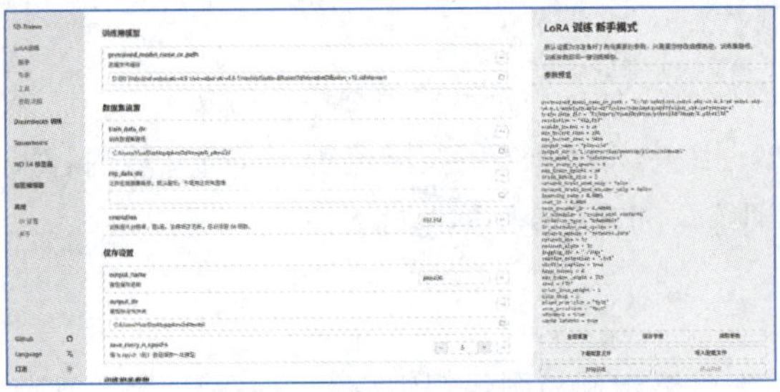

图 11-5　训练参数设置参考

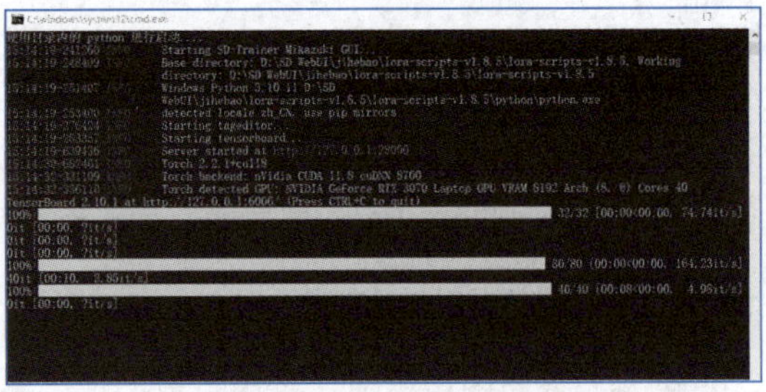

图 11-6　训练日志

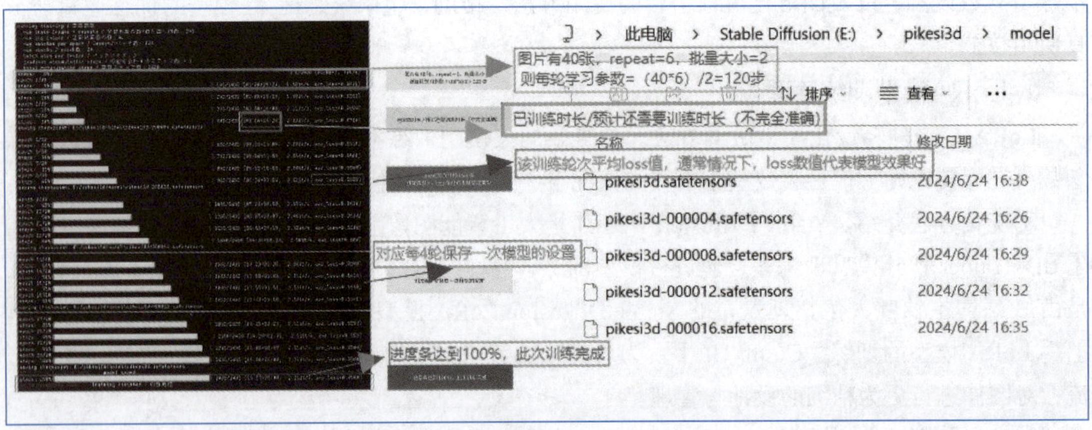

图 11-7　训练后台及模型训练成果

在 LoRA 训练过程中，有几个关键参数需要注意，影响训练效果和生成结果，见表 11-7。

表 11-7　LoRA 训练参数设置表

参　数	描　述	推荐设置
训练轮次	控制微调的迭代次数，最大训练轮数，每 N 轮保存一次模型	推荐设置为 20～40 轮次，根据数据集的复杂度调整
学习率	控制参数更新的步伐	初始学习率：1e-4，调整时根据数据集表现微调
批次大小	AI 每次生成的图像数量	推荐使用 2 的批量大小，受限于显卡显存情况
正则化项	控制过拟合，保证模型泛化能力	根据训练数据集的大小与复杂度设置正则化项

提　示

训练中的调优技巧：

技巧 1：早期停止。在训练过程中监控验证集损失，如果出现过拟合现象，及时停止训练以防止模型退化。

技巧 2：超参数调节。通过网格搜索或随机搜索，调整训练轮数、学习率、批次大小等参数，以获得最佳训练效果。

技巧 3：数据增强。通过图像旋转、裁剪、颜色调整等手段增强数据集的多样性，提高模型的稳定性。

3. 基于ComfyUI的节点式流程设计与实践

ComfyUI 是一个 Stable Diffusion 的节点式界面和推理引擎，允许用户通过搭建“节点 / 图形化流程”来自定义图像生成流程。简而言之，可以将生成图像所需的各个步骤拆分为节点，再用“连线”按顺序连接起来，组成一个完整的工作流。每个节点各司其职，而节点之间的连线表示数据流动方向——某个节点的输出结果作为下一个节点的输入。

通过这种“模块化”设计，可以直观地搭建、查看和调试复杂的生成过程，灵活控制生成细节，进行更高效的图像生成和编辑，同时提升对 AI 工具的掌握能力。

（1）ComfyUI 节点式工作流的设计原理

在进行 ComfyUI 节点式工作流的设计之前，需要掌握节点式工作流的设计原理。构建节点式工作流时，通常采用“结果设想→节点推演→工作流搭建”的逆向设计思路，如图 11-8 所示。

图 11-8　ComfyUI 节点式工作流的设计原理

①结果设想。首先要明确希望得到的最终成果或效果是什么。

②节点推演。根据想要的结果，反向思考实现该结果需要哪些步骤，每一步可以由哪些节点来完成，以及这些节点之间的数据依赖关系。

③工作流搭建。按照推演出的节点组合，在界面中逐一添加相应节点并连接起来，形成完整流程并进行调试优化。

这种从目标出发逐层分解再实现的方式，可以确保工作流的每个部分都有清晰的目的，使复杂任务变得条理清晰、易于管理。

（2）ComfyUI 节点式工作流的基础操作

启动 ComfyUI 平台后（见图 11-9），首先需要熟悉其基本界面，掌握节点的添加与连接方法，并完成相关配置与运行操作，同时也要记忆 ComfyUI 常用的基础节点最终进行工作流的检查连接与类型。这一过程将为后续高效设计工作流奠定坚实基础。

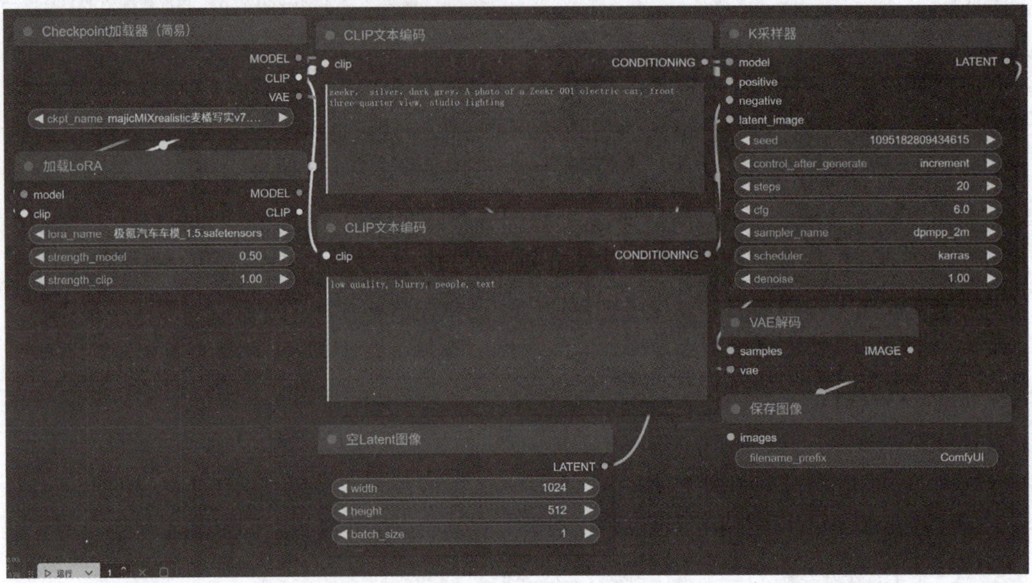

图 11-9　ComfyUI 文生图工作流

①界面概览。ComfyUI 的主界面是一块无限画布，可以在空白处添加和连接节点来构建工作流。在界面的右上角通常有“菜单栏”进行工作流新建、打开、导入/导出、保存、编辑等流程。在节点式界面中，不同类型的节点和数据用不同颜色表示，节点之间只能用颜色匹配的端口相连。

②添加节点与连接。在空白画布上，右击会弹出节点添加菜单，可以按类别浏览可用节点列表；或者双击空白处直接打开搜索框，通过名称搜索节点类型并单击添加。

③配置与运行。添加节点后，单击节点内部的参数区域即可编辑参数值。

当整个工作流搭建完毕并确认连接正确后，单击界面“执行”按钮即可执行流程，ComfyUI 会依次运行各节点并产出最终结果图像。

④常用基础节点。上述演示了一个基础的 ComfyUI 文本生图工作流，其中包括以下关键节点：

“Checkpoint 加载器（简易）”（Load Checkpoint）；“CLIP 文本编码器”（CLIP Text Encode）；“空 Latent”（Empty Latent Image）；“K 采样器”（K Sampler）；“VAE 解码”（VAE Decode）；“保存图像”（Save Image）。

以上节点构成了文本生成图像的基本流程。节点式的优势在此体现，可以通过一个个节点清楚看到数据从“提示词→编码→采样→图像”的流动路径，任何一步有问题都可以针对性地调整参数或替换节点。下面将结合一个实际案例，演示如何按照以上思路，完成从文本到图像的完整创作流程。

（3）ComfyUI 节点式工作流的搭建

案例 11-4 极氪汽车图像生成节点搭建示例操作。

（详细操作步骤扫二维码）

项目实践任务：以极氪汽车的外观设计生成任务为例，实践使用 Stable Diffusion 1.5 基础大模型结合极氪汽车 LoRA 微调模型，在 ComfyUI 中搭建一个完整的节点式图像生成工作流。

步骤 1 结果设想与流程分析，将最终成果目标具体化为几个阶段，如图 11-10 所示。

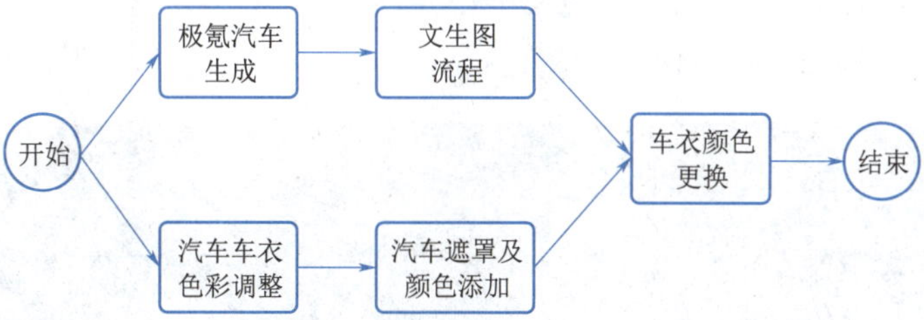

图 11-10　结果设想与流程分析

视频

案例11-4

①生成基础车型图像；

②融合不同色彩风格。

步骤 2 明确目标，逆推每一步需要用到的关键技术和节点，如图 11-11 所示。

①“极氪汽车”文生图工作流搭建：

a. 需要基础模型和极氪汽车的 LoRA 模型；

b. 文本提示的正负面编码节点来输入描述汽车的提示词。

②“汽车车衣色彩调整”工作流搭建：

a. 对生成的汽车本身进行遮罩；

b. 添加色彩调节节点了傻。

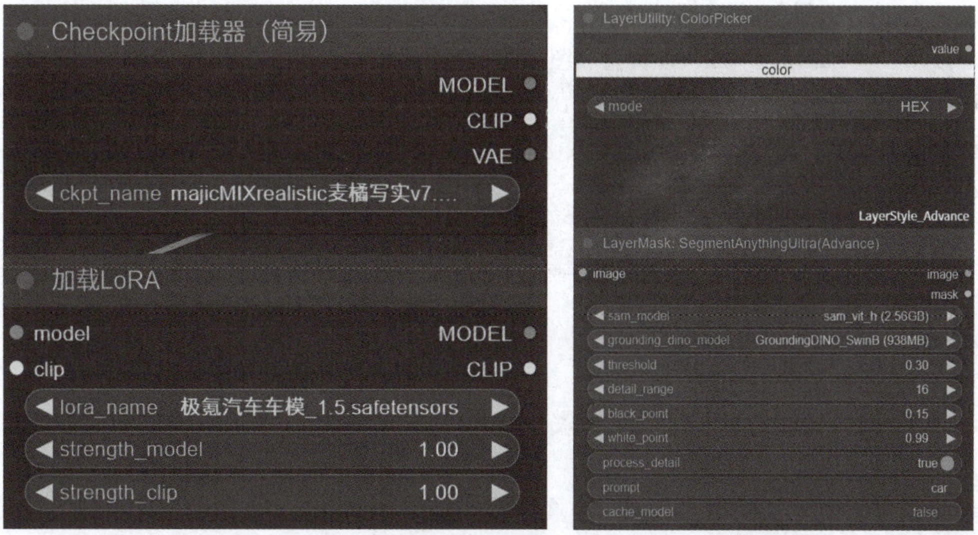

图 11-11　“汽车模型选择”与“汽车车衣色彩调整”关键节点

步骤 3 综合推演，工作流搭建步骤。

“极氪汽车”文生图工作流搭建步骤，分为两个板块，模型和文本编码模块、采样和解码模块。

①第一板块：模型和文本编码模块。

a. 添加“Checkpoint 加载器（简易）”节点。

b. 添加“加载 LoRA”节点。

c. 添加两个“CLIP 文本编码器”节点用于提示词。

连接模型和文本编码的接线如图 11-12 所示。

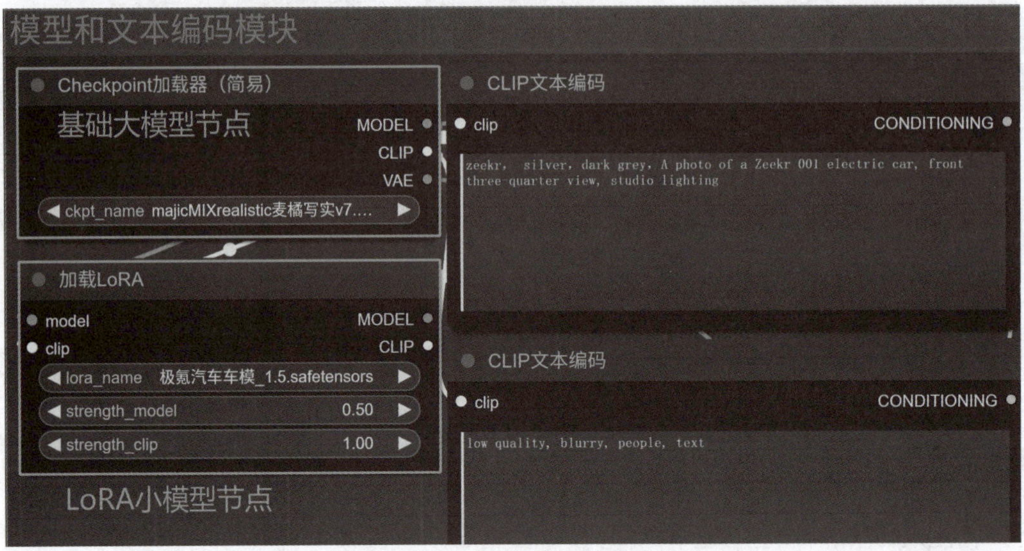

图 11-12 “模型和文本编码模块”接线示意图

②第二板块：采样和解码模块。

a. 添加“空 Latent”节点，设置生成图像的尺寸。

b. 添加“K 采样器”节点。

c. 添加“VAE 解码”节点。

d. 添加“保存图像”节点。

连接接线如图 11-13、图 11-14 所示。

“汽车车衣色彩调整”工作流搭建步骤分为两个板块，遮罩区域设置模块和色彩设置及融合模块。

①第一板块：遮罩区域设置模块。

a. 添加两个 LayerMask：SegmentAny-thingUltra（Advance）[图层蒙版：超强分割（高级版）] 节点。

b. 添加 Pixelwise（MASK-MASK）[逐像素（掩码 - 掩码）] 节点。

c. 添加 Grayscale Image（WLSH）- 色 [（灰度图像（WLSH）- 色）] 节点。

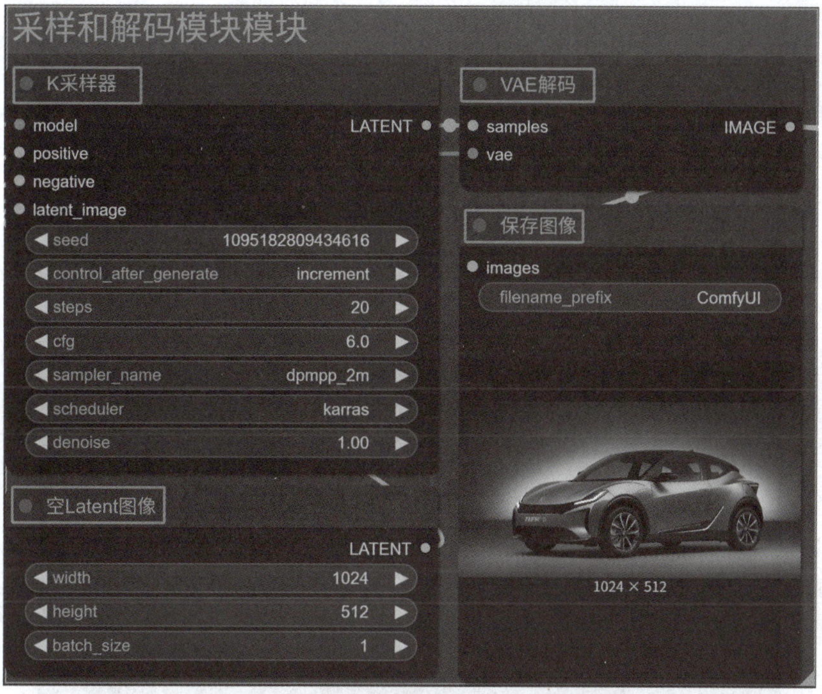

图 11-13 “采样和解码模块”接线示意图

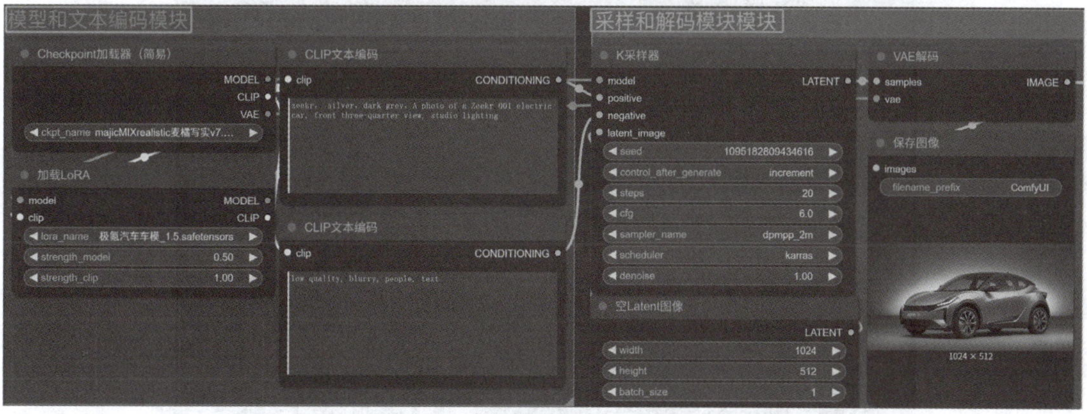

图 11-14 “极氪汽车”文生图工作流接线示意图

连接节点与节点之间的接线如图 11-15 所示。

②第二板块：色彩设置及融合模块。

a. 添加 LayerUtility：ColorPicker（图层工具：颜色选择器）节点。

b. 添加 LayerStyle：ColorOverlay V2（图层样式：颜色覆盖 V2）节点。

c. 添加“保存图像”节点。

第二板块的色彩设置及融合模块的基本搭建完成。

连接节点与节点之间的接线，如图 11-16、图 11-17 所示。

现在，“极氪汽车”文生图工作流和“汽车车衣色彩调整”工作流已经连通，可以单击 ComfyUI 中的“执行”按钮运行该工作流。

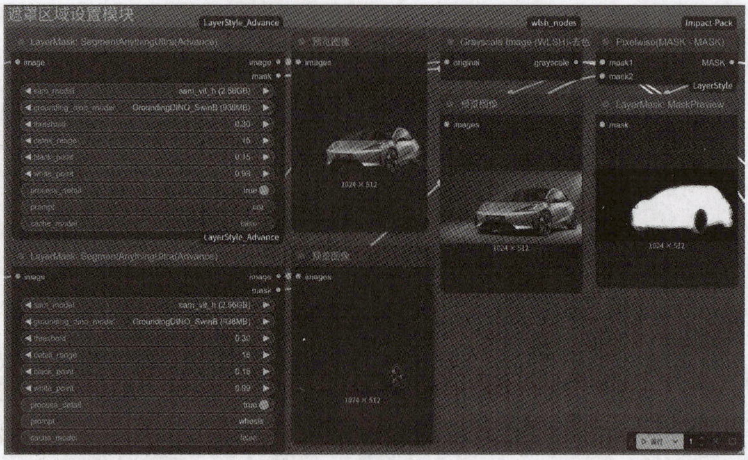

图 11-15 “遮罩区域设置模块”接线示意图

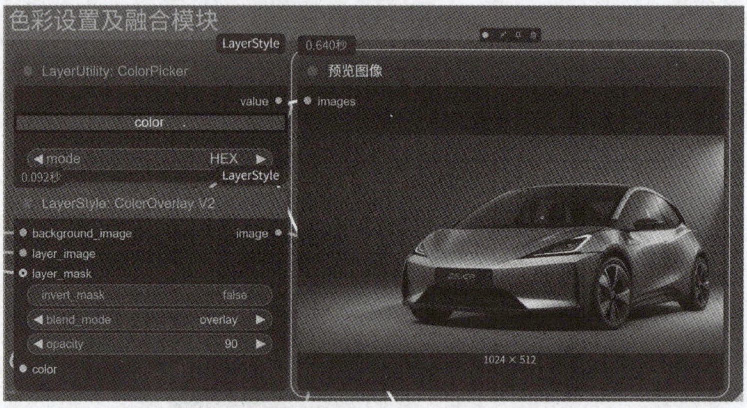

图 11-16 “色彩设置及融合模块”接线示意图

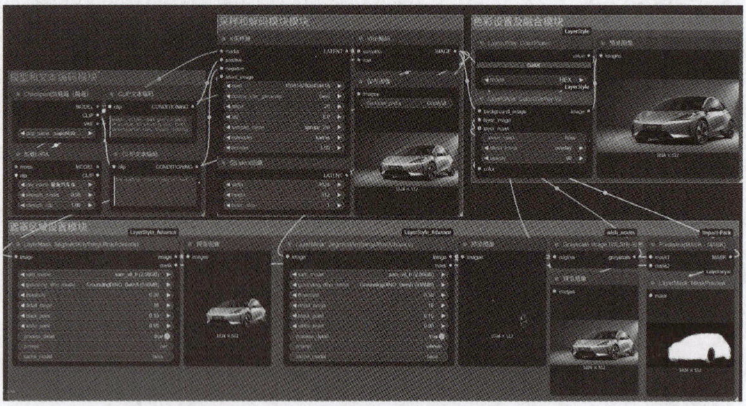

图 11-17 整体工作流接线示意图

视 频

案例11-5

(4) ComfyUI 节点式调试实践

案例 11-5 极氪汽车 ComfyUI 节点式调试示例操作。

(详细操作步骤扫二维码)

在构建和运行节点式工作流时，如遇到生成结果不理想或节点报错，可以利用一些调试技巧来优化：

步骤 1　检查连接与类型。确认每个节点必需的输入都已连接正确。

步骤 2　参数逐步调整。采用增量调试法，一次只修改一个参数重新运行，观察对结果的影响。

步骤 3　“忽略”节点。ComfyUI 提供了禁用节点的功能。节点上方有一个“图标”可以选择“开启忽略”和“关闭忽略”。

步骤 4　保存及加载流程。

步骤 5　节点缺失及更新。使用 ComfyUI 中的“管理器”节点。

通过以上基础操作和调试手段，我们能够熟练地在 ComfyUI 中构建起所需的节点工作流框架。

11.3.3　LoRA 模型、Comfy UI 流程优化

本节重点介绍如何对已训练完成的 LoRA 模型进行进一步优化，以达到更优的汽车外观生成效果。学习模型参数优化调整的方法，了解如何借助 ComfyUI 节点化流程工具，通过系统化的模型效果评估（如 XYZ 轴对比测试）进行精细优化，同时建立持续数据积累与迭代优化的意识与方法，全面提升 AI 模型的实际应用表现。

1. LoRA模型训练参数设置与优化方法

在完成初步训练后，模型可能仍存在细节模糊、风格不稳、泛化能力差等问题。下面将结合典型案例介绍如何基于测试反馈进行训练参数的调节与模型再训练，从而获得性能更优的定制模型。

案例 11-6 LoRA 模型优化示例操作。

（详细操作步骤扫二维码）

视 频

案例11-6

项目实践任务：对多个已完成训练的“极氪”品牌 LoRA 模型进行参数对比测试，综合分析模型表现，调整参数进行二次训练优化，最终提交测试对比图与优化后的 LoRA 模型文件。

步骤 1　训练参数调整原则与性能影响分析。训练过程中三个核心参数对模型效果影响显著，需在实践中合理把控见表 11-8。

表 11-8　训练参数调整原则与性能影响分析表

参数类型	调整依据	优化策略
训练轮数（epoch）	图像细节缺失或风格表达不明显	增加训练轮数，以强化模型对风格特征的学习能力
批量大小（batch size）	显存资源与训练稳定性	显卡资源充足时可适当提升批量，增强训练稳定性；资源受限时则适当缩减
学习率（learning rate）	收敛速度与损失曲线表现	若模型效果收敛缓慢或训练损失波动大，降低学习率；若训练过程过慢或效率偏低，可轻微上调（如从 0.000 1 调整至 0.000 15）但不可过高

提　示

学习率过大可能导致模型训练不稳定甚至“发散”；学习率过小则可能出现训练停滞，效率低下。

步骤 2　模型迭代优化策略。通过引入系统性测试流程，对不同参数组合下的模型性能进行对比分析：

Stable Diffusion WebUI 平台：可借助“XYZ 轴脚本测试”扩展插件，构建三变量同时对比测试流程，直观呈现多组参数对生成效果的影响，如图 11-18 所示。

图 11-18　XYZ 轴脚本测试图

ComfyUI 平台：通过节点方式实现多模型比对流程的配置与可视化结果输出，适合批量测试与调优。

步骤 3　模型效果测试与调优方法。测试与优化流程建议如下：

①确定对比维度（如轮数、权重、关键词、风格强度等）；

②以 WebUI XYZ 轴测试脚本或 ComfyUI 对多个模型文件进行并行生成效果测试；

③分析测试图像的风格准确性、清晰度、泛化能力与拟合性；

④据此制定参数调整策略，重新训练 LoRA 模型。

提　示

关键词说明：

泛化能力：指模型在未见数据上的适应与生成能力。

拟合性：指模型对训练样本特征的掌握程度。

步骤 4　模型封装与交付。优化后的模型需进行封装处理，以便部署调用。建议使用 Stable Diffusion 的 Additional Networks 插件进行：

①模型封装即将训练所得权重文件打包为可加载格式（.safetensors/.pt）；

②根据触发词描述设置合适名称，便于后续项目管理与团队协作；

③验收标准：生成图像须满足目标外观风格需求，能稳定运行在 WebUI 或 ComfyUI 平台上。

步骤 5　优化任务成果展示。学生可在 WebUI 或 ComfyUI 中加载优化后的模型，并使用统一提示词进行图像生成展示，形成“优化前后对比图”，并提交最终的 LoRA 模型文件、优化说明书与效果图作为任务成果，如图 11-19 所示。

图 11-19　结合 LoRA 模型 AI 生成“极氪”系列汽车图像

2. ComfyUI流程优化策略与案例操作化

从实训场景出发，系统讲解如何通过调整节点设置、优化提示词、精简工作流结构等手段，提升 ComfyUI 节点式工作流的生成质量、执行效率与界面清晰度。重点围绕汽车外观图像生成任务，提供策略指导与操作示例，帮助学生建立起高效可复用的流程构建与优化方法。

案例 11-7 ComfyUI 流程优化的策略与实践指南示例操作。

（详细操作步骤扫二维码）

视 频

案例11-7

在实际操作中，ComfyUI 工作流可能因参数设置不当或流程冗长导致生成效果不佳，甚至影响整体系统运行效率。为此，可从以下三方面开展优化：

（1）LoRA 权重调整与提示词优化

LoRA 模型作为图像风格控制的关键，在 ComfyUI 流程中需精准调参，以确保风格融合自然、主题聚焦清晰。针对图像质量模糊、颜色失真、构图失衡等常见问题，优化步骤如下：

步骤 1　调整 LoRA 模型权重。LoRA 权重用于控制其对基础模型生成结果的干预程度。一般建议在 0.6～0.8 区间进行测试。

权重过高：图像风格过重，丢失结构清晰度。

权重过低：LoRA 影响微弱，风格难以体现。

多轮实验后，逐步找到适合当前任务的最佳权重值，如图 11-20 所示。

0.3　　0.5　　0.7

图 11-20　不同 LoRA 权重参数下的图像生成效果展示图

步骤 2　提示词重构与优化。提示词决定模型生成的主题方向，是影响图像构成的核心变量。若效果不理想，应从以下角度优化，如图 11-21 所示。

①移除无关词、干扰词，防止语义混乱；

②增加或精炼 LoRA 的触发词，提高风格表达准确性；

③明确描述焦点（如车型、角度、光照等）以引导模型注意力集中。

ZEEKR car, urban street scene, sunset reflections
（极氪汽车，都市街景，夕阳反光）

zeekr, silver、dark grey, A photo of a Zeekr 001 electric car, front three - quarter view, street scene, sunset reflections
（极氪，银色，深灰色，一张极氪001电动汽车的照片，前四分之三视角，都市街景，夕阳反光）

图 11-21　不同提示词生成效果

提示

避免"提示词污染"，即提示信息过多、语义矛盾，影响生成效果。

通过上述调整，可实现图像风格、清晰度与主题的整体优化，逐步提升生成质量。

（2）车衣颜色替换的高级控制策略

默认车衣颜色调整通常只能实现单色覆盖，若需增强视觉效果，可通过引入"渐变色"与"图层混合"机制进行更细致的色彩处理，接下来以"渐变色车衣"色彩调整为例。

步骤 1 添加 LayerStyle：GradientOverlay V2（图层样式：渐变覆盖 V2）节点。

步骤 2 添加 Image Blending Mode（图像混合模式）节点。

步骤 3 添加两个 LayerUtility：ColorPicker（图层工具：颜色选择器）节点。

连接方式：将颜色选择器连接至渐变图层节点，再与图像混合节点对接原图如图 11-22 所示。

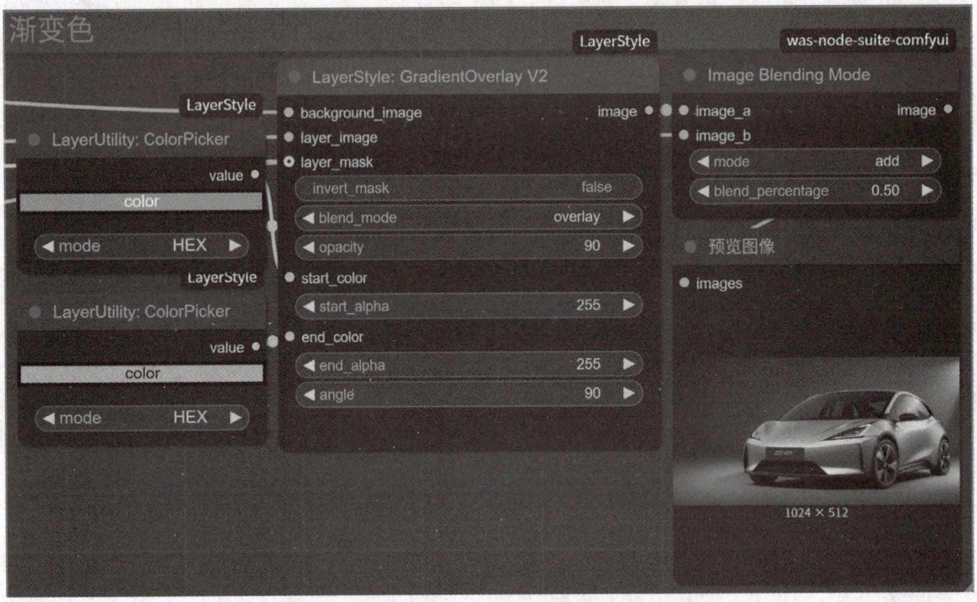

图 11-22 "渐变色车衣"色彩调整工作流示意图

该模块增强了车衣色彩表现力，可模拟渐变喷涂、金属质感等多种真实风格，拓宽模型应用边界。

（3）流程结构简化与节点融合优化

随着功能的增加，ComfyUI 的工作流图可能变得错综复杂，包含大量节点。如果节点过多，不仅视觉上杂乱，也可能在执行时引入不必要的开销。因此需要对流程进行简化和优化。

步骤 1 检查工作流中是否有重复的模型加载或重复处理。通过合理连接，使多个分支共用相同的上游节点输出，可减少模型初始化次数，节约内存和时间。

步骤 2 合并串联操作。一些图像处理步骤可以通过自定义节点一次性完成，从而替代原先多个节点串联。

步骤 3 降低分辨率或分批处理。图像尺寸越大，内存占用越高。建议测试阶段先用较低分辨率运行流程，确认稳定后再上调。

优化后流程图展示效果：仅保留关键节点，整体逻辑清晰，运算效率明显提升。

案例 11-8 ComfyUI 流程的可读性提升与模块化设计示例操作。

（详细操作步骤扫二维码）

视 频

案例11-8

在完成图像生成功能之后，还需对流程进行结构性美化与模块重构，提升项目可读性与后期维护性。模块化设计不仅能提升协作效率，也便于功能复用与流程扩展。

在完成功能实现之后，流程图的可读性和模块化设计非常重要。良好的可读性便于团队和其他使用者更好地理解和后期维护，而模块化的流程便于扩展复用。

本节将介绍如何通过节点分组、命名规范等方法美化流程界面，并探讨基于 ComfyUI 底层逻辑来拆分复杂流程为清晰的功能模块。

（1）节点分组与命名规范

步骤 1　节点分组。ComfyUI 提供了将多个节点打包分组的功能。利用这一特性，可以按功能将复杂流程划分为若干组，如图 11-23 所示。

步骤 2　还可以折叠（Collapse）分组，只显示组节点的输入输出接口，从而节省画布空间。当流程图很大时，通过折叠非关注部分的组，让界面更整洁，如图 11-24 所示。

步骤 3　注释和说明节点。为了进一步提高可读性，可以在 ComfyUI 中添加注释节点或文本说明。在关键节点旁边留下一些文字说明用途，如图 11-25 所示。

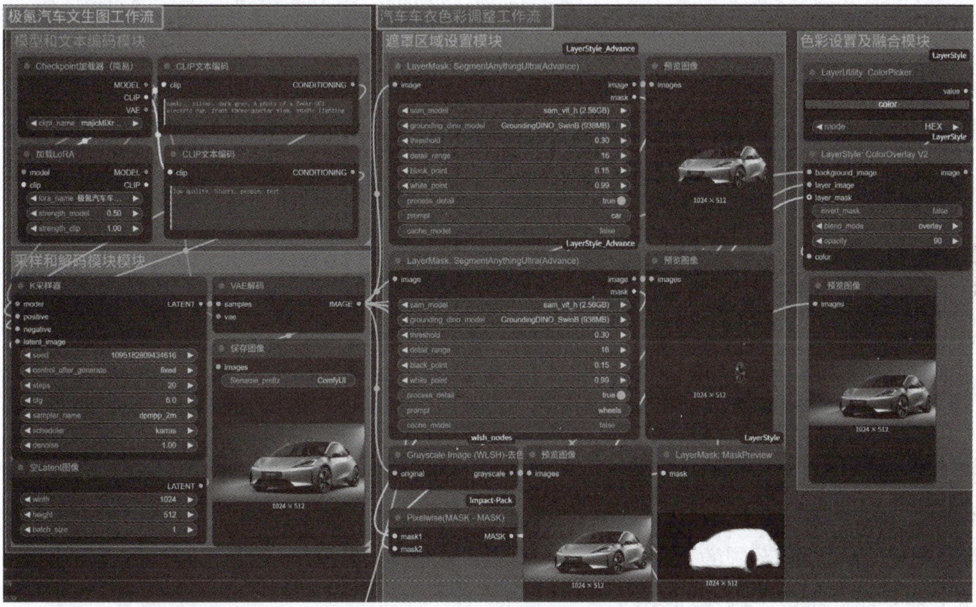

图 11-23　大组分组示例图

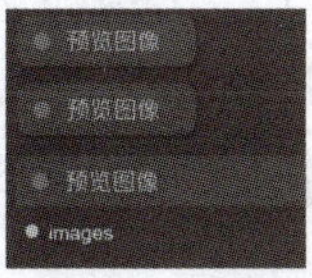

图 11-24　节点折叠示例

图 11-25　注释示例图

经过节点分组和命名，美化后的流程图就像一张模块化的示意图，各部分职责明确。

(2)模块化逻辑与复用扩展

步骤 1 理解底层逻辑划分模块。ComfyUI 的每个节点实际上对应 Stable Diffusion 流程中的一个环节(加载模型、生成噪声、解码图像等)。当流程非常复杂时,有必要站在更高层面按照功能逻辑拆分模块,而不仅是机械地分组。

步骤 2 节点模板与子工作流复用。ComfyUI 支持将一组节点保存为模板,以便在其他工作流中快速加载复用。通过这种方式,可以实现真正的模块复用。

经过模块化重构,ComfyUI 工作流形成了清晰的模块划分。每个模块都可以独立测试和调试,像乐高块一样拼装成更复杂的流程。

在学习和实践中,应当养成这种模块化思维——先理解底层原理和各部分在整体流程中的作用,再进行分组和封装。这样即使面对庞大复杂的节点网络,也能驾轻就熟地拆解出层次分明的功能块,既方便调试,又方便复用拓展。

本节围绕汽车外观垂直领域的 AI 模型训练需求,系统性地构建了基于 ComfyUI 的节点式工作流框架,实现了从数据准备到成果呈现的全流程闭环。通过聚焦极氪汽车场景,阐述了数据清洗、标注与优化的关键技术,并结合 LoRA 微调原理,降低了模型训练成本并提升了对车辆外观特征的捕捉能力。在应用层,通过车衣颜色变更模块化工作流设计,验证了节点化操作在可视化交互与参数调优中的优势。同时,引入多维度评估指标驱动模型迭代优化。

本流程不仅为汽车外观 AI 模型开发提供了标准化范式,其模块化设计还可扩展至车型生成、缺陷检测等场景,为垂直领域 AI 落地提供了技术参考与实践经验。未来可结合动态数据集更新与多模态输入,进一步强化模型的泛化性与创意表达能力。

11.4 外观垂类模型应用

在前面的学习中,已经掌握了人工智能实训所需的硬件配置、基础软件的安装与部署,以及数据集的制作、模型的训练和工作流的搭建等关键技术。这些内容为用户构建了坚实的基础,使用户能够理解和操作人工智能软件及其相关的核心组件。

接下来,将迈入实训的应用阶段,学习如何将训练好的模型和构建的工作流集成到主流应用平台中,开发出可供用户交互的实际应用。这一过程不仅涉及模型的部署和接口的开发,还包括用户界面的设计和系统的优化,旨在实现人工智能技术的实际落地。

本节将系统介绍以下内容:

第一,模型部署技术。了解如何将训练完成的模型部署到 Touch Designer 平台上,确保其稳定运行。第二,API 接口链接。学习如何把在 Comfy 搭建的节点导出,并应用于程序内部,使软件或服务能够调用节点的功能。第三,用户界面设计。掌握基本的前端开发知识,设计直观、易用的用户界面,提升用户体验。第四,系统集成与优化。探讨如何将各个组件有效集成,优化系统性能,确保应用的高效运行。

学生通过本节的学习,将能够将之前所学的知识应用于实际项目中,开发出具有实际价值的人工智能应用,为未来的学习和职业发展打下坚实的基础。

11.4.1　模型部署与应用平台配置

1. 模型部署方法与平台节点搭建流程

ComfyUI 的节点流成功运行后，如何把图像传输到 TD 软件中，这就需要利用节点 API 以及 TD 的插件去实现。下面以之前搭建好的 ComfyUI 工作流为例，介绍添加插件，导出工作流 json API，实现 ComfyUI 与 TD 通信。

案例 11-9 模型部署方法与平台节点搭建流程示例操作。（详细操作步骤扫二维码）

视频

案例11-9

模型的部署方法与平台节点搭建流程，如图 11-26 所示。

步骤 1　Touch Designer 插件下载。

步骤 2　ComfyUI 自定义节点下载。

步骤 3　工作流节点配置修改和工作流的导出。

步骤 4　在 Touch Designer 中进行平台集成。

完成以上几步，就完成了在 Touch Designer 中进行平台集成 ComfyUI 工作流的功能。此时，再次检查有没有节点连接错误，如图 11-27 所示。这时候可视化编辑区分为以下几个部分：

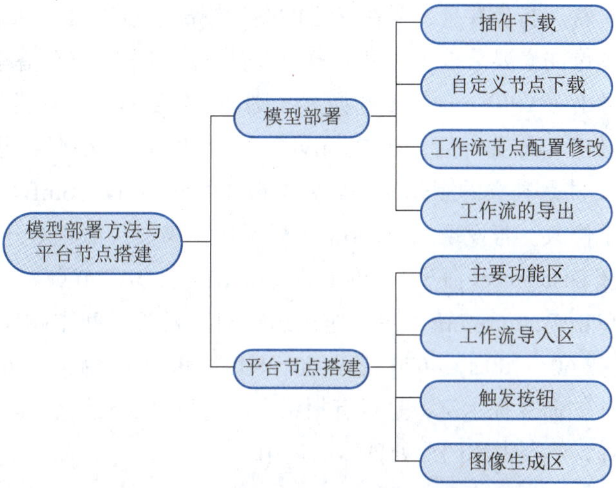

图 11-26　模型部署方法与平台节点搭建流程

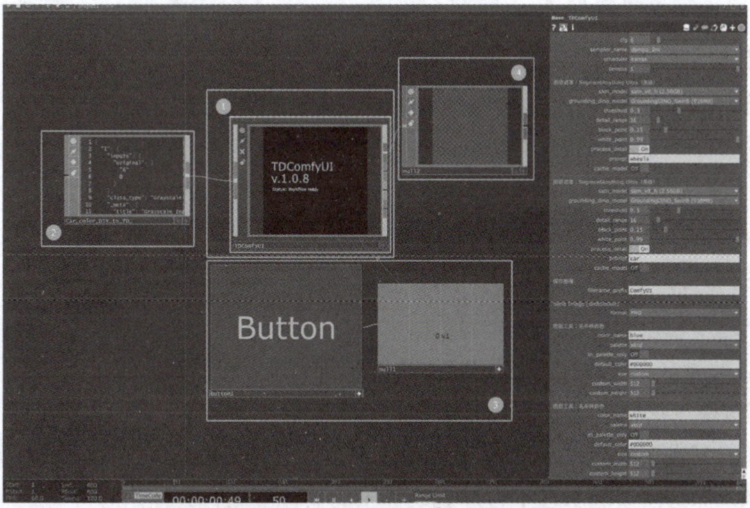

图 11-27　TD 软件平台搭建展示

①主要功能区。单击 ComfyUI 节点，在右边的 Workflow 界面调整参数，和 ComfyUI 的节点参数一致。

②工作流导入区。从 ComfyUI 导出的工作流 API 在 TD 内通过 DAT 元件连接至 TDComfyUI 元件中，只要是在 ComfyUI 运行成功的工作流都可以导出为工作流 API 后再导入 TD 中。

③触发按钮。第一次单击 Button 元件就可以生成车辆，后续的单击不会改变车辆，只会改变车衣颜色。

④图像生成区。通过工作流输出的图像就会显示在这个节点中。右击紫色 null TOP 节点，单击 View 即可打开独立的展示窗口。

2. 模型部署的环境配置与注意事项

在构建和运行 Touch Designer 节点和元件连接时，如果发现生成效果不理想或节点报错等问题时，可以尝试以下技巧来优化。

①再次确认从 ComfyUI 导出来的工作流是否正确，在导出之前要先运行一次工作流，确认工作流正常运行。并且，要在最后的图像输出节点连接上 Send Image（WebSocket）节点，这个是传输图像的必要节点（详见“模型部署方法与平台节点搭建流程”的步骤二）。其次，一定要选择“导出（API）”项，不选择 API 则会导致数据无法正常与 TD 软件通信。

②导出 json 文件后，在 ComfyUI 界面调整的参数不会再影响 TD 内的参数，导入到 TD 内的 json 文件是独立的工作流，若要修改参数请到 TDComfyUI 节点的参数窗口下，Workflow 参数页面下修改。若发现 Workflow 不显示任何参数，请先断开工作流导入区的连接线（右击连接线，选择 Disconnect 命令），再重新连接工作流 DAT 节点。

③单击 Button 按钮，在工作流运行时，若长时间未响应（在一次正常的车辆生成过程中，4060 花费 60～100 s；4070 花费 60～80 s，4080 花费 50～70 s，4090 花费 40～60 s），请查看 ComfyUI 的命令提示符，是否有报错，8G 显存以下计算机配置的可能会显示显存不足，请清理后台软件，不要占用图形处理器的运用。

11.4.2 模型应用案例分析

在前面的学习中，已经完成了模型的部署与插件配置，实现了 ComfyUI 平台与 TD 之间的数据通信。接下来，将接着基于这个项目继续开发，探索如何通过界面设计与视觉包装，进一步提升交互体验与展示效果。

本节包括两部分的学习内容：

①模型应用于外观设计的实践案例。

②用户交互界面设计与体验评估。

学生通过这两部分的学习，将能够开发出完整的交互页面。

1. 模型应用于外观设计的实践案例

案例 11-10 模型应用于外观设计流程示例操作。

（详细操作步骤扫二维码）

视 频

案例11-10

工作流案例主要围绕“车辆外饰颜色更改”这一外观设计领域的典型应用场景展开。下面将深入探讨模型输出在平台外观设计中的具体应用，具体内容分为：

（1）颜色交互按钮基础逻辑设计

步骤 1　新建一个 Container 元件，Container 元件可以用来将任意数量的按钮、滑块、字段、容器和其他面板组件组合在一起，以构建一个界面。

步骤 2　新建一个 Merge 节点，这个节点的作用是把所有数值都统计起来。

步骤 3　再新建一个 Fan 节点，这个节点的作用是将一个数据通道转换成分开的多个通道，或者将多个数据通道转换成单个数据通道。

步骤 4　在 Fan 节点的后端，连接上一个 Out 节点，作为 Container 的输出口。

（2）颜色文本选择器的设计方法与技巧

完成按钮的基础逻辑设计之后，要将颜色与其对应。比如说，单击按钮一时，TDComfyUI 里颜色的文本转变为紫色，单击其他按钮，文本对应其他颜色。

步骤 1　新建一个“Table” DAT 节点，新建节点后，单击右下角星形激活按钮，编辑表格内容，右击 Table 节点表格空白处，选择 Add Raw 命令添加行，选择 Add Column 命令添加列。

步骤 2　需要 xkcd 颜色命名表。xkcd 颜色命名表是一种特定的颜色命名系统，使用英文单词组合来表示不同的颜色，它是由参与 xkcd 颜色名称调查的十万名志愿者定义的 954 个最常见的 RGB 监视器颜色。

步骤 3　将表格取消激活。在 Table 节点输出口后连接一个“Select” DAT 节点。这个节点的作用当输入端是表格时，可以根据行数和列数进行指定的文本选择。

步骤 4　在 TDComfyUI 参数窗口中，在第一个“图层工具：名称转颜色”栏目下的 color_name 旁，单击“+”号展开文本输入框，再单击蓝色小框，将输入模式改为表达式输入。

2. 用户交互界面设计与体验评估

案例 11-11 用户交互界面设计与体验评估流程示例操作。
（详细操作步骤扫二维码）

视 频

案例11-11

在人机交互设计中，清晰性、反馈性与可控性是界面设计的基本准则。在进入本节之前，需要完成一个关键的准备任务——界面视觉风格的确定与底图设计。可以参考已有视觉案例（如 AI 生成平台、设计软件 UI、移动应用界面），在此基础上，结合自己的创意与兴趣，明确个人作品所要呈现的整体风格。以极氪汽车宣传以科技未来感为例，利用图像处理工具（如 Photoshop、Illustrator 或 AI 图像生成工具）设计出一份完整的交互界面底图，内容需包括按钮区域、图像展示区、参数控制区等视觉结构。该图像将作为 Touch Designer 中交互组件布局的背景模板，是后续平台搭建与交互逻辑实现的基础。

（1）用户交互界面设计方法

步骤 1　导入 UI 背景图片。新建 Movie File In 节点，单击参数面板中 File 旁的“+”号，导入 UI 图片。新建 Fit1 节点连接 Movie File In，设置适应模式为 Fill。在 Common 页面将分辨率调整为 1 920 × 1 080（非商业版为 1 280 × 720）。

步骤 2　加载车辆生成图像并适配显示。将 TDComfyUI 的 null TOP 节点连接至新的 Fit2 节点，设置分辨率为 1280 × 720。再将 Fit2 连接至新的 Transform 节点，用于调整图像位置与比例。

步骤 3　图像合成。新建 Composite 节点，将 Fit1（UI 背景）与 Transform（车辆图）连接到 Composite。设置 Composite 节点的混合模式为 Over，确保 Transform 在上、Fit1 在下，实现图层叠加。

步骤 4　调整车辆图位置与比例。回到 Transform 节点，调整 Scale 和 Translate 参数，使车辆图像适配 UI 显示区域。

步骤 5 设置编辑区与背景引用。新建 null 节点连接 Composite，命名为 bg。单击左上角的分屏按钮，切换为双视图。在 project1 节点参数中，将“Background TOP”设置为 ./bg，使 UI 背景图加载到项目预览区。

步骤 6 设置按钮尺寸与可见度。在 Container 内部，选中所有 Button 元件。在 Layout 页面中统一设置 Width = 40，Height = 40；在 Look 页面中将 Opacity 设置为 0.5，便于观察其位置。

步骤 7 调整按钮位置并对应颜色 UI。根据 UI 图像中颜色按钮的位置，对应调整每个按钮的 X 和 Y 坐标。确保每个按钮与 UI 中的对应颜色区域精准重合，例如 Button1 对应 Lavender 颜色区域。

步骤 8 隐藏按钮轮廓并测试功能。将所有 Button 的 Opacity 调整为 0，隐藏按钮灰框。激活 project1，单击 UI 界面测试按钮响应功能，确保所有按钮与颜色 UI 精准对应，如图 11-28 所示。

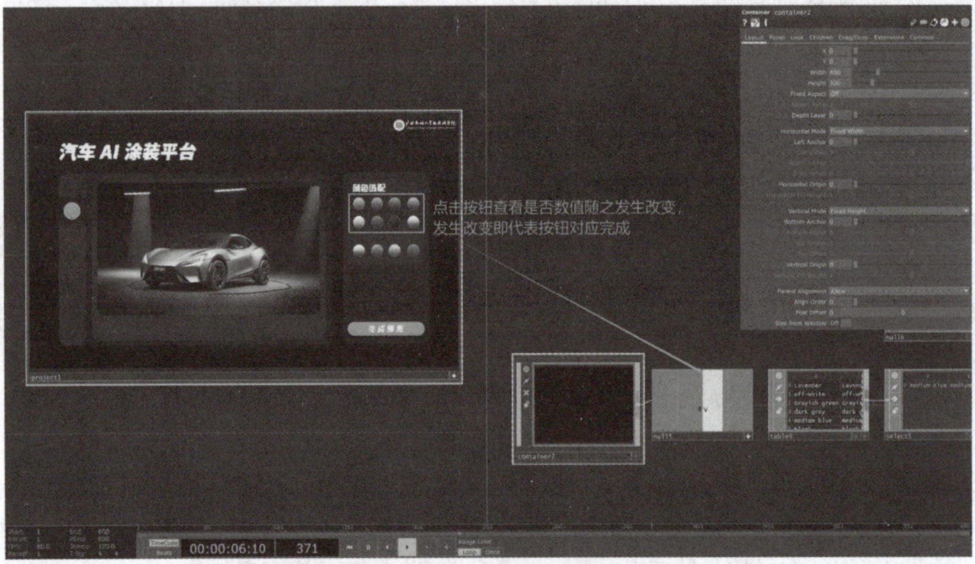

图 11-28　隐藏按钮可见性后按钮测试

提　示

“生成”按钮的对应方法与上述一致，放置到 UI 中“生成预览”按钮位置，并设置尺寸匹配 UI，以防误触。

（2）体验生成效果与评估

现在，外观垂类模型已经应用到 Touch Designer 平台，并完成了配置与交互优化。在 project 界面，右击 View 即可以进行窗口效果展示，体验交互生成效果。也可在这个基础上加入自己的想法并调整，比如选择框的添加，或是颜色名称显示等。可以参考下方展示的整体的工作流和展示窗口效果，如图 11-29 所示。

后续也应该不断评估分析自己的应用，在不断地评估中优化交互需求。评估将从以下几个维度展开：

①界面美观性与风格一致性：用户在首次使用界面时的直观反馈，评估界面整体视觉风格是否与预设设计相匹配，色彩搭配、布局分区是否清晰统一，是否具备良好的视觉引导性。

②操作流程与响应速度：测试用户在平台中的操作流程是否顺畅，例如点击按钮、滑动参数条、选择选项等是否容易理解和使用；系统响应是否及时，图像生成结果是否能准确、迅速反馈。

③功能可达性与信息呈现清晰度：分析功能按钮是否易于识别、位置是否合理，信息反馈区是否能明确传达结果，界面是否存在信息过载或信息不足的问题。

④交互体验满意度：通过问卷调查或口头访谈的方式，收集用户在使用过程中的真实感受，包括操作难度、界面吸引力、使用舒适度等方面的主观评价。

⑤问题记录与迭代建议：在评估过程中记录用户遇到的问题点和使用习惯，结合后台日志（如点击频率、停留时间）进行数据分析，为后续优化设计提供依据。

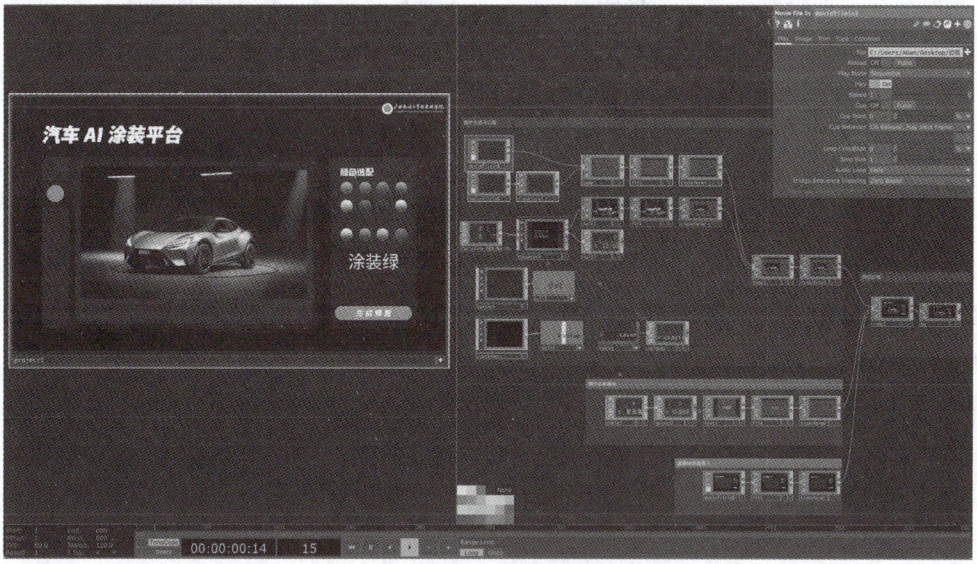

图 11-29　整体流程节点连接展示

通过本阶段的体验评估，学生不仅能够从“使用者”的角度重新审视自己的设计成果，也能逐步建立以“用户为中心”的系统开发思维，为未来的交互式 AI 平台设计积累丰富的知识基础。

图灵奖　交叉领域的先驱领导者——艾德文·卡特姆

艾德文·卡特姆（Edwin Earl Catmull）是 2019 年图灵奖获得者，以表彰其“将计算机图形学转化为电影艺术与科学交叉领域的先驱领导力”。

卡特姆生于 1945 年，犹他大学计算机科学博士，师从图形学之父伊万·萨瑟兰。他是皮克斯动画工作室联合创始人，曾任迪士尼动画工作室总裁，被《时代》杂志评为“全球最具影响力 100 人”。卡特姆的突破性工作聚焦于三维建模技术与动画工业化体系方面：

（1）曲面细分算法：首创“Catmull-Clark 细分曲面”（1978），实现复杂曲面的平滑建模，成为 Maya、Blender 等工具的底层标准。

（2）Z-Buffer 深度缓冲：解决多物体遮挡渲染难题，使实时 3D 游戏成为可能（应用于任天堂 64 等早期主机）。

（3）动画制片革命：在皮克斯构建全球首个全数字动画流水线，推动《玩具总动员》成为影史首部 3D 长片（1995），开创 CGI 电影时代。

卡特姆的技术与领导力彻底变革娱乐产业，在商业成就上，皮克斯作品累计票房逾 150 亿美元，获 23 次奥斯卡奖；迪士尼动画凭借其技术复兴，市值增长超 2 000 亿美元（2006—2023）；在技术开源上推动 OpenEXR 图像格式、USD 场景描述协议等开放标准，赋能工业光魔、Unity 等数千家企业；在文化输出上，其“艺术与科技融合”理念重塑影视美学，《寻梦环游记》《头脑特工队》等作品影响全球数亿观众。

第四篇　WPS AI 单元实训

使用WPS AI高级应用完成《智能学术助手挑战》

如果你即将参加“大学生创新论坛”，借助WPS AI的高级应用实现智能学术助手挑战。

具体任务如下：

1. 用WPS AI的文字自动生成文献综述

- 任务题：使用“AI生成”功能，输入3个专业关键词（如：神经网络、机器学习、图像识别），生成800字文献综述；对生成内容使用“AI润色”调整为学术语气；用“智能排版”自动生成目录+参考文献格式。
- 挑战题：让AI对比两种学术观点的差异，并用批注功能标注争议点。

2. 用WPS AI的表格分析实验数据

- 任务题：导入提供的数据表（含缺失值）；使用“智能填充”补全缺失数据；用“AI数据洞察”自动生成3条分析结论；创建“条件格式”突出关键数据。
- 挑战题：用“智能分析”功能分析数据表的数据趋势。

3. 用WPS AI的演示制作智能海报

- 任务题：输入论坛主题，用“AI生成幻灯片”创建初版PPT；使用“AI美化”优化版式设计；为关键数据图表添加“动态演示”效果。
- 挑战题：演讲排练应，用“演讲助手”生成演讲备注并练习AI评分。

4. 提交完成的文字处理、数据表处理和演示文稿3份文件，文件名分别是：学号-姓名-文字处理（数据处理，PPT处理）；撰写不少于500字的WPS AI应用实训解决方案（要求：（1）每个环节AI的实际帮助；（2）与传统方法的效率对比；（3）发现的AI局限性；（4）以PDF格式提交），文件名为“学号-姓名-WPS AI应用解决方案”。

考察点提示：

掌握WPS文字/表格/演示中AI核心功能；培养AI工具与学术场景的融合应用能力；培养自动化办公习惯。通过使用WPS AI的高级应用支持，不仅能提高学习效率，而且能够积累对未来就业市场有价值的技能。成品参照请查阅二维码。

文档

完整解决方案

参考文献

［1］塞奇威克，韦恩．计算机科学导论：跨学科方法［M］．宫晓利，郭宇飞，曹丁元，等译．北京：机械工业出版社，2024.

［2］黛尔，路易斯．计算机科学概论：第7版［M］．吕云翔，杨洪洋，曾洪立，等译．北京：机械工业出版社，2020.

［3］李凤霞．大学计算机［M］．2版．北京：高等教育出版社，2020.

［4］李凤霞．大学计算机实验［M］．2版．北京：高等教育出版社，2020.

［5］李开复．人工智能［M］．北京：文化发展出版社，2017.

［6］普林斯．计算机视觉：模型、学习和推理［M］．苗启广，刘凯，孔韦韦，等译．北京：机械工业出版社，2025.

［7］杨旭．数据科学导论［M］．3版．北京：北京理工大学出版社，2021.

［8］赵广辉．Python语言及其应用［M］．2版．北京：中国铁道出版社有限公司，2024.

［9］王万良．人工智能通识教程［M］．2版．北京：清华大学出版社，2022.

［10］温．极简人工智能：你一定爱读的AI通识书［M］．有道人工翻译组，译．北京：电子工业出版社，2018.

［11］吴鹤龄．图灵和ACM图灵奖［M］．5版．北京：高等教育出版社，2016.

［12］赵国栋．元宇宙［M］．北京：中译出版社，2021.

［13］刘光洁．人工智能基础与教育应用［M］．北京：中国铁道出版社有限公司，2024.

［14］陈国良．中国高校计算机教育发展史［M］．北京：高等教育出版社，2022.

［15］张旭东．机器学习导论［M］．北京：清华大学出版社，2021.

［16］朱强．人工智能导论［M］．北京：高等教育出版社，2022.

［17］刘峤，李杨，段宏，等．知识图谱构建技术综述［J］．计算机研究与发展，2016，53（3）：582-600.

［18］黄承慧，印鉴，侯昉．一种结合词项语义信息和TF-IDF方法的文本相似度量方法［J］．计算机学报，2011，34（5）：856-864.

［19］王晋东，陈益强．迁移学习导论［M］．2版．北京：电子工业出版社，2022.

［20］邱锡鹏．神经网络与深度学习［M］．北京：机械工业出版社，2022.

［21］杨强，刘洋，程勇，等．联邦学习［M］．北京：电子工业出版社，2020.

［22］LECUN Y, BENGIO Y, HINTON G. Deep learning［J］. nature, 2015, 521(7553): 436-444.

［23］HE K, ZHANG X, REN S, et al. Deep residual learning for image recognition［C］//Proceedings of the IEEE conference on computer vision and pattern recognition. 2016: 770-778.